新编
简明农药使用手册

骆焱平　曾志刚　主编

化学工业出版社
·北京·

本书在简述农药使用基础知识的基础上，详细介绍了 131 种杀虫剂、156 种杀菌剂、147 种除草剂、31 种植物生长调节剂、21 种杀鼠剂，重点介绍了每种农药的中英文名称、化学结构式、分子式、分子量、其他名称、主要剂型、作用特点、防治对象、使用方法及注意事项。另外，为方便农药使用者查阅，还收录了农药剂型名称及代码，禁限用农药公告等附录。

本书适合广大农户、农业技术人员、农业大中专院校师生参考使用，也可作为科技下乡的专用图书或培训教材。

图书在版编目(CIP)数据

新编简明农药使用手册/骆焱平，曾志刚主编 . —北京：化学工业出版社，2016.6（2024.4 重印）
ISBN 978-7-122-26988-1

Ⅰ.①新… Ⅱ.①骆…②曾… Ⅲ.①农药施用-技术手册 Ⅳ.①S48-62

中国版本图书馆 CIP 数据核字（2016）第 095406 号

责任编辑：刘 军　　　　　　　　　　加工编辑：汲永臻
责任校对：王 静　　　　　　　　　　装帧设计：关 飞

出版发行：化学工业出版社（北京市东城区青年湖南街 13 号　邮政编码 100011）
印　　装：涿州市般润文化传播有限公司
710mm×1000mm　1/16　印张 28¼　字数 559 千字　2024 年 4 月北京第 1 版第 8 次印刷

购书咨询：010-64518888　　　　　　售后服务：010-64518899
网　　址：http://www.cip.com.cn
凡购买本书，如有缺损质量问题，本社销售中心负责调换。

定　　价：60.00 元

本书编写人员名单

主　　编　骆焱平　曾志刚

副 主 编　彭大勇　林　江　赖　多　刘　秀

编写人员（按姓氏拼音排列）

　　　　　高陆思　苟志辉　韩丹丹　侯文成　蒋和梅

　　　　　赖　多　雷震霖　林　江　刘　秀　骆焱平

　　　　　牛丽雅　彭大勇　王兰英　王毛节　谢　颖

　　　　　邢梦玉　杨育红　姚明燕　曾志刚　张　鹏

　　　　　朱朝华

前　言

农药是用于预防、控制危害农业、林业的病、虫、草和其他有害生物以及有目的地调节植物、昆虫生长的化学合成或者来源于生物、其他天然物质的一种物质或者几种物质的混合物及其制剂。20 世纪 90 年代，我国取消了农药专营，农药生产的春天来临，农药品种不断增加，农药市场急剧扩增，农药销售进入田间地头。此举极大方便了农药的使用。

但是，不合理使用农药、随意增大农药使用量和使用次数，导致农药问题突出，环境破坏加剧。为此，《农药管理条例》要求县级以上各级人民政府农业行政主管部门，组织推广安全、高效农药，开展培训活动，提高农民施药技术水平，并做好病虫害预测预报工作。同时应当加强对安全、合理使用农药的指导，根据本地区农业病、虫、草、鼠害发生情况，制定农药轮换使用规划，有计划地轮换使用农药，减缓病、虫、草、鼠的抗药性，提高防治效果。使用农药时应当正确配药、施药，按照规定的用药量、用药次数、用药方法和安全间隔期施药，防止污染农副产品。

为了让农药使用者了解农药品种，合理使用农药，我们编写了本书。本书在简述农药使用基础知识的基础上，详细介绍了 131 种杀虫剂、156 种杀菌剂、147 种除草剂、31 种植物生长调节剂、21 种杀鼠剂。着重介绍了每种农药的中英文名称、化学结构式、分子式、分子量、其他名称、主要剂型、作用特点、防治对象、使用方法及注意事项。在介绍各大类农药品种时，按农药的中文通用名汉语拼音进行排序。另外收录了农药剂型名称及代码，禁限用农药公告，目的是方便农药使用者查阅。

本书第一章、第三章由骆焱平编写，第二章由曾志刚、赖多、刘秀编写，第四章由彭大勇编写，第五章、第六章由林江编写，最后由骆焱平统稿。其他参编人员共同参与本书资料收集、整理、文字编辑与校对工作，在此表示衷心的感谢。本书收集、整理、参考和引用了国内外大量相关资料，在此对相关作者表示衷心的感谢。

本书出版得到国家自然科学基金（21402059，21162007，31401789）项目、海南省中西部高校提升综合实力项目、海南大学教育教学研究课题立项项目（hdjy1605）的资助。

由于编者水平有限，不足之处在所难免，敬请读者批评指正。

编者
2016 年 6 月

目 录

第三章 杀菌剂 / 124

第四章　除草剂 / 238

第五章　植物生长调节剂 / 358

第六章 杀鼠剂 / 388

第一章

农药使用基础知识

一、农药的定义

根据《中华人民共和国农药管理条例》的定义，农药指用于预防、控制危害农业、林业的病、虫、草和其他有害生物以及有目的地调节植物、昆虫生长的化学合成或者来源于生物、其他天然物质的一种物质或者几种物质的混合物及其制剂。

农药的防治范围及作用如下：

（1）预防、控制危害农业、林业的病、虫（包括昆虫、蜱、螨）、草和鼠、软体动物和其他有害生物；

（2）预防、控制仓储病、虫、鼠和其他有害生物；

（3）调节植物、昆虫生长；

（4）用于农业、林业产品防腐或者保鲜；

（5）预防、控制蚊、蝇、蟑螂、鼠和其他有害生物；

（6）预防、控制危害河流堤坝、铁路、机场、建筑物和其他场所的有害生物。

不同时期、不同国家和地区对农药的定义和范围有不同的差别。早期美国将农药称为"经济毒剂"，欧洲称为"农业化学品"。我国早期，农药的定义和范围强调对有害物的"杀死"；2001年农药法规强调"预防、消灭或者控制"，现如今，从环境保护角度出发，更注重于"预防、控制"。

在环境保护意识和观念日益增强的今天，农药的内涵必然是在保障人类健康和合理生态平衡前提下，使有益生物得到有效保护，有害生物得到较好的控制，以促进农业的可持续发展。

二、农药的分类

农药品种繁多，目前在世界各国注册的农药有1000多种，其中常用的农药有

300余种。为了研究和使用方便，将农药进行如下分类。

1. 按原料来源分类

（1）无机农药　来源于天然矿物的无机化合物。例如，硫黄、石硫合剂、波尔多液、氢氧化铜等。无机农药的使用浓度较高，使用不当会造成作物药害。使用时，一定要小心谨慎。

（2）有机农药　通过化学合成手段获得的一类含碳氢的化合物。有机农药品种多，生产量大，应用范围厂。目前使用的绝大部分农药都属于有机农药。

（3）生物农药　利用天然生物资源（如植物、动物、微生物）开发的农药。由于其来源不同，可以分为植物源农药、动物源农药和微生物农药。

① 植物源农药　直接来源于植物或植物提取物。例如，除虫菊素、烟碱、鱼藤酮、藜芦碱等杀虫剂，丁香油引诱剂，香茅油趋避剂，油菜素内酯植物生长调节剂等。

② 动物源农药　来源于动物的有毒物质或天敌资源。例如，斑蝥毒素、沙蚕毒素、蜕皮激素、保幼激素、昆虫外激素等。各种有害生物的天敌资源也包含在内。

③ 微生物农药　微生物农药包括农用抗生素和活体微生物。农用抗生素是由抗生菌发酵产生的、具有农药功能的代谢产物，例如，井冈霉素、春雷霉素等；活体微生物农药是有害生物的病原微生物活体，例如，白僵菌、绿僵菌，苏云金杆菌（Bt）是一类细菌杀虫剂，核型多角体病毒是一类杀虫剂，鲁保一号是一类真菌除草剂。

2. 按化学结构分类

根据农药分子的结构类型或者含有的元素进行分类。例如，有机磷杀虫剂、氨基甲酸酯杀虫剂、拟除虫菊酯杀虫剂、新烟碱杀虫剂、三唑类杀菌剂、磺酰脲类除草剂等。

3. 按用途和防治对象分类

（1）杀虫剂　对有害昆虫机体有毒或通过其他途径控制其种群形成或减轻、消除为害的药剂。按其作用方式可分为以下几类。

① 胃毒剂　被昆虫取食后经肠道吸收进入体内，到达靶标才起到毒杀作用的药剂。

② 触杀剂　接触到昆虫体（常指昆虫的表皮）后便可起到毒杀作用的药剂。

③ 熏蒸剂　通过昆虫的呼吸器官进入体内而引起昆虫中毒死亡的药剂。

④ 内吸剂　使用后可以被植物体（包括根、茎、叶及种、苗等）吸收，并可传导运输到其他部位组织，使害虫吸食或接触后中毒死亡的药剂。

⑤ 拒食剂　可影响昆虫的味觉器官，使其厌食、拒食，最后因饥饿、失水而逐渐死亡，或因摄取营养不足而不能正常发育的药剂。

⑥ 驱避剂　施用后可依靠其物理、化学作用（如颜色、气味等）使害虫忌避或发生转移、潜逃现象，从而达到保护寄主植物或特殊场所目的的药剂。

⑦ 引诱剂　使用后依靠其物理、化学作用（如光、颜色、气味、微波信号等）可将害虫诱聚而利于歼灭的药剂。

（2）杀菌剂　对病原菌能起毒害、杀死、抑制或中和其有毒代谢物，因而可使植物及其产品免受病菌为害或可消除病症、病状的药剂。按其作用方式可分为以下几类。

① 保护性杀菌剂　在病害流行前（即当病原菌接触寄主或侵入寄主之前）施用于植物体可能受害的部位，以保护植物不受侵染的药剂。

② 治疗性杀菌剂　在植物已经感病后，可用一些非内吸杀菌剂，如硫黄直接杀死病菌，或用具内渗作用的杀菌剂，可渗入到植物组织内部，杀死病菌，或用内吸杀菌剂直接进入植物体内，随着植物体液运输传导而起治疗作用的杀菌剂。

③ 铲除性杀菌剂　对病原菌有直接强烈杀伤作用的药剂。这类药剂常为植物生长期不能忍受，故一般只用于播前土壤处理、植物休眠或种苗处理。

（3）除草剂　对杂草具有杀灭或抑制作用的药剂。按其对杂草作用的性质可分为灭生性除草剂、选择性除草剂。按其对杂草的作用方式可分为输导型除草剂、触杀型除草剂。

① 输导型除草剂　施用后通过内吸作用传至杂草的敏感部位或整个植株，使之中毒死亡的药剂。

② 触杀型除草剂　不能在植物体内传导移动，只能杀死所接触到的植物组织的药剂。

③ 灭生性除草剂　在常用剂量下可以杀死所有接触到药剂的绿色植物体的药剂，如草甘膦。

④ 选择性除草剂　在一定剂量或浓度下，除草剂能杀死杂草而不杀伤作物；或是杀死某些杂草而对另一些杂草无效；或是对某些作物安全而对另一些作物有伤害。具有这种特性的除草剂称为选择性除草剂。目前使用的除草剂大多数都属于此类。

（4）植物生长调节剂　是用于调节植物生长发育的一类农药，包括人工合成的具有与天然植物激素相似作用的化合物和从生物中提取的天然植物激素。常见的植物生长调节剂有以下几大类：

① 延长贮藏器官休眠的胺鲜酯、氯吡脲、复硝酚钠、抑芽丹、萘乙酸钠盐、萘乙酸甲酯；

② 打破休眠促进萌发的赤霉素、激动素、胺鲜酯、氯吡脲、复硝酚钠、硫脲、氯乙醇、过氧化氢；

③ 促进茎叶生长的赤霉素、胺鲜酯、6-苄基氨基嘌呤、油菜素内酯、三十烷醇；

④ 促进生根的吲哚丁酸、萘乙酸、2,4-D、多效唑、乙烯利、6-苄基氨基嘌呤；

⑤ 抑制茎叶芽生长的多效唑、优康唑、矮壮素、甲哌鎓（缩节胺）、三碘苯甲酸、抑芽丹；

⑥ 促进花芽形成的乙烯利、6-苄基氨基嘌呤、萘乙酸、2,4-D、矮壮素；

⑦ 抑制花芽形成的赤霉素、调节膦。

⑧ 疏花疏果的萘乙酸、乙烯利、赤霉素、吲熟酯、6-苄基氨基嘌呤；

⑨ 保花保果的 2,4-D、胺鲜酯、氯吡脲、复硝酚钠、防落素、赤霉素、6-苄基氨基嘌呤；

⑩ 延长花期的多效唑、矮壮素、乙烯利；

⑪ 诱导产生雌花的乙烯利、萘乙酸、吲哚乙酸、矮壮素；

⑫ 诱导产生雄花的赤霉素；

⑬ 切花保鲜的氨氧乙基乙烯基甘氨酸、氨氧乙酸；

⑭ 形成无籽果实的赤霉素、2,4-D、防落素、萘乙酸、6-苄基氨基嘌呤；

⑮ 促进果实成熟的胺鲜酯、氯吡脲、复硝酚钠、乙烯利；

⑯ 延缓果实成熟的 2,4-D、赤霉素、激动素、萘乙酸、6-苄基氨基嘌呤；

⑰ 延缓衰老的 6-苄基氨基嘌呤、赤霉素、2,4-D、激动素；

⑱ 提高氨基酸含量的多效唑、防落素、吲熟酯；

⑲ 提高蛋白质含量的防落素、萘乙酸；

⑳ 提高含糖量的增甘膦、调节膦、甲哌鎓；

㉑ 促进果实着色的胺鲜酯、氯吡脲、复硝酚钠、吲熟酯、多效唑；

㉒ 增加脂肪含量的萘乙酸、抑芽丹、整形素；

㉓ 提高抗逆性的脱落酸、多效唑、矮壮素。

（5）杀鼠剂　用于控制鼠害的一类农药。狭义的杀鼠剂仅指具有毒杀作用的化学药剂，广义的杀鼠剂还包括能熏杀鼠类的熏蒸剂、防止鼠类损坏物品的驱鼠剂、使鼠类失去繁殖能力的不育剂、能提高其他化学药剂灭鼠效率的增效剂等。

三、农药的剂型

常见农药剂型有粉剂、粒剂、可湿性粉剂、乳油、悬浮剂、缓释剂等，根据我国国标 GB/T 19378—2003，农药剂型名称及代码详见附录一。

（1）粉剂　粉剂 95% 粉粒可通过 200 目筛（筛孔内径 $74\mu m$），适用于水源困难的地区使用。粉剂不能用于兑水喷雾。

（2）粒剂　粒剂按粒径大小分为微粒剂、颗粒剂和大粒剂，粒径大于大粒剂的被称为块状剂，或称丸剂。

（3）水分散粒剂　又称干悬浮剂或粒型可湿性粉剂，在水中能较快地崩解、分散，形成高悬浮的制剂。

（4）可湿性粉剂　以不溶于水的原药与润湿剂、分散剂、填料混合，经粉碎而成。该剂加水可稀释成稳定的、分散性良好的可供喷雾用的悬浮液。

（5）可溶性粉剂　由水溶性较大的农药原药，或水溶性较差的原药附加了亲水基，与水溶性无机盐和吸附剂等混合磨细后制成。粉粒细度要求 98% 通过 80

目筛。

(6) 乳油　农药原药按比例溶解在有机溶剂中，加入一定量的农药专用乳化剂配制成透明均相液体。该制剂需要使用大量有机溶剂，目前国家不提倡该剂型。

(7) 水乳剂　将液体或与溶剂混合制得的液体农药原药以 $0.5\sim1.5\mu m$ 的小液滴分散于水中的制剂，外观为乳白色牛奶状液体。该剂型环境友好，国家积极提倡。

(8) 悬浮剂　将固体农药原药以 $4\mu m$ 以下的微粒均匀分散于水中的制剂。以水为介质的浓悬浮剂常简称为悬浮剂；以油为介质的浓悬浮剂常简称为油悬剂。

(9) 缓释剂　控制农药有效成分从加工品中缓慢释放的农药剂型。

(10) 种衣剂　农药包覆在植物种子外面并形成比较牢固药层的剂型。

四、农药的施用方法

1. 喷粉法

用喷粉机或其他工具把粉剂喷施到农作物或防治对象上的施药方法。该法不用兑水，直接使用，工效高，是防治暴发性病虫害的有效手段。

影响喷粉防治效果的因素及改善措施如下。

(1) 粉剂的理化性质对喷粉质量的影响　呈疏松状态的粉剂，喷出后，会出现一定程度的絮结，有利于粉剂的沉积，但降低了粉剂在受药表面的分散度。超细粉粒，容易引起粉尘飘移；露水天或雨后，有助于粉粒在植物表面的黏附。

(2) 力学性能与操作方法对粉剂均匀分布的影响　喷粉要将粉剂均匀地喷施到每一地段的作物上。

(3) 环境因素对喷粉质量的影响　喷粉时间，一般以早晚有露水时效果较好，因为药粉可以更好地附在植物或有害物上；喷粉应在无风、无上升气流或在 $1\sim2$ 级风速下进行，不应顶风喷撒，喷后一天内下雨则需补喷。

随着粉剂不断改进，无粉尘飘移剂型的出现，粉剂的不利因素将得到改善。

2. 喷雾法

利用喷雾机械将悬浮液、乳状液或水剂、油剂等均匀地喷洒在作物上或防治对象表面上，来防治有害生物。适合喷雾法的农药剂型有可湿性粉剂、可溶性粉剂、乳油、微乳剂、水乳剂、悬浮剂和其他水基化剂型等。

影响喷雾效果的因素主要有四个方面。

(1) 剂型的质量（主要指悬浮性、稳定性、湿润性和展着性）越好，防治效果越好。

(2) 雾滴越细，分布植物表面越均匀。但是细小的雾滴受外界条件的影响容易飘移，影响防治效果。雾滴太大易于沉降，但分布不均匀，所以雾滴大小要适中。

(3) 害虫体表的结构及喷雾技术。

(4) 受到气象条件的影响。

3. 土壤处理法

将药剂用喷粉、喷雾或毒土等方法施放在土面后再耕耙入土壤中，使药剂分散在耕作层内，或用药液淋于根部附近，或用注射方法注入土壤中。这种方法主要用于防治地下害虫、线虫、土壤传播的病害及杂草的萌动种子或幼芽。

土壤处理效果的好坏首先与土壤的酸碱度有关，中性土壤最好。其次，与处理时的土壤温度有关。再次，与药剂的理化性质有关，即与药剂在土壤中的渗透性和扩散性有关。一般说来，蒸气压较高的药剂，在土壤中易于扩散。该法有利于保护天敌，但是药剂容易流失。目前主要用于处理苗床、植穴、根部周围的土壤。

4. 拌种和浸种（苗）法

将药剂与干种子混合拌匀的方法。这种方法可防地下害虫、土传或种子传播的病害。常用拌种药剂为高浓度粉剂、可湿性粉剂、乳油等。或把种子（种苗）浸泡在药液中，过一定时间后捞出来，直接杀死种子（种苗）上携带的病原菌。药液浓度和药液温度不要过高，浸种时间应按农药说明书的要求严格掌握，时间过长影响种子的萌发，也容易产生药害。

5. 毒谷、毒饵和毒土

这是防治蝼蛄、地老虎、蟋蟀等地下害虫和鼠类的有效方法。将害虫喜食的饵料如豆饼、麦麸、花生饼等煮熟或炒熟，然后和具有强胃毒作用药剂混拌而成。毒土是由药剂与湿润细土均匀混合而成。用时撒于地面、水面或与种子混播。毒土配制方法简单，不需药械，使用方便，工效高，用途广。

6. 熏蒸法

利用具有挥发性的农药产生的毒气防治病虫害，主要用于土壤、温室、大棚、仓库等场所的病虫害防治。

7. 烟雾法

利用专用的机具把油状农药分散成烟雾状态达到杀虫灭菌的方法。由于烟雾的粒子很小，在空气中悬浮时间较长，沉积分布均匀，这种方法经常应用于大棚作物病虫害的防治。

8. 涂抹法

将具有内吸性的农药配制成高浓度的药液，涂抹在植物的茎、叶、生长点等部位，主要用于防治具有刺吸式口器的害虫和钻蛀性害虫，也可施用具有一定渗透力的杀菌剂来防治果树病害。

五、农药的科学使用

农药在有效控制病、虫、草、鼠害，确保农作物安全生产方面发挥了重要作用，也获得了良好的经济效益和社会效果。但是，许多农户对农药的使用方法掌握不够，导致在农业生产中出现比较突出的问题。具体情况如下。

（1）防治对象不明确　作物生长期往往是几种病虫害同时发生，不了解各种病虫的生物学及生活习性而滥用农药，如用康宽防治非鳞翅目害虫，用杀虫剂防治病害等。

（2）喷药时间欠佳　一是施药不及时，不见病虫不施药，看见病虫大量发生后再施药，以至延误了施药的最佳时间；二是不按指标用药，见虫就治，见病就防，有虫无虫打保险药、放心药，浪费人力、财力。

（3）农药混配不当　不清楚农药的特性与功能，盲目混配，导致农药的药效降低或发生药害。

（4）喷药技术欠妥　施药时怕费力，图省事，药液喷布不均匀，植株内膛、叶背往往不着药，这样难以获得较好的防治效果。

（5）喷药时机不当　不顾高温、高湿、刮风等天气，随意施药造成防治效果差，甚至发生药害或人员中毒。

（6）抗药性频繁发生　用药单一，发现某种农药效果好就长期使用，或随意加大用药浓度和药量，使有害生物很快产生抗药性。

（7）忽视保护天敌　对天敌认识不足，喷药不注意保护天敌，习惯用广谱性高毒农药，造成大量天敌死亡，并使害虫更加猖獗。

为了科学合理使用农药，避免发生这些问题，作为农药使用者除了遵守国家有关农药安全使用规定外，还需要了解如下知识。

（一）掌握病、虫、草害的生物学特性是科学用药的基础

不明确防治对象，很难做到对症下药，因此，认识有害生物的生存状态、生存条件、行为和习性是非常重要的。

1. 害虫的生物学特性

害虫从卵到成虫需要经历几个发育阶段，各阶段对农药的敏感度不同。卵期、蛹期不活动，又有外壳保护，许多杀虫剂对其杀伤力较小。而若虫或幼虫、成虫阶段，生理活动强烈，取食、迁移活动频繁，很容易接触杀虫剂而受到杀灭。其中，幼龄幼虫对农药敏感，易于防治；老龄幼虫抗药力增强，选择初孵时期用药就会事半功倍。因此，各级病虫预测预报站常常把这个时期定为最佳防治期。成虫大多具趋光性，有的成虫对糖醋混合液趋性强，因而常用灯光及糖醋诱杀成虫。一般而言，防治咀嚼式口器害虫可用胃毒剂；防治刺吸式害虫可用触杀或内吸性杀虫剂，胃毒剂不能发挥作用；熏蒸杀虫剂具强大的挥发、渗透力，常用来防治仓储害虫或地下害虫。防治夜出害虫或卷叶害虫以傍晚施药效果较好。

2. 病害的生物学特性

各种病害入侵部位和病害扩展方式不同，防治方法不一样。土壤传播的病

害（如枯萎病），只有对土壤进行处理才能奏效；种子带菌传播的病害，常用种子处理方法防治；植株上侵染的病害，大多采用喷雾、喷粉法防治。同是杀菌剂有的对真菌性病害有效，有的对细菌性病害有效。病害方面，病原菌休眠孢子抗药力强，孢子萌发时抗药力减弱。充分了解这些特性，有助于开展防治工作。

3. 杂草的生物学特性

除草剂灭草原理主要是利用植物不同的形态特征、不同的生理特性、不同的空间分布、不同的生长时差进行除草。单子叶杂草（如禾本科）叶片竖立、叶面积小，表面角质层、蜡质层厚，生长点被多层叶鞘所保护，除草剂不易被吸附或黏附量极少；双子叶杂草叶片平伸，叶面积大，表面角质层和蜡质层薄，生长点裸露，除草剂易被黏附或黏附量大，形成了受药量的较大差别。这时，除草剂利用杂草不同形态来开展防除工作。

防除杂草，可以利用植物根系在土壤中分布深浅不同，或植株高度不同，使除草剂在土表形成 1～2cm 的药层，杀死土表的杂草，而根系较深的植株得到保护；或利用杂草和瓜菜高低位差进行除草，如使用灭生性除草剂将低矮的杂草防除，尽量避免药剂接触作物；或利用除草剂残效期短的特性，采取播前施用，迅速杀死杂草，药效过后再行播种或移栽；或者在播种后立即施药，过后作物才出芽。

(二) 选择剂型和施药方法

我国农药剂型有 20 多种，常见剂型有 10 余种。不同剂型的施药方法存在差别，同一剂型有不同的施药方法。要想充分发挥药剂本身的作用，需要考虑到防治对象和作物的特点，这样才能充分发挥药剂的作用效果。

粉剂使用简单，工效高，可直接使用；但缺点是粉尘随大气漂移，容易对环境造成污染，一般风速达到 1m/s 就不适于喷粉。可湿性粉剂在水中有较好的悬浮率，喷在叶面能湿润作物表面，扩大展布面积。该剂型不用有机溶剂和乳化剂，包装、运输费用低，耐储存，是一种常见剂型。乳油、浓乳剂、微乳剂的特点是农药分散度高，作为喷雾剂型应用广泛。胶悬剂比可湿性粉剂分散度更高，粒径更细，在水中的悬浮性明显高于可湿性粉剂，防治效果也一般比可湿性粉剂要好。水剂直接兑水使用，成本低，缺点是不耐贮藏，易水解失效，湿润性差，残效期短。油剂常用于超低容量喷雾，不需稀释而直接喷洒。一般油剂挥发性低、黏度低、闪点高、对人畜安全。烟雾剂通过点燃药物后农药有效成分因受热而气化，在空中受冷后凝结成固体微粒沉到植物上而防治病虫，用于空间密封的场所如森林、仓库、温室、大棚。使用时工效高，劳动强度低。

一般来说，可湿性粉剂、乳油、悬浮剂等，以喷雾、浇灌法为主；颗粒剂以撒施或深层施药为主；粉剂，采用喷粉、撒毒土法等；触杀性农药以喷雾为主；危害叶片的害虫以喷雾和喷粉为主；钻蛀性害虫或危害作物基部的害虫以浇灌或撒毒土为主。

（三）选择时期，适时用药

在自然界，光照、气温、空气湿度、风向、风速和降水等气象条件与用药是密切相关的。气象条件影响农药的药效和对植物的药害，也导致农药对周围环境的污染。只有合理利用气象条件，掌握科学的施药技术，才能省工、省药、效果好，并可防止农药对植物产生药害。

1. 温度与农药施用

农作物在炎热的天气中生命力旺盛，叶子的气孔开放多而大，药剂喷上去容易侵入到作物体内，产生药害。同时，高温容易促进药剂的分解和农药有效成分的挥发，使施药人员更容易中毒。所以在炎热高温的天气条件下，尽可能不施药，尤其是中午不要施药，以防发生药害和施药人员中毒事故。农药施用的时间应选在晴天，早上10点前和下午4点以后进行。

另外，高温季节，病虫活动有一定规律特点。许多害虫有喜阴避阳的习性，往往集中于植株下部丛间或叶背，病害则多从叶背气孔和下部叶片侵入。同时，在高温季节，病虫害繁殖扩散速度较快，病虫害的抗药性也会增强。所以，在高温季节施药时，要根据病虫害的危害特征，合理确定喷药部位，掌握最佳的喷药时机，并注重检查药效，适当更换农药，降低病虫害的抗药性，提高防治效果。

大多数农药适宜的施药温度是20～30℃，温度过低不利于药效的发挥；温度过高会促使药剂分解，残效期短。挥发性强的农药或负温度系数的杀虫剂，则不宜在高温下使用，如拟除虫菊酯类杀虫剂。

2. 湿度与农药施用

湿度高容易导致部分农药分解，使药剂失效或产生药害。对作物而言，叶面湿度大易黏附粉剂，使农药施用不均匀而导致药害，或叶面上的露水冲淡药剂，降低药效。所以在雾天、露水多或刚下过雨时，不宜马上施用农药。湿度对波尔多液影响较大，在湿度大的地方使用波尔多液时，需要减少硫酸铜用量或增加石灰用量。

3. 降雨与农药施用

海南雨水丰富，特别是雨季，几乎每天一场大雨。如果施药不久，遇到降雨，会使已施的药剂受冲刷而流失，不仅降低药效，而且还污染环境。所以，即将下雨时，不能施用农药。如果施药后，遇到降雨，待雨过天晴后及时补施。为了提高雨季施药的防治效果，可采取如下措施。

（1）选择合适的农药品种

① 选用内吸性农药　内吸性农药可以通过植物根、茎、叶等进入植株体内，并输送到其他部位。具有迅速传导作用的硫菌灵（托布津）、多菌灵、粉锈宁、杀

虫双等，及除草剂乙草胺、精禾草克、草甘膦等，这些内吸性农药施用后数小时，大部分被植物吸收到组织内部，其药效受降雨的影响较小。虽无传导作用的功夫菊酯、灭幼脲、代森铵等在作物表面上具有较强的渗透力和抗冲刷能力，也适合雨季施用。

② 选用速效农药 选用速效农药能够在短时间内杀死大量害虫，达到防治目的，从而避免雨水的影响。如抗蚜威，施用后数分钟即可杀死作物上的蚜虫。辛硫磷、菊酯类农药，具有很强的触杀作用，在施用后 $1 \sim 2h$ 之内就可杀死大量害虫，且杀虫率高。

③ 选用微生物农药 化学农药在雨季施用或多或少降低药效，但微生物农药相反，连绵阴雨天反而会提高其药效。如在干燥条件下施用微生物农药效果不理想，在高湿情况下，尤其是在雨水或露水存在时，其孢子或菌体萌发，繁殖速度加快，杀虫作用才会提高。常用的微生物农药有白僵菌、青虫菌、Bt 乳剂等。

（2）在药液中加黏着剂和辅助增效剂 配制药液时，适量加些洗衣粉或皂角液等黏着剂，能增强农药在作物及害虫体表的附着力，施药后遇中小雨也不易把药剂冲刷掉。如在粉剂中加入适量黏度较大的矿物油或植物油、豆粉、淀粉等，可明显提高黏着性。在可湿性粉剂或悬浮液中加入水溶性黏着剂，如各种动物骨胶、树胶、纸浆废液、废糖蜜以及聚乙烯醇等合成黏着剂，耐雨水冲刷能力增强。

（四）掌握好用药量，防止药害

使用农药要做到用药合理，掌握用药量的原则。一是施药的浓度，二是单位面积的用药量，三是施药次数。不可盲目地滥用农药，不要喷"保险药"或"定期喷药"，这样不仅增加防治成本，造成浪费，还会加速一些病、虫害对农药产生抗性，也容易使某些蔬菜产生药害，造成对蔬菜和环境的污染。农药的用量和浓度一般要严格按照说明书的要求施药，力争使农药的副作用降低到最小限度。

（五）合理混用，提高药效

农药混用的目的是增效、兼治和扩大防治对象。科学混用可以同时防治多种病虫草害、扩大防治范围、节省时间、降低劳动力成本。农药混合后不应发生物理、化学性质的变化；作物不应出现药害现象，不应降低药效，不应增加急性毒性。

（1）发生酸碱反应的农药避免混用 常见的有机磷酸酯、氨基甲酸酯、拟除虫菊酯类杀虫剂，有效成分都是"酯"，在碱性介质中容易水解；福美、代森等二硫代氨基甲酸酯类杀菌剂在碱性介质中会发生复杂的化学变化而被破坏。有些农药既不能与碱性物质混用，也不能与酸性农药混用，如马拉硫磷、喹硫磷；有些农药在酸性条件下会分解，或者降低药效，如 2,4-滴钠盐或铵盐、2 甲 4 氯钠盐等。

（2）避免与含金属离子的农药混用 二硫代氨基甲酸酯类杀菌剂、2,4-滴类除草剂与含铜制剂混用可生成铜盐降低药效；甲基硫菌灵、硫菌灵可与铜离子络合而失去活性。除铜制剂外，与其他含重金属离子的制剂如铁、锌、锰、镍等制剂，混用时也要特别慎重。

（3）避免出现药害　石硫合剂与波尔多液混用，可产生有害的硫化铜，增加可造成药害的可溶性铜离子。二硫代氨基甲酸酯类杀菌剂，无论在碱性中或与铜制剂混用都会产生有药害的物质。

（4）增效作用　多功能氧化酶是昆虫产生抗药性的主要酶之一，辛硫磷能抑制该酶，因此辛硫磷与菊酯类或其他有机磷类杀虫剂混用，有一定增效作用，同时延缓抗性发生。

（六）合理交替，轮换使用农药

有害生物抗性形成是进化的必然结果，长期连续使用单一农药导致有害生物抗性不断增加。所以克服或延缓病虫抗药性的发生，除农药混用之外，采用交替、轮换使用不同品种或不同类型的农药，是行之有效的措施之一。

（七）安全间隔期

农药使用的安全间隔期是指最后一次施用农药的时间到农产品收获时相隔的天数。掌握农药使用的安全间隔期可保证收获农产品的农药残留量不超过国家规定的允许标准。

不同农药或同一种农药施用在不同作物上的安全间隔期不一样，因此，在使用农药时一定要看清农药标签标明的农药使用安全间隔期和每季最多用药次数，确保农产品在农药使用安全间隔期过后才采收，不得随意增加施药次数和施药量，以防止农产品中农药残留超标。

表1-1列举了一些常用农药的使用安全间隔期，具体施药时就遵照所用农药标签的规定和《农药合理使用准则》。

表1-1　常用农药的安全间隔期

农药名称	含量及剂型	适用作物	防治对象	使用次数/次	安全间隔期/天
阿维菌素	1.8%乳油	叶菜	小菜蛾	1	7
		柑橘	潜叶蛾、红蜘蛛	2	14
		黄瓜	美洲斑潜蝇	3	2
		豇豆	美洲斑潜蝇	3	5
啶虫脒	20%乳油	黄瓜	蚜虫	3	2
		柑橘		1	14
	20%可溶粉剂	黄瓜		3	1
	3%乳油	烟草			15

农药名称	含量及剂型	适用作物	防治对象	使用次数/次	安全间隔期/天
双甲脒	20%乳油	柑橘	螨类、介壳虫	春梢3次夏梢2次	21
三唑锡	25%可湿性粉剂	柑橘	红蜘蛛	2	30
	20%悬浮剂	柑橘		2	30
苯螨特	10%乳油	柑橘	红蜘蛛	2	21
联苯菊酯	10%乳油	番茄(大棚)	白粉虱、螨类	3	4
		茶叶	尺蠖、茶毛虫、茶小绿叶蝉、黑刺粉虱、象甲	1	7
仲丁威	50%乳油	水稻	稻飞虱、叶蝉、三化螟、蓟马	4	21
噻嗪酮	25%可湿性粉剂	水稻	稻飞虱、叶蝉、褐飞虱	2	14
		柑橘	矢尖蚧	2	35
		茶叶	小绿叶蝉、黑刺粉虱	1	10
丁硫克百威	20%乳油	水稻	稻飞虱、三化螟	1	30
		甘蓝	蚜虫	2	7
		柑橘	锈壁虱、潜叶蛾、蚜虫	2	15
		节瓜	蓟马	2	7
	5%颗粒剂	甘蔗	蔗龟	1	192
			蔗螟		—
杀螟丹	50%可溶性粉剂	水稻	螟虫	3	21
		茶叶	茶小绿叶蝉	2	7
	98%可溶性粉剂	柑橘	潜叶蛾	3	21
		白菜	菜青虫、小菜蛾	3	7
虫螨腈	10%悬浮剂	甘蓝	小菜蛾	2	14
毒死蜱	48%乳油	叶菜	菜青虫、小菜蛾	3	7
		柑橘	红蜘蛛、锈壁虱、矢尖蚧	1	28
杀螺胺	70%可湿性粉剂	水稻	福寿螺	2	52
高效氟氯氰菊酯	2.5%乳油	甘蓝	菜青虫、蚜虫	2	7
高效氯氰菊酯	10%乳油	甘蓝	菜青虫	3	—
氟氯氰菊酯	5.7%乳油	甘蓝	菜青虫	2	7
氯氟氰菊酯	2.5%乳油	叶菜	小菜蛾、蚜虫、菜青虫	3	7
		柑橘	潜叶蛾、介壳虫、螨类	3	21
		茶叶	茶尺蠖、茶毛虫、小绿叶蝉	1	5
		烟草	烟蚜	2	7
		荔枝	蝽象	2	14

农药名称	含量及剂型	适用作物	防治对象	使用次数/次	安全间隔期/天
氯氰菊酯	10%乳油	柑橘	潜叶蛾	3	7
		桃	桃小食心虫		
		叶菜	菜青虫小菜蛾	3	小青菜2 大白菜5
		番茄	蚜虫、棉铃虫	2	1
		茶叶	茶尺蠖、茶毛虫、小绿叶蝉	1	7
	25%乳油	叶菜	菜青虫、小菜蛾	3	3
	5%乳油	荔枝	荔枝蝽象	2	14
顺式氯氰菊酯	5%乳油	茶叶	茶尺蠖、叶蝉	1	7
	10%乳油	叶菜	菜青虫、小菜蛾、蚜虫	3	3
		黄瓜	蚜虫	2	3
		柑橘	潜叶蛾、红蜡蚧	3	7
溴氰菊酯	2.5%乳油	叶菜	菜青虫、小菜蛾	3	2
		柑橘	潜叶蛾		28
		茶叶	茶尺蠖、茶毛虫、小绿叶蝉、介壳虫	1	5
		烟草	烟青虫	3	15
		油菜	蚜虫	2	5
		花生	蚜虫,棉铃虫	2	14
	25%水分散片剂	甘蔗	菜青虫	2	3
除虫脲	25%可湿性粉剂	柑橘	潜叶蛾 锈壁虱	3	28
		甘蓝	菜青虫		7
	25%悬浮剂	茶叶	茶毛虫	1	7
			茶尺蠖		
顺式氰戊菊酯	5%乳油	叶菜	菜青虫、小菜蛾	3	3
		柑橘	潜叶蛾	3	21
		茶叶	茶尺蠖、叶蝉等	2	7
		烟草	烟青虫	2	10
		甜菜	甘蓝夜蛾	2	60
苯丁锡	50%可湿性粉剂	番茄	红蜘蛛	2	7
		柑橘	红蜘蛛、锈螨		21

农药名称	含量及剂型	适用作物	防治对象	使用次数/次	安全间隔期/天
杀螟硫磷	50%乳油	水稻	稻螟虫、稻纵卷叶螟	3	21
苯硫威	35%乳油	柑橘	全爪螨	2	7
甲氰菊酯	20%乳油	叶菜	小菜蛾、菜青虫		3
		柑橘	红蜘蛛、潜叶蛾		30
		茶叶	茶尺蠖、茶毛虫、茶小绿叶蝉	1	7
氰戊菊酯	20%乳油	叶菜	菜青虫、小菜蛾	3	12
		柑橘	潜叶蛾、介壳虫	3	7
		茶叶	茶尺蠖、茶毛虫、丽绿刺、黑刺粉虱	1	10
氟虫脲	5%乳油	柑橘	全爪螨、锈螨、潜叶蛾	2	30
地虫硫磷	5%颗粒剂	甘蔗	蔗龟	1	甘蔗苗期沟施
	3%颗粒剂	花生	蛴螬	1	播种时掺沙土沟施
噻唑磷	10%颗粒剂	黄瓜	土壤线虫	1	25
噻螨酮	5%可湿性粉剂	柑橘	红蜘蛛	2	30
吡虫啉	20%可溶液剂	水稻	稻飞虱	2	7
		甘蓝	菜蚜		7
		烟草	蚜虫	2	10
		番茄	白粉虱		3
		番茄(保护地)	白粉虱		7
	5%乳油	节瓜	蓟马	3	3
氯唑磷	3%颗粒剂	水稻	稻瘿蚊、稻飞虱、三化螟	3	28
		甘蔗	蔗龟、蔗螟	1	60
四聚乙醛	6%颗粒剂	水稻	福寿螺	2	70
		叶菜	蜗牛、蛞蝓		7
灭多威	24%可溶粉剂	柑橘	柑橘蚜虫	3	15
			潜叶蛾		
		茶叶	茶小绿叶蝉	1	7
		烟草	烟青虫	2	5
	90%可湿性粉剂	甘蓝	菜青虫	1	7
		柑橘	潜叶蛾	3	15
		烟草	烟青虫	3	10
杀虫单	80%可溶粉剂	水稻	二化螟	2	30
			稻纵卷叶螟		

农药名称	含量及剂型	适用作物	防治对象	使用次数/次	安全间隔期/天
稻丰散	50%乳油	水稻	螟虫、稻飞虱、叶蝉、负泥虫	4	7
		柑橘	介壳虫、蚜虫、蓟马、潜叶蛾、黑刺粉虱、角肩蜡象	3	30
克螨特	73%乳油	柑橘	螨类	3	30
喹硫磷	25%乳油	水稻	螟虫、稻瘿蚊、稻飞虱、蓟马、叶蝉	3	14
		叶菜	菜青虫、斜纹夜蛾	2	24
		柑橘	橘蚜、潜叶蛾、介壳虫	3	28
		茶叶	茶尺蠖、叶蝉、介壳虫	1	14
哒螨灵	15%乳油	茶叶	螨类	1	5
多杀菌素	2.5%悬浮剂	甘蓝	小菜蛾	3	3
百菌清	45%烟剂	黄瓜	霜霉病	4	3
	75%可湿性粉剂	花生	叶斑病、锈病	3	14
		番茄	早疫病		7
	40%胶悬剂	花生	花生叶斑病	3	30
	40%悬浮剂	番茄	早疫病		3
氢氧化铜	77%可湿性粉剂	番茄	早疫病	3	3
		柑橘	溃疡病	5	30
敌瘟磷	40%乳油	水稻	稻瘟病	3	21
己唑醇	5%悬浮剂	水稻	纹枯病	2	45
抑霉唑	22.2%乳油 50%乳油	柑橘	青绿菌	1	60
异菌脲	25%悬浮剂	香蕉	储藏病害	1	4
	50%悬浮剂	番茄	灰霉病、早疫病	3	7
稻瘟灵	40%乳油、可湿性粉剂	水稻	稻瘟病	2	28
春雷霉素	2%水剂	水稻	稻瘟病		21
		番茄	叶霉病		4
代森锰锌	80%可湿性粉剂	番茄	早疫病	3	15
		西瓜	炭疽病		21
		荔枝	霜疫霉病	3	10
		烟草	赤星病	2	21
		马铃薯	晚疫病	3	3
		花生	叶斑病		7
	42%干悬浮剂	香蕉	叶斑病	3	7
	75%干悬浮剂	西瓜	西瓜炭疽病	3	21
	43%悬浮剂	香蕉	香蕉叶斑病	3	35

农药名称	含量及剂型	适用作物	防治对象	使用次数/次	安全间隔期/天
咪鲜胺	45%乳油	芒果	储存病害	1	7
	45%水乳剂	香蕉	香蕉冠腐病、炭疽病		7
丙环唑	25%乳油	香蕉	叶斑病	2	42
丙森锌	70%可湿性粉剂	黄瓜	霜霉病	3	5
		番茄	早疫病、晚疫病、霜霉病	3	7
嘧霉胺	40%悬浮剂	黄瓜	灰霉病	2	3
烯肟菌酯	25%乳油	黄瓜	霜霉病	3	3
硫线磷	10%颗粒剂	柑橘	根结线虫	2	120
		甘蔗	线虫	1	
戊唑醇	25%水乳剂	香蕉	叶斑病	3	42
甲基硫菌灵	70%可湿性粉剂	水稻	稻瘟病、纹枯病	3	30
	50%悬浮剂	水稻	稻瘟病、纹枯病	3	
三环唑	75%可湿性粉剂	水稻	稻瘟病	2	21
春雷霉素+氧氯化铜	50%可湿性粉剂	柑橘	溃疡病	5	21
甲霜灵+代森锰锌	58%可湿性粉剂	黄瓜	霜霉病	3	1
		葡萄		3	21
噁霜灵+代森锰锌	64%可湿性粉剂	黄瓜	霜霉病	3	3
		烟草	黑胫病	3	20
霜脲氰+代森锰锌	72%可湿性粉剂	黄瓜	霜霉病	3	2
		荔枝	荔枝霜(疫)霉病	3	14

六、农药的安全使用

随着人民生活质量及消费水平的不断提高，对无公害农产品的需求不断增加，生产出安全、可靠的农产品成为人们关注的焦点。但是，部分使用者违禁、违规使用农药，致使农药造成的安全性问题日益突出，主要表现：一是由于农药使用者缺乏安全意识，缺少必要的保护措施，致使农药中毒事故时有发生；二是不法经营和违规使用农药，引发农作物药害，造成减产甚至绝收；三是少数人员使用高毒农药品种，特别是违禁农药在蔬菜、瓜果上使用，造成农产品农药残留污染，直接危害人民群众的身体健康。因此，认识农药药害，了解农药对人畜和环境的影响，有助于使用者安全、合理使用农药。

1. 农药对作物的药害

合理使用农药不仅可以防治病、虫、草的危害，还可促进农作物的生长发育，提高产量。如果使用不当就会对作物的生长、发育、开花、结果产生不利影响，降低产品质量，这就是农药对植物产生的药害。

农作物药害是指因使用农药不当而引起作物反应，产生各种病态，包括作物体内生理变化异常、生长停滞、植株变态甚至死亡等一系列症状。作物的药害可分为急性药害和慢性药害两种。

急性药害指施药后几小时或几天内表现的症状，一般发展快，症状明显。如叶片被"烧焦"灼伤，变色、变形等；果实出现药斑；根系停止生长或变黑，严重时造成落叶、落花、落果等；甚至整株死亡。

慢性药害指在喷药后并不很快出现药害现象，经过较长时间才表现出生长缓慢、发育不良，开花结果延迟，落花落果增加，产量低，品质差等现象。农作物药害根据不同症状分为以下几类。

(1) 斑点　表现在作物叶片上，有时也发生在茎秆或果实表皮上。药斑有褐斑、黄斑、枯斑、网斑等几种。药斑与生理性病害斑点的区别在于，前者在植株上的分布没有规律性，整个地块发生有轻有重；后者通常发生普遍，植株出现症状的部位比较一致。药斑与真菌性病害的区别是药害斑点大小、形状变化多而病害具有发病中心，斑点形状较一致。如农户频频使用杀虫剂防治白粉虱时，会发生叶缘卷曲，叶面有斑点等药害情况。

(2) 黄化　表现在茎叶部位，以叶片发生较多。药害引起的黄化与营养缺乏的黄化相比，前者往往由黄叶发展成枯叶，后者常与土壤肥力和施肥水平有关，全田黄化表现一致。药害引起的黄化与病毒引起的黄化相比，后者黄叶有碎绿状表现，且病株表现系统性症状，大田间病株与健株混生。

(3) 畸形　表现在作物茎叶和根部，常见的畸形有卷叶、丛生、根肿、畸形穗、畸形果等。如番茄受 2,4-滴丁酯药害，表现典型的空心果和畸形果。

(4) 枯萎　表现为整株植物出现症状，此类药害大多因除草剂使用不当造成。药害枯萎与侵染性病害引起的枯萎症状比较，前者没有发病中心，而且发生过程较慢，先黄化，后死株，根茎中心无褐变；后者多是根茎部输导组织堵塞，先萎蔫，后失绿死株，根基部变褐色。

(5) 停滞生长　表现为植株生长缓慢。如在黄瓜生长季节，过量或不严格使用矮壮素或促壮素等激素，可能在育苗阶段控制了徒长，但由于剂量过大，限制了秧苗的正常生长，使其老化、生长缓慢。药害引起的生长缓慢与生理性病害的发僵比较，前者往往伴有药斑或其他药害症状，而后者则表现为根系生长差，叶色发黄。

(6) 不孕　作物生殖期用药不当而引起的一种药害。药害不孕与气候因素引起的不孕二者不同，前者为全株不孕，有时虽部分结实，但混有其他药害症状；而气候引起的不孕无其他症状，也极少出现全株性不孕现象。

（7）脱落　有落叶、落花、落果等症状。药害引起的脱落常有其他药害症状，如产生黄化、枯焦后再落叶；而天气或栽培因素造成的脱落常与灾害性天气如大风、暴雨、高温、缺肥、生长过旺等有直接关系。

（8）劣果　主要表现在植物的果实上，使果实体积变小，形态异常，品质变劣，影响食用和经济价值。药害劣果与病害劣果的主要区别是前者只有病状，无病症，后者有病状，多有病症。如生产中一些农户认为调吡脲任何时期都可以使用，只要黄瓜秧雌花少，就可喷施一些调吡脲增加雌花数量。其实不然，黄瓜的花器分化在幼苗期，在育苗阶段使用调吡脲可以有效促进花器分化。过了分化期再用调吡脲，其促进分化作用的效果低微而抑制生长的作用明显，使结瓜期的幼瓜生长受到抑制，长成畸形瓜。

2. 作物产生药害的原因

（1）作物方面的原因

① 不同作物耐药性不同。一般来说，禾本科、蔷薇科、芸香科、十字花科、茄科、百合科等蔬菜的耐药性较强，而葫芦科（如瓜类）、豆科、核果科等作物较易产生药害。各种花卉在开花期对农药敏感，用药要慎重。

② 同一作物不同的发育阶段耐药性不一样。一般以芽期、幼苗期、花期、孕穗期以及嫩叶期、幼果期对药剂比较敏感并易产生药害。

③ 作物的生理状态不同，其耐药力也不同。如冬季休眠期作物耐药力强，而在夏季生长期的耐药力就大为降低，较易产生药害。

④ 有些作物对某些农药特别敏感，容易产生药害。如双子叶植物对 2,4-D 敏感；白菜对波尔多液等含铜制剂敏感；豆类等对敌敌畏敏感，误用这些农药必然产生药害。黄瓜生产中常遭遇飘移性药害。药液雾滴无意中飘落在黄瓜的枝蔓、茎叶上，就会产生疑似病毒病的蕨叶，幼嫩叶片纵向扭曲畸形、脆叶。

（2）农药方面的原因

① 农药使用浓度过高，雾滴粗大，喷雾不均匀，及假冒伪劣农药等容易产生药害。

② 同一农药不同剂型的安全性不一样，一般而言，乳油的安全性差，可湿性粉剂、颗粒剂的安全性最好。植物性农药、微生物农药对作物最安全。

③ 农药混配不当，易产生药害。如石硫合剂与波尔多液混用，可产生有害的硫化铜，增加造成药害的可溶性铜离子；二硫代氨基甲酸酯类杀菌剂，无论在碱性溶液中或与铜制剂混用都会产生有药害的物质。

（3）环境方面的原因　同一农药在不同环境条件下使用，对作物的安全系数不一样。一般温度越高，药剂挥发增强，植物吸收增多，产生药害的可能性越大。如扑草净在低温情况下使用，对水稻很少产生药害，当温度超过 25℃时，就容易产生药害。有的农药在低温、阴雨、湿度过大的条件下产生药害，如波尔多液、水溶性大的除草剂等；有的农药在有风的天气易产生药害，如粉剂、除草剂的漂移产生药害。此外药害还与土壤的性质和含水量有关，一般含有机质少或沙性强的土壤容易产生药害。

3. 农药药害急救方法

使用农药不慎发生药害，如不及时采取措施，会给农户造成很大损失，有时甚至是毁灭性的。一旦发生要及时采取必要措施，把损失降到最低。一般的急救措施如下。

（1）清水冲洗　由叶面和植株喷洒某种农药后产生的药害，在发现早期，迅速用大量清水喷洒受药害的作物叶面，反复喷洒清水2～3次，尽量把植株表面上的药物洗刷掉，并增施磷钾肥，中耕松土，促进根系发育，以增强作物恢复能力。

（2）喷药中和　如药害为酸性农药造成的，可撒施一些生石灰或草木灰，药害较强的还可用1%的漂白粉液叶面喷施。对碱性农药引起的药害，可增施硫酸铵等酸性肥料。如药害造成叶片白化时，可用粒状50%腐殖酸钠3000倍液进行叶面喷雾，或将50%腐植酸钠配成5000倍液进行浇灌，药后3～5天叶片会逐渐转绿。如因波尔多液中的铜离子产生的药害，可喷0.5%～1%石灰水解除。如受石硫合剂的药害，在水洗的基础上喷400～500倍的米醋液，可减轻药害。因多效唑抑制过重，可适当喷施0.005%赤霉素溶液缓解。一般采用下列农药可消除和缓解其他农药药害：抗病威或病毒K、天然芸苔素和植物多效生长素等。

（3）及时增肥　作物发生药害后生长受阻，长势弱，及时补氮、磷、钾或有机肥，可促使受害植株恢复。无论何种药害，叶面喷施0.1%～0.3%磷酸二氢钾溶液，或用0.3%尿素液加0.2%磷酸二氢钾液混喷，每隔5～7天1次，连喷2～3次，均可显著降低药害造成的损失。

（4）加强栽培与管理　一是适量除去受害已枯死的枝叶，防止枯死部分蔓延或受到感染；二是中耕松土，深度10～15cm，改善土壤的通透性，促进根系发育，增强根系吸收水肥的能力；三是搞好病虫害防治。

（5）耕翻补种　若是药害严重，植株大都枯死，待药性降解后，犁翻土地重新再种。若是局部发生药害，先放水冲洗，局部耕耘补苗，并施速效氮肥。中毒严重田块，先曝晒，再洗药，后耕翻，待土壤残留农药无影响时，再种其他作物。

七、农药的配制方法

绝大多数农药在使用之前，需要兑水稀释到一定浓度后才能使用。了解不同浓度表示方法和不同的稀释倍数，既省药，又方便配制。

1. 药剂浓度常用表示法

（1）百分比浓度　100份药液或药粉中含纯药的份数，用"%"表示。如5%康宽悬浮剂，即100份悬浮剂中含康宽有效成分是5份。

（2）倍数法　稀释倍数可用内比法和外比法来计算。内比法适用于稀释倍数小于 100 的情况，计算时要扣除原药所占的一份，如用一些乳油喷雾需稀释 50 倍，应取 49 份水加入一份药剂中；外比法适用于稀释倍数大于 100 的情况，计算时一般不扣除原药所占的一份，如稀释 500 倍时，则将一份药剂加入到 500 份水中即可，不必扣除原药一份。

2. 农药用量的表示方法

（1）制剂用量表示法　克/公顷（g/hm^2）或毫升/公顷（mL/hm^2）；克/亩（g/亩）或毫升/亩（mL/亩）表示。如 5％康宽悬浮剂用量，$450g/hm^2$ 或 30g/亩。

（2）有效成分含量表示法　单位面积农药有效成分含量表示法。国际用克/公顷（g/hm^2），我国用克/亩（g/亩）表示。

（3）百分比浓度表示法　如 5％康宽悬浮剂。

（4）百万分比浓度表示法　如 $500×10^{-6}$ 乙烯利药液。

（5）稀释倍数表示法　如 2.5％高效氯氟氰菊酯稀释 2000 倍防治菜青虫。

3. 浓度的稀释和计算

倍数稀释计算法（兑水稀释计算）的计算如下。

内比法计算公式：稀释剂（水）的质量＝原药质量×（稀释倍数－1）

外比法计算公式：稀释剂（水）的质量＝原药质量×稀释倍数

（1）求稀释剂的质量

例 1：把 1kg 敌百虫稀释 80 倍，需加水多少千克？

$$稀释剂（水）的质量＝1kg×（80－1）＝79kg$$

例 2：稀释 100g 5％氟铃脲乳油 1500 倍，需加水多少千克？

$$稀释剂（水）的质量＝100g×1500＝150kg$$

（2）求农药原液（粉）的质量

例：配制 15kg（喷雾器容量）5％氟铃脲乳油 1500 倍，需要量取 5％氟铃脲乳油多少？

$$原药液质量＝15kg/1500＝10（g）$$

即配制每桶药液，需要量取 10g 5％氟铃脲乳油。

第二章

杀 虫 剂

阿维菌素 avermectin

avermectin B$_{1a}$
R=CH$_2$CH$_3$

avermectin B$_{1b}$
R=CH$_3$

C$_{48}$H$_{72}$O$_{14}$，873.1(B$_{1a}$)；C$_{49}$H$_{74}$O$_{14}$，887.11(B$_{1b}$)

其他名称 爱福丁、绿菜宝、虫螨光、7051杀虫素。

主要剂型 0.5%颗粒剂，0.05%、0.12%可湿性粉剂，0.3%、0.9%、1%、1.8%乳油。

作用特点 对螨类和昆虫具有胃毒和触杀作用，不能杀卵。作用机制是干扰神经生理活动，刺激释放 γ-氨基丁酸，而氨基丁酸对节肢动物的神经传导有抑制作用。螨类成虫、若虫和昆虫幼虫与阿维菌素接触后即出现麻痹症状，不活动、不取食，2～4天后死亡。因不引起昆虫迅速脱水，所以阿维菌素致死作用较缓慢。阿维菌素对捕食性昆虫和寄生天敌虽有直接触杀作用，但因植物表面残留少，因此对益虫的损伤很小。阿维菌素在土内被土壤吸附不会移动，并且被微生物分解，因而在环境中无累积作用。阿维菌素对害螨和取食植物组织的昆虫有长残效性。

防治对象 对柑橘、蔬菜、棉花、苹果、烟草、大豆、茶树等多种农作物的害虫有较好防治效果，用于防治蔬菜、果树等作物上小菜蛾、菜青虫、黏虫、跳甲等多种害虫，尤其对其他农药产生抗性的害虫尤为有效。对线虫、昆虫和螨虫均有触杀作用，用于治疗畜禽的线虫病、螨和寄生性昆虫病。

使用方法

（1）防治小菜蛾、菜青虫，在低龄幼虫期使用 1000～1500 倍 2％阿维菌素乳油＋1000 倍 1％甲维盐乳油，可有效地控制其为害。

（2）防治金纹细蛾、潜叶蛾、潜叶蝇、美洲斑潜蝇和蔬菜白粉虱等害虫，在卵孵化盛期和幼虫发生期用 3000～5000 倍 1.8％阿维菌素乳油喷雾。

（3）防治甜菜夜蛾，用 1000 倍 1.8％阿维菌素乳油喷雾。

（4）防治果树、蔬菜、粮食等作物的叶螨、瘿螨、茶黄螨和各种抗性蚜虫，使用 4000～6000 倍 1.8％阿维菌素乳油喷雾。

（5）防治蔬菜根结线虫病，按每亩用 2000g 的 0.5％阿维菌素颗粒剂撒施。

注意事项

（1）对皮肤有轻微的刺激性，施药时要有防护措施，戴好口罩。

（2）对鱼高毒，应避免污染水源和池塘。

（3）对蚕高毒，桑叶喷药后毒杀蚕作用明显。

（4）对蜜蜂有毒，请勿在开花期施用。

（5）安全间隔期为 20 天。

胺菊酯 tetramethrin

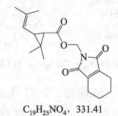

$C_{19}H_{25}NO_4$，331.41

其他名称　阿斯、似虫菊、四甲菊酯、福马克拉、诺毕那命、拟菊酯、酰胺菊酯。

主要剂型　5％乳油，0.37％气雾剂。

作用特点　胺菊酯属低毒杀虫剂，作用于昆虫的中枢神经系统。对蚊、蝇等卫生害虫具有快速击倒效果，但致死性能差，有复苏现象，因此要与其他杀虫效果好的药剂混配使用。该药对蟑螂具有一定的驱赶作用，可使栖居在黑暗处的蟑螂跑出来被其他杀虫剂毒杀而致死。该药为世界卫生组织推荐用于公共卫生的主要杀虫剂之一。

防治对象　防治家庭和畜舍的蚊、蝇和蟑螂等。还可防治庭园害虫和食品仓库害虫。

使用方法　胺菊酯常与增效醚或苄呋菊酯复配，加工成气雾剂或喷射剂，以防治家庭和畜舍的蚊、蝇和蟑螂等。

注意事项

（1）一次施药时间不宜过长，最好在 4h 内。

（2）应封闭贮藏于背光、阴凉和干燥处，远离食品、饮料、饲料及日用品等。

（3）对蜜蜂和家蚕有毒。

苯螨特 benzomate

$C_{18}H_{18}ClNO_5$, 363.79

其他名称　西斗星、西塔宗、西脱螨、杀螨特。

主要剂型　5％、10％、20％、40％、73％乳油，73％悬浮剂。

作用特点　苯螨特是一种新型非内吸性杀螨剂，具有触杀和胃毒作用，对螨的各个发育期均显示较高的防治效果；该药具有较强的速效性和残效性，药后 5～30 天内能及时有效地控制虫口增长，同时该药能防治对其他杀螨剂产生抗药性的螨，对天敌和作物安全。

防治对象　防治所有生长阶段的叶螨，特别是梨果、核果、柑橘、葡萄和观赏植物上的红蜘蛛和始叶螨。

使用方法　防治柑橘和苹果树的全爪螨，用 20％乳油兑水稀释 1500～2000 倍喷雾。

注意事项

（1）安全间隔期为苹果 14 天，柑橘 1 天，一个生长季节最多施药 2 次。

（2）本品可燃，有毒，具有刺激性、致敏性。

（3）除波尔多液外可与其他杀虫剂、杀菌剂混用。

苯醚菊酯 phenothrin

$C_{23}H_{26}O_3$, 350.45

其他名称　苯诺茨林、聚醚菊酯、苯氧司林、速灭灵、酚丁灭虱。

主要剂型　10％水乳剂。

作用特点　为神经毒剂。非内吸性杀虫剂，对昆虫具触杀和胃毒作用，杀虫作用比除虫菊素高，但对害虫的击倒作用要比其他除虫菊酯差。

防治对象 适用于防治家庭、公共场所、工业区苍蝇、蚊虫、蟑螂等卫生害虫。

使用方法

（1）防治卫生害虫蟑螂用10％水乳剂20mg/m² 兑水喷雾。

（2）防治卫生害虫蚊、蝇用10％水乳剂2～4mg/m² 兑水喷雾。

（3）与其他药剂混配为气雾剂，喷雾防治卫生害虫。

注意事项

（1）无特殊解毒剂，可对症治疗。大量吞服时可洗胃，不能催吐。

（2）在大多数有机溶剂和无机缓释剂中是稳定的，但遇强碱分解。

苯氧威 fenoxycarb

$C_{17}H_{19}NO_4$, 209.24

其他名称 双氧威、苯醚威、虫净、蓟危。

主要剂型 25％可湿性粉剂，5％粉剂，3％高渗苯醚威乳油，5％苯氧·高氯乳油。

作用特点 苯醚威是一种高效低毒的非萜烯类氨基甲酸酯类杀虫剂，具有胃毒和触杀作用，杀虫谱广；表现为对多种昆虫有强烈的保幼激素活性，杀虫专一，能使昆虫无法蜕皮变态而逐渐死亡，并能抑制成虫期变态，从而造成后期或蛹期死亡。有较强的杀卵作用，从而可减少虫口数。宜在幼虫早期使用。

防治对象 棉田、果园、菜圃和观赏植物使用，对木虱、蚧类、卷叶蛾、松毛虫、美国白蛾、尺蠖、杨树舟蛾、苹果蠹蛾、双翅目（包括蚊、虻、蝇类，以及在农业上常见的韭蛆、潜叶蝇）、鞘翅目（如各种危害粮食的甲虫）、同翅目（如叶蝉、稻褐飞虱、蚜虫、粉蚧）、鳞翅目（如小菜蛾、苹果金纹细蛾、旋纹潜叶蛾及各种小食心虫、亚洲玉米螟）、异亚翅目、缨翅目（如蓟马）、脉翅目（如大草蛉）、啮虫目的五十多种害虫及一些蜱螨、线虫均有效。

使用方法

（1）防治仓贮害虫时，以5～10mg/kg剂量拌在糙米中，可防治米象、赤拟谷盗、谷蠹、锯谷盗等多种重要粮食害虫。

（2）防治果树害虫时，以0.006％浓度的苯氧威药液对蚜虫未成熟幼虫和龟蜡蚧的1～2龄期若虫进行防治。

（3）3％高渗苯氧威乳油，防治食叶类害虫4000～5000倍液，防治介壳虫类1000～1500倍液。

吡丙醚 pyriproxyfen

$C_{20}H_{19}NO_3$，321.37

其他名称 灭幼宝、蚊蝇醚。

主要剂型 5％微乳剂，10％乳油，5％水乳剂，0.5％颗粒剂。

作用特点 吡丙醚属苯醚类昆虫生长调节剂，具有抑制蚊、蝇幼虫化蛹和羽化作用，是保幼激素类型的几丁质合成抑制剂。具有高效、用药量少、持效期长、对作物安全、对鱼类低毒、对生态环境影响小的特点。

防治对象 广泛应用于水果、蔬菜、棉花和观赏植物等，以及公共卫生（如家蝇、蚊子、孑孓、红火蚁和家白蚁等）和动物保健上的害虫。防治同翅目（烟粉虱、温室白粉虱、桃蚜、矢尖蚧、吹棉蚧和红蜡蚧等）、缨翅目（棕榈蓟马）、鳞翅目（小菜蛾）、啮虫目（嗜卷书虱）、蜚蠊目（德国小蠊）、蚤目（跳蚤）、鞘翅目（异色瓢虫）、脉翅目（中华通草蛉）等昆虫，对粉虱、介壳虫和蜚蠊具有特效。

使用方法

（1）防治蚊子幼虫，每立方米用 0.5％吡丙醚颗粒剂 20g（有效成分 100mg）直接投入水中（水深 10cm 左右为宜）。

（2）防治家蝇幼虫，每立方米用 0.5％吡丙醚颗粒剂 20～40g（有效成分100～200mg）撒于家蝇孳生地表面。

注意事项

（1）吡丙醚对眼睛有轻微刺激作用，使用过程中应注意安全。

（2）当昆虫体内存在保幼激素时，吡丙醚就难以发挥作用，所以最好在昆虫不分泌或极少分泌保幼激素的阶段（如幼虫末龄期和蛹期）施用该药。

吡虫啉 imidacloprid

$C_9H_{10}ClN_5O_2$，255.66

其他名称 高巧、咪蚜胺、大功臣、蚜虱净、扑虱蚜、一遍净。

主要剂型 10％、25％可湿性粉剂，5％乳油，20％可溶性粉剂，350g/L 种子悬浮处理剂，0.2％缓释粒剂，10％种子处理微囊悬浮剂，20％可溶性液剂，1.1％

胶饵。

作用特点　属于烟酸乙酰胆碱酯酶受体抑制剂。害虫接触药剂后，中枢神经正常传导受阻，使其麻痹死亡。具有广谱、高效、低毒、低残留，害虫不易产生抗性，对人、畜、植物和天敌安全等特点，并有触杀、胃毒和内吸等多重作用。用于防治刺吸式口器害虫及其抗性品系。产品速效性好，施药后1天即有较高的防效，残留期长达25天左右。温度越高，杀虫效果越好。

防治对象　能够防治大多数重要的农业害虫，特别对刺吸式口器害虫高效，如蚜虫、叶蝉、飞虱、蓟马、粉虱及其抗性品系。对鞘翅目、双翅目和鳞翅目也有效，对线虫和红蜘蛛无活性。

使用方法

（1）防治绣线菊蚜、梨木虱、卷叶蛾、苹果瘤蚜、桃蚜、粉虱、斑潜蝇等害虫，可使用10％可湿性粉剂4000～6000倍液喷雾，或使用5％乳油2000～3000倍液喷雾。

（2）种子处理使用方法，一般有效成分亩用量为3～10g，兑水喷雾或拌种。

（3）防治枸杞蚜虫用5％乳油，30～50mg/kg有效成分用量兑水喷雾。

（4）防治水稻飞虱用5％乳油或10％可湿性粉剂，有效成分用量15～30g/hm²；或20％可溶性液剂有效成分用量20～40g/hm² 兑水喷雾。

注意事项

（1）本品不可与碱性物质混用。

（2）直接接触对蜜蜂有毒，使用过程中不可污染养蜂、养蚕场所及相关水源。

（3）适期用药，安全间隔期20天，收获前20天禁止用药。

（4）使用时要注意防护，防止药液接触皮肤和吸入药粉、药液，用药后要及时洗洁暴露部位。不要与碱性农药混用。如不慎食用，立即催吐并及时送医院治疗。

（5）不宜在强阳光下喷雾，以免降低药效。

（6）由于最近几年连续大量的使用，造成了水稻害虫很高的抗性，国家已经禁止在水稻上使用。

吡螨胺 tebufenpyrad

$C_{18}H_{24}ClN_3O$, 333.86

其他名称　心螨立克、治螨特。

主要剂型　10％、20％可湿性粉剂，20％乳油、60％水分散粒剂。

作用特点　酰胺类杀螨剂，属吡唑杂环类昆虫线粒体呼吸抑制剂，阻碍线粒体的代谢系统中的电子传导系统复合体Ⅰ，从而使电子传导受到阻碍，使昆虫不能提供和贮存能量。具有触杀和内吸作用，无交互抗性，对各种螨类和螨的发育全过程均有速效、高效、持效期长、毒性低、无内吸性（有渗透性）特性。

防治对象 用于防治苹果、柑橘、梨、桃和扁桃上的害螨（包括叶螨和全爪螨），茶树的神泽叶螨，蔬菜上的各种螨类（如棉叶螨、红叶螨和神泽叶螨），棉花上的叶螨和小爪螨。主要用于棉花、果树、蔬菜、茶树等作物，对蚜虫、叶蝉、粉虱等半翅目害虫有一定防效。

使用方法

（1）防治柑橘红蜘蛛。当柑橘红蜘蛛虫口上升，达到防治密度时施药，用10%吡螨胺可湿性粉剂2000～3000倍液（有效浓度33～50mg/L）均匀喷雾，对柑橘红蜘蛛、卵效果均较好，可将害螨量控制在防治指标以下。

（2）防治苹果红蜘蛛。苹果害螨、幼若螨期为施药最佳期，用10%吡螨胺可湿性粉剂2000～3000倍液（有效浓度33～50mL/L）均匀喷雾，对苹果害螨各螨态皆具有良好防治效果，对活动态螨种群数量控制作用明显，且对苹果叶螨越冬卵有较强的杀伤作用。

（3）防治茶树叶螨有效成分用量为33～200mg/L。

（4）防治蔬菜上的各种螨类，如棉叶螨、红叶螨等有效成分用量为25～200mg/L。

（5）防治棉花上的叶螨和小爪螨有效成分用量为250～750mg/L。

注意事项

（1）对鱼类有毒，不能在鱼塘及其附近使用，清洗设备和处置废液时不要污染水域。

（2）皮肤接触吡螨胺药液部分要用大量肥皂水洗净，眼睛溅入药液后要先用水清洗15min以上，并迅速就医。

吡蚜酮 pymetrozine

$C_{10}H_{11}N_5O$, 217.23

其他名称 吡嗪酮、拒嗪酮。

主要剂型 25%悬浮剂，25%、50%、70%可湿性粉剂，50%、60%、70%水分散粒剂。

作用特点 吡蚜酮属于吡啶类或三嗪酮类杀虫剂，是全新的非杀生性杀虫剂。作用于害虫内血流中胺［5-羟色胺（血管收缩素），血清素］信号传递途径，从而导致类似神经中毒的反应，取食行为的神经中枢被抑制，通过影响流体吸收的神经中枢调节而干扰正常的取食活动。此外，小麦蚜虫、水稻飞虱接触药剂即产生口针阻塞效应，停止取食，丧失对植物的危害能力，并最终饥饿至死，而且此过程不可逆转。吡蚜酮对害虫具有触杀作用，同时还有内吸活性，在植物体内既能在木质部输导也能在韧皮部输导；因此既可用作叶面喷雾，也可用于土壤处理。由于其良好的输导特性，在茎叶喷雾后新长出的枝叶也可以得到有效保护。

防治对象　对多种作物的刺吸式口器害虫表现出优异的防治效果，如蚜科、飞虱科、叶蝉科、粉虱科害虫等。应用于蔬菜、园艺作物、棉花、大田作物、落叶果树、柑橘等防治蚜虫、粉虱和叶蝉等害虫有特效。

使用方法

（1）防治棉蚜和桃蚜，有效成分用量为 $100\sim200g/hm^2$。

（2）防治小麦蚜虫用 50％可湿性粉剂 $60\sim90g/hm^2$ 有效成分用量兑水喷雾。

（3）防治水稻飞虱用 60％水分散粒剂兑水喷雾，有效成分用量为 $90\sim120g/hm^2$，或 50％可湿性粉剂 $75\sim90g/hm^2$ 兑水喷雾。

（4）防治蔬菜田和观赏植物上各种蚜虫和白粉虱，有效成分用量为 $10\sim20g/hm^2$。

注意事项

（1）使用 25％吡嗪酮悬浮剂防治白背飞虱时在白背飞虱 $1\sim2$ 龄用药，效果最佳。

（2）施用时保持田间 $3\sim5cm$ 水层，有利于药液的吸收传导。

（3）喷雾时要均匀周到，尤其对目标害虫的危害部位。

（4）对水蚤有轻微毒性。

丙硫磷 prothiofos

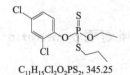

$C_{11}H_{15}Cl_2O_2PS_2$, 345.25

其他名称　代磷酸酯、丙虫硫磷、氯丙磷。

主要剂型　40％、50％乳油，32％、40％可湿性粉剂，2％粉剂，3％微粒剂。

作用特点　三元不对称二硫代磷酸酯类有机磷杀虫剂，具有广谱的生物活性。具有触杀作用和胃毒作用，无内吸性。丙硫磷对鳞翅目害虫幼虫有特效，尤其对氨基甲酸酯和其他有机磷杀虫剂产生交抗的蚜类、蓟马、粉蚧、卷叶虫类和蠕虫类有良好效果，对多抗性品系的家蝇有较好的杀灭活性，对蚊子、地下害虫的幼虫亦有明显的活性。

防治对象　主要用于防治水稻二化螟、三化螟、棉铃虫、玉米螟、马铃薯块茎蛾、甘薯夜蛾、梨小食心虫、烟青虫、白粉蝶、小菜蛾、菜蚜等作物害虫；也可用于防治土壤害虫及蚊蝇等卫生害虫。

使用方法

（1）防治菜青虫、小菜蛾、蚜虫、粉蚧等，推荐使用浓度为 $50\sim75\mu g/mL$。主要以药液叶面施用。

（2）40％丙硫磷乳油1000倍液对菜青虫幼虫具有很好的防治效果。

注意事项

（1）对人和哺乳动物低毒。

（2）对钻蛀性和潜叶性害虫无效。

丙溴磷 profenofos

$C_{11}H_{15}BrClO_3PS$, 373.63

其他名称 布飞松、菜乐康、多虫清、多虫磷、溴氯磷。

主要剂型 40％、50％、720g/L 乳油，40％可湿性粉剂。

作用特点 丙溴磷是中等毒性的不对称有机磷杀虫剂，抑制乙酰胆碱酯酶的活性，具有触杀作用和胃毒作用，无内吸作用。具有速效性，在植物叶片上有较好的渗透性，同时具有杀卵作用。与拟除虫菊酯等农药复配，对害虫的防治效果更佳。

防治对象 能有效地防治棉花、果树、蔬菜作物上的害虫和害螨，如棉铃虫、烟青虫、红蜘蛛、棉蚜、叶蝉、小菜蛾等，尤其对抗性棉铃虫的防治效果显著。

使用方法

（1）防治刺吸式害虫和螨类有效成分用量为 $250\sim500g/hm^2$，咀嚼式害虫为 $400\sim1200g/hm^2$。

（2）防治稻飞虱在水稻分蘖末期或圆秆期，用50％乳油250～500g（a.i.）[1] / hm^2 兑水喷雾。防治稻纵卷叶螟在幼虫1～2龄高峰期，用50％乳油400～1200g/ hm^2 兑水喷雾。

（3）防治棉铃虫用50％乳油350～550g（a.i.）/hm^2 兑水喷雾。

注意事项

（1）严禁与碱性农药混合使用。

（2）丙溴磷与氯氰菊酯混用增效明显，商品多虫清是防治抗性棉铃虫的有效药剂。

（3）对鱼、鸟、蜜蜂有毒。

（4）在棉花上的安全间隔期为5～12天，每季节最多使用3次。

---

[1] a.i. 指有效成分用量。

（5）果园中不宜用丙溴磷，高温对桃树造成叶部药害。该药对苜蓿和高粱有药害。

（6）中毒者送医院治疗，治疗药剂为阿托品或解磷定。

残杀威 propoxur

$C_{11}H_{15}NO_3$, 209.24

其他名称　残虫畏、安丹、拜高。

主要剂型　15%、20%、50%乳油，40%可湿性粉剂。

作用特点　速效、长残效氨基甲酸酯类杀虫剂，具有触杀、胃毒和熏蒸作用，无内吸作用，且击倒快、致死率高、持效期长等。

防治对象　主要用于防治水稻螟虫、稻叶蝉、稻飞虱、棉蚜、果树介壳虫、锈壁虱、杂粮等害虫此外对卫生害虫（蚊、蝇、蟑螂等）和仓贮害虫也有效。

使用方法

（1）防治水稻叶蝉、稻飞虱，2%～3%粉剂，或以0.05%～0.1%含量的乳剂喷雾，4%颗粒剂进行防治。

（2）防治水稻螟虫，用15%乳油稀释400倍液喷雾。

（3）防治卫生害虫蟑螂，蚊蝇用20%乳油1～2g（a.i.）/m²，滞留喷洒于室内即可。

（4）防治水稻叶蝉、飞虱，扬花前后防治是关键时期，用20%乳油300倍液喷雾。

（5）防治棉蚜，当大面积有蚜株率达到30%，平均单株蚜数近10头，卷叶株率不超过50%，用50%乳油有效成分用量50g/亩，兑水喷雾。防治棉铃虫药剂用量同棉蚜。

注意事项

（1）喷雾时要均匀，注意叶背受药。

（2）对蜜蜂高毒。

虫酰肼 tebufenozide

$C_{22}H_{28}N_2O_2$, 352.47

其他名称　米满、抑虫肼。

主要剂型　20%、24%、30%悬浮剂，10%乳油。

作用特点　虫酰肼属昆虫生长调节剂，是促进鳞翅目幼虫蜕皮的新型仿生杀虫剂，作用于昆虫蜕皮激素受体，引起昆虫幼虫早熟，提早蜕皮致死，或形成畸形蛹和畸形成虫，引起化学绝育。

防治对象　主要应用于十字花科蔬菜、苹果、桃、林木等。防治鳞翅目害虫，如甜菜夜蛾、菜青虫、甘蓝夜蛾、卷叶蛾、玉米螟、松毛虫、美国白蛾、天幕毛虫、舞毒蛾、尺蠖类等多种害虫。

使用方法

（1）防治枣树、苹果、桃等果树卷叶虫、刺蛾、毛虫、食心虫等，使用20%悬浮剂1000～2000倍喷雾或每100L水加24%虫酰肼40～85mL（有效浓度100～200mg/L）喷雾。

（2）防治蔬菜、烟草、棉花、粮食等作物的抗性害虫如棉铃虫、小菜蛾、菜青虫、甜菜夜蛾，使用20%悬浮剂1000～2500倍喷雾。

注意事项

（1）虫酰肼对卵的效果差，在幼虫发生初期施药效果好。

（2）对蚕高毒，不能在桑蚕养殖区用药。

除虫脲 diflubenzuron

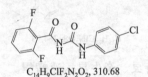

$C_{14}H_9ClF_2N_2O_2$, 310.68

其他名称　脲敌灭灵、二福隆、伏虫脲、灭幼脲一号。

主要剂型　20%悬浮剂，25%、75%可湿性粉剂，5%乳油。

作用特点　苯甲酰脲类杀虫剂，抑制昆虫几丁质的合成。杀虫机理是通过抑制昆虫几丁质合成酶的合成，从而抑制幼虫、卵、蛹表皮几丁质的合成，使昆虫不能正常蜕皮，虫体畸形而死亡。害虫取食后造成积累性中毒，由于缺乏几丁质，幼虫不能形成新表皮，蜕皮困难，化蛹受阻；成虫难以羽化、产卵；卵不能正常发育、孵化的幼虫表皮缺乏硬度而死亡，从而影响害虫整个世代。以胃毒作用为主，兼有触杀作用。残效期较长，但药效速度较慢。用于防治鳞翅目多种害虫，对幼虫效果更佳，对作物、天敌安全。

防治对象　主要应用于十字花科蔬菜、苹果、桃、林木等。防治鳞翅目害虫，如甜菜夜蛾、菜青虫、甘蓝夜蛾、卷叶蛾、玉米螟、松毛虫、美国白蛾、天幕毛虫、舞毒蛾、尺蠖类等多种害虫。

使用方法

（1）防治小菜蛾、斜纹夜蛾、甜菜夜蛾、菜青虫等，在卵孵盛期至1～2龄幼虫盛发期，用20％悬浮剂500～1000倍液喷雾。

（2）防治玉米螟、玉米铁甲虫，在幼虫初孵期或产卵高峰期，用20％悬浮剂1000～2000倍液灌心叶或喷雾，可杀卵及初孵幼虫。

（3）防治黏虫，在幼虫盛发期，用20％悬浮剂75～150g/hm² 加水750kg喷雾。

（4）防治柑橘潜叶蛾，在抽梢初期、卵孵盛期，用20％悬浮剂2000倍液喷雾。此外还可防治梨小食心虫、毒蛾、松毛虫、稻纵卷叶螟等。

注意事项

（1）除虫脲属蜕皮激素，不宜在害虫高、老龄期施药，应在幼虫低龄期或卵期施药。

（2）遇碱易分解，对光比较稳定，对热也比较稳定。

（3）沉淀摇起，混匀后再配用。

（4）蜜蜂和蚕对本剂敏感，因此养蜂区、蚕业区谨慎使用，如果使用一定要采取保护措施。

（5）对甲壳类（虾、蟹幼体）有害，应注意避免污染养殖水域。

哒螨灵 pyridaben

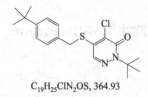

C₁₉H₂₅ClN₂OS, 364.93

其他名称　达螨尽、灭特灵、牵牛星、速螨酮。

主要剂型　20％可湿性粉剂，15％乳油，30％、40％、45％悬浮剂。

作用特点　哒螨灵为广谱、触杀性杀螨剂，但无内吸、传导、熏蒸作用。可用于防治多种食植物性害螨。对螨的整个生长期即卵、幼螨、若螨和成螨都有很好的效果，对跳甲也具有很好的击倒作用。

防治对象　适用于果树、蔬菜、茶树、烟草及观赏作物防治叶螨、全爪螨、小爪螨、跗线螨和瘿螨。同时该药剂对粉虱、叶蝉、飞虱、棉蚜、蓟马、白背飞虱、桃蚜、角蜡蚧、矢尖盾蚧等也十分有效。

使用方法

（1）防治柑橘和苹果红蜘蛛、梨和山楂等锈壁虱时，在害螨发生期均可施用（为提高防治效果最好在平均每叶2～3头时使用），将20％可湿性粉剂或15％乳油兑水稀释至50～70mg/L（2300～3000倍）喷雾。安全间隔期为15天，即在收获前15天停止用药。

（2）防治水稻象甲用40％悬浮剂有效成分用量为150～180g/hm²，兑水喷雾。

注意事项

（1）击倒快，残效期长但因无内吸作用，施药时要喷洒均匀。

（2）对鱼类毒性高，不可污染水井、池塘和水源。

（3）花期使用对蜜蜂有不良影响。

（4）可与大多数杀虫剂混用，但不能与石硫合剂和波尔多液等强碱性药剂混用。

（5）一年最多使用 2 次。

哒嗪硫磷 pyridaphenthion

$C_{14}H_{17}N_2O_4PS$, 340.33

其他名称　苯哒嗪硫磷、哒净松、杀虫净、达净松、苯哒嗪。

主要剂型　2％粉剂，20％乳油。

作用特点　高效、低毒、低残留、广谱性有机磷杀虫剂。具有触杀和胃毒作用，无内吸作用。对多种刺吸式口器和咀嚼式口器害虫有较好防治效果。

防治对象　用于防治水稻二化螟、三化螟、稻纵卷叶螟、稻飞虱、稻叶蝉、稻蓟马和棉花红蜘蛛及棉蚜、红铃虫、棉铃虫等。对蔬菜、小麦、油料、杂粮、果树等作物多种害虫也有良好的防治效果。

使用方法

（1）防治玉米、小麦、棉花和水稻上的各种害虫，用 20％的乳油兑水稀释为 800～1000 倍液喷雾使用。

（2）或按照活性成分计算，防治水稻螟虫 6～9g（a.i.）/100m^2，防治棉花红蜘蛛 2.2～3g（a.i.）/100m^2。

注意事项

（1）不可与 2,4-滴类除草剂同时或先后使用，以免造成药害。

（2）对强碱不稳定，对光线较稳定；在水田土壤中的半衰期为 21 天。

稻丰散 phenthoate

$C_{12}H_{17}O_4PS_2$, 320.36

其他名称　爱乐散、益而散、甲基乙酯磷。

主要剂型　50％乳油。

作用特点　稻丰散是一种广谱性有机磷杀虫、杀卵、杀螨剂。作用机制为抑制乙酰胆碱酯酶。以触杀为主，具有一定胃毒作用，速效性较好，可防治多种咀嚼式、刺吸式口器害虫。

防治对象 可防治果树、蔬菜、水稻上的多种害虫，特别是水稻上的二化螟、三化螟、稻纵卷叶螟、叶蝉、蚜虫、负泥虫、蝗虫等。从价格到药效均能够替代甲胺磷等高毒农药用于水稻虫害防治，是水稻生产中的急需药剂。

使用方法

（1）水稻防治二化螟、三化螟在卵孵高峰期，用50％乳油100～200mL/亩，兑水60～75kg喷雾，或加细土20～50kg拌匀撒施。此法也可用于防治稻飞虱、叶蝉、负泥虫。同样浓度和剂量也可用于防治稻飞虱、叶蝉、棉铃虫、菜青虫、小菜蛾、蚜虫、棉叶蝉、斜纹夜蛾、蓟马等。

（2）防治柑橘上的介壳虫，用50％乳油625～1000mg/kg兑水喷雾。

注意事项

（1）在酸性与中性介质中稳定，碱性条件下易水解。

（2）该药仅登记在水稻和柑橘树上使用，应严格按登记使用剂量用药。

（3）对某些鱼有毒性，应防止对水源的污染。

（4）对蜜蜂有毒。

敌百虫 trichlorphon

$C_4H_8Cl_3O_4P$, 257.44

其他名称 三氯松、毒霸、得标、雷斯顿、荔虫净。

主要剂型 30％乳油，80％、90％可溶粉剂。

作用特点 高效、低毒、低残留、广谱性杀虫剂，以胃毒为主，兼有触杀作用，也有渗透活性。有机磷杀虫剂，是乙酰胆碱酯酶抑制剂。它能抑制昆虫体内胆碱酯酶的活力，使释放的乙酰胆碱不能及时分解破坏而大量蓄积，以致引起虫体中毒。可作为昆虫杀虫剂及抗寄生虫药物。

防治对象 适用于水稻、麦类、蔬菜、茶树、果树、棉花等作物，也适用于林业害虫、地下害虫、家畜及卫生害虫的防治。如黏虫、水稻螟虫、稻飞虱、稻苞虫，棉花红铃虫、象鼻虫、叶蝉、金刚钻、玉米螟虫、蔬菜菜青虫、菜螟、斜纹夜蛾以及家蝇、臭虫、蟑螂等。

使用方法

（1）防治猪、牛、马、骡牲畜体表寄生虫虱，用90％可溶粉剂0.5kg兑水200～250kg的药液洗刷。

（2）猪胃肠内寄生虫（如蛔虫、蛲虫等），用兽医用精制敌百虫100mg/kg体重口服。

（3）防治十字花科蔬菜菜青虫，用30％乳油有效成分用量为450～675g/hm²，兑水喷雾。

注意事项

（1）对高粱、大豆、瓜类作物有药害。在蔬菜收获前7天停用。

（2）敌百虫易溶于水，忌用50℃以上的热水溶化。

（3）喷药后不能用肥皂或碱水洗手、脸，以免增加毒性，可用清水冲洗。

（4）解毒治疗以阿托品类药物为主。

丁虫腈 flufiprole

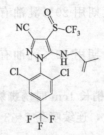

$C_{16}H_{10}Cl_2F_6N_4OS$, 489.99

其他名称　丁烯氟虫腈。

主要剂型　80%水分散粒剂，5%乳油，0.2%杀蟑饵剂。

作用特点　苯基吡唑类杀虫剂，阻碍昆虫γ-氨基丁酸受体的氯离子通道，抑制动物的神经传导。丁烯氟虫腈可防治鳞翅目等多种害虫，如对菜青虫、小菜蛾、蚜虫、黏虫、褐飞虱、叶甲等多种害虫具有较高的活性，特别是对水稻、蔬菜害虫的活性显现了与锐劲特同等的效力。

防治对象　可用于稻纵卷叶螟、稻飞虱、二化螟、三化螟、蟓象、蓟马等鳞翅目、蝇类和鞘翅目害虫防治。

使用方法

（1）防治水稻二化螟、稻飞虱、蓟马和稻纵卷叶螟，于卵孵化高峰、低龄幼虫、若虫高峰期用5%乳油，有效成分用量22~38g/hm²，兑水喷雾2次。

（2）防治甘蓝小菜蛾，于小菜蛾低龄幼虫1~3龄高峰期，用5%乳油或80%水分散粒剂，有效成分用量15~30g/hm²，兑水喷雾。

注意事项

（1）药剂无内吸性，应喷施药剂在水稻植株或菜心、菜叶正反两面。

丁硫克百威 carbosulfan

$C_{20}H_{32}N_2O_3S$, 380.54

其他名称 好安威、好年冬、丁呋丹。

主要剂型 5％颗粒剂，20％乳油，30％微囊悬浮剂，25％种子处理干粉剂。

作用特点 属于高效、广谱、内吸性 N-酰基（烃硫基）-N-甲基氨基甲酸酯类杀虫、杀螨剂，是克百威低毒化品种。

防治对象 用于防治柑橘、果树、棉花、水稻作物的蚜虫、螨、金针虫、马铃薯甲虫、梨小食心虫、苹果卷叶蛾及其他多种经济作物上的锈壁虱、蚜虫、蓟马、叶蝉等十多种害虫。

使用方法

（1）防治水稻飞虱，在发生期用 20％乳油有效成分用量为 450g/hm²，兑水喷雾。

（2）防治小麦蚜虫，在发生期用 20％乳油有效成分用量为 150g/hm²，兑水喷雾。

（3）防治柑橘锈蜘蛛，在新梢长 1cm 时锈蜘蛛发生初期，用 20％乳油 1500～2000 倍液喷雾，每隔 5 天喷 1 次，连续喷药 2～3 次，对锈蜘蛛的防效有效期可以达到 40 天以上。

（4）防治柑橘蚜虫，在蚜虫发生期施药，用 20％乳油 1500～2000 倍液喷雾。

（5）防治水稻三化螟，用 200g/L 乳油有效成分用量 600～750g/hm²，兑水喷雾。

注意事项

（1）在稻田使用时，避免同时使用敌稗和灭草灵，以防产生药害。

（2）丁硫克百威对水稻三化螟和稻纵卷叶螟防治效果不好，不宜使用。

（3）在蔬菜上安全间隔期为 25 天，在收获前 25 天严禁使用。

啶虫丙醚 pyridalyl

$C_{18}H_{14}Cl_4F_3NO_3$, 491.12

其他名称 三氟甲吡醚、氟氯吡啶。

主要剂型 10.5％、100g/L 乳油。

作用特点 属于二卤丙烯类杀虫剂，不同于现有的其他任何类型的杀虫剂，对蔬菜和棉花上广泛存在的鳞翅目害虫具有卓越活性，对抗性小菜蛾效果好。持效期为 7 天左右，耐雨水冲刷效果好。在推荐的试验剂量下未见对作物产生药害，对作物安全。

防治对象 主要用于防治为害作物的鳞翅目幼虫。

使用方法 防治大白菜、甘蓝的小菜蛾，使用药量为有效成分 75～105g/

hm²，或 100g/L 乳油 50～70mL/亩，兑水 50kg，于小菜蛾低龄幼虫期开始喷药。

注意事项

（1）该药对蜜蜂为低毒，鸟为低（或中等）毒，鱼为高毒，家蚕为中等毒性。

（2）本剂对蚕有影响，勿喷洒在桑叶上，在桑园及蚕室附近禁用。

（3）远离河塘等水域施药，禁止在河塘等水域中清洗药器具，不要污染水源。

啶虫脒 acetamiprid

$C_{10}H_{11}ClN_4$, 222.67

其他名称 莫比朗、吡虫清、乙虫脒、蚜克净、乐百农、赛特生。

主要剂型 5％可湿性粉剂，5％乳油，70％水分散粒剂，20％可溶性液剂，10％微乳剂。

作用特点 啶虫脒是一种新型杀虫剂，属硝基亚甲基杂环类化合物，作用于昆虫神经系统突触部位的烟碱乙酰胆碱受体，干扰昆虫神经系统的刺激传导，引起神经系统通路阻塞，造成神经递质乙酰胆碱在突触部位的积累，从而导致昆虫麻痹，最终死亡。具有触杀、胃毒作用，同时有较强的渗透作用，速效性好，持效期长。

防治对象 用于防治水稻、蔬菜、果树、茶树的蚜虫、飞虱、蓟马及鳞翅目等害虫。用颗粒剂做土壤处理，可防治地下害虫。

使用方法

（1）在 50～100mg/L 的浓度下，可有效地防治棉蚜、菜蚜、桃小食心虫等，并可杀卵。

（2）防治黄瓜蚜虫，在蚜虫发生始盛期施药，每亩用 3％啶虫脒乳油 40～50mL，加水 50～60kg 均匀喷雾，对瓜蚜表现良好的防治效果，如在多雨年份，药效仍可持续 15 天以上。

（3）防治苹果蚜虫，在苹果树新梢生长期，蚜虫发生始盛期施药，用乳油 2000～2500 倍液喷雾，对蚜虫速效性好，耐雨水冲刷，持效期在 20 天以上。

（4）防治柑橘蚜虫，于蚜虫发生期喷药防治，用乳油 2000～2500 倍液喷雾，对柑橘蚜虫有优良的防治效果和较长的持效性，对柑橘安全，正常使用剂量下无药害。

注意事项

（1）因本剂对桑蚕有毒性，所以若附近有桑园，切勿喷洒在桑叶上。

（2）啶虫脒不可与强碱剂（波尔多液、石硫合剂等）混用。

（3）啶虫脒对人、畜毒性低，但是万一误饮，立即送到医院洗胃，并保持安静。

毒死蜱 chlorpyrifos

C$_9$H$_{11}$Cl$_3$NO$_3$PS, 350.59

其他名称 乐斯本、氯吡硫磷、锐矛、佳斯本、搏乐丹、氯蜱硫磷。

主要剂型 25％、30％、40％、50％微乳剂,0.5％、3％、5％、10％、15％、25％颗粒剂,20％、40％、45％、48％乳油,25％、30％微囊悬浮剂,30％可湿性粉剂,15％烟雾剂,25％、30％、40％水乳剂,30％种子处理微囊悬浮剂,0.1％、0.2％、0.52％、1％、2.6％、2.8％饵剂。

作用特点 广谱有机磷杀虫、杀螨剂,具有触杀、胃毒和熏蒸作用,无内吸作用。主要抑制害虫体内的乙酰胆碱酯酶,使乙酰胆碱积累,影响神经传导而使虫体发生痉挛、麻痹、死亡。

防治对象 适用于棉花、水稻、小麦、玉米、大豆、花生、甘蔗、果树、茶树、十字花科蔬菜、番茄、辣椒、茄子等作物上的害虫防治,对多种咀嚼式、刺吸式口器害虫及地下害虫均有很好的防治效果,如棉蚜、棉红蜘蛛、棉铃虫、稻飞虱、稻叶蝉、小麦黏虫、玉米螟、菜青虫、小菜蛾、斑潜蝇、茶毛虫、柑橘落叶蛾以及根蛆、蝼蛄、蛴螬、地老虎等。

使用方法

(1) 防治棉花蚜虫,在虫口上升期,每亩用48％毒死蜱乳油50mL,兑水40kg喷雾;防治棉红蜘蛛,在成螨期,每亩用48％毒死蜱乳油50～75mL,加水均匀喷雾,用药两次;防治棉铃虫、棉红铃虫等,在产卵盛期,每亩用48％毒死蜱乳油150mL,兑水喷雾。

(2) 防治稻飞虱、稻叶蝉,在若虫盛发期,每亩用48％毒死蜱乳油100mL,兑水喷雾。防治稻丛卷叶螟,在初龄幼虫盛发期;防治稻蓟马、稻瘿蚊在发生始盛期,每亩用48％毒死蜱乳油50mL,兑水喷雾。

(3) 防治小麦黏虫,在低龄幼虫时喷药,一般每亩用40％乳油60～80mL,兑水30～45kg喷雾;防治麦蚜,在扬花前或扬花后用药,在2～3龄幼虫期,每亩用48％毒死蜱乳油50～75mL,兑水40～50kg喷雾。

(4) 防治蔬菜菜青虫,在三龄幼虫盛期,每亩用48％毒死蜱乳油50～75mL,兑水喷雾。防治小菜蛾,在2～3龄幼虫盛期,每亩用48％毒死蜱乳油75～100mL,兑水喷雾。防治韭菜、蒜的根蛆,在根蛆发生初期,每亩用40％乳油400～500mL,随灌溉水浇灌。

(5) 防治柑橘落叶蛾,在放梢初期,于卵孵盛期,用48％毒死蜱乳油100mL,加水稀释喷雾。防治山楂红蜘蛛、苹果红蜘蛛,在苹果开花前后,幼若螨盛发期,用48％毒死蜱乳油75～100mL,兑水喷雾。

（6）防治茶尺蠖、茶细蛾、茶毛虫等，在 2～3 龄幼虫期用 48％毒死蜱乳油 50～75mL，兑水喷雾；防治茶叶瘿螨、茶短须螨，在幼若螨盛发期、扩散为害之前，用 48％毒死蜱乳油 50～75mL，兑水喷雾。

（7）防治大豆食心虫，在卵孵盛期；防治斜纹夜蛾在 2～3 龄幼虫盛期，每亩用 48％毒死蜱乳油 50～75mL，兑水喷雾。

（8）防治玉米螟，在心叶末期，每亩用 48％毒死蜱乳油 120mL，兑水喷雾；或拌湿润细土 15～20kg 制成毒土，用药 1～2 次；或在玉米大喇叭口期，使用 15％颗粒剂 80～100g 在心叶撒施。

（9）防治蝼蛄、蛴螬、地老虎等地下害虫，在害虫发生期，每亩用 48％毒死蜱乳油 120mL，加半干细土 15～20kg，拌成毒土撒施。

注意事项

（1）对蜜蜂有毒，对鱼类及水生生物毒性较高。

（2）按农药安全规程使用，避免药剂溅到眼睛里和皮肤上，如果不慎溅到身上，应用大量清水冲洗。

（3）不同作物收获前停止用药的安全间隔为：水稻 7 天，小麦 10 天，大豆 14 天，玉米 21 天。

（4）发生中毒时，应立即送医院就诊，可以注射解毒药物阿托品。

（5）根据国家相关规定，自 2016 年 12 月 31 日起，禁止在蔬菜上使用。

多杀菌素 spinosad

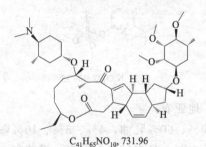

$C_{41}H_{65}NO_{10}$, 731.96

其他名称 菜喜、催杀。

主要剂型 2.5％、48％、60％悬浮剂。

作用特点 新型生物杀虫剂，具有独特的化学结构兼有安全和速效的特性，曾因低毒性、低残留、安全性等特点，获美国"总统绿色化学品挑战奖"。具有神经毒剂特有的中毒症状，它的作用机制是通过刺激昆虫的神经系统，增加其自发活性，导致非功能性的肌收缩、衰竭，并伴随颤抖和麻痹，显示出烟碱型乙酰胆碱受体被持续激活引起乙酰胆碱延长释放反应。此外同时也作用于 γ-氨基丁酸受体，进一步促成其杀虫活性的提高。多杀菌素的土壤光降解半衰期为 9～10 天，叶面光降解的半衰期为 1.6～16 天，而水光降解的半衰期则小于 1 天。

防治对象　能有效地控制鳞翅目（如小菜蛾、甜菜夜蝶等）、双翅目和缨翅目害虫，也可以很好地防治鞘翅目和直翅目中某些大量吞食叶片的害虫。不能有效地防治刺吸式昆虫和螨类。

使用方法

（1）防治小菜蛾和甜菜夜蛾，在低龄幼虫盛发期用 60％悬浮剂有效成分用量 $18\sim36g/hm^2$，兑水喷雾，可有效地控制其为害。

（2）防治稻纵卷叶螟，在低龄幼虫盛发期用 60％悬浮剂有效成分用量 $18\sim27g/hm^2$，兑水喷雾，可有效地控制其为害。

（3）防治蓟马，于发生期用 60％悬浮剂有效成分用量 $9\sim18g/hm^2$，兑水喷雾，重点在幼嫩组织如花、幼果、顶尖及嫩梢等部位。

注意事项

（1）可能对鱼或其他水生生物有毒，应避免污染水源和池塘等。

（2）药剂应贮存在阴凉干燥处。

（3）最后一次施药离收获的时间为 7 天。避免喷药后 24h 内遇降雨。

（4）应注意个人的安全防护，如溅入眼睛，立即用大量清水冲洗。如接触皮肤或衣物，用大量清水或肥皂水清洗。如误服不要自行引吐，切勿给不清醒或发生痉挛患者灌喂任何东西或催吐，应立即将患者送医院治疗。

二嗪磷 diazinon

$C_{12}H_{21}N_2O_3PS$, 304.35

其他名称　二嗪农、地亚农。

主要剂型　25％、50％、60％乳油，4％、5％、10％颗粒剂，50％水乳剂。

作用特点　广谱性杀虫剂，具有触杀、胃毒、熏蒸和一定的内吸作用，也有较好的杀螨与杀卵作用。能够抑制昆虫体内的乙酰胆碱酯酶合成，对鳞翅目、同翅目等多种害虫有较好的防效。

防治对象　以乳油兑水喷雾用于水稻、棉花、果树、蔬菜、甘蔗、玉米、烟草、马铃薯等作物，防治刺吸式口器害虫和食叶害虫，如鳞翅目、双翅目幼虫、蚜虫、叶蝉、飞虱、蓟马、介壳虫、二十八星瓢虫、锯蜂及叶螨等，对虫卵、螨卵也有一定杀伤效果。小麦、玉米、高粱、花生等拌种，可防治蝼蛄、蛴螬等土壤害虫。颗粒剂灌心叶，可防治玉米螟；乳油兑煤油喷雾，可防治蜚蠊、跳蚤、虱子、苍蝇、蚊子等卫生害虫。

使用方法

（1）防治水稻害虫，防治三化螟，防治枯心应掌握在卵孵盛期，防治白穗在5%～10%破口露穗期，有效成分用量750～1125mL/hm²，兑水喷雾。防治二化螟，大发生年份蚁螟孵化高峰前3天第一次用药，7～10天再用药一次，用药量及方法同三化螟。防治稻瘿蚊，在成虫高峰期至幼虫孵化高峰期用药，用50%乳油有效成分用量750～1500mL/hm²，兑水喷雾。防治稻飞虱、叶蝉、稻秆蝇，在害虫发生期用药，用药量和使用方法同稻瘿蚊。

（2）棉花害虫　防治棉蚜，苗蚜有蚜株率达30%，单株平均蚜量近10头，卷叶率达5%时，用50%乳油有效成分用量600～900mL/hm²，兑水喷雾。棉红蜘蛛在害虫发生期，用50%乳油有效成分用量960～1200mL/hm²，兑水喷雾。

（3）防治蔬菜菜青虫、菜蚜、圆葱潜叶蝇等用50%乳油兑水喷雾。

注意事项

（1）一般使用下无药害，但一些品种的苹果和莴苣较敏感。收获前禁用期一般为10天。

（2）不能和铜制剂、除草剂敌稗混用，在施用敌稗前后2周内也不能使用。

（3）制剂不能用铜器、铜合金器或塑料容器盛装。

（4）解毒剂有硫酸阿托品、解磷定等。

二溴磷 bromchlophos

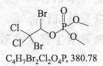

$C_4H_7Br_2Cl_2O_4P$, 380.78

其他名称　二溴灵、万丰灵。

主要剂型　50%乳油，4%粉剂。

作用特点　一种新型、高效、低毒、低残留的杀虫、杀螨剂。对昆虫具有触杀，熏蒸和胃毒作用，对家蝇击倒作用强。无内吸性。主要用于防治卫生害虫，也可用于防治仓库害虫和农业害虫，效果与敌敌畏相似。

防治对象　用于防治蔬菜、果树等作物的害虫。

使用方法

（1）防治葱蓟马、菜螟、温室白粉虱、菜蚜，用50%乳油1500～2000倍液喷雾。

（2）防治棉红蜘蛛，用50%乳油2000倍液喷雾。

（3）防治菜青虫、黄曲条跳甲、斜纹夜蛾，于低龄虫期用50%乳油1500倍液喷雾。

注意事项

（1）水溶液易分解，要随配随用。

（2）不能与碱性农药混用，不能用金属容器盛装。

（3）对人皮肤、眼睛等刺激性较强，使用时应注意保护。

（4）因本品对豆类、瓜类作物易引起药害，使用时应慎重。最好改用其他杀虫剂。

（5）对蜜蜂毒性强，开花期不宜用药。

呋虫胺 dinotefuran

$$C_7H_{14}N_4O_3, 202.21$$

其他名称 呋啶胺、呋喃烟碱、丁诺特呋喃。

主要剂型 20％可溶粒剂，25％可湿性粉剂，20％、40％水分散粒剂，20％可分散油悬浮剂。

作用特点 具有触杀、胃毒和根部内吸性强、速效高、持效期长达3～4周、杀虫谱广等特点，且对刺吸式口器害虫有优异防效。作用于昆虫神经传递系统，引起害虫麻痹而发挥杀虫作用。

防治对象 主要用于防治小麦、水稻、棉花、蔬菜、果树、烟叶等多种作物上的蚜虫、叶蝉、飞虱、蓟马、粉虱及其抗性品系，同时对鞘翅目、双翅目和鳞翅目害虫高效，并对蜚蠊、白蚁、家蝇等卫生害虫高效。

使用方法

（1）防治水稻稻飞虱、二化螟用20％可分散油悬浮剂或40％水分散粒剂，有效成分用量90～150g/hm²，兑水喷雾。

（2）防治温室大棚黄瓜的蓟马和白粉虱用20％可溶粒剂60～150g/hm²，兑水喷雾。

注意事项

（1）不宜与碱性农药或物质（如波尔多液、石硫合剂等）混用。

（2）由于其残效期较长，应严格执行安全间隔期。

（3）对蜜蜂、家蚕等有较高毒性，因此不适宜在蜂场附近、桑树和蜜源作物上使用。

（4）注意与其他类型杀虫剂的轮换、交替或混合使用，以延缓害虫抗药性的产生。

呋喃虫酰肼 fufenozide

$$C_{24}H_{30}N_2O_3, 394.23$$

其他名称 福先、忠臣。

主要剂型 10％悬浮剂。

作用特点 属几丁质酶抑制剂，通过抑制几丁质合成，影响幼虫的正常蜕皮和发育，以此来达到杀虫的目的。该药剂具有胃毒、触杀和拒食等活性，无内吸性。害虫取食后，很快出现不正常蜕皮反应，停止取食，提早蜕皮，但由于非正常蜕皮而无法完成蜕皮，导致幼虫脱水和饥饿而死亡。

防治对象 对甜菜夜蛾、斜纹夜蛾、稻纵卷叶螟、二化螟、大螟、豆荚螟、玉米螟、甘蔗螟、棉铃虫、桃小食心虫、小菜蛾、潜叶蛾、卷叶蛾等鳞翅目害虫效果很好，对鞘翅目和双翅目害虫也有效。

使用方法 防治甘蓝上甜菜夜蛾、斜纹夜蛾及茶尺蠖在卵孵化盛期及低龄幼虫期施药用 10％悬浮剂 600～1000 倍液喷雾。

注意事项

（1）本品对水生甲壳类动物有毒，使用时，不要污染水源。该药对蚕高毒，桑园附近严禁使用。

（2）昆虫的发育时期不同，出现药效时间有别，防治时要提前施药才能奏效。

（3）大风天或预计 1h 内降雨，请勿施药。喷药后 6h 内遇雨，需天晴后补喷一次。

伏虫隆 teflubenzuron

$C_{14}H_6Cl_2F_4N_2O_2$, 381.11

其他名称 氟苯脲、农梦特、特氟脲、四氟脲、得福隆。

主要剂型 5％乳油，15％胶悬剂。

作用特点 属于昆虫几丁质合成抑制剂，通过抑制几丁质合成，影响幼虫的正常蜕皮和发育，以此来达到杀虫的目的。具有胃毒、触杀作用，无内吸作用。对有机磷、拟除虫菊酯等产生抗性的鳞翅目和鞘翅目害虫有特效。对多种鳞翅目害虫活性很高，对粉虱科、双翅目、膜翅目、鞘翅目害虫的幼虫也有良好的防治效果，对许多寄生性昆虫、捕食性昆虫以及蜘蛛无效。

防治对象 主要用于蔬菜、果树、棉花、茶叶等作物。

使用方法

（1）防治菜青虫、小菜蛾在卵孵盛期至 1～2 龄幼虫盛发期，用 5％乳油 2000～4000 倍液喷雾。对有机磷、拟除虫菊酯产生抗性的小菜蛾、甜菜夜蛾、斜纹夜蛾，在卵孵盛期至 1～2 龄幼虫盛发期用 5％乳油 1500～3000 倍液喷雾。

（2）防治棉铃虫、红铃虫在第二、三代卵孵盛期用 5％乳油 1500～2000 倍液喷雾。

注意事项

（1）昆虫的发育时期不同，出现药效时间有别，高龄幼虫需 3～15 天，卵需 1～10 天，成虫需 5～15 天，因此要提前施药才能奏效。有效期可长达 1 个月。

（2）对在叶面活动为害的害虫，应在初孵幼虫时喷药；对钻蛀性害虫，应在卵孵化盛期喷药。喷药时要求均匀周到。

（3）本品对水生甲壳类动物有毒，使用时，不要污染水源。

氟胺氰菊酯 fluvalinate

$C_{26}H_{22}ClF_3N_2O_3$, 502.93

其他名称 氟胺氰戊菊酯、马扑立克、福化利。

主要剂型 5.7％水乳剂，10％、20％乳油。

作用特点 高效、广谱拟除虫菊酯类杀虫、杀螨剂，具有胃毒和触杀作用，对作物安全、残效期较长。

防治对象 可用于防治棉铃虫、棉红铃虫、棉蚜、棉红蜘蛛、玉米螟、菜青虫、小菜蛾、柑橘潜叶蛾、茶毛虫、茶尺蠖、桃小食心虫、绿盲蝽、叶蝉、粉虱、小麦黏虫、大豆食心虫、大豆蚜虫、甜菜夜蛾等。

使用方法

（1）防治棉铃虫、红铃虫在卵孵盛期，幼虫蛀入蕾、铃之前，防治棉蚜于无翅成若虫盛发期，用 20％乳油 1000～2000 倍液喷雾。

（2）防治菜蚜、菜青虫，用 20％乳油 2.25～3.75mL/100m²，兑水 7.5kg 喷雾。

（3）防治大豆食心虫、小麦黏虫，用 20％乳油 3000～4000 倍液喷雾。

（4）防治蜜蜂上的螨类，用氟胺氰菊酯条剂于蜜蜂春繁前或秋后流蜜期后使用。

注意事项

（1）由于长期连续使用的缘故，害虫已对该药剂产生耐药性，并造成对多种拟除虫菊酯产生交互抗性，对已产生抗性害虫应停止使用为宜。

（2）条片剂防治蜂螨时，在转场或落场初的蜂群不宜用药。

（3）本品使用前要戴防护口罩和手套，使用后要洗手，不可将用过的药片丢弃在桑园或鱼塘中，应集中销毁。

（4）不能与其他碱性药物混用。

氟虫脲 flufenoxuron

$C_{21}H_{11}ClF_6N_2O_3$, 488.77

其他名称 卡死克、氟芬隆。

主要剂型 3.5%、5%乳油，5%可分散液剂，20%微乳剂。

作用特点 苯甲酰脲类昆虫生长调节剂，属几丁质酶抑制剂，通过抑制几丁质的合成，使害虫不能正常蜕皮和变态，而逐渐死亡。该药剂具有虫螨兼治、活性高、残效长的特点，还有很好的叶面滞留性。有触杀和胃毒作用，但无内吸作用。对若螨效果好，不杀成螨，但雌成螨接触药后，产卵量减少，并造成不育或所产的卵不孵化。杀虫谱较广，对鳞翅目、鞘翅目、双翅目、半翅目、蜱螨亚纲等多种害虫有效。

防治对象 用于果树、蔬菜、棉花等作物，防治苹果叶螨、苹果越冬代卷叶虫、苹果小卷叶蛾、果树尺蠖、梨木虱、柑橘叶螨、柑橘木虱、柑橘潜叶蛾、蔬菜小菜蛾、菜青虫、豆荚螟、茄子叶螨、棉花叶螨、棉铃虫、棉红铃虫等，对捕食性螨和益虫安全。

使用方法

(1) 防治菜青虫、菜螟、小菜蛾等在卵孵盛期至1~2龄幼虫盛发期，用50g/L可分散液剂2000~4000倍液喷雾。

(2) 防治棉花红蜘蛛，在发生初期用50g/L可分散液剂1000~2000倍液喷雾。

(3) 防治柑橘红蜘蛛、潜叶蛾和锈壁虱用50g/L可分散液剂1000~2000倍液喷雾。

注意事项

(1) 施药时间要较一般杀虫剂提前3天左右，对钻蛀性害虫宜在卵孵盛期，幼虫蛀入作物之前施药，对害螨宜在幼若螨盛发期施药。

(2) 不宜与碱性农药混用，可以间隔施药，可先喷施氟虫脲治螨，10天后再喷波尔多液治病，如需要相反的用药则间隔期要长些。

氟虫酰胺 flubendiamide

$C_{23}H_{22}F_7IN_2O_4S$, 682.02

其他名称 垄歌、氟虫双酰胺。

主要剂型 10%悬浮剂，20%水分散粒剂。

作用特点 属新型邻苯二甲酰胺类杀虫剂，激活鱼尼汀受体细胞内钙释放通道，导致细胞内贮存钙离子的失控性释放。是目前为数不多的作用于昆虫细胞鱼尼汀（ryanodine）受体的化合物。对鳞翅目害虫有广谱防效，与现有杀虫剂无交互抗性，适宜于对现有杀虫剂产生抗性的害虫的防治。渗透植株体内后通过木质部略有传导。耐雨水冲刷。

防治对象 几乎对所有的鳞翅目类害虫均具有很好的活性，不仅对成虫和幼虫有优良的活性，而且作用速度快、持效期长。对水稻二化螟和卷叶螟效果很好。

使用方法

（1）防治稻纵卷叶螟的防治适期为 2～3 龄幼虫盛期，用量为 8～10g/亩，兑水喷雾。

（2）防治水稻分蘖期二化螟在二化螟 3 龄幼虫盛期用药，用量为 300mL/hm^2。

（3）防治稻纵卷叶螟在卵孵化高峰至 2 龄幼虫高峰期用药，用量为 10g/亩，兑水喷雾。

注意事项

（1）对幼虫有非常突出的防效，对成虫防效有限，没有杀卵作用。

（2）蜜源作物花期，蚕室桑园附近禁用。

氟啶虫胺腈 sulfoxaflor

C$_{10}$H$_{10}$F$_3$N$_3$OS, 277.27

其他名称 砜虫啶。

主要剂型 22%悬浮剂，5%、50g/L 乳油，50%水分散粒剂。

作用特点 砜亚胺杀虫剂，作用于昆虫的神经系统，即作用于烟碱类乙酰胆碱受体（nAChR）内独特的结合位点而发挥杀虫功能。可经叶、茎、根吸收而进入植物体内。高效、快速并且持效期长，被杀虫剂抗性行动委员会（IRAC）认定为唯一的 Group4C 类全新有效成分。对非靶标节肢动物毒性低，是害虫综合防治优选药剂。

防治对象 适用于防治棉花盲蝽象、蚜虫、粉虱、飞虱和蚧壳虫等刺吸式口器害虫。能有效防治对烟碱类、菊酯类、有机磷类和氨基甲酸酯类农药产生抗性的吸汁类害虫。

使用方法

（1）防治小麦蚜虫用 50%水分散粒剂，有效成分用量 15～25g/hm^2，兑水喷雾。

（2）防治棉花烟粉虱用 50％水分散粒剂，有效成分用量 75～100g/hm²，兑水喷雾。

（3）防治棉花盲蝽象用 50％水分散粒剂，有效成分用量 50～75g/hm²，兑水喷雾。

（4）防治黄瓜上的烟粉虱用 22％悬浮剂，有效成分用量 50～75g/hm²，兑水喷雾，柑橘矢尖蚧用量 35～50mg/kg，水稻飞虱用量 50～70g/hm²。

注意事项

（1）考虑到抗性管理的需要，每个作物生长周期最多使用 2 次。

（2）直接喷施到蜜蜂身上对蜜蜂有毒，在蜜源植物和蜂群活动频繁区域，应在用完药剂且作物表面药液彻底干后才可以放蜂。

（3）禁止在河塘等水体内清洗施药器具，不可污染水体，远离河塘等水体施药。

（4）因可被土壤微生物迅速降解，不可用于土壤处理或拌种使用。

氟啶虫酰胺 flonicamid

C₉H₆F₃N₃O, 229.16

其他名称　氟烟酰胺。

主要剂型　10％、50％水分散粒剂。

作用特点　氟啶虫酰胺是一种新型低毒吡啶酰胺类昆虫生长调节剂类杀虫剂，除具有触杀和胃毒作用，还是很好的神经毒剂和具有快速拒食作用。对各种刺吸式口器害虫有效，并具有良好的渗透作用。它可从根部向茎部、叶部渗透，但由叶部向茎、根部渗透作用相对较弱。该药剂通过阻碍害虫吮吸作用而致效。害虫摄入药剂后很快停止吮吸，最后饥饿而死。

防治对象　主要防治棉蚜、马铃薯、粉虱、车前圆尾蚜、假眼小绿叶蝉、桃蚜、褐飞虱、小黄蓟马、麦长管蚜、蓟马、温室白粉虱等。

使用方法

（1）防治黄瓜蚜虫用药量为 10％水分散粒剂 3～5g/亩，进行茎叶均匀喷雾，每个生长季节使用次数不超过 3 次。该药剂与其他昆虫生长调节剂类杀虫剂相似，但持效性较好，药后 2～3 天才可看到蚜虫死亡，一次施药可维持 14 天左右。

（2）防治苹果等果树蚜虫时，用 10％水分散粒剂兑水稀释成 2500～5000 倍液喷洒。

注意事项

（1）该药剂对作物安全，对抗性害虫有效。每个生长季节使用次数不超过 3 次。

（2）在欧盟已经禁限用。

氟啶脲 chlorfluazuron

C$_{20}$H$_9$Cl$_3$F$_5$N$_3$O$_3$, 540.65

其他名称　抑太保、定虫脲、克福隆、定虫隆、氟虫隆。

主要剂型　25％悬浮剂，5％、50g/L乳油，10％水分散粒剂。

作用特点　氟啶脲是一种苯甲酰脲类几丁质合成抑制剂，阻碍害虫正常蜕皮，使卵孵化、幼虫蜕皮、幼虫发育畸形以及成虫羽化、产卵受阻，从而达到杀虫的效果。它是一种高效、低毒、与环境相容的农药品种。以胃毒作用为主，兼有较强的触杀作用，渗透性较差，无内吸作用。对多种鳞翅目害虫以及直翅目、鞘翅目、膜翅目、双翅目等害虫杀虫活性高，但对蚜虫、飞虱无效。适用于对有机磷类、拟除虫菊酯类、氨基甲酸酯等杀虫剂已产生抗性的害虫的综合治理。

防治对象　用于多种瓜果蔬菜，对鳞翅目害虫具有特效防治作用。如十字花科蔬菜的小菜蛾、甜菜夜蛾、菜青虫、银纹夜蛾、斜纹夜蛾、烟青虫等，茄果类及瓜果类蔬菜的棉铃虫、甜菜夜蛾、烟青虫、斜纹夜蛾等，豆类蔬菜的豆荚螟、豆野螟等。

使用方法

（1）防治蔬菜的小菜蛾、甜菜夜蛾、斜纹夜蛾、菜青虫等1～2龄幼虫，在盛发期用5％乳油2000～4000倍液喷雾，持效10～14天，杀虫效果达90％以上。防治小菜蛾也可用10％水分散粒剂有效成分用量30～60g/hm^2，兑水喷雾。

（2）防治棉铃虫卵孵盛期，用5％乳油1000～2000倍液喷雾，7天后杀虫效果达80％～90％。以推荐浓度施用时，对作物都不产生药害，对蜜蜂及非靶标益虫安全。

（3）防治韭菜的韭蛆，用50g/L乳油有效成分用量150～225g/hm^2，拌毒土撒施。

注意事项

（1）本剂是阻碍幼虫蜕皮致使其死亡的药剂，从施药至害虫死亡需3～5天，使用时需在低龄幼虫期进行。

（2）本剂无内吸传导作用，施药必须均匀周到。

（3）本品对蜜蜂、鱼类等水生生物、家蚕有毒，施药期间应避免对周围蜂群的影响，蜜源作物花期、蚕室和桑园附近禁用。远离水产养殖区施药，禁止在河塘等水体中清洗施药器具。

（4）远离孕妇和哺乳期妇女。

（5）棉花和甘蓝每季作物使用不超过3次，柑橘不超过2次。安全间隔期棉花和柑橘均为 21 天，甘蓝为 7 天。

（6）不能与碱性药剂混用。

（7）如果在药液中加入 0.03％有机硅或 0.1％洗衣粉，可显著提高药效。

氟铃脲 hexaflumuron

$C_{16}H_8Cl_2F_6N_2O_3$, 461.14

其他名称　伏虫灵、果蔬保、六伏隆。

主要剂型　5％微乳剂，20％悬浮剂，5％乳油，15％水分散粒剂。

作用特点　苯甲酰脲类昆虫生长调节剂，具有杀虫活性高、杀虫谱较广、击倒力强、速效等特点。主要是胃毒和触杀作用。害虫接触药剂后，不能在蜕皮时形成新表皮，虫体畸形而死亡，还能抑制害虫进食速度。杀死害虫的速度比较慢。

防治对象　防治大田、蔬菜、果树和林区的黏虫、棉铃虫、棉红铃虫、菜青虫、苹果小卷蛾、墨西哥棉铃象、舞毒蛾、木虱、柑橘锈螨等，残效 12～15 天。水面施药可防治蚊幼虫。也可用于防治家蝇、厩螫蝇。

使用方法

（1）防治菜青虫、小菜蛾，在幼虫发生初期，每亩用 20％悬浮剂 15～20g，兑水喷雾。也可与拟除虫菊酯类农药混用，以扩大防治效果。

（2）防治斜纹夜蛾、棉铃虫，在产卵高峰期或孵化期，用 20％悬浮剂有效成分含量 90～120g/hm²，兑水稀释喷雾，可杀死幼虫，并有杀卵作用。

（3）防治甜菜夜蛾，在初孵幼虫期用 5％微乳剂 45～55g/hm² 兑水喷雾。喷洒要力争均匀、周到，否则防效差。

注意事项

（1）施药宜早，掌握在幼虫低龄期为好；在幼虫高龄期施药效果差，应增加用药量。

（2）贮存时应放在阴凉、干燥处。悬浮剂如有沉淀，用前摇均匀再配药。

（3）家蚕养殖区施用本品应慎重。

氟氯氰菊酯 cyfluthrin

$C_{22}H_{18}Cl_2FNO_3$, 434.29

其他名称　百树得、百树菊酯、百治菊酯。

主要剂型　10％水乳剂，10％可湿性粉剂，0.3％、0.55％粉剂，5.7％乳油。

作用特点　杀虫高效，对多种鳞翅目幼虫有很好效果，亦可有效地防治某些地下害虫。以触杀和胃毒作用为主，无内吸及熏蒸作用。杀虫谱广，作用迅速，持效期长。具有一些杀卵活性，并对某些成虫有拒避作用。高效氟氯氰菊酯杀虫活性比通常氟氯氰菊酯高1倍以上，使用时有效浓度为普通氟氯氰菊酯的1/2。

防治对象　对鳞翅目多种幼虫及蚜虫等害虫有良好的效果，药效迅速，残效期长，适用于棉花、烟草、蔬菜、大豆、花生、玉米等作物。对卫生害虫蚊、蝇有效。

使用方法

(1) 防治棉铃虫、棉红蜘蛛，在卵盛孵期，用5％乳油4.5～7.5mL/hm²，兑水7.5～15kg喷雾。

(2) 防治棉蚜，在棉花苗期，用5％乳油1.5～3mL/hm²，兑水7.5kg喷雾。

(3) 防治菜青虫、桃蚜、菜缢管蚜，用5％乳油2000～3000倍液喷雾。防治小菜蛾、甜菜夜蛾、斜纹夜蛾用相同浓度在3龄幼虫盛发期前喷雾。

(4) 防治大豆食心虫，在菜豆开花结荚期，用5％乳油4.5～7.5mL/hm²兑水7.5kg喷雾，可兼治豆蚜。

(5) 防治茶尺蠖、茶毛虫等，在2～3龄幼虫盛发期，用5％乳油2000～4000倍液喷雾。

注意事项

(1) 不能与碱性物质混用，以免分解失效。

(2) 不能在桑园、鱼塘及河流、养蜂场所使用，避免污染发生中毒事故。

(3) 安全间隔期21天。

氟螨嗪 diflovidazin

C₁₄H₇ClF₂N₄, 304.03

其他名称　氟螨、溴苄氟乙酰胺。

主要剂型　36％悬浮剂，15％、30％乳油，40％可湿性粉剂。

作用特点　氟螨嗪为广谱的含氟杀螨剂，具有较强的触杀和胃毒作用，击倒力强，对成螨、若螨、幼螨及卵均有效。持效期长、低毒、低残留、安全性好。杀卵效果优异，对幼若螨也有良好的触杀作用。不能较快杀死雌成螨，但对雌成螨有很好的绝育作用。雌成螨接触药剂后所产的卵有96％不能孵化，死于胚胎后期。该品在低浓度下有抑制害螨蜕皮、抑制害螨产卵的作用，稍高浓度下具有很好的触杀性，同时具有好的内吸性。另外具有固氮强壮植株和增加作物果实甜度的作用。

防治对象　可用于柑橘、葡萄等果树和茄子、辣椒、番茄等茄科作物的螨害治理。对梨木虱、榆蛎盾蚧以及叶蝉类等害虫有很好的兼治效果。

使用方法　防治柑橘上红蜘蛛使用 36％氟螨嗪悬浮剂，兑水稀释 5000 倍液喷雾。

注意事项

（1）不能与碱性药剂混用。

（2）如果在柑橘全爪螨为害的中后期使用，为害成螨数量已经相当大，由于氟螨嗪杀卵及幼螨的特性，建议与速效性好、残效期短的杀螨剂，如阿维菌素等混合使用，既能快速杀死成螨，又能长时间控制害螨虫口数量的恢复。

（3）考虑到抗性治理，建议在一个生长季（春季、秋季），氟螨嗪的使用次数最多不超过 4 次。

（4）只有中等程度的内吸性，因此喷药要全株均匀喷雾，特别是叶背。

（5）建议避开果树开花时用药，以减少对蜜蜂的危害。

氟氰戊菊酯 flucythrinate

C$_{26}$H$_{23}$F$_2$NO$_4$, 451.46

其他名称　氟氰菊酯、保好鸿、甲氟菊酯、中西氟氰菊酯。

主要剂型　30％乳油。

作用特点　氟氰戊菊酯为中等毒性杀虫剂。高效、广谱、快速、低残留、长残效的拟除虫菊酯类杀虫剂，兼有杀螨、杀蜱活性。以触杀和胃毒为主，无内吸作用。该药与其他菊酯类农药易产生交互抗性。

防治对象　主要用于棉花、蔬菜、果树等作物上防治鳞翅目、同翅目、双翅目、鞘翅目等多种害虫，对叶螨也有一定抑制作用。

使用方法

（1）棉花害虫的防治　棉铃虫于卵孵盛期施药，每亩用 30％乳油 9～14mL。棉红铃虫于第二、三代卵孵盛期施药，每亩用 30％乳油 10～13.3mL。棉蚜于苗期蚜虫发生期施药，每亩可用 30％乳油 3.3～6.7mL。

（2）果树害虫的防治　柑橘潜叶蛾在开始放梢后 3～5 天施药，使用浓度为 30％乳油 10000～20000 倍。桃小食心虫于卵孵盛期，卵果率达 0.5％～1％时施药，使用浓度为 30％乳油 6000～10000 倍液喷雾。

（3）蔬菜害虫的防治　防治菜青虫于 2～3 龄发生期施药，每亩用 30％乳油

6.7～7mL，此剂量还可以防治小菜蛾。

（4）茶树害虫的防治　茶尺蠖、茶毛虫、茶细蛾于2～3龄幼虫盛发期，以30%乳油1000～1500倍喷雾。茶小绿叶蝉于成、若虫发生期施药，使用剂量为30%乳油7500～10000倍液。

注意事项

（1）不能在桑园、鱼塘、养蜂场所使用。

（2）因无内吸和熏蒸作用，故喷药要周到细致、均匀。

（3）防治钻蛀虫害虫时，应在卵期或孵化前1～2天施药。

（4）不能与碱性农药混用，不能作土壤处理使用。

（5）连续使用会产生抗药性。

（6）不宜作为专用杀螨剂使用。

氟噻虫砜 fluensulfone

$C_7H_5ClF_3NO_2S_2$, 290.94

其他名称　联氟砜、氟砜灵。

主要剂型　480g/L乳油。

作用特点　氟噻虫砜为氟代烯烃类硫醚化合物，对多种植物寄生线虫有防治作用，毒性低，如对有益和非靶标生物低毒，是许多氨基甲酸酯和有机磷类杀线虫剂等的"绿色"替代品。2014年在美国取得登记的非熏蒸性杀线虫剂。防效好，持效期长，对哺乳动物、作物、环境安全。通过触杀作用于线虫，线虫接触到此物质后活动减少，进而麻痹，暴露1h后停止取食，侵染能力下降，产卵能力下降，卵孵化率下降，孵化的幼虫不能成活，其不可逆的杀线虫作用可使线虫死亡。

防治对象　用于防治水果和瓜类蔬菜上的根结线虫，其为内吸性的非熏蒸杀线虫剂，也可防治危害农业和园艺作物的线虫。在美国登记用于番茄、辣椒、秋葵、茄子、黄瓜、西瓜、哈密瓜和南瓜等水果和蔬菜作物防治线虫的危害。

使用方法　防治瓜类蔬菜线虫可在种植前滴灌或撒播使用，易被土壤吸收，用量为2～4kg/hm²。

氟酰脲 novaluron

$C_{17}H_9ClF_8N_2O_4$, 492.70

其他名称 双苯氟脲。

主要剂型 10%乳油。

作用特点 苯甲酰脲类几丁质合成抑制剂，具有触杀作用、胃毒作用和一定的杀卵活性，无内吸活性。调节昆虫的生长发育，抑制蜕皮变态，抑制害虫的取食速度。杀虫效果较为缓慢，对已经处于成虫阶段的害虫没有作用，对益虫相对安全。防治鳞翅目、鞘翅目、半翅目和双翅目幼虫、粉虱等的高效杀虫剂，对有益昆虫天敌安全。对吡丙醚和新烟碱类如吡虫啉、噻虫嗪等产生抗性的害虫有很好的效果，具有杀卵活性，可以用于害虫的综合治理。

防治对象 用于控制水果、蔬菜、棉花和玉米的鳞翅目、粉虱等害虫。

使用方法 在甘蓝上小菜蛾发生期开始喷药防治，使用10%氟酰脲乳油20~40mL/亩，使用倍数为500~1000倍液，亩用药液量为20L，喷药时尽量将叶片正反面喷洒均匀。

注意事项 该药剂在作物一个生长季使用最多不超过两次，与其他药剂轮换使用，防止产生抗药性。

高效氟氯氰菊酯 *beta*-cyfluthrin

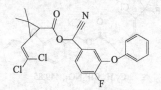

$C_{22}H_{18}Cl_2FNO_3$, 434.29

其他名称 保得、β-氟氯氰菊酯。

主要剂型 5%水乳剂，4.3%、25g/L乳油，2.5%微乳剂，6%、12.5%、20%悬浮剂。

作用特点 拟除虫菊酯类杀虫剂，具有触杀和胃毒作用，能够引起昆虫极度兴奋、痉挛与麻痹，能诱导产生神经毒素，最终导致神经传导阻断，还能引起其他组织产生病变。杀虫谱广，击倒迅速，持效期长，植物对它有良好的耐药性，无内吸及穿透性。对害虫具有迅速击倒和长残效作用。

防治对象 对棉花、小麦、玉米、蔬菜、番茄、苹果、柑橘、葡萄、油菜、大豆等作物上的刺吸式和咀嚼式口器的害虫均有效。

使用方法

（1）防治钻食性害虫如水稻钻心虫、稻纵卷叶螟、棉铃虫等，在卵盛孵期，幼虫未钻进作物前用2.5%乳油1500~2000倍液兑水喷雾防治，药液均匀喷洒到作物受虫危害部分。

（2）防治果树害虫如桃小食心虫，用2.5%乳油2000~4000倍液，或每100L水中加2.5%乳油25~500mL喷雾。防治金纹细蛾，在成虫盛发期或卵孵化盛期用药，用2.5％乳油1000～1500倍液，或每100L水中加2.5％乳油50～66.7mL喷雾。

（3）防治蔬菜害虫如菜青虫须在幼虫3龄前进行防治，平均每株甘蓝有1头虫开始用药，用2.5％乳油26.8～33.2mL/亩，兑水20～50L喷雾。蚜虫则必须在大发生前进行防治，药液均匀喷洒害虫体上及受虫危害部分。

（4）防治地下害虫如蛴螬、蝼蛄、金针虫和地老虎，用12.5％悬浮剂80～160mL拌种，拌种时先将所需药液用2L水混匀，再将种子倒入搅拌均匀，使药剂均匀包在种子上，堆闷2～4h即可播种。

注意事项

（1）不能与碱性物质混用，以免分解失效。

（2）不能在桑园、鱼塘及河流、养蜂场使用，避免污染发生中毒。

（3）蔬菜上使用安全间隔期为7天，棉花上每季最多用药2次，防止抗药性产生。

高效氯氟氰菊酯 *lambda*-cyhalothrin

$C_{23}H_{19}ClF_3NO_3$, 449.85

其他名称　三氟氯氟氰菊酯、功夫菊酯、普乐斯、γ-氟氯氰菊酯。

主要剂型　2.5％乳油，2.5％水乳剂，2.5％微囊悬浮剂，10％可湿性粉剂。

作用特点　高效、广谱、速效拟除虫菊酯类杀虫、杀螨剂，以触杀和胃毒作用为主，无内吸作用。它能抑制昆虫神经轴突部位的传导，对昆虫具有趋避、击倒及毒杀的作用，杀虫谱广，活性较高，药效迅速，喷洒后耐雨水冲刷，但长期使用易对其产生抗性，对刺吸式口器的害虫及害螨有一定防效。它对螨虫有较好的抑制作用，在螨类发生初期使用，可抑制螨类数量上升，当螨类已大量发生时，就控制不住其数量，因此只能用于虫螨兼治，不能用作专用杀螨剂。

防治对象　用于小麦、玉米、果树、棉花、十字花科蔬菜等防治麦虫芽、吸浆虫、黏虫、玉米螟、甜菜夜蛾、食心虫、卷叶蛾、潜叶蛾、凤蝶、吸果夜蛾、棉铃虫、棉红铃虫、菜青虫等，亦用于草原、草地、旱田作物防治草地螟等。

使用方法

（1）防治果树食心虫用2000～3000倍液喷雾。

（2）防治小麦蚜虫用20mL/15kg水喷雾。

（3）防治玉米螟，苗前可以与选择性除草剂混配，生长期单独喷雾，用量15mL/15kg，重点在玉米心部，持效期可达2个月以上。

（4）防治地下害虫蛴螬和金针虫，预防可以以拌种为主，害虫发生时用 20mL/15kg 水喷雾或灌根，土壤干旱不宜使用。

（5）防治水稻螟虫于害虫危害初期或低龄期，用 30～40mL/15kg 水喷雾。

注意事项

（1）在螨类发生初期使用，可抑制螨类数量上升，当螨类已大量发生时，就控制不住其数量，因此只能用于虫螨兼治，不能用作专用杀螨剂。

（2）防治蓟马、粉虱等害虫需要与其他药剂混配使用。

高效氯氰菊酯 *beta*-cypermethrin

$C_{22}H_{19}Cl_2NO_3$, 415.07

其他名称　高效百灭可、高效安绿宝、奋斗呐、快杀敌、好防星、甲体氯氰菊酯。

主要剂型　4.5％乳油，3％水乳剂，4.5％微乳剂，4.5％可湿性粉剂。

作用特点　拟除虫菊酯类杀虫剂，生物活性较高，是氯氰菊酯的高效异构体，具有触杀和胃毒作用。杀虫谱广、击倒速度快，杀虫活性较氯氰菊酯高。

防治对象　适用于防治棉花、蔬菜、果树、茶树、森林等多种植物上的害虫及卫生害虫。

使用方法

（1）防治棉蚜、蓟马，当蚜株率达 30％或卷叶株率在 5％时进行防治。用 4.5％乳油 30～50mL/亩，加水 40～50kg，均匀喷雾。

（2）防治棉铃虫、红铃虫，在棉花二三代卵孵化盛期施药。用 4.5％乳油 30～50mL/亩，加水 40～50kg，均匀喷雾。

（3）防治菜青虫、小菜蛾，在幼虫 2～3 龄期进行防治，用 4.5％乳油 20～40mL/亩，加水 40～50kg，均匀喷雾。

（4）防治菜蚜，在无翅蚜发生盛期防治，用 4.5％乳油 20～30mL/亩，加水 40～50kg，均匀喷雾。

（5）防治柑橘潜叶蛾，在放梢初期及卵孵化盛期进行防治，用 4.5％乳油加水稀释 2250～3000 倍，均匀喷雾。

（6）防治柑橘红蜡蚧，在卵孵化盛期防治，用 4.5％乳油加水稀释 900 倍均匀喷雾。

（7）防治茶尺蠖，在 2～3 龄幼虫盛发期施药，用 4.5％乳油 25～40mL/亩，加水 60～75kg，均匀喷雾。

（8）防治烟青虫，在 2～3 龄幼虫期施药，用 4.5％乳油 25～40mL/亩，加水

60～75kg，均匀喷雾。

（9）防治各种松毛虫、杨树舟蛾、美国白蛾，在 2～3 龄幼虫发生期，用 4.5％乳油 4000～8000 倍液喷雾，飞机喷雾用量 60～150mL/hm²。

（10）防治卫生害虫　防治成蚊及家蝇成虫，每平方米用 4.5％可湿性粉剂 0.2～0.4g，加水稀释 250 倍，进行滞留喷洒。防治蟑螂，在蟑螂栖息地和活动场所每平方米用 4.5％可湿性粉剂 0.9g，加水稀释 250～300 倍，进行滞留喷洒。防治蚂蚁，每平方米用 4.5％可湿性粉剂 1.1～2.2g，加水稀释 250～300 倍，进行滞留喷洒。

注意事项
（1）高效氯氰菊酯没有内吸作用，喷雾时必须均匀、周到。
（2）安全采收间隔期一般为 10 天。
（3）对鱼、蜜蜂和家蚕有毒，不能在蜂场和桑园内及其周围使用，并避免药液污染鱼塘、河流等水域。

核型多角体病毒

其他名称　棉铃虫核型多角体病毒、甜菜夜蛾核型多角体病毒、甘蓝夜蛾核型多角体病毒。

主要剂型　20 亿孢子/克可湿性粉剂，600 亿孢子/克水分散粒剂，20 亿孢子/克悬浮剂。

作用特点　核型多角体病毒多在寄主的血、脂肪、皮肤等细胞的细胞核内发育，故称核型多角体病毒。核型多角体病毒寄主范围较广，主要寄生鳞翅目昆虫。经口或伤口感染。经口进入虫体的病毒被胃液消化，游离出杆状病毒粒子，通过中肠上皮细胞进入体腔，侵入细胞，在细胞核内增殖，之后再侵入健康细胞，直到昆虫死亡。病虫粪便和死虫再传染其他昆虫，使病毒病在害虫种群中流行，从而控制害虫危害。病毒也可通过卵传到昆虫子代。专化性强，一种病毒只能寄生一种昆虫或其邻近种群。只能在活的寄主细胞内增殖。比较稳定，在无阳光直射的自然条件下可保存数年不失活。核型多角体病毒有很多种类，如棉铃虫核型多角体病毒、粉纹夜蛾核型多角体病毒、甘蓝夜蛾核型多角体病毒等。

防治对象　主要用于防治农业和林业害虫。棉铃虫核型多角体病毒已在约 20 个国家用于防治棉花、高粱、玉米、烟草、西红柿的棉铃虫。世界上成功地大面积应用过的还有松黄叶蜂、松叶蜂、舞毒蛾、毒蛾、天幕毛虫、苜蓿粉蝶、粉纹夜蛾、实夜蛾、斜纹夜蛾、金合欢树蓑蛾等害虫的核型多角体病毒。

使用方法
（1）防治小菜蛾在幼虫低龄期用 20 亿 PIB/mL 甘蓝夜蛾核型多角体病毒悬浮剂，用量为 90～120mL/亩，兑水 60～75kg。防治效果良好，并有一定的持效期。

（2）防治棉铃虫，在幼虫孵化初期至二龄期前用 20 亿 PIB/mL 甘蓝夜蛾核型多角体病毒悬浮剂，用量为 50mL/亩。

（3）防治水稻二化螟，在卵孵化盛期用 20 亿 PIB/mL 甘蓝夜蛾核型多角体病毒悬浮剂，用量为 75mL/亩。

（4）防治美国白蛾，在幼虫 2～3 龄期用美国白蛾核型多角体病毒 700～1500 倍液。

注意事项

（1）不耐高温，易被紫外线杀灭，阳光照射会失活，制剂应在阴凉干燥处保存，不能暴晒和淋雨。能被消毒剂杀死。

（2）不能与碱性及酸性物质混用，也不能与病毒链化剂混用。

（3）该药杀虫作用缓慢，从喷药到死虫一般需要几天时间。

环虫酰肼 chromafenozide

$C_{24}H_{30}N_2O_3$, 394.51

其他名称　苯并虫肼、克虫敌。

主要剂型　5％悬浮剂、5％乳油、0.3％粉剂。

作用特点　环虫酰肼为双酰肼类杀虫剂，害虫取食后几小时内抑制进食，同时引起害虫提前蜕皮导致死亡。对夜蛾和其他毛虫，不论在哪个时期，环虫酰肼都有很强的杀虫活性。环虫酰肼不仅对哺乳动物、鸟类、水生生物低毒，而且对节肢动物类、捕食性蜱螨、蜘蛛、半翅目、鞘翅目（甲虫类）、寄生生物及环境无影响。

防治对象　对蔬菜、果树、茶树及水稻等作物上的鳞翅目害虫防治效果好。

使用方法

（1）防治洋葱草地贪夜蛾，用 5％悬浮剂 1000 倍液喷雾。

（2）防治甜菜夜蛾，用 5％悬浮剂 1000～2000 倍液喷雾。

（3）环虫酰肼主要用于蔬菜、茶叶、果树、稻田、其他作物及观赏性植物上、茎叶处理防治鳞翅目害虫。使用 0.3％粉剂或 5％悬浮剂剂量为 5～200g（a.i.）/hm²。

注意事项

（1）不与碱性农药混用。

（2）作用速度慢，应较常规药剂提前 5～7 天使用。

甲基嘧啶磷 pirimiphos-methyl

$C_{11}H_{20}N_3O_3PS$, 305.33

其他名称　甲螨磷、安得利、保安定、亚特松、安定磷。

主要剂型　2％粉剂，55％、500g/L 乳油，20％水乳剂，8.5％泡腾片剂、200g/L 微胶囊剂。

作用特点　是一种作用于乙酰胆碱酯酶的高效、低毒、低残留的有机磷杀虫、杀螨剂，有较强的触杀、胃毒作用和良好的熏蒸和渗透作用。主要用于仓贮害虫以及卫生害虫的防治，在室温 30℃、相对湿度 50％条件下，药效可达 45～70 周。

防治对象　可以用于甜菜、玉米、水稻、马铃薯、黄瓜、高粱、甘蓝、果树等作物上的害虫的防治。

使用方法

（1）按每吨粮食施入 2％粉剂 200g 药量喷雾麻袋，可保持 6 个月袋内粮食不受锯谷盗、米象、谷蠹、粉斑螟和麦蛾等侵害，若用浸渍法处理麻袋，则有效期更长。

（2）处理种子，用药量高达 300mg/kg，对稻谷、小麦、玉米、高粱的发芽率无影响。

注意事项　该药有毒，易燃，乳剂加水稀释后应一次用完，不能储存，以防药剂分解失效。

甲醚菊酯 methothrin

$C_{19}H_{26}O_3$, 302.41

其他名称　甲苄菊酯、对甲氧甲菊酯。

主要剂型　20％乳油，0.2％煤油喷射剂。

作用特点　作用于害虫神经系统，具有触杀、快速击倒和一定的熏蒸作用，属于神经毒剂。对蚊蝇等害虫有快速击倒作用。但与其他拟除虫菊酯比，对卫生害虫的活性不够高，使用时一般添加增效剂。主要加工成蚊香和电热驱蚊片（一般含有效成分 0.35％～0.4％）。对高等动物低毒，对鱼类等水生生物高毒。

防治对象　主要用于防治蚊、蝇等卫生害虫。

使用方法

（1）防治室内蚊蝇，每立方米空间喷施煤油喷射剂 0.5～2.0mL。

（2）与氯菊酯或与仲丁威再加上增效剂配成混合制剂，用于防治蚊、蝇、蜚蠊等，可提高杀虫效果。

注意事项

（1）常温下密闭贮存，应贮存在干燥、避光、阴凉和通风良好的地方。

（2）贮运时，严防损坏包装，防止强光照射，不得与碱性物质、食品混放。

（3）施药时应避免污染手、脸和皮肤。如误服时，尚无特殊解毒剂，应及时送医院就诊，用大量水洗胃，不能催吐；若出现呼吸障碍、痉挛等中毒症状时，应采用给氧、进行人工呼吸并给镇静剂等措施进行治疗。

甲萘威 carbaryl

$$C_{12}H_{11}NO_2, 201.22$$

其他名称　西维因、胺甲萘。

主要剂型　25％、85％可湿性粉剂，6％颗粒剂，30％粉剂。

作用特点　属于广谱性氨基甲酸酯类杀虫剂，作用于害虫神经系统的乙酰胆碱酯酶，具有触杀、胃毒作用，略有内吸性。

防治对象　用于稻、棉、茶、桑以及果树、林业等作物上的稻飞虱、稻纵卷叶螟、稻苞虫、棉铃虫、棉卷叶虫、茶小绿叶蝉、茶毛虫、桑尺蠖、蓟马、豆蚜、大豆食心虫、红铃虫、斜纹夜蛾、桃小食心虫、苹果刺蛾等的防治。对蜜蜂高毒，不宜在开花期或养蜂区使用。对叶蝉、飞虱及一些不易防治的咀嚼式口器害虫如红铃虫有较好防效，但对螨类和大多数介壳虫毒力很小。

使用方法

（1）防治梨小食心虫，每亩用25％甲萘威可湿性粉剂800～1000倍液，在成虫产卵高峰期喷雾。

（2）防治蓟马，每亩用50％甲萘威可湿性粉剂800～1200倍液，于危害初期喷施。

（3）防治烟青虫，每亩用25％甲萘威可湿性粉剂100～250g，喷雾使用（烟草上最多使用3次）。

（4）防治柿长绵粉蚧（柿虱子），每亩用50％甲萘威可湿性粉剂600～800倍液，在若虫出蛰活动后和卵孵化盛期喷雾。

注意事项

（1）西瓜对甲萘威敏感，容易产生药害，不宜使用；在其他瓜类作物上使用时，应先作药害试验。

（2）其毒杀作用缓慢，低温时防效差。

甲氨基阿维菌素苯甲酸盐 emamectin benzoate

$C_{56}H_{81}NO_{15}$, 1008.24($R=C_2H_5$); $C_{55}H_{79}NO_{15}$, 994.21($R=CH_3$)

其他名称 甲维盐、威克达、抗蛾斯、饿死虫、真过劲、扫青风、世美、欧品、品胜、定康、高护、凯强、强势、奥翔。

主要剂型 0.5％、1％、1.5％乳油，2％、3.2％、4％微乳剂，6％、9％、10％、12％、14％、20％悬浮剂，25％、30％、45％水乳剂，13％、15％、25％水分散粒剂，34％、60％可湿性粉剂，0.1％杀蟑饵剂。

作用特点 一种微生物源低毒杀虫、杀螨剂。具有高效、广谱、持效期长、可混用性好、使用安全等特点，作用方式以胃毒为主兼有触杀作用。无内吸性，但有强渗透性。其杀虫机制是阻碍害虫运动神经。增强神经质如谷氨酸和 γ-氨基丁酸（GABA）的作用，从而使大量氯离子进入神经细胞，使细胞功能丧失，扰乱神经传导，幼虫在接触后马上停止进食，发生不可逆转的麻痹，在 3～4 天内达到最高致死率。对蜜蜂有毒，不宜在作物开花期使用。

防治对象 用于蔬菜、果树、烟草、茶树、花卉，以及水稻、棉花、玉米等大田作物上红带卷叶蛾、烟蚜夜蛾、棉铃虫、烟草天蛾、小菜蛾、甜菜夜蛾、旱地贪夜蛾、粉纹夜蛾、甘蓝银纹夜蛾、菜粉蝶、菜心螟、番茄天蛾、马铃薯甲虫、墨西哥瓢虫、红蜘蛛、食心虫等多种害虫的防治，尤其对鳞翅目、双翅目、蓟马类害虫具有超高效。

使用方法

(1) 防治玉米、棉花和蔬菜上鳞翅目害虫最高使用剂量为 16g（a.i.）/hm²。

(2) 防治玉米螟，每亩用 1％甲氨基阿维菌素乳油 10～14mL，在玉米心叶末期时使用，拌细沙（约 10kg）撒入心叶丛最上面 4～5 个叶片内。

(3) 防治棉花红蜘蛛、棉铃虫及其卵，每亩用 1％甲氨基阿维菌素乳油 60～75mL，在其卵孵化期喷雾使用。

(4) 防治蔬菜小菜蛾，每亩用 1％甲氨基阿维菌素乳油 7.5～15mL，于小菜蛾卵孵化盛期或低龄幼虫期喷雾使用。

(5) 防治蔬菜甜菜夜蛾、菜粉蝶、菜青虫、蚜虫和斑潜蝇，每亩用 1％甲氨基阿维菌素乳油 10～15mL，兑水 30～50kg 喷雾使用。

（6）防治烟草烟青虫和天蛾，每亩用 1％甲氨基阿维菌素乳油 60～75mL，于卵孵化盛期或低龄幼虫期喷雾使用。

（7）防治果树食心虫、桃蛀螟，每亩用 1％甲氨基阿维菌素乳油 1500～2000 倍液，于卵孵化盛期或低龄幼虫期喷雾使用。

（8）防治稻纵卷叶螟，每亩用 1％甲氨基阿维菌素乳油 50～60mL，在卵孵化至低龄幼虫高峰期使用。

注意事项

（1）施药时应穿戴防护用品，如戴口罩等，避免吸入药液。

（2）本品不可与碱性农药混合使用。

（3）对蜜蜂、家蚕以及鱼类等水生生物有毒，在作物开花期、蚕室、桑园禁用，同时要远离水产养殖区施药，避免污染河流、池塘等。

（4）建议与其他不同作用机制的杀虫剂轮换使用，以延缓害虫抗性产生。

（5）一般作物的安全采收间隔期为 7 天，在十字花科蔬菜上每季最多使用 2 次。

甲氧虫酰肼 methoxyfenozide

$C_{22}H_{28}N_2O_3$, 368.47

其他名称　氧虫酰肼、雷通、美满。

主要剂型　5％乳油，5％、24％悬浮剂，0.3％粉剂。

作用特点　属于苯酰肼类昆虫生长调节剂——蜕皮激素类杀虫剂，干扰昆虫的正常生长发育、抑制摄食。杀虫对象选择性强，对鳞翅目害虫具有高度选择杀虫活性，以触杀作用为主，并具有一定的内吸作用。该药与抑制害虫蜕皮的药剂的作用机制相反，可在害虫整个幼虫期用药进行防治。对益虫、益螨安全，对环境友好。

防治对象　用于十字花科蔬菜、茄果类蔬菜、瓜类、棉花、苹果、桃、水稻、林木等作物上的鳞翅目害虫，如甜菜夜蛾、斜纹夜蛾、甘蓝夜蛾、菜青虫、棉铃虫、苹果食心虫、水稻二化螟、水稻螟虫、金纹细蛾、美国白蛾、松毛虫和尺蠖等。

使用方法

（1）防治蔬菜甜菜夜蛾、斜纹夜蛾，每亩用 24％甲氧虫酰肼悬浮剂 10～20g，在卵孵化盛期和低龄幼虫期施药，兑水 40～50L 喷雾。

（2）防治黄条跳甲，每亩用 24％甲氧虫酰肼悬浮剂 3000 倍液，在卵孵化或幼虫高峰期喷施。

（3）防治水稻二化螟，每亩用 24％甲氧虫酰肼悬浮剂 20～28g，兑水 50～100L 在卵孵化高峰期喷雾施用。

（4）防治苹果蠹蛾、苹果食心虫，每亩用 24％甲氧虫酰肼悬浮剂 12～16g，在成虫开始产卵前或害虫蛀果前施药，兑水 200L 喷雾。

（5）防治苹果园棉褐带卷蛾，每亩用 24％甲氧虫酰肼悬浮剂 5000 倍液，在越冬幼虫出蛰盛期或第一代幼虫危害高峰期，连续喷施 2 次。

注意事项

（1）施药时期掌握在卵孵化盛期或害虫发生初期。

（2）为防止抗药性产生，害虫多代重复发生时建议与其他作用机理不同的药剂交替使用。

（3）对鱼类毒性中等。

抗蚜威 pirimicarb

$C_{11}H_{18}N_4O_2$, 238.29

其他名称　抗芽威、辟蚜威、灭定威、劈蚜雾。

主要剂型　95％原药、25％和 50％可湿性粉剂、25％和 50％水分散剂。

作用特点　属于氨基甲酸酯类选择性强的杀蚜虫剂。具有触杀、胃毒，以及熏蒸、叶面渗透、根部内吸作用，可通过根部木质部转移。主要作用机制为抑制胆碱酯酶。对有机磷产生抗性的蚜虫仍有杀灭作用。还是一种对蚜虫有特效的内吸性氨基甲酸酯类杀虫剂。能有效防治除棉蚜以外的所有蚜虫，杀虫迅速，但残效期短。对作物安全，不伤天敌，是综合防治的理想药剂。

防治对象　用于防治粮食、果树、蔬菜、花卉、林业上的蚜虫，但是对棉蚜基本无效。

使用方法

（1）防治甘蓝、白菜、豆类、烟草、麻苗上的蚜虫，每亩用 50％可湿性粉剂 2000～4000 倍喷雾。

（2）防治小麦、高粱、油菜、大豆、花生上的蚜虫，每亩用 50％可湿性粉剂 6～8g，兑水 50～100kg 喷雾。

（3）防治果树上的蚜虫，每亩用 50％可湿性粉 30～40g，兑水 50～100kg 喷雾。

注意事项

(1) 该药的药效与温度有关，20℃以上有熏蒸作用，15℃以下以触杀作用为主，15～20℃之间，熏蒸作用随温度上升而增加，因此在低温时，施药要均匀，最好选择无风、温暖天气，效果较好。

(2) 同一作物一季内最多施药3次，间隔期为10天。

(3) 本品必须用金属容器盛装。

(4) 对棉蚜效果差，不宜用于防治棉蚜。

(5) 见光易分解，应避光保存。

(6) 使用不慎中毒，应立即就医，肌肉注射1～2mg硫酸颠茄碱。

喹螨醚 fenazaquin

$C_{20}H_{22}N_2O, 306.40$

其他名称 喹唑啉、螨即死。

主要剂型 10%乳油。

作用特点 属于喹唑啉类杀螨剂，具有触杀和胃毒活性，作用于线粒体呼吸链复合体Ⅰ，占据其与辅酶Q的结合位点，致使螨虫中毒死亡。兼有快速击倒作用和长期持效作用；对害螨的卵、若虫和成虫均具有很高的活性。

防治对象 用于柑橘、苹果、棉花、葡萄、杏仁和观赏植物以及蔬菜等作物上的害螨防治，如真叶螨、全爪螨、红叶螨、紫红短须螨、苹果二斑叶螨、山楂叶螨、柑橘红蜘蛛等。

使用方法

(1) 防治苹果红蜘蛛，每亩用10%乳油4000倍液，在若螨开始发生时喷雾使用。

(2) 防治柑橘红蜘蛛，每亩用10%乳油2000～3000倍液，在若螨开始发生时喷雾使用。

(3) 防治朱砂叶螨、二斑叶螨，每亩用10%螨即死（喹螨醚）乳油2000倍液，在若螨开始发生时喷雾使用。

注意事项

(1) 对蜜蜂及水生生物低毒，但最好避免直接施用于花期植物上和蜜蜂活动场所，避免污染河塘等。

(2) 对皮肤和眼睛有刺激性，用药时应注意安全防护。

藜芦碱 veratramine

C~27~H~39~NO~2~, 409.60

$C_{27}H_{39}NO_2$, 409.60

其他名称　藜芦碱、藜芦胺、藜芦铵、藜蘆胺、哌啶醇。

主要剂型　0.5%可溶溶液、1%母药。

作用特点　属于一种植物性杀虫剂，具有触杀和胃毒作用，作用于昆虫神经细胞钠离子通道，抑制虫体感觉神经末梢导致害虫死亡。

防治对象　用于防治蔬菜、果树以及大田农作物上的害虫，如菜青虫、叶蝉、棉蚜、棉铃虫、蓟马和蜷象等。还可用于防治家蝇、蜚蠊、虱等卫生害虫。

使用方法

（1）防治甘蓝菜青虫，每亩用0.5%藜芦碱可溶液500～800倍液，在低龄幼虫期喷雾施药。

（2）防治蔬菜蚜虫，每亩用0.5%藜芦碱可溶液400～600倍液，在蚜虫发生为害初期，均匀喷雾1次，持效期可达14天以上。

（3）防治棉蚜和棉铃虫，每亩用0.5%藜芦碱可溶液500～800倍液，在卵孵化盛期或幼虫低龄期施药。

联苯肼酯 bifenazate

$C_{17}H_{20}N_2O_3$, 300.35

其他名称　爱卡螨。

主要剂型　24%、43%悬浮剂。

作用特点　联苯肼酯是一种新型选择性叶面喷雾用杀螨剂，没有内吸性。作用于害螨中枢神经传导系统的γ-氨基丁酸（GABA）受体。对螨的各个生活阶段有效，具有杀卵和对成螨击倒活性（48～72h），且持效期长。持效期14天左右，推荐使用剂量范围内对作物安全。对寄生蜂、捕食螨、草蛉低风险。

防治对象　用于防治果树（柑橘、葡萄等）、蔬菜、棉花、玉米和观赏植物等植物上的害螨，如苹果红蜘蛛、二斑叶螨、McDaniel螨和Lewis螨。

使用方法

（1）防治苹果红蜘蛛，每亩用43％悬浮剂160～240g，兑水1000kg喷雾。

（2）防治柑橘全爪螨，每亩用43％联苯肼酯悬浮剂4000～5000倍液喷雾，持效期可达30天。

（3）防治蔬菜上的红蜘蛛，每亩用43％联苯肼酯悬浮剂2000～3000倍液喷雾。

注意事项　对淡水鱼和软体动物高急性毒性，避免污染池塘等水源。

联苯菊酯 bifenthrin

$C_{23}H_{22}ClF_3O_2$, 422.87

其他名称　氟氯菊酯、天王星、虫螨灵、毕芬宁。

主要剂型　2％、10％乳油，2.5％或10％水乳剂，5％微乳剂，5％悬浮剂。

作用特点　属于拟除虫菊酯类杀虫、杀螨剂，具有触杀、胃毒活性。作用于害虫神经系统钠离子通道，扰乱昆虫神经的正常生理活动，使之由兴奋、痉挛到麻痹而死亡。无内吸、熏蒸作用，杀虫谱广，作用迅速。在土壤中不移动，对环境较为安全，残效期较长。

防治对象　用于防治棉花、果树、蔬菜、茶叶等作物上的棉铃虫、潜叶蛾、食心虫、卷叶蛾、菜青虫、小菜蛾、茶尺蠖、茶毛虫等鳞翅目害虫幼虫，以及白粉虱、蚜虫、棉红蜘蛛、山楂叶螨、柑橘红蜘蛛、菜蚜、茄子红蜘蛛、叶蝉、瘿螨等害虫害螨。

使用方法

（1）防治棉铃虫，每亩用2.5％乳油80～140mL，在卵孵盛期施药，残效期7～10天。

（2）防治棉红蜘蛛、棉蚜等，每亩用10％乳油15～20mL，兑水30～50kg，在成、若螨发生期喷雾。

（3）防治桃小食心虫，每亩用2.5％乳油800～2500倍液，在卵孵盛期喷雾施药，持效期10天左右，整季喷药3～4次。

（4）防治柑橘潜叶蛾、柑橘红蜘蛛、山楂红蜘蛛，每亩用2.5％乳油850～1250倍液，在成、若螨发生初期喷雾。

（5）防治苹果红蜘蛛，每亩用2.5％乳油850～2500倍液，在苹果花期前或花期后，成、若螨发生期施药。在螨口密度较低情况下，持效期可达24～28天。

（6）防治小菜蛾、菜青虫、菜蚜，每亩用10％乳油3000～4000倍液，在小菜蛾和菜青虫的幼虫低龄期（1～3龄）、菜蚜发生期喷雾施药，持效期可达2周。

（7）防治茶尺蠖、茶毛虫，每亩用2.5%乳油30～40mL兑水，在幼虫2～3龄期喷雾施药。

注意事项

（1）不可与碱性农药混合使用，以免分解。

（2）对鱼类和家蚕高毒，对蜜蜂毒性中等，避免在池塘、河流、桑园以及蜂源等区域使用。

（3）建议与作用机制不同的农药轮换使用，以延缓害虫害螨抗药性的产生。

（4）低温期更能发挥药效，因此建议在春秋季节使用。

浏阳霉素 liuyangmycin

$R^1, R^2, R^3, R^4 = C_2H_5$
$C_{44}H_{72}O_{12}$, 793.04

其他名称 四活菌素、华秀绿、绿生。

主要剂型 2.5%悬浮剂，5%、10%、20%乳油。

作用特点 属于大环四内酯类生物抗生素，具有触杀作用，但无内吸性。具有亲脂性，接触螨体后，在其细胞膜上形成孔道，导致胞内 Na^+、K^+ 等金属离子渗出，细胞内外金属离子浓度平衡被破坏，致使螨类呼吸障碍而死亡。对成、若螨有特效，但不能杀死螨卵。不杀伤捕食螨，害螨不易产生抗性，杀螨谱较广，对叶螨、瘿螨都有效。对人、畜低毒，对作物及多种天敌昆虫安全，对蜜蜂、家蚕也较安全。

防治对象 广谱性生物杀螨剂，可用于防治棉花、茄子、番茄、豆类、瓜类、苹果、桃树、桑树、山楂、蔬菜、花卉等作物上的各种螨类，以及茶瘿螨、梨瘿螨、柑橘锈螨、枸杞锈螨等。也可以用于防治小菜蛾、甜菜夜蛾、蚜虫等蔬菜害虫。

使用方法

（1）防治柑橘红蜘蛛，每亩用10%浏阳霉素乳油1000～3000倍液，兑水喷施，持效期可达300天。

（2）防治二斑叶螨，每亩用10%浏阳霉素乳油1000倍液或5%增效浏阳霉素1000倍液，在成、若螨发生期喷雾。

（3）防治苹果全爪螨、山楂叶螨，每亩用10%浏阳霉素乳油1000倍液，在成螨和幼、若螨集中发生期喷雾，可高效杀螨。

（4）防治柑橘潜叶蛾、柑橘红蜘蛛、山楂红蜘蛛，每亩用 2.5％乳油 850～1250 倍液，在成、若螨发生初期喷雾。

（5）防治小菜蛾，每亩用 2.5％悬浮剂 1000～1500 倍液或 33～50mL，兑水 20～50kg，在低龄幼虫盛发期喷雾。

注意事项

（1）该药剂对紫外光敏感，应在室温、干燥、避光处储存。

（2）无内吸性，喷雾时应均匀周到，叶面、叶背及叶心均需着药。

（3）药效迟缓，残效期长，用药宜早，间隔期宜长。

（4）可与多种杀虫杀菌剂混用，但若与波尔多液等碱性农药混用时，要现配现用，否则会影响防效。

（5）对鱼类高毒，避免在池塘、河流等区域使用。

硫丙磷 sulprofos

$$H_3C-S-\!\!\!\!-\!\!\!\!-O-\overset{\overset{S}{\|}}{\underset{OC_2H_5}{P}}-S-CH_2CH_2CH_3$$

$C_{12}H_{19}O_2PS_3$，322.45

其他名称 甲丙硫磷、甲硫硫磷、保达、棉铃磷、戴奥辛。

主要剂型 40％乳油。

作用特点 属于广谱性三元不对称有机磷酸酯类杀虫剂，具有触杀和胃毒作用。

防治对象 主要用于防治棉花、烟草、蔬菜和果树等作物上的鳞翅目、缨翅目、鞘翅目、双翅目害虫。

使用方法

（1）防治棉铃虫，每亩用 40％乳油 50～100g，兑水 10～100kg 均匀喷施。

（2）防治烟草上烟青虫和蔬菜上蚜虫，每亩用 40％乳油 50～100g，兑水 10～100kg 均匀喷施。

注意事项

（1）此药为中等毒，施药时应注意安全防护。

（2）急救治疗用阿托品 1～5mg 皮下或静脉注射，或用解磷定 0.4～1.2g 静脉注射，禁用吗啡、茶碱、吩噻嗪、利血平。

硫双威 thiodicarb

$C_{10}H_{18}N_4O_4S_3$，354.47

其他名称 硫双灭多威、双灭多威、拉维因、硫敌克、多田静、天佑、索斯、胜森、双捷。

主要剂型 35％、37.5％悬浮剂，25％、75％可湿性粉剂，37.5％悬浮种衣剂，80％水分散粒剂。

作用特点 低毒杀虫剂、杀螨剂。硫双威主要是胃毒作用，几乎没有触杀作用，无熏蒸和内吸作用，有较强的选择性，在土壤中残效期很短。杀虫活性与灭多威相当，但毒性为灭多威的十分之一。

防治对象 对鳞翅目害虫有特效，如棉铃虫、棉红铃虫，卷叶虫、食心虫、菜青虫、小菜蛾、茶细蛾；对棉蚜、叶蝉、蓟马和螨类无效；也可用于防治鞘翅目、双翅目及膜翅目害虫。

使用方法

(1) 防治棉铃虫、棉红铃虫，在卵孵盛期进行防治，每亩用75％可湿性粉50～100g，兑水50～100kg喷雾。

(2) 防治二化螟、三化螟，每亩用75％可湿性粉剂100～150g，兑水100～150kg喷雾。

(3) 防治稻纵卷叶螟，每亩用75％可湿性粉剂30～50g，兑水50～60kg喷雾。

(4) 防治小麦蒙古虫、麦叶蜂，每亩用75％可湿性粉剂20～40g，加水50～60kg喷雾。

(5) 防治豆夜蛾、银纹夜蛾，每亩用75％可湿性粉剂40～50g，加水50～60kg喷雾。

(6) 防治大豆、玉米等作物上的卷叶蛾，每亩用75％可湿性粉或375g/L悬浮剂15～65g，兑水喷雾。

注意事项

(1) 不能与碱性农药、化肥混用，也不能与代森锌、代森锰锌、波尔多液、石硫合剂及含铁、锡的农药混用。

(2) 乳油具有可燃性，应注意防火，亦不能置于很低的温度下，以防冻结，应放在阴凉、干燥处。

(3) 中毒后治疗用药为阿托品，不要使用解磷定及吗啡进行治疗。

(4) 对蚜虫、螨类、叶蝉、蓟马等刺吸式口器害虫无效。

(5) 对高粱和棉花某些品种具有轻微药害。

(6) 为避免害虫产生抗药性，应与其他农药交替使用。

硫肟醚 sulfoxime

$C_{22}H_{23}ClNO_2S$, 411.94

其他名称 硫肟醚菊酯。

主要剂型 10％水乳剂。

作用特点 含有肟醚结构的新型非酯肟醚类杀虫剂，属于高效、低毒、低残留的新型杀虫剂，具有触杀和胃毒作用。

防治对象 用于蔬菜、茶叶、棉花、水稻等作物防治菜青虫、茶尺蠖、茶毛虫、茶小绿叶蝉、棉铃虫等鳞翅目、同翅目害虫。

使用方法

(1) 防治菜青虫，每亩用 10％水乳剂 40～60mL，兑水 60kg 喷雾，持效期 7 天左右。

(2) 防治茶叶上茶尺蠖、茶毛虫、茶小绿叶蝉，每亩用 10％水乳剂 60mL，兑水 60kg，于幼虫或若虫高峰期喷施。

氯胺磷 chloramine phosphorus

$$H_3CO-\underset{\underset{SCH_3}{\overset{\overset{O}{\|}}{P}}}{}-NH-\underset{\overset{OH}{|}}{CH}-CCl_3$$

$C_4H_9Cl_3NO_3PS, 288.52$

其他名称 乐斯灵。

主要剂型 30％乳油。

作用特点 新型广谱性有机磷杀虫、杀螨剂，对害虫具有触杀、胃毒和熏蒸作用，并有一定内吸传导作用，残效期较长，熏杀毒力强，是速效型杀虫剂，对螨类还有杀卵作用。

防治对象 用于防治水稻、棉花、柿树等作物上稻纵卷叶螟、三化螟、稻飞虱、叶蝉、蓟马、棉铃虫、柿绵蚧等害虫。

使用方法

(1) 防治稻纵卷叶螟，每亩用 30％乳油 200mL，兑水 50kg 喷雾。

(2) 防治水稻三化螟，每亩用 30％乳油 134～200mL，于蚁螟盛孵期兑水喷施。

(3) 防治柿绵蚧，每亩用 30％乳油 1000～2000 倍液，于若虫盛发期喷雾防治。

氯虫酰胺 chlorantraniliprole

$C_{18}H_{14}BrCl_2N_5O_2, 483.15$

其他名称 氯虫苯甲酰胺、康宽、普尊、奥德腾。

主要剂型 5％、20％悬浮剂，35％水分散粒剂，50％悬浮种衣剂。

作用特点 新型邻苯二甲酰胺类鱼尼丁受体激活剂，释放平滑肌和横纹肌细胞内贮存的钙，引起肌肉调节衰弱、麻痹，直至害虫死亡。具有胃毒和触杀作用，胃毒为主要作用方式。可经茎、叶表面渗透到植物体内，还可通过根部吸收和在木质部移动。持效期可达 15 天以上。

防治对象 用于蔬菜、玉米、棉花、水稻、甘蔗、马铃薯、烟草、果树和观赏性植物等上，防治菜青虫、小菜蛾、粉纹夜蛾、甜菜夜蛾、欧洲玉米螟、亚洲玉米螟、二点委夜蛾、小地老虎、黏虫、棉铃虫、水稻二化螟、三化螟、大螟、稻纵卷叶螟、稻水象甲、甘蔗螟、马铃薯象甲、烟粉虱、烟青虫、桃小食心虫、梨小食心虫、金纹细蛾、苹果蠹蛾、苹小卷叶蛾、黑尾叶蝉、螺痕潜蝇、美洲斑潜蝇等鳞翅目、鞘翅目和双翅目害虫。

使用方法

（1）防治稻纵卷叶螟、二化螟、三化螟，用 20％氯虫苯甲酰胺悬浮剂 15～30g/hm²，于卵孵高峰至低龄幼虫高峰期喷雾使用。

（2）防治甜菜夜蛾、小菜蛾等，用 5％氯虫苯甲酰胺悬浮剂 22.5～41.25g/hm²，兑水喷雾使用。

（3）防治苹果树金纹细蛾和桃小食心虫，每亩分别用 35％水分散粒剂 14～20mg/kg 和 35～50mg/kg，喷雾使用。

注意事项

（1）由于该农药具有较强的渗透性，药剂能穿过茎部表皮细胞层进入木质部，从而沿木质部传导至未施药的其他部位。因此在田间作业中，用弥雾或细喷雾喷雾效果更好。但当气温高、田间蒸发量大时，应选择早上 10 点以前，下午 4 点以后用药，这样不仅可以减少用药液量，也可以更好地增加作物的受药液量和渗透性，有利于提高防治效果。

（2）为避免该农药抗药性的产生，一季作物或一种害虫宜使用 2～3 次，每次间隔时间在 15 天以上。

（3）对家蚕剧毒，蚕室和桑园等地禁止使用；对鱼中等毒性，避免在河塘等水域使用。

氯菊酯 permethrin

$$C_{21}H_{20}Cl_2O_3, 391.29$$

其他名称 二氯苯醚酯、除虫精、苄氯菊酯、苯醚氯菊酯、久效菊酯、克死命。

主要剂型 10％、38％、50％乳油，10％微乳剂。

作用特点 拟除虫菊酯类杀虫剂，以触杀和胃毒作用为主，有杀卵和拒避活性；无内吸、熏蒸作用。具有击倒力强、杀虫速度快的特点。对光较稳定，在同等使用条件下，对害虫抗性发展也较缓慢，对鳞翅目幼虫高效。

防治对象 用于防治棉花、蔬菜、茶叶、果树和林木等上的多种害虫，尤其适用于卫生害虫和牧畜害虫的防治。如棉蚜、叶蝉、棉铃虫、菜青虫、菜蚜、小菜蛾、黄条跳甲、茶小卷叶蛾、茶尺蠖、茶毛虫、茶细蛾、烟夜蛾、桃蚜、橘蚜、梨小食心虫、马尾松松毛虫、白杨尺蛾等，以及卫生害虫家蝇、蚊子、蟑螂和白蚁等。

使用方法

（1）防治棉花上棉铃虫、红铃虫等，每亩用10％乳油1000～1250倍液喷雾；防治棉蚜，每亩用10％乳油2000～4000倍液，于发生期喷雾，防治伏蚜则需要增加使用剂量。

（2）防治蔬菜上菜青虫和小菜蛾，每亩用10％乳油1000～2000倍液，于幼虫1～2龄期喷雾。

（3）防治茶毛虫、茶尺蠖、茶细蛾和茶小卷叶蛾，每亩用10％乳油2500～5000倍液，于2～3龄幼虫盛发期喷雾，可同时防治茶绿叶蝉和蚜虫。

（4）防治柑橘潜叶蛾，每亩用10％乳油1250～2500倍液，于放梢初期喷雾，可兼防柑橘蚜虫。

（5）防治桃小食心虫，每亩用10％乳油1000～2000倍液，于卵孵盛期喷雾，可兼防卷叶蛾和蚜虫。

（6）防治家蝇和蚊子，于害虫栖息或活动场所用10％乳油0.01～0.03mL/m³喷洒。

注意事项

（1）不能与碱性农药混用。

（2）对鱼类和蜜蜂高毒，避免污染鱼塘、蜂场等。

氯氰菊酯 cypermethrin

$C_{22}H_{19}Cl_2NO_3$, 416.32

其他名称 灭百可、兴棉宝、赛波凯、安绿宝。

主要剂型 2.5％、5％、10％、20％、25％、50g/L、100g/L、250g/L乳油，5％微乳剂，8％微囊剂，300g/L悬浮种衣剂，25％水乳剂，10％可湿性粉剂。

作用特点　作用于昆虫的神经系统，通过与钠通道作用来扰乱昆虫的神经功能。具有触杀和胃毒作用，无内吸性。杀虫谱广、药效迅速，对光、热稳定，对某些害虫的卵具有杀伤作用。药效比氯菊酯高，适用于防虫杀虫，如蝇类、蚊类和蚋属等昆虫。适用于防治棉花、蔬菜、果树、茶树、森林等多种植物上的害虫及卫生害虫。用此药防治对有机磷产生抗性的害虫效果良好，但对螨类和盲蝽防治效果差。该药残效期长，正确使用时对作物安全。

防治对象　用于公共场所防治苍蝇、蟑螂、蚊子、跳蚤、虱和臭虫等许多卫生害虫，也可防治牲畜外寄生虫：蜱、螨等。在农业上，主要用于苜蓿、禾谷类作物、棉花、葡萄、玉米、油菜、梨果、马铃薯、大豆、甜菜、烟草和蔬菜上防治鞘翅目、鳞翅目、直翅目、双翅目、半翅目和同翅目等害虫。

使用方法

（1）防治棉铃虫、红铃虫、棉蚜和蓟马，每亩用 5％乳油 30～50mL，兑水40～50kg，于棉铃虫二三代卵孵化盛期或蚜株率达 30％或卷叶株率在 5％时进行喷雾。

（2）防治菜青虫和小菜蛾，每亩用 5％乳油 20～40mL，兑水 40～50kg，于幼虫 2～3 龄期进行喷雾。

（3）防治菜蚜，每亩用 5％乳油 20～30mL，兑水 40～50kg，在无翅蚜发生盛期喷雾。

（4）防治柑橘潜叶蛾和红蜡蚧，每亩分别用 5％乳油 2250～3000 倍液和 900倍液，于放梢初期及卵孵化盛期进行喷雾。

（5）防治茶尺蠖，每亩用 5％乳油 2500mL，兑水 60～75kg，于 2～3 龄幼虫盛发期喷雾。

（6）防治烟青虫，每亩用 5％乳油 20～35mL，加水 60～75kg，于 2～3 龄幼虫期喷雾。

（7）防治各种松毛虫、杨树舟蛾和美国白蛾，于 2～3 龄幼虫发生期，用 5％乳油 4000～8000 倍液喷雾，或飞机喷雾每公顷用量 60～150mL。

（8）防治卫生害虫蚊子和家蝇成虫，每平方米用 4.5％可湿性粉剂 0.2～0.4g，加水稀释 250 倍，进行滞留喷洒。

注意事项

（1）不要与碱性物质混用。

（2）注意不可污染水域及饲养蜂蚕场地。

（3）氯氰菊酯对人体每日允许摄入量为 0.6mg/(kg·d)。本品无内吸和熏蒸作用，喷药要周到。在害虫和螨类同时发生时，应与杀螨剂混用或交叉使用。蚜虫、棉铃虫等极易产生抗药性，尽可能轮用、混用。

（4）防治钻蛀性害虫，应在孵化期或孵化前 1～2 天施药。

（5）不能在桑园、鱼塘、养蜂场所使用。

氯溴虫腈 bromchlorfenapyr

$C_{15}H_{10}BrCl_2F_3N_2O$, 442.06

主要剂型 10%悬浮剂。

作用特点 属于新型芳基吡咯类杀虫剂,具有胃毒和触杀作用,有良好的杀卵、杀螨活性,杀虫谱广、击倒快、毒性低,对作物安全。

防治对象 用于防治蔬菜、水稻和棉花上的多种害虫,如斜纹夜蛾、小菜蛾、稻飞虱、稻纵卷叶螟和棉铃虫等。

使用方法 防治甘蓝上的斜纹夜蛾,每亩用0.8~1.25g,于卵孵盛期和幼虫低龄期进行喷雾。

注意事项 不足之处是对某些环境生物毒性高,在某些环境条件下半衰期过长,且对雄大鼠急性经口为中等毒性。

螺虫乙酯 spirotetramat

$C_{21}H_{27}NO_5$, 373.44

其他名称 亩旺特。

主要剂型 22.4%悬浮剂。

作用特点 属于新型季酮酸衍生物类,高效广谱,可有效防治各种刺吸式口器害虫。其通过抑制害虫体内脂肪生物合成过程中的乙酰辅酶A羧化酶活性,从而抑制脂肪的合成,阻断害虫正常的能量代谢,最终导致死亡。具有独特的内吸性,可在植物木质部和韧皮部双向传导。持效期长,可提供长达8周的有效防治。对重要益虫如瓢虫、食蚜蝇和寄生蜂具有良好的选择性。

防治对象 用于防治番茄、棉花、大豆、马铃薯、果树和蔬菜等作物上各种刺吸式口器害虫,如烟粉虱、木虱、介壳虫、蚜虫和蓟马等。

使用方法

(1) 防治番茄上的烟粉虱,用22.4%悬浮剂72~108g/hm²,兑水进行喷雾。

(2) 防治柑橘树上的介壳虫,用22.4%悬浮剂48~60mg/kg喷雾。

（3）防治苹果树上的棉蚜，用 22.4％悬浮剂 60～80mg/kg 喷雾。

（4）防治柑橘树红蜘蛛，用 240g/L 螺虫乙酯 4000～5000 倍液喷雾。

注意事项

（1）为避免害虫产生抗药性，应与其他不同作用机制的农药轮换使用。

（2）宜早使用，在果树新梢新叶生长期施用效果最佳。

螺甲螨酯 spiromesifen

$C_{23}H_{30}O_4$, 373.44

其他名称 螺虫酯、螺螨甲酯。

主要剂型 24％悬浮剂。

作用特点 属于螺环季酮酸类杀虫、杀螨剂，不具有内吸性。其作用机制和作用方式与螺虫乙酯相似，通过抑制害虫脂肪合成过程中的乙酰辅酶 A 羧化酶活性，阻断害虫正常的能量代谢，最终导致死亡。同时还可以产生卵巢管闭合作用，降低螨虫和粉虱成虫的繁殖能力，大大减少产卵数量。与其他已商品化的杀虫、杀螨剂没有交互抗性。

防治对象 用于防治棉花、玉米、葫芦、西红柿、蔬菜、果树和观赏植物上的害虫，如粉虱、螨虫等。

使用方法 防治棉粉虱和二斑叶螨，用 24％悬浮剂 96～144g（a.i.）/hm^2 进行喷雾。

注意事项 为避免害虫产生抗药性，应与其他不同作用机制的农药轮换使用。

螺螨酯 spirodiclofen

$C_{21}H_{24}Cl_2O_4$, 411.32

其他名称 季酮螨酯、螨危、螨威多。

主要剂型 24％、34％悬浮剂、15％水乳剂。

作用特点 具有全新的作用机理，具有触杀作用，没有内吸性。主要抑制害虫脂肪合成，阻断其正常能量代谢，对害螨的卵、幼螨、若螨具有良好的杀伤效果，对成螨无效，但具有抑制雌螨产卵孵化的作用。

防治对象　用于防治柑橘、葡萄等果树以及茄子、辣椒、番茄等茄科作物上的害虫，如红蜘蛛、黄蜘蛛、锈壁虱、茶黄螨、朱砂叶螨、二斑叶螨等，以及梨木虱、榆蛎盾蚧、叶蝉类等。

使用方法　防治柑橘树上的红蜘蛛，用34%螺螨酯悬浮剂4000～5000倍液（每瓶100mL兑水400～500kg），于卵孵盛期或若虫盛发期进行喷雾，持效期可达50天左右。

注意事项

（1）为避免害虫产生抗药性，建议在柑橘生长季内（春季、秋季）使用次数最多不超过两次，应与其他作用机制不同的农药轮换使用。

（2）由于其无内吸性，因此喷药时要全株均匀喷雾，特别是叶背。

（3）对扑食螨等有轻微毒性，建议避开果树开花时用药。

马拉硫磷 malathion

$C_{10}H_{19}O_6PS_2$, 330.36

其他名称　马拉松、防虫磷、粮虫净、粮泰安。

主要剂型　45%乳油，1.2%粉剂。

作用特点　属于高效、低毒、广谱有机磷类杀虫剂，具有触杀和胃毒作用，也有一定的熏蒸和渗透作用，对害虫击倒力强，但无内吸活性。其进入虫体后会氧化成马拉氧磷，从而更好发挥毒杀作用；其药效受温度影响较大，高温时效果好。

防治对象　适用于防治水稻、小麦、棉花、烟草、茶树、果树、豆类、林木等作物上的刺吸式和咀嚼式害虫，如飞虱、叶蝉、蓟马、蚜虫、黏虫、黄条跳甲、象甲、盲蝽象、食心虫、蝗虫、菜青虫、豆天蛾、红蜘蛛、蠹蛾、粉剂、茶树尺蠖、茶毛虫、松毛虫、杨毒蛾等，也可用于防治仓库害虫。

使用方法

（1）防治小麦上的黏虫、蚜虫、麦叶蜂，每亩用45%乳油1000倍液喷雾。

（2）防治大豆上的食心虫、造桥虫、豌豆象、豌豆、管蚜、黄条跳甲，每亩用45%乳油1000倍液，兑水75～100kg喷雾。

（3）防治水稻飞虱和叶蝉，用45%乳油540～810g/hm²，兑水喷雾。

（4）防治棉花上的盲蝽象，每亩用45%乳油1500倍液喷雾。

（5）防治果树上的各种刺蛾、巢蛾、粉介壳虫、蚜虫，用45%乳油1500倍液喷雾。

（6）防治茶树上的象甲、长白蚧、龟甲蚧、茶绵蚧等，用 45%乳油 500～800 倍液喷雾。

（7）防治菜青虫、菜蚜、黄条跳甲等，用 45%乳油 1000 倍液喷雾。

（8）防治林木尺蠖、松毛虫、杨毒蛾等，每亩用 45%乳油 80～100mL，超低容量喷雾。

注意事项

（1）易燃，在运输、贮存过程中注意防火，远离火源。

（2）中毒症状为头痛、头晕、恶心、无力、多汗、呕吐、流涎、视力模糊、瞳孔缩小、痉挛、昏迷、肌纤颤、肺水肿等。误食中毒时应立即送医院诊治，给病人皮下注射 1～2mg 阿托品，并立即催吐。上呼吸道刺激可饮少量牛奶及苏打。眼睛受到沾染时用温水冲洗。皮肤发炎时可用 20%苏打水湿绷带包扎。

（3）在蔬菜收获前 7～10 天停用。在瓜类、豇豆作物上慎用，以避免药害。

弥拜菌素 milbemectin

其他名称　密灭汀、快普。

主要剂型　4%乳油，可湿性粉剂。

作用特点　弥拜菌素是米尔贝霉素 A3、A4 的混合物（A3∶A4 的比例为 3∶7），属微生物源杀虫、杀螨剂，具有胃毒和触杀作用，无内吸性。作用方式与阿维菌素一样，是 γ-氨基丁酸（GABA）的激动剂，作用于外围神经系统，引发突触前 GABA 释放，继而引起氯离子流向改变，使其内流，导致由 GABA 介导的中枢神经及神经-肌肉传导阻滞，进而使昆虫麻痹死亡。

防治对象　用于防治棉花、蔬菜、茶树、水果（柑橘、苹果、草莓等）等上的害虫，如朱砂叶螨、二斑叶螨、柑橘红蜘蛛、苹果红蜘蛛、柑橘锈壁虱等，对棉叶螨和柑橘全爪螨高效，对松树害虫（如松材线虫）也有效。

使用方法

（1）防治柑橘红白蜘蛛，每亩用 4%乳油 30～60mL 兑水喷雾。

（2）防治棉花红蜘蛛，用 4%乳油 2000～3000 倍液喷雾。

醚菊酯 ethofenprox

$$C_{25}H_{28}O_3, 376.49$$

其他名称　多来宝、依芬普司、利来多。

主要剂型　1%杀虫气雾剂，10%、20%，30%悬浮剂，10%、20%、30%乳油，10%、20%、30%可湿性粉剂。

作用特点　属于无酯结构的醚类拟除虫菊酯杀虫剂，击倒速度快，杀虫活性高，具有触杀和胃毒作用。对同翅目飞虱科有特效，同时对鳞翅目、半翅目、直翅目、鞘翅目、双翅目和等翅目等多种害虫有很好的效果，尤其对水稻稻飞虱的防治效果显著。药后 30 分钟能达到 50％以上。正常情况下持效期 20 天以上。

防治对象　用于防治水稻、蔬菜、棉花、玉米以及林木等作物上的同翅目、鳞翅目、半翅目、直翅目、鞘翅目、双翅目和等翅目等多种害虫，如水稻灰飞虱、白背飞虱、褐飞虱、稻水象甲、小菜蛾、甘蓝青虫、甜菜夜蛾、斜纹夜蛾、棉铃虫、烟草夜蛾、棉红铃虫、玉米螟、松毛虫等。对同翅目飞虱科（如稻飞虱）有特效，对卫生害虫也有良好效果，如蜚蠊。

使用方法

（1）防治水稻飞虱，每亩用 10％悬浮剂 40～60mL，兑水喷雾。

（2）防治小菜蛾和菜青虫，每亩用 10％悬浮剂 70～90mL，兑水喷雾。

（3）防治棉花上的棉铃虫、烟草夜蛾、棉红铃虫等，每亩用 10％悬浮剂 50～60mL，兑水喷雾。

（4）防治玉米螟，每亩用 10％悬浮剂 65～130mL，兑水喷雾。

（5）防治松毛虫，以 30～50mg/kg 药液喷雾。

（6）防治室内卫生害虫蜚蠊，用 1％杀虫气雾剂喷雾。

注意事项

（1）对鱼和蜜蜂高毒，应避免污染鱼塘、蜂场。

（2）该药无内吸作用，要求对作物喷药均匀周到。

（3）不能与强碱性农药混用。

嘧啶氧磷 pirimioxyphos

$C_{10}H_{17}N_2O_4PS$, 292.29

其他名称　灭定磷。

主要剂型　50％乳油。

作用特点　属于中等毒性有机磷类杀虫剂，具有胃毒和触杀作用，有内吸特性，对刺吸式口器害虫有效，对稻瘿蚊有特效。

防治对象　用于防治棉花、水稻、小麦、大豆、果树、甘蔗、茶树等作物上的鳞翅目害虫，如棉蚜、叶螨稻飞虱、叶蝉、蓟马、稻瘿蚊、二化螟、三化螟、稻纵卷叶螟、甘蔗金龟子、桃小食心虫、蛴螬、蝼蛄、地老虎等。

使用方法

（1）防治棉蚜和红蜘蛛，每亩用 50％乳油 40～60mL，兑水 50～70kg 喷雾；

防治棉铃虫和红铃虫，每亩用 50％乳油 60～80mL，兑水 75～100kg 喷雾。

（2）防治水稻上的二化螟、三化螟，每亩用 50％乳油 150～300mL，兑水 50～75kg 喷雾；防治稻飞虱、稻叶蝉、稻蓟马、稻瘿蚊，每亩用 50％乳油 150～300mL，兑水 75～100kg 喷雾。

（3）防治大豆食心虫，每亩用 50％乳油 150mL，兑水 40～60kg 喷雾。

（4）防治小麦蝼蛄、蛴螬，用 50％乳油 500mL，兑水 50kg，拌种 500kg。

（5）防治地老虎，每亩用 50％乳油 150～200mL，兑水 2～3L，拌细土 15～20kg 撒施。

注意事项

（1）该药剂对高粱敏感，不宜使用。

（2）不宜在蔬菜等生长期很短的作物上使用。

（3）与碱性物质如石灰、烧碱等相遇会迅速分解失效，故不能与碱性物质混用。

（4）对鱼类、蜜蜂毒性较高，避免污染池塘、蜂场等。

嘧螨胺 pyriminostrobin

$C_{23}H_{18}Cl_2F_3N_3O_4$, 528.31

其他名称 (*E*)-2-(2-(2-(2,4-二氯苯胺基)))-6-(三氯甲基吡啶-4-氧亚甲基苯基)-3-甲氧基丙烯酸甲酯。

主要剂型 15％可溶液剂。

作用特点 甲氧基丙烯酸酯类新型杀螨剂，具有优异的杀成螨、若螨和杀卵活性，优于嘧螨酯，速效性优于螺螨酯。

防治对象 用于防治柑橘、苹果等果树上的多种害螨，如柑橘全爪螨、苹果红蜘蛛等。

使用方法 防治柑橘全爪螨，用嘧螨胺 15％可溶液剂 1500～3000 倍液，于卵孵盛期或若螨期，兑水均匀喷雾。

棉隆 dazomet

$C_5H_{10}N_2S_2$, 162.3

其他名称 必速灭。

主要剂型 98%微粒剂。

作用特点 属于硫代异硫氰酸甲酯类杀线虫剂，并兼治真菌、地下害虫和杂草，是一种高效、低毒、无残留的环保型广谱性综合土壤熏蒸消毒剂。施用于潮湿的土壤中时，会产生一种异硫氰酸甲酯、甲醛、硫化氢气体，迅速扩散至土壤颗粒间，有效地杀灭土壤中各种线虫、病原菌、地下害虫及杂草种子，从而达到清洁土壤、疏松活化土壤的效果。

防治对象 用于温室、大棚、部分大田（番茄、生姜、山药等），以及苗床、苗圃（烟草、花卉、草莓、人参等）各种基质、盆景土、菇床土及种子繁育基地。特别适合于多年连茬种植的土壤。

使用方法 首先旋耕整地，浇水保持土壤湿度60%～70%，每亩用98%微粒剂20～30kg，进行沟施或撒施，旋耕机混匀土壤，覆膜密封消毒12～20天，最后揭去地膜充分透气一周以上，保证无残留药害后可种植。

注意事项

（1）最佳施药温度是12℃以上，土壤湿度大于40%。

（2）夏季施药要避开高温，早上9点前，下午4点后。

（3）两茬作物种植区，在种植第二茬前不宜使用未腐熟的农家肥或将农家肥消毒后再施用，避免土壤受二次感染。

（4）因为棉隆具有灭生性，生物菌肥不要同时使用。

（5）对鱼类有毒。

灭多威 methomyl

$$C_5H_{10}N_2O_2S, 162.2$$

其他名称 灭多虫、灭虫快、乙肟威、灭索威、甲氨叉威、万灵、快灵。

主要剂型 24%可溶液剂，20%、40%、90%可溶粉剂，20%乳油，10%可湿性粉剂。

作用特点 属于广谱性氨基甲酸酯类杀虫剂，具有触杀、胃毒和内吸活性，作用于害虫神经系统，抑制胆碱酯酶活性，导致抽搐死亡。

防治对象 用于防治棉花、玉米、水稻、小麦、烟草、茶树、果树、蔬菜和观赏植物上的多种害虫，如棉铃虫、棉蚜、烟蚜、烟青虫、菜青虫、甘蓝蚜虫、茶小绿叶蝉、地老虎、二化螟、飞虱类、斜纹夜蛾等。

使用方法

（1）防治棉铃虫，用 24％可溶液剂 270～360g/hm² 喷雾。

（2）防治蚜虫，用 90％可溶粉剂 3000～4000 倍液，于虫害初期，兑水 50～70kg 喷雾。

（3）防治甘蓝菜青虫和蚜虫，用 24％可溶液剂 300～360g/hm² 喷雾。

灭螨猛 chinomethionate

$$C_{10}H_6N_2OS_2, 234.30$$

其他名称　菌螨啉、螨离丹、甲基克杀螨、灭草猛、喹菌酮。

主要剂型　25％乳油，12.5％、25％可湿性粉剂。

作用特点　灭螨猛为高效、低毒、低残留、高选择性的非内吸性杀虫、杀螨、杀菌剂。对成虫、卵、幼虫都有效，对白粉病有特效。

防治对象　防治对象为苹果、柑橘的螨类（对成螨和卵均有效）及核果、葡萄、草莓、瓜类等的霜霉病、白粉病等。

使用方法

（1）防治果树和茶树上的朱砂叶螨和茶黄螨，用 25％灭螨猛可湿性粉剂 1000～1500 倍液喷雾。

（2）防治白粉病，用 25％灭螨猛可湿性粉剂 75～125mg/L，兑水喷雾。

（3）防治烟粉虱，用 25％灭螨猛乳油 1000 倍液，于低龄期喷雾。

注意事项　对某些苹果、玫瑰的品种有药害，用前进行试验。

灭蝇胺 cyromazine

$$C_6H_{10}N_6, 166.18$$

其他名称　环丙氨嗪、蝇得净、赛诺吗嗪。

主要剂型　20％、50％可溶粉剂，10％、30％悬浮剂，30％、50％、70％、75％可湿性粉剂，60％水分散粒剂。

作用特点　属于三嗪类昆虫生长调节剂，具有触杀、胃毒作用以及强内吸活性。其作用机理是抑制昆虫表皮几丁质的合成，干扰蜕皮和化蛹过程，导致幼虫和蛹畸变，成虫羽化不全或受抑制。并且有非常强的选择性，主要对双翅目昆虫有活性。能使双翅目幼虫和蛹在发育过程中发生形态畸变，成虫羽化受抑制或不完全。

防治对象 用于防治各种瓜果、蔬菜、豆类以及观赏植物上的双翅目幼虫，如美洲斑潜蝇、南美斑潜蝇、豆杆黑潜蝇、葱斑潜叶蝇、三叶斑潜蝇、苍蝇、根蛆等。

使用方法

（1）防治美洲斑潜蝇、南美斑潜蝇等，用10%悬浮剂300～400倍液，或20%可溶性粉剂600～800倍液，或50%可湿性粉剂1500～2000倍液，或80%水分散粒剂2500～3000倍液均匀喷雾。

（2）防治韭菜根蛆，用10%悬浮剂400倍液，或20%可溶性粉剂800倍液，或50%可湿性粉剂2000倍液，或80%可湿性粉剂3500倍液浇灌或淋根。

（3）施于豆类、胡萝卜、芹菜、瓜类、莴苣、洋葱、豌豆、青椒、马铃薯、番茄用12～30g/100L药剂处理，或75～225g/hm^2。高剂量比低剂量明显地延长持效期。土壤使用剂量为200～1000g/hm^2，用高剂量持效期可达8周。

注意事项

（1）不能与碱性农药混用。

（2）为了减缓害虫抗药性的产生，应与不同作用机制的农药轮换使用。

灭幼脲 chlorbenzuron

$C_{14}H_{10}Cl_2N_2O_2$, 309.15

其他名称 灭幼脲Ⅲ号、苏脲Ⅰ号、一氯苯隆、扑蛾丹、蛾杀灵、劲杀幼。

主要剂型 20%和25%悬浮剂，25%可湿性粉剂，2.5%杀蟑毒饵，4.5%杀蟑胶饵。

作用特点 属于苯甲酰脲类昆虫几丁质合成抑制剂，主要是胃毒作用，对变态昆虫，特别是鳞翅目幼虫表现为很好的杀虫活性。其作用机理是通过抑制昆虫表皮几丁质合成酶的活性，干扰昆虫几丁质合成，导致昆虫不能正常蜕皮而死亡。在幼虫期施用，使害虫新表皮形成受阻，延缓发育，或缺乏硬度，不能正常蜕皮而导致死亡或形成畸形蛹死亡。对变态昆虫，特别是鳞翅目幼虫表现为很好的杀虫活性。

防治对象 用于防治十字花科蔬菜（如甘蓝）、果树（如苹果树、柑橘、梨等）、茶树以及林木等植物上的鳞翅目害虫，如菜青虫、小菜蛾、斜纹夜蛾、金纹细蛾、黄蚜、桃小食心虫、梨小食心虫、柑橘潜叶蛾、柑橘木虱、茶尺蠖、美国白蛾、松毛虫等。还可以防治卫生害虫，如蜚蠊等。

使用方法

（1）防治蔬菜害虫小菜蛾、菜青虫和夜蛾等，用25%悬浮剂或25%可湿性粉剂 2000～2500 倍液，于 1～2 龄幼虫期均匀喷雾。

（2）防治金纹细蛾、柑橘潜叶蛾，用 25％悬浮剂或 25％可湿性粉剂 1000～2000 倍液，于卵孵化盛期或低龄幼虫期喷雾。

（3）防治桃小食心虫、茶尺蠖等，用 25％悬浮剂或 25％可湿性粉剂 2000～3000 倍液，于成虫产卵期或低龄幼虫期均匀喷雾。

（4）防治林木害虫松毛虫、美国白蛾、舞毒蛾、舟蛾等，用 25％悬浮剂或 25％可湿性粉剂 2000～4000 倍液均匀喷雾，或飞机超低容量（450～600mL/hm²）喷雾。

（5）防治柑橘木虱，用 25％悬浮剂或 25％可湿性粉剂 1500～2000 倍液，于新梢抽发季节，若虫发生盛期进行喷雾。

（6）防治卫生害虫蜚蠊，用 2.5％杀蟑毒饵或 4.5％杀蟑胶饵投放至蜚蠊出没的地方。

注意事项

（1）不能与碱性农药混用，以免降低药效，但和一般酸性或中性药剂混用不会降低药效。

（2）该药剂在 2 龄前幼虫期进行防治效果最好，虫龄越大，防效越差。

（3）该药剂药效较慢，一般施药 3～5 天后药效才明显，7 天左右出现死亡高峰。

（4）灭幼脲悬浮剂有沉淀现象，使用时要先摇匀后加少量水稀释，再加水至合适的浓度，搅匀后使用。

七氟菊酯 tefluthrin

$C_{17}H_{14}ClF_7O_2$, 418.73

其他名称 七氟苯菊酯。

主要剂型 10％乳油，0.5％、1.5％颗粒剂，10％干胶悬剂。

作用特点 属于拟除虫菊酯类杀虫剂，具有触杀和熏蒸作用，常作为土壤杀虫剂。作用于昆虫钠离子通道，扰乱正常的神经活动，使之由兴奋、痉挛至麻痹死亡。

防治对象 用于防治玉米、小麦、南瓜、甜菜等作物上的鞘翅目害虫，以及栖息在土壤中的鳞翅目和某些双翅目害虫。如十二星甲、金针虫、跳甲、金龟子、甜菜隐食甲、地老虎、玉米螟、瑞典麦秆蝇。

使用方法 防治地老虎、跳甲、金龟子等土壤害虫，用颗粒剂以 12～150g

（a.i.）/hm² 撒施或沟施或种子处理。

氰氟虫腙 metaflumizone

$C_{24}H_{16}F_6N_4O_2$, 506.40

其他名称 艾法迪、氟氰虫酰肼。

主要剂型 20%乳油，22%、24%、36%悬浮剂。

作用特点 属于一种全新作用机制的缩氨基脲类杀虫剂，与菊酯类或其他种类的农药无交互抗性。主要是胃毒作用，触杀作用较小，无内吸性。其作用机理是通过附着于钠离子通道的受体，阻断害虫神经元轴突膜上的钠离子通道，使钠离子不能通过轴突膜，进而抑制神经冲动，致使虫体麻痹，停止取食，最终死亡。

防治对象 用于防治水稻、棉花、蔬菜等作物上咀嚼式和咬食式鳞翅目和鞘翅目害虫，如稻纵卷叶螟、甘蓝夜蛾、小菜蛾、甜菜夜蛾、菜粉蝶、菜心野螟、棉铃虫、棉红铃虫、小地老虎、水稻二化螟等。

使用方法

（1）防治甘蓝小菜蛾，用22%悬浮剂以252～288g/hm² 进行喷雾。

（2）防治甘蓝甜菜夜蛾，用22%悬浮剂以216～288g/hm² 进行喷雾。

（3）防治稻纵卷叶螟，用22%悬浮剂以108～180g/hm² 进行喷雾。

注意事项

（1）在氰氟虫腙用药量为240g（a.i.）/hm² 时，每个生长季节最多使用两次，安全间隔期为7天，在辣椒、莴苣、白菜、花椰菜、黄瓜、西红柿、菜豆等蔬菜上的安全间隔期为0～3天；在西瓜、朝鲜蓟上的安全间隔期为3～7天；在甜玉米上的安全间隔期为7天；在马铃薯、玉米、向日葵、甜菜上的安全间隔期为14天；在棉花上的安全间隔期为21天。为了避免害虫产生抗药性，与其他作用机制不同的药剂轮换使用。

（2）该药剂无内吸作用，喷雾使用要均匀。

氰戊菊酯 fenvalerate

$C_{25}H_{22}ClNO_3$, 419.9

其他名称　速灭杀丁、速杀菊酯、杀灭菊酯、杀得、敌虫菊酯、异戊氰菊酯、戊酸氰醚酯、百虫灵、速克死、快灭杀、安霍特、关功刀、悦联杀灭、辉丰虎净、擂猎、高标、鸣杀、顺歼、锁蚜、奇治、绿友、菜棒、凌丰、正安、速夺、帅刀、孟刀、稳击扑击、力击、力尤、标榜、夯虫、银击、好夺、赛进、喷完、砍剁、太徒通、百灵鸟、稳化利、年成好、田老大、万丁死。

主要剂型　20％乳油，20％水乳剂。

作用特点　属于广谱性拟除虫菊酯类杀虫剂、杀螨剂，具有触杀和胃毒作用，无内吸和熏蒸作用。主要作用于昆虫神经系统，通过与钠离子通道作用，扰乱正常的神经活动。

防治对象　用于防治棉花、水稻、玉米、烟草、甘蔗、麦类、花生、豆类、茄类、十字花科蔬菜、果树、花卉、林木等多种植物上的多种咀嚼式、刺吸式和钻蛀类害虫，如棉铃虫、棉红铃虫、菜青虫、菜粉蝶、烟青虫、玉米螟、豆荚螟、甘蓝夜蛾、苹果蠹蛾、桃小食心虫、柑橘潜叶蛾、蚜虫、叶蝉、飞虱、蟓象类等。

使用方法

（1）防治蔬菜菜青虫，每亩用 20％乳油 10～25mL，于 2～3 龄期幼虫发生期喷雾。

（2）防治小菜蛾，每亩用 20％乳油 15～30mL，于 3 龄前幼虫发生期喷雾，可兼防蚜虫。

（3）防治棉铃虫和棉红铃虫，每亩用 20％乳油 25～50mL，于卵孵盛期、幼虫蛀蕾铃前，兑水喷雾。可兼防蚜虫、卷叶虫、蓟马、盲蝽等。

（4）防治柑橘潜叶蛾，用 20％乳油 5000～8000 倍液，于各季新梢抽发初期喷雾。可兼防橘蚜、卷叶蛾、木虱等。

（5）防治麦类作物上的麦蚜和黏虫，用 20％乳油 3000～4000 倍液，于麦蚜发生期、黏虫 2～3 龄幼虫发生期喷雾。

（6）防治枣树、苹果等果树上的桃小食心虫、梨小食心虫、刺蛾、卷叶虫等，用 20％乳油 3000 倍液，于成虫产卵期、初孵幼虫蛀果前，进行喷雾。

注意事项

（1）农业部第 199 号公告，明令禁止氰戊菊酯在茶树上使用。

（2）不能与碱性农药等物质混用。

（3）对蜜蜂、鱼虾、家蚕等毒性高，避免污染河流、池塘、桑园、养蜂场等场所。

（4）如误食，可进行催吐、洗胃治疗，对全身中毒初期患者，可用二苯甘醇酰脲或乙基巴比特对症治疗。

炔呋菊酯 furamethrin

$C_{18}H_{22}O_3$, 286.4

其他名称 右旋反式炔呋菊酯、呋喃菊酯、消虫菊。

主要剂型 20％乳油，20％水乳剂。

作用特点 具有较强的触杀作用，且有很好的挥发性，对家蝇的击倒和杀死效果均高于右旋丙烯菊酯，适合加工成蚊香、电热蚊香片等，是制造蚊香药片的主要原料。电蚊香加热表面温度为 160～170℃，由于炔呋菊酯的蒸气压低，在此温度下可将有效成分挥散到空气中。在加入调整剂后，可保持长达 10h 的杀虫效果。

防治对象 主要用于防治室内卫生害虫。

注意事项

（1）遇光、高温和碱性介质能分解，不耐久贮。

（2）因易挥发对爬行害虫持效差，不宜作滞留喷洒使用。

炔螨特 propargite

C₁₉H₂₆O₄S, 350.47

其他名称 克螨特、螨除净、丙炔螨特、奥美特。

主要剂型 40％、57％、73％乳油，20％、40％水乳剂，40％微乳剂。

作用特点 一种低毒广谱性有机硫杀螨剂，能杀灭多种害螨，对成螨和若螨有特效，杀卵效果差。具有触杀和胃毒作用，无内吸和渗透作用。属于线粒体 ATP 酶抑制剂，通过破坏昆虫体内正常的新陈代谢，达到杀螨目的。对其他杀虫（螨）剂产生抗药性的害螨也有良好防效。害螨接触有效剂量的药剂后立即停止进食和减少产卵，48～96h 死亡。在气温高于 27℃ 时具有触杀和熏蒸双重作用。该药不易产生抗药性，药效持久，且对蜜蜂和天敌安全。

防治对象 用于防治果树、棉花、黄瓜、葡萄、玉米、大豆、番茄、茶树和蔬菜上的叶螨类害虫，如柑橘红蜘蛛、苹果二斑叶螨、棉花红蜘蛛、山楂叶螨、茶树瘿螨、豇豆红蜘蛛等。

使用方法

（1）防治柑橘红蜘蛛、苹果红蜘蛛和山楂红蜘蛛等，用 73％乳油 2000～3000 倍液均匀喷雾。

（2）防治棉花红蜘蛛，每亩用 73％乳油 40～80mL，兑水 30～50kg 均匀喷雾。

（3）防治茶树瘿螨，用 73％乳油 1500～2000 倍液均匀喷雾。

（4）防治豇豆红蜘蛛，每亩用 73％乳油 30～50mL，兑水 75～100kg 均匀喷雾。

注意事项

（1）不能与波尔多液及强碱性农药混合使用。

（2）在炎热潮湿的天气下，幼嫩作物喷洒高浓度炔螨特可能会有轻微的药害，使叶片趋曲或有斑点，但对于作物的生长没有影响。

（3）对柑橙新梢嫩幼果有药害，尤其对甜橙类较重，其次是柑类，对橘类较安全，因此应避免在新梢期用药。

（4）尚无炔螨特的特殊解毒药剂，如不慎吞服，立刻饮下大量牛奶、蛋白或清水；避免使用酒精，并就医治疗。

噻虫胺 clothianidin

C₆H₈ClN₅O₂S, 249.7

其他名称　可尼丁。

主要剂型　20％、50％悬浮剂，30％、50％水分散粒剂，0.5％颗粒剂。

作用特点　属于广谱性新烟碱类杀虫剂，具有触杀和胃毒作用，有优异的内吸活性，适用于叶面喷雾、土壤处理。和其他烟碱类杀虫剂一样，作用于昆虫神经后突触的烟碱乙酰胆碱受体。对有机磷、氨基甲酸酯和合成拟除虫菊酯具高抗性的害虫对噻虫胺无抗性。

防治对象　用于防治水稻、小麦、甘蔗、番茄、玉米、棉花、蔬菜、茶树、果树以及观赏植物上的刺吸式口器害虫，如稻飞虱、蚜虫、甘蔗螟、黄条跳甲、烟粉虱、木虱、叶蝉、蓟马、小地老虎、金针虫、蛴螬等。

使用方法

（1）防治稻飞虱，用20％悬浮剂以90～150g/hm² 喷雾。

（2）防治梨木虱和柑橘木虱，用20％悬浮剂1500～2000倍液喷雾，可兼防蚜虫。

（3）防治小麦蚜虫，用20％悬浮剂以24～48g/hm²，进行茎叶喷雾。

（4）防治甘蔗蔗螟和蔗龟，用0.06％颗粒剂以225～315g/hm²，进行沟施或穴施。

（5）防治番茄烟粉虱，用50％水分散粒剂以45～60g/hm² 喷雾。

注意事项

（1）不宜与碱性农药或物质（如波尔多液、石硫合剂等）混用。

（2）由于其残效期较长，应严格执行安全间隔期。

（3）对蜜蜂、家蚕等有较高毒性，因此不适宜在蜂场附近、桑树和蜜源作物上使用。

噻虫啉 thiacloprid

$$C_{10}H_9ClN_4S, 252.72$$

其他名称 天保。

主要剂型 40％悬浮剂，70％水分散粒剂，2％微囊悬浮剂，25％可湿性粉剂，1.5％微胶囊粉剂。

作用特点 属于新烟碱类杀虫剂，具有较强的触杀、胃毒作用和内吸性，对刺吸式口器害虫有特效。作用机理与其他传统杀虫剂有所不同，它主要作用于昆虫神经突触后膜，与烟碱乙酰胆碱受体结合，干扰昆虫神经系统正常传导，引起神经通道的阻塞，造成乙酰胆碱的大量积累，从而使昆虫异常兴奋，全身痉挛、麻痹死亡。与有机磷、氨基甲酸酯、拟除虫菊酯类常规杀虫剂无交互抗性，可用于抗性治理。

防治对象 用于防治水稻、棉花、花生、瓜类、果树、蔬菜、茶树、林木以及观赏植物上的大多数害虫，如稻飞虱、蚜虫、粉虱、蛴螬、茶小绿叶蝉、苹果蠹蛾、苹果潜叶蛾、天牛、象甲等。

使用方法

(1) 防治稻飞虱，用50％水分散粒剂以 $75\sim105g/hm^2$，或用40％悬浮剂以 $72\sim100.8g/hm^2$ 喷雾。

(2) 防治甘蓝蚜虫，用50％水分散粒剂以 $45\sim105g/hm^2$ 喷雾。

(3) 防治花生蛴螬，用48％悬浮剂以 $396\sim504g/hm^2$，进行灌根或撒施。

(4) 防治茶树粉虱和茶小绿叶蝉，用50％水分散粒剂以 $70\sim110g/hm^2$ 喷雾。

(5) 防治柳树、松树和森林天牛，用2％微囊悬浮剂以 $10\sim20mg/kg$ 进行喷雾。

注意事项

(1) 对人畜具有很高的安全性，而且药剂没有臭味或刺激性，对施药操作人员和施药区居民安全。

(2) 噻虫啉残质进入土壤和河流后也可快速分解，对环境造成的影响很小。

(3) 安全间隔期为7天。

噻虫嗪 thiamethoxam

$$C_8H_{10}ClN_5O_3S, 291.71$$

其他名称 阿克泰、锐胜。

主要剂型 25％、50％水分散粒剂，30％悬浮剂，10％微乳剂，0.12％颗粒剂，30％悬浮种衣剂，46％种子处理悬浮剂，70％种子处理可分散粒剂。

作用特点 一种全新结构的第二代烟碱类高效低毒杀虫剂，具有胃毒和触杀作用，并且有很强的内吸活性，可用于叶面喷雾、土壤灌根和种子处理，施药后迅速被内吸，传导到植株各部位，对刺吸式害虫有良好的防效。

防治对象 用于防治玉米、水稻、小麦、棉花、花生、烟草、节瓜、茶树、蔬菜以及果树等作物上的鳞翅目、鞘翅目、缨翅目和同翅目害虫，如稻飞虱、蚜虫、叶蝉、蓟马、粉虱、粉蚧、蛴螬、金龟子幼虫、跳甲、线虫等。

使用方法

（1）防治稻飞虱，每亩用25％水分散粒剂1.6～3.2g或50％水分散粒剂0.8～1.6g，于若虫发生初期，兑水30～40kg喷雾。

（2）防治玉米灰飞虱，用70％种子处理可分散粒剂70～210g，与100kg种子拌种处理。

（3）防治棉花苗期蚜虫，用70％种子处理可分散粒剂210～420g，与100kg种子拌种处理；防治中后期蚜虫，用25％水分散粒剂22.5～30g/hm² 喷雾。

（4）防治瓜类白粉虱，用25％水分散粒剂2500～5000倍液进行喷雾。

（5）防治茶小绿叶蝉，用25％水分散粒剂15～22.5g/hm² 喷雾。

（6）防治柑橘潜叶蛾，用25％水分散粒剂3000～4000倍液，或每亩用25％水分散粒剂15g进行喷雾。

（7）防治梨木虱，用25％噻虫嗪10000倍液，或每100kg水加10mL，或每亩果园用6g进行喷雾。

注意事项

（1）不能与碱性药剂混用。

（2）对蜜蜂有毒，避免在蜂场或作物开花期使用。

噻嗯菊酯 kadethrin

$C_{23}H_{25}O_4S$, 396.50

其他名称 克敌菊酯、噻吩菊酯、噻恩菊酯、硫戊苄呋菊酯、击倒菊酯、卡达菊酯。

主要剂型 杀虫气雾剂和喷射剂（多数与生物苄呋菊酯混配，国内暂无产品登记）。

作用特点 属于新型拟除虫菊酯类杀虫剂，作用于昆虫神经系统，为钠离子通道调节剂/电压门控型钠离子通道阻断剂。主要是触杀、胃毒作用，具有较强的击倒力，但也有一定的杀死活性，故常和生物苄呋菊酯混用，以增进其杀死效力。对蚊虫有驱避和拒食作用。但热稳定性差，不宜用以加工蚊香或电热蚊香片。

防治对象　主要用于防治卫生害虫，如蚊虫等。

使用方法　防治家居蚊子成虫，用噻嗯菊酯与生物苄呋菊酯混配杀虫气雾剂直接喷雾使用。

注意事项

(1) 不能与碱性农药混用，以免分解降低药效。

(2) 对鱼和蜜蜂有毒，避免污染池塘、蚕室和桑园等场所。

(3) 该药剂热稳定性差，不宜用以加工蚊香或电热蚊香片。

(4) 如误服，无专用解毒药，可按出现症状进行对症治疗。

噻螨酮 hexythiazox

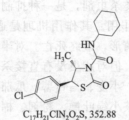

$C_{17}H_{21}ClN_2O_2S$, 352.88

其他名称　塞螨酮、除螨威、合赛多、尼索朗。

主要剂型　5%乳油，5%、10%可湿性粉剂，5%水乳剂。

作用特点　一种噻唑烷酮类杀螨剂，具有触杀和胃毒作用。无内吸传导作用，但对植物表皮层有较好的穿透性。对多种植物害螨具有较强烈的杀卵、杀若螨特性，但对成螨无效。对叶螨防效好，对锈螨、瘿螨防效差。在常用浓度下对作物安全，可与波尔多液、石硫合剂等多种农药混用。

防治对象　用于防治柑橘、苹果、棉花和山楂等作物上的多种叶螨，如柑橘红蜘蛛、苹果红蜘蛛、棉花红蜘蛛、山楂红蜘蛛等。

使用方法

(1) 防治苹果红蜘蛛和山楂红蜘蛛，用5%乳油或5%可湿性粉剂1500～2000倍液，于若螨盛发期进行喷雾。

(2) 防治柑橘红蜘蛛，用5%乳油或5%可湿性粉剂1500倍液进行喷雾。

(3) 防治棉花红蜘蛛，每亩用5%乳油60～100mL，或5%可湿性粉剂60～100g，于叶螨点片发生及扩散初期，兑水75～100kg进行喷雾。

(4) 防治蔬菜、花卉作物叶螨，在幼若螨发生始盛期，平均每叶有螨3～5头时，用5%乳油或5%可湿性粉剂1500～2000倍液均匀喷雾。

注意事项

（1）可与波尔多液、石硫合剂等多种农药混用，但波尔多液的浓度不能过高。

（2）不宜和拟除虫菊酯、二嗪磷、甲噻硫磷混用。

（3）对柑橘锈螨无效，用该药防治红蜘蛛时应注意锈螨的发生为害。

（4）对成螨无作用，要在若螨期或成螨虫口较低时使用；成螨发生严重时，与其他杀螨剂混合使用效果更佳。

噻嗪酮 buprofezin

$$C_{16}H_{23}N_3OS, 305.44$$

其他名称　噻唑酮、稻虱灵、稻虱净、扑虱灵、布洛飞、布芬净。

主要剂型　25％可湿性粉剂。

作用特点　属于噻二嗪酮类杀虫剂，是一种抑制昆虫生长发育的新型选择性杀虫剂，具有强触杀作用和胃毒作用。其作用机理是通过抑制昆虫表皮几丁质的合成，致使若虫蜕皮受阻，出现畸形，最终死亡。对半翅目的飞虱、叶蝉、粉虱及介壳虫类害虫有良好的防治效果，但对成虫没有直接杀伤力。

防治对象　用于防治水稻、小麦、马铃薯、瓜茄类、蔬菜、茶树以及果树等作物上的多种害虫，如稻飞虱、茶小绿叶蝉、粉剂、棉粉虱、柑橘粉蚧等。

使用方法

（1）防治水稻飞虱和叶蝉等，每亩用25％噻嗪酮可湿性粉剂20～30g，于低龄若虫初发期，兑水40～50kg喷雾，重点喷植株中下部。

（2）防治茶小绿叶蝉，用25％噻嗪酮可湿性粉剂750～1500倍液，于若虫高发期前或春茶采摘后喷雾。

（3）防治柑橘矢尖蚧、粉蚧等，用25％噻嗪酮可湿性粉剂1500～2000倍液，于若虫盛孵期喷雾。

注意事项

（1）不能用于白菜和萝卜上，直接接触后会出现褐斑及绿叶白化等药害。

（2）该药剂防治效果见效慢，一般施药后3～7天才能看到效果，期间不宜使用其他药剂。

三氟甲吡醚 pyridalyl

$$C_{18}H_{14}Cl_4F_3NO_3, 491.12$$

其他名称 啶虫丙醚、速美效、氟氯吡啶。

主要剂型 10.5％乳油。

作用特点 属于新型二卤丙烯醚类高效、低毒杀虫剂，对鳞翅目害虫具有卓越的防效。由于其化学结构独特，与一般常用杀虫剂的作用机理均不同，故与现有鳞翅目杀虫剂无交互抗性。

防治对象 主要用于防治蔬菜（如甘蓝、大白菜等）、棉花、果树、辣椒、茄子等作物上的鳞翅目、缨翅目、双翅目等害虫，如小菜蛾、菜粉蝶、甜菜夜蛾、斜纹夜蛾、棉铃虫、稻纵卷叶螟、烟草蓟马、潜叶蛾等。

使用方法 防治甘蓝上小菜蛾，每亩用 10.5％乳油 50～70mL，于低龄幼虫期，兑水 50kg 喷雾。

注意事项

（1）为避免害虫产生抗药性，应与其他作用机制不同的农药轮换使用；并且在每个作物季节使用次数最好不超过两次。

（2）对鱼类高毒，对家蚕中等毒性，应避免污染江河、池塘、蚕室和桑园等场所。

（3）该药剂无内吸性，施药时应全面均匀喷雾。

杀虫单 monosultap

$$\text{HO}_3\text{S}\diagdown\text{S}\diagdown\overset{\overset{\displaystyle \text{H}_3\text{C}\diagup\text{N}\diagdown\text{CH}_3}{|}}{\text{CH}}\diagdown\text{S}\diagdown\text{SO}_3\text{Na}$$

$C_5H_{12}NNaO_6S_4$, 333.40

其他名称 杀螟克、丹妙、稻道顺、稻刑螟、扑螟瑞、科净、苏星。

主要剂型 3.6％颗粒剂、40％、45％、50％、80％、90％、95％可溶粉剂，20％水乳剂，50％泡腾粒剂。

作用特点 属于人工合成的沙蚕毒素类似物，进入昆虫体内迅速转化为沙蚕毒素或二氢沙蚕毒素。具有触杀和胃毒作用，并且有内吸活性，可以通过植物根部向上传导到地上各个部位。其作用机理于有机磷杀虫剂一样，为乙酰胆碱竞争性抑制剂。

防治对象 主要用于防治甘蔗、水稻以及蔬菜等作物上的鳞翅目害虫，如甘蔗螟虫、水稻二化螟、三化螟、稻纵卷叶螟、稻蓟马、飞虱、叶蝉、菜青虫、小菜蛾等。

使用方法

（1）防治甘蔗条螟、二点螟等螟虫，用 3.6％颗粒剂 60～75kg/hm²，于甘蔗苗期、螟卵孵化盛期进行根区施药。

（2）防治水稻二化螟、三化螟和稻纵卷叶螟等，用 3.6％颗粒剂 45～60kg/hm²，于卵孵化盛期进行撒施。

（3）防治菜青虫和小菜蛾等，每亩用 90％杀虫单原粉 35～50g，兑水均匀喷雾。

注意事项

（1）不能与波尔多液、石硫合剂等碱性农药混用。

（2）对棉花有药害，不能再棉花上使用。

（3）对家蚕有剧毒，禁止在蚕场和桑园等场所使用。

（4）该药剂在作物上持效期为 7～10 天，安全间隔期为 30 天。

杀虫环 thiocyclam

$C_5H_{11}NS_3$, 181.34

其他名称　硫环杀、甲硫环、类巴丹、虫噻烷、易卫杀。

主要剂型　50％可湿性粉剂，50％可溶性粉剂，50％乳油，2％粉剂，5％颗粒剂，10％微粒剂。

作用特点　属于沙蚕毒素类衍生物，具有神经毒性，中毒机理于其他沙蚕毒素类农药相似，在体内代谢成沙蚕毒素，通过抑制乙酰胆碱受体，阻断神经突触传导，导致昆虫麻痹死亡。但其毒效较为迟缓，中毒轻的个体还可以复活，可与速效农药混用以提高击倒力。

防治对象　用于防治水稻、玉米、马铃薯、茶叶、蔬菜以及果树等作物上的鳞翅目和鞘翅目害虫，如水稻二化螟、三化螟、蓟马、稻纵卷叶螟、亚洲玉米螟、菜青虫、小菜蛾、甘蓝夜蛾、菜蚜、马铃薯甲虫、柑橘潜叶蛾、苹果潜叶蛾、苹果蚜、桃蚜、梨星毛虫、苹果红蜘蛛等。

使用方法

（1）防治水稻三化螟、二化螟，用 50％可湿性粉剂或 50％乳油或 50％可溶性粉剂 750～900g/hm²，于卵孵化盛期，兑水 900kg 喷雾。

（2）防治稻纵卷叶螟，用 50％可湿性粉剂或 50％乳油 450g/hm²，于 1～2 龄幼虫高峰期，兑水 900kg 喷雾。

（3）防治蔬菜上菜青虫、小菜蛾和甘蓝夜蛾等，用 50％可湿性粉剂 750g/hm²，兑水 600～750kg 喷雾，可兼防菜蚜。

（4）防治柑橘潜叶蛾和苹果潜叶蛾，用 50％可湿性粉剂 1500 倍液，于低龄幼虫期进行喷雾。

注意事项

（1）不能与波尔多液、石硫合剂等碱性农药混用。

（2）棉花、苹果、豆类作物某些品种对杀虫环敏感，不宜使用。

（3）对家蚕和鱼类毒性较大，避免在桑园和鱼塘等场所使用。

（4）可能引起个别人皮肤过敏、丘疹，但一般几个小时后症状即可消失；接触药剂后应立即用大量清水冲洗干净。

杀虫磺 bensultap

$$C_{17}H_{21}NO_4S_4, \ 431.61$$

其他名称　苯硫丹、苯硫杀虫酯。

主要剂型　50％可湿性粉剂，4％颗粒剂。

作用特点　属于沙蚕毒素类杀虫剂，主要是触杀和胃毒作用，具有根部内吸活性。其作用机理是通过抑制昆虫神经系统突触上的乙酰胆碱受体，干扰正常神经活性，导致昆虫麻痹死亡。

防治对象　用于防治水稻、玉米、棉花、马铃薯、茶叶、蔬菜以及果树等作物上的鞘翅目和鳞翅目害虫，如水稻二化螟、三化螟、稻纵卷叶螟、亚洲玉米螟、龟甲虫、棉铃象甲、茶卷叶蛾、茶蓟马、菜青虫、小菜蛾、甘蓝夜蛾、菜蚜、苹果卷叶蛾、苹果蠹蛾等。

使用方法

（1）防治水稻二化螟、三化螟，每亩用50％可湿性粉剂33.4～66.7g，于卵孵盛期喷雾。

（2）防治蔬菜上菜青虫、小菜蛾等，每亩用50％可湿性粉剂33.4～66.7g，于低龄幼虫期，兑水50～100kg喷雾。

杀虫双 bisultap

$$C_5H_{11}NNa_2O_6S_4, \ 355.38$$

其他名称　杀虫丹、彩蛙、稻卫士、挫瑞散、稻润、叨虫、搏虫贝。

主要剂型　25％母液，18％、22％、25％、29％水剂，3.6％颗粒剂，3.6％大粒剂。

作用特点　属于具有链状结构的人工合成沙蚕毒素类杀虫剂，为神经毒剂。主要是胃毒和触杀作用，并有一定的熏蒸和杀卵作用，具有很强的内吸传导活性，能通过植物根部吸收传导到植物各个部位。

防治对象　用于防治水稻、玉米、小麦、甘蔗、豆类、蔬菜、茶树、果树以及森林等作物上的多种害虫，如水稻二化螟、三化螟、稻纵卷叶螟、稻蓟马、褐飞虱、叶蝉、菜青虫、小菜蛾、甘蓝夜蛾、菜蚜、黄条跳甲、亚洲玉米螟、茶小绿叶蝉、茶毛虫、梨小食心虫、桃蚜、柑橘潜叶蛾、苹果潜叶蛾、苹果蚜虫等。

使用方法

（1）防治水稻二化螟、三化螟，每亩用 25％水剂 200mL，兑水 75～100kg 喷雾。

（2）防治玉米螟，每亩用 3.5％颗粒剂 1.7～2.1kg，于每株玉米喇叭口投入一小撮即可。

（3）防治小菜蛾和菜青虫等，每亩用 25％水剂 200mL，于 1～2 龄幼虫期，兑水 75kg 喷雾。

（4）防治甘蔗螟虫，每亩用 25％水剂 250mL，于甘蔗苗期卵孵化盛期，兑水 50kg 喷施或兑水 300kg 根部浇灌。

注意事项

（1）不能与碱性农药混用。

（2）对家蚕有很强的毒性，禁止在桑园等场所使用。

（3）对马铃薯、高粱、棉花、豆类等会产生药害，甘蔗、白菜等十字花科蔬菜幼苗在夏季高温下对杀虫双敏感，使用时应注意。

杀虫畏 tetrachlorvinphos

$C_{10}H_9Cl_4O_4P$, 365.96

其他名称 杀虫威、甲基杀螟威。

主要剂型 10％和 20％乳油、50％和 70％可湿性粉剂、70％悬浮剂、5％颗粒剂。

作用特点 高效、低毒有机磷杀虫剂和杀线虫剂，以触杀作用为主，无内吸性。对鳞翅目、双翅目和多种鞘翅目害虫有高效，对温血动物毒性低。

防治对象 用于防治棉花、玉米、水稻、烟草、瓜茄类、蔬菜、果树以及林木等作物上的鳞翅目和鞘翅目害虫，如水稻二化螟、三化螟、棉蚜、棉红蜘蛛、玉米螟、蓟马、烟夜蛾、烟青虫、苹果蠹蛾、梨小食心虫、桃蚜、国槐尺蠖、松毛虫等。

使用方法

（1）防治水稻二化螟和玉米螟等，用 70％可湿性粉剂 0.75～2kg/hm²，兑水喷雾。

（2）防治烟夜蛾，用 70％可湿性粉剂 0.5～1.5kg/hm² 喷雾。

（3）防治甘蓝夜蛾等，用70％可湿性粉剂 240～960g/hm² 喷雾。

杀铃脲 triflumuron

C₁₅H₁₀ClF₃N₂O₃, 358.70

其他名称　杀虫脲、氟幼灵、杀虫隆。

主要剂型　25％可湿性粉剂、48％悬浮剂、25％乳油。

作用特点　属于苯甲酰脲类昆虫生长调节剂，主要是胃毒作用，有一定的杀卵作用，无内吸性，仅对咀嚼式口器害虫有效，对刺吸式口器害虫无效（木虱属和橘芸锈螨除外）。其作用机理与除虫脲类似，抑制昆虫体表几丁质合成，导致蜕皮和外骨骼形成受阻。也有许多研究者认为，杀铃脲还具有保幼激素相似的活性。

防治对象　用于防治玉米、棉花、大豆、蔬菜、果树以及林木等作物上的鳞翅目和鞘翅目害虫，如玉米螟、棉铃虫、金纹细纹、菜青虫、小菜蛾、甘蓝夜蛾、柑橘潜叶蛾、橘小实蝇、松毛虫等。

使用方法

（1）防治蔬菜上的菜青虫和小菜蛾，分别用5％乳油 22.5～37.5g/hm² 和 37.5～52.5g/hm²，兑水喷雾。

（2）防治苹果金纹细蛾，用5％乳油或5％悬浮剂 3.3～5g，或用20％悬浮剂 3.3～4g，兑水 100kg 喷雾。

（3）防治柑橘潜叶蛾，用40％悬浮剂 5.7～8g，兑水 100kg 喷雾。

注意事项

（1）本品不能和碱性农药混用。

（2）防治叶菜菜青虫、小菜蛾安全间隔期为10天，每季作物最多使用2次。

（3）本药对水栖生物（特别是甲壳类）有毒，因而要避免药剂污染水源。

杀螟丹 cartap

C₇H₁₅N₃O₂S₂ · HCl, 273.80

其他名称　杀螟单、巴丹。

主要剂型　25％、50％可溶性粉剂，2％、10％粉剂，3％、5％颗粒剂。

作用特点　属于广谱性沙蚕毒素类杀虫剂，具有很强的胃毒作用和触杀作用，并且有一定的拒食和杀卵作用。其作用机理是通过结合昆虫神经系统乙酰胆碱受体，阻碍正常的神经传递冲动，导致昆虫麻痹死亡。

防治对象　用于防治水稻、玉米、小麦、棉花、甘蔗、马铃薯、蔬菜和果树等作物上的多种害虫，如水稻二化螟、三化螟、稻纵卷叶螟、稻飞虱、稻瘿蚊、亚洲玉米螟、棉蚜、甘蔗条螟、小菜蛾、菜青虫、黄条跳甲、甘蓝夜蛾、茶小绿叶蝉、茶尺蠖、苹果潜叶蛾、梨小食心虫、桃小食心虫等。

使用方法

（1）防治二化螟、三化螟，每亩用50%可溶性粉剂75～100g，于卵孵化盛期，兑水40～50kg喷雾。

（2）防治稻纵卷叶螟，每亩用50%可溶性粉剂100～150g，于1～2龄幼虫盛发期，兑水50～60kg喷雾。

（3）防治小菜蛾和菜青虫，每亩用50%可溶性粉剂25～50g，于2～3龄幼虫盛发期，兑水50～60kg喷雾。

（4）防治茶小绿叶蝉和茶尺蠖，用50%可溶性粉剂1000～2000倍液，于1～2龄幼虫期均匀喷雾。

（5）防治甘蔗条螟和大螟，每亩用50%可溶性粉剂137～196g，于卵孵盛期，兑水50kg喷雾或兑水300kg根部浇灌。

注意事项

（1）水稻扬花期或作物被雨露淋湿时不宜施药，喷药浓度高对水稻也会有药害，十字花科蔬菜幼苗对该药敏感，使用时小心。

（2）若中毒，应立即洗胃，从速就医。

杀螟硫磷 fenitrothion

C$_9$H$_{12}$NO$_5$PS, 277.23

其他名称　杀螟松、杀虫松、速灭虫、速灭松、扑灭松、灭蟑百特、苏米硫磷、灭蛀磷。

主要剂型　50%乳油，40%可湿性粉剂，2%、5%粉剂。

作用特点　属于广谱性有机磷类杀虫剂，作用于胆碱酯酶，具有触杀和胃毒作用，并有一定渗透作用。对鳞翅目幼虫有特效，也可防治半翅目、鞘翅目等害虫。对光稳定，遇高温易分解失效，在碱性介质中水解，铁、锡、铝、铜等会引起该药分解。

防治对象　用于防治水稻、玉米、大麦、棉花、茶树、果树和蔬菜以及观赏植物等上的多种害虫，如稻纵卷叶螟、稻飞虱、稻叶蝉、玉米象、赤拟谷盗、棉蚜、菜蚜、卷叶虫、茶小绿叶蝉、苹果叶蛾、桃蚜、桃小食心虫、柑橘潜叶蛾和苹果潜叶蛾等。

使用方法

（1）防治稻飞虱和稻叶蝉等，用 50％乳油 0.75～1L/hm²，兑水 750～1000kg喷雾。

（2）防治菜蚜和卷叶虫等，用 50％乳油 0.75～1L/hm²，兑水 750～900kg喷雾。

（3）防治茶小绿叶蝉，用 50％乳油 0.75～1L/hm²，于若虫高峰期，兑水1000～1500kg 喷雾。

（4）防治苹果潜叶蛾等，用 50％乳油 1000 倍液，于幼虫盛发期喷雾。

注意事项

（1）不能与波尔多液、石硫合剂等碱性农药混用。

（2）对十字花科蔬菜和高粱等作物比较敏感，不宜使用。

（3）对蜜蜂有毒，应避免在蜂场或作物开花时节使用。

虱螨脲 lufenuron

$C_{17}H_8Cl_2F_8N_2O_3$, 511.15

其他名称 美除、氟丙氧脲、氟芬新、鲁芬奴隆。

主要剂型 5％、10％悬浮剂，5％、50g/L 乳油。

作用特点 苯甲酰脲类几丁质生物合成抑制剂，通过影响昆虫表皮的形成而达到杀虫作用。具有胃毒和触杀作用，渗透性强；有杀卵功能，可杀灭新产虫卵。药效持久，耐雨水冲刷。对蓟马、锈螨、白粉虱有独特的杀灭机理，适于防治对合成除虫菊酯和有机磷农药产生抗性的害虫。药剂不会引起刺吸式口器害虫再猖獗；对益虫的成虫和扑食性蜘蛛作用温和；对有益的节肢动物成虫具有选择性；对哺乳动物虱螨低毒，蜜蜂采蜜时可以使用；对鳞翅目害虫有良好的防效；对花蓟马幼虫有良好防效；可阻止病毒传播。

防治对象 用于防治玉米、棉花、马铃薯、菜豆、番茄、烟草、果树（如苹果、葡萄、柑橘等）和蔬菜等作物上的多种害虫以及某些害螨，如棉铃虫、甜菜夜蛾、甘蓝夜蛾、斜纹夜蛾、菜豆螟、小菜蛾、烟青虫、马铃薯块茎蛾、苹果小卷叶蛾、苹果蠹蛾、柑橘潜叶蛾、柑橘锈壁虱、柑橘锈螨、番茄锈螨等。

使用方法

（1）防治棉花和番茄上的棉铃虫，用 5％乳油 37.5～45g/hm²，兑水喷雾。

（2）防治甘蓝上的甜菜夜蛾，用5％乳油22.5～30g/hm²，兑水喷雾。

（3）防治菜豆螟，用5％乳油30～37.5g/hm²，兑水喷雾。

（4）防治苹果小卷叶蛾，用5％乳油1000～2000倍液均匀喷雾。

（5）防治柑橘潜叶蛾和锈壁虱，用5％乳油2～3.33g，兑水100kg喷雾。

注意事项

（1）在十字花科蔬菜上的安全间隔期为14天，每季最多使用2次。

（2）与氟铃脲、氟啶脲、除虫脲等有交互抗性；不宜与灭多威、硫双威等氨基甲酸酯类药剂混用；不宜与Bt、硫丹混用。

（3）建议与其他作用机制不同的杀虫剂轮换使用，以延缓抗性产生。

双硫磷 temephos

$$\text{C}_{16}\text{H}_{20}\text{O}_6\text{Cl}_2\text{P}_2\text{S}_3, \ 466.47$$

其他名称　硫甲双磷、硫双苯硫磷、替美福司。

主要剂型　1％、2％、5％颗粒剂，50％乳油，50％可湿性粉剂。

作用特点　属于有机磷类杀虫剂，作用于胆碱酯酶，具有强烈的触杀作用，无内吸性。对蚊子幼虫有特效，残效期长。

防治对象　用于防治水稻、棉花、玉米、花生等作物上的多种害虫，如棉铃虫、稻纵卷叶螟、卷叶蛾、地老虎、蓟马等；以及卫生害虫，如蚊虫、黑蚋、库蠓、摇蚊等。对人体上的虱和狗猫身上的跳蚤也有效。

使用方法

（1）防治棉铃虫、黏虫等，用50％乳油或50％可湿性粉剂1000倍液喷雾。

（2）防治地老虎等，每亩用5％颗粒剂1～1.5kg撒施，或用50％乳油45～75g/hm²兑水喷洒。

（3）用1％颗粒剂7.5～15kg/hm²或2％颗粒剂3.75～7.8kg/hm²或5％颗粒剂15kg/hm²，防治死水、浅湖、林区、池塘中的蚊类。含有机物多的水中，用1％颗粒剂15～30kg/hm²或2％颗粒剂15kg/hm²或5％颗粒剂7.8kg/hm²，可防治沼泽地、湖水区有机物较多的水源中或潮湿地上的蚊类。用2％颗粒剂37.5kg/hm²或5％颗粒剂15kg/hm²，可防治污染严重的水源中的蚊类。用50％乳油45～75g/hm²，加水均匀喷洒，可防治孑孓，但对有机磷抗性强的地区，应用较高的剂量，必要时重复喷洒。

注意事项

（1）因双硫磷对鸟类和虾有毒，在养殖这类生物地区禁用。

（2）双硫磷对蜜蜂有毒，果树开花期禁用。

双三氟虫脲 bistrifluron

$$C_{16}H_7ClF_8N_2O_2, 446.68$$

其他名称　Hanaro。

主要剂型　10％悬浮剂，10％乳油。

作用特点　属于广谱性苯甲酰脲类昆虫生长调节剂，其作用机理是通过抑制昆虫体表几丁质的合成，阻碍内表皮的生成，使昆虫不能正常蜕皮而死亡。对白粉虱有特效，是国际专利 WO95/33711 公布的 2-溴-3,5-双（三氟甲基）苯基苯甲酰基脲活性的 25～50 倍。

防治对象　用于防治蔬菜（如甘蓝、菜心等）、果树（如苹果、梨、柑橘等）、烟草、茶叶、棉花等作物上的多种害虫，如白粉虱、烟粉虱、甜菜夜蛾、菜青虫、小菜蛾、金纹细蛾、美国白蛾等；也可以用于防治卫生害虫，如家蝇、蚊子、蜚蠊等。

使用方法

（1）防治蔬菜上小菜蛾和菜青虫等，用 10％悬浮剂或 10％乳油 75～150g/hm² 喷雾。

（2）防治白粉虱，用 10％悬浮剂或 10％乳油 50～100g/hm² 喷雾。

顺式氯氰菊酯 *alpha*-cypermethrin

$$C_{22}H_{19}Cl_2NO_3, 416.30$$

其他名称　高效氯氰菊酯、高效安绿宝、快杀敌、高效灭百可、百事达、都灭。

主要剂型　5％、10％乳油，5％、10％悬浮剂，20％种子处理悬浮剂，5％、10％水乳剂，5％可湿性粉剂，2.5％微乳剂，0.47％毒饵。

作用特点　属于广谱性拟除虫菊酯类杀虫剂，由氯氰菊酯的高效异构体组成，其杀虫活性约为氯氰菊酯的 1～3 倍。具有触杀和胃毒作用，并有一定的杀卵活性，无内吸性。其作用机理是通过抑制昆虫神经末梢的钠离子通道，干扰正常的神经传导，引起昆虫极度兴奋、痉挛、麻痹，最终死亡。

防治对象 用于防治棉花、玉米、小麦、豆类、瓜类、烟草、果树、蔬菜、茶树、花卉等植物上的刺吸式和咀嚼式口器害虫，如棉铃虫、红铃虫、棉蚜、棉盲蝽、菜青虫、小菜蛾、蚜虫、大豆卷叶螟、大豆食心虫、柑橘潜叶蛾、柑橘红蜡蚧、荔枝蒂蛀虫、荔枝蝽象、桃小食心虫、桃蚜、梨小食心虫、茶尺蠖、茶小绿叶蝉、茶毛虫、茶卷叶蛾等；以及卫生害虫，如蜚蠊、家蝇、蚊虫等。

使用方法

(1) 防治棉铃虫、红铃虫，用5％乳油10～20mL或10％乳油5～10mL，于卵孵盛期，兑水100kg喷雾。

(2) 防治菜蚜、菜青虫、小菜蛾等，每亩用5％乳油10～20mL，于幼虫盛发期兑水喷雾。

(3) 防治黄瓜蚜虫，每亩用5％乳油10～20mL兑水喷雾。

(4) 防治柑橘潜叶蛾，用5％乳油5000～10000倍液或10％乳油5～10g兑水100kg，于新梢抽发初期进行喷雾。

(5) 防治豇豆上的大豆卷叶螟，用10％乳油15～19.5g/hm²，兑水喷雾。

顺式氰戊菊酯 esfenvalerate

C$_{25}$H$_{22}$ClNO$_3$, 419.9

其他名称 高氰戊菊酯、强力农、辟杀高、白蚁灵、来福灵、高效杀灭菊酯。

主要剂型 5％乳油，5％水乳剂。

作用特点 属于广谱性拟除虫菊酯类杀虫剂，仅含氰戊菊酯顺式异构体，作用机理、药效特点与氰戊菊酯相同，但其杀虫活性比氰戊菊酯高4倍。

防治对象 与氰戊菊酯相同。用于防治玉米、棉花、小麦、大豆、烟草、甜菜、果树（如柑橘、苹果、梨等）、十字花科蔬菜、茶树、森林等植物上的咀嚼式和刺吸式口器害虫，如玉米黏虫、玉米螟、棉铃虫、红铃虫、麦蚜、菜青虫、小菜蛾、甜菜夜蛾、甘蓝夜蛾、蚜虫、烟青虫、柑橘潜叶蛾、桃小食心虫、松毛虫等。

使用方法

(1) 防治棉铃虫、红铃虫，每亩用5％乳油或5％水乳剂25～35mL，于卵孵盛期喷雾。

(2) 防治菜青虫、小菜蛾等，每亩用5％乳油15～30mL，于幼虫3龄期前喷雾。

(3) 防治柑橘潜叶蛾，用5％乳油5000～8000倍液，于各季新梢抽发期或卵孵盛期，进行喷雾。

(4) 防治桃小食心虫，用5％乳油1700～3000倍液，于卵孵盛期喷雾。

（5）防治豆蚜，每亩用5%乳油10～20mL兑水喷雾。

（6）防治烟草上的烟青虫，每亩用5%乳油20～40mL，于卵孵盛期或幼虫低龄期喷雾。

注意事项

（1）不能与波尔多液、石硫合剂等碱性物质混用，且随配随用。

（2）为减缓害虫抗药性的产生，应与其他作用机制不同的农药轮换使用。

（3）对鱼类、家蚕和蜜蜂有毒性，避免污染河流、桑园、养蜂场所。

四氟甲醚菊酯 dimefluthrin

$C_{19}H_{22}F_4O_3$, 374.37

其他名称 甲醚苄氟菊酯。

主要剂型 5%、6%母药，0.02%、0.03%蚊香，0.31%、0.62%电热蚊香液。

作用特点 一种高效、低毒的新型拟除虫菊酯类杀虫剂，具有触杀作用。作用于昆虫神经系统，通过与钠离子通道作用，破坏神经传导功能。杀虫效果明显，比老式的右旋反式烯丙菊酯和丙炔菊酯效力高20倍左右，是新一代家用卫生杀虫剂。广泛用于蚊香及电热蚊香中。

防治对象 主要用于防治卫生害虫，如蚊虫和家蝇等。

使用方法 防治家居蚊子成虫，用蚊香片直接点燃，或用电热加温蚊香液、蚊香片进行熏蒸。

注意事项

（1）对鱼类、蜜蜂和家蚕毒性高，禁止在池塘、蜂场、蚕室和桑园等地使用。

（2）有孕妇家室最好不要使用蚊香片。

四氯虫酰胺 silvchongxianan

$C_{17}H_{10}BrCl_4N_5O_2$, 538.01

主要剂型 10%悬浮剂。

作用特点　是沈阳化工研究院以氯虫苯甲酰胺为先导化合物开发出的新型双酰胺类杀虫剂，具有触杀和内吸作用。作用于昆虫鱼尼汀受体，打开钙离子通道，使细胞内钙离子持续释放到肌浆中，引起肌肉持续收缩，导致昆虫抽搐，最终死亡。对鳞翅目害虫具有优异的防治效果，具有低毒、高效、低残留等特点，持效期长。

防治对象　用于防治水稻、蔬菜、棉花、瓜类、果树等作物上的多种鳞翅目害虫，如稻纵卷叶螟、二化螟、三化螟、甜菜夜蛾、小菜蛾、菜青虫、棉铃虫、黏虫、桃小食心虫、柑橘潜叶蛾等。

使用方法　防治稻纵卷叶螟，用 10% 悬浮剂 $15 \sim 30 g/hm^2$，于低龄幼虫期，兑水喷雾。

苏云金杆菌 agritol

$C_{22}H_{32}N_5O_{19}P$，701.49

其他名称　色杀敌、菌杀敌、力宝、灭蛾灵、敌宝、康多惠、快来顺。

主要剂型　0.2% 颗粒剂，15000UI/mg、32000UI/mg、64000UI/mg 水分散粒剂，3.2%、8000UI/mg、16000UI/mg、32000UI/mg 可湿性粉剂，6000UI/mg、8000UI/mg 悬浮剂，4000UI/mg、16000UI/mg 粉剂。

作用特点　属于微生物源低毒杀虫剂，主要是胃毒作用，是一类产晶体芽孢杆菌，可产生两大类毒素，即内毒素（伴胞晶体）和外毒素，其主要活性成分是一种或几种杀虫晶体蛋白，又称 δ-内毒素，可使害虫停止取食，最后害虫因饥饿而死亡。经害虫食入后，寄生于寄主的中肠内，在肠内合适的碱性环境中生长繁殖，晶体毒素经虫体肠道内蛋白酶水解，形成有毒效的较小的亚单位，它们作用于虫体的中肠上皮细胞，引起肠道麻痹、穿孔、虫体瘫痪、停止进食。随后苏云金芽孢杆菌进入血腔繁殖，引起白血症，导致虫体死亡。

防治对象　用于防治十字花科蔬菜、瓜茄类蔬菜、烟草、水稻、高粱、大豆、花生、甘薯、棉花、茶树、苹果、梨、桃、枣、柑橘等多种植物上的多种害虫，如菜青虫、小菜蛾、甜菜夜蛾、斜纹夜蛾、甘蓝夜蛾、烟青虫、玉米螟、稻纵卷叶螟、二化螟等。

使用方法

(1) 防治甘蓝小菜蛾等，每公顷用 8000IU/mg 悬浮剂 $1500 \sim 2250 mL$，或用 16000IU/mg 可湿性粉剂 $1500 \sim 4500 g$，兑水喷雾。

(2) 防治甘蓝菜青虫等，用 3.2% 可湿性粉剂 $1000 \sim 2000$ 倍液，均匀喷雾。

(3) 每亩用 8000UI/mg 悬浮剂 $150 \sim 400 mL$，在害虫低龄幼虫期喷雾（兑水量 30～60kg/亩，下同），30℃以上施药效果最好。

注意事项

（1）本品对蜜蜂、家蚕有毒，施药期间应避免对周围蜂群的影响，蜜源作物花期、蚕室和桑园附近禁用；对鱼类等水生生物有毒，远离水产养殖区施药，禁止在河塘等水体中清洗施药器具。

（2）建议与其他作用机制不同的杀虫剂轮换使用，以延缓抗性产生。

（3）不能与内吸性有机磷杀虫剂或杀菌剂及碱性农药等物质混合使用。应保存在低于 25℃的干燥阴凉仓库中，防止曝晒和潮湿。

速灭威 metolcarb

$C_9H_{11}NO_2$, 165.2

其他名称　治灭虱。

主要剂型　25％可湿性粉剂，20％乳油。

作用特点　属于氨基甲酸酯类杀虫剂，其作用机理是通过抑制昆虫体内乙酰胆碱酯酶活性，导致乙酰胆碱积累中毒而死亡。具有触杀和熏蒸作用，击倒力强、低毒、低残留，持效期较短。

防治对象　用于防治水稻、棉花、果树、蔬菜、茶树等作物上的多种害虫，如稻飞虱、稻纵卷叶螟、叶蝉、蓟马、棉铃虫、棉红铃虫、棉蚜、柑橘锈壁虱、茶小绿叶蝉等。

使用方法

（1）防治稻飞虱、稻纵卷叶螟，每亩用 20％乳油 125～250mL，或 25％可湿性粉剂 125～200g，兑水 100～150kg 喷雾。

（2）防治棉蚜、棉铃虫，每亩用 25％可湿性粉剂 200～300 倍液喷雾。

（3）防治柑橘锈壁虱，用 20％乳油或 25％可湿性粉剂 400 倍液喷雾。

注意事项

（1）不能与波尔多液、石硫合剂等碱性农药混用。

（2）某些水稻品种对速灭威敏感，使用时应注意。

（3）解毒剂为阿托品、葡萄醛酸内酯及胆碱，不能用解磷定。

（4）最后一次施药应在收获期前 14 天进行。

威百亩 metham sodium

$C_2H_4NNaS_2$, 129.18

其他名称 维巴姆、保丰收、硫威钠、线克。

主要剂型 35％、42％水剂。

作用特点 属于二硫代氨基甲酸酯类杀线虫剂，主要是熏蒸作用，在土壤中降解成异氰酸甲酯发挥作用。通过抑制细胞分裂和DNA、RNA和蛋白质的合成，导致呼吸代谢受阻而致昆虫死亡。并兼具杀菌、除草的作用。

防治对象 用于黄瓜、番茄、烟草、花卉等作物苗床、温室、大棚、盆景土壤等灭菌，以及防治线虫和杂草等，如黄瓜根结线虫、番茄根结线虫、烟草猝倒病、烟草苗床一年生杂草等。

使用方法

(1) 防治黄瓜和番茄等作物根结线虫，每公顷用35％水剂21～31.5kg，进行沟施。

(2) 防治烟草苗床猝倒病，每平方米用35％水剂17.5～26.25g，进行土壤处理。

(3) 防治烟草苗床一年生杂草，每平方米用42％水剂40～60mL，进行土壤处理。

注意事项

(1) 不能与波尔多液、石硫合剂等碱性农药混用；能与金属盐起反应，配制药液时避免使用金属器具。

(2) 该药剂在温度低于0℃时易析出结晶，使用前如发现结晶，可置于温暖处升温并摇晃至全溶即可，不影响使用效果；在稀释溶液中易分解，使用时要现用现配。

(3) 地温10℃以上时使用效果良好，地温低时熏蒸时间需延长。

(4) 不可直接施用于作物表面，土壤处理每季最多施药1次。

(5) 误服时，应立即催吐，使用1％～3％单宁溶液洗胃，严重时，及时就医。

烯丙菊酯 allethrin

$C_{19}H_{26}O_3$, 302.41

其他名称 丙烯菊酯、右旋反式丙烯菊酯、丙烯除虫菊、毕那命。

主要剂型 0.3％蚊香，0.2％烟雾剂，0.8％气雾剂。

作用特点 属于拟除虫菊酯类杀虫剂，由95％顺式异构体和75％反式异构体组成。具有强烈的触杀作用，击倒快，并有胃毒和内吸性作用。其作用机理与其他拟除虫菊酯类杀虫剂一样，通过扰乱昆虫神经轴突传导，引起昆虫抽搐、麻痹，直至死亡。右旋丙烯菊酯、特别是ES-生物丙烯菊酯击倒作用非常显著，亦可作为气雾剂、喷射剂的原料。丙烯菊酯对蚊子有很强的触杀和驱避作用，击倒力强。

防治对象 主要用于防治蚊虫、家蝇、蜚蠊等卫生害虫。

使用方法

(1) 防治蚊子和家蝇成虫、蜚蠊，用0.8%气雾剂直接喷雾。

(2) 防治室内蚊子成虫，用0.3%蚊香或0.2%烟雾剂点燃，进行熏蒸处理。

注意事项 在碱性条件下水解失效，对光不稳定。

烯啶虫胺 nitenpyram

$$C_{11}H_{15}ClN_4O_2, 270.72$$

其他名称 吡虫胺、强星。

主要剂型 5%、10%、20%水剂，20%、60%可湿性粉剂，20%、30%、60%水分散粒剂，10%、25%、50%可溶粉剂，50%、60%可溶粒剂。

作用特点 新烟碱类杀虫剂，具有触杀和胃毒作用，并且具有优良的内吸和渗透作用，高效、低毒、低残留、残效期长，对刺吸式口器害虫有良好的防治效果。作用于昆虫神经系统，对害虫的突触受体具有神经阻断作用，在自发放电后扩大隔膜位差，并最后使突触隔膜刺激下降，结果导致神经的轴突触隔膜电位通道刺激消失，致使害虫麻痹死亡。具有卓越的内吸性及渗透作用。

防治对象 用于防治水稻、蔬菜、果树和茶树等作物上的多种害虫，如稻飞虱、蚜虫、叶蝉、粉虱、蓟马等。

使用方法

(1) 防治稻飞虱等，用10%烯啶虫胺可溶液剂$15\sim75g/hm^2$进行茎叶喷雾，或用10%烯啶虫胺可溶液剂75~100g进行土壤处理。

(2) 防治柑橘蚜虫，用10%水剂或10%可溶液剂2~2.5g，兑水100kg喷雾。

注意事项

(1) 安全间隔期为7~14天，每个作物周期最多使用4次。

(2) 本品对蜜蜂、鱼类、水生物、家蚕有毒，用药时远离。

(3) 本品不可与碱性物质混用。

(4) 为延缓抗性，要与其他不同作用机制的药剂较换使用。

硝虫硫磷 xiaochongthion

$$C_{10}H_{12}Cl_2NO_5PS, 360.15$$

其他名称 川化 89-1。

主要剂型 30％乳油。

作用特点 有机磷类广谱性杀虫、杀螨剂,具有触杀、胃毒和强渗透作用,有高效、低毒、低残留、持效期长等特点,对柑橘矢尖蚧有优异的防治效果。其作用机理与其他有机磷杀虫剂相同。

防治对象 用于防治柑橘、水稻、棉花、小麦、茶叶、蔬菜等作物上的害虫,如柑橘矢尖蚧、柑橘红蜘蛛、稻飞虱、蚜虫、棉铃虫、菜青虫、小菜蛾、黑刺粉虱等。

使用方法 防治柑橘矢尖蚧,用 30％乳油 750～1000 倍液,均匀喷雾。

注意事项

(1) 除碱性农药外,硝虫硫磷乳油可与其他多种农药混合使用。

(2) 硝虫硫磷属中等毒性农药品种,在柑橘采收前 20 天应停止用药。

辛硫磷 phoxim

$C_{12}H_{15}N_2O_3PS$, 298.18

其他名称 肟硫磷、肟磷、倍腈松、倍氰松、腈肟磷、拜辛松、仓虫净、拜辛松、巴赛松。

主要剂型 40％乳油,3％、1.5％颗粒剂,3％水乳种衣剂,30％微囊悬浮剂。

作用特点 属于高效、低毒有机磷杀虫剂,可抑制昆虫体内胆碱酯酶活性,杀虫谱广,击倒力强,主要以触杀和胃毒作用为主,兼具一定的杀卵作用,无内吸性,对鳞翅目幼虫很有效。在田间因对光不稳定,很快分解,所以残留期短,残留危险小,但在土壤中较稳定,残效期可达 1 个月以上,尤其适用于土壤处理防治地下害虫。

防治对象 用于防治棉花、水稻、小麦、玉米、蔬菜、果树、大豆、花生、茶叶、桑树、烟草、林木等植物上的多种害虫,如棉铃虫、棉蚜、稻纵卷叶螟、玉米螟、菜青虫、甜菜夜蛾、小菜蛾、烟青虫、桃小食心虫、梨小食心虫、苹果潜叶蛾、柑橘潜叶蛾、地老虎、金针虫、蝼蛄、蛴螬等以及各种食叶害虫、叶螨,还可以防治多种仓储、卫生害虫。

使用方法

(1) 防治棉铃虫、红铃虫、棉蚜等,每亩用 40％乳油 20～40g,兑水喷雾。

(2) 防治稻纵卷叶螟、稻飞虱、叶蝉、蓟马等,每亩用 40％乳油 40～60g,兑水喷雾。

(3) 防治十字花科蔬菜菜青虫等,每亩用 40％乳油 30～40g,兑水喷雾。

（4）防治玉米螟等，每亩用 5％颗粒剂 10～13.3g 兑水喷雾，或用 40％乳油 30～40g 兑水灌心叶。

（5）防治果树食心虫、蚜虫、叶螨，以及茶树、桑树等作物上的食叶害虫，用 40％乳油 20～40g，兑水 100kg 喷雾。

（6）防治烟草上的食叶害虫，用 40％乳油 30～60g，兑水 100kg 喷雾。

（7）防治林木食叶害虫，每公顷用 40％乳油 3～6kg，兑水喷雾。

（8）防治小麦地下害虫，用 40％乳油 72～96g，兑水 5～10kg 与 100kg 种子拌种处理。

（9）防治花生地老虎、金针虫、蝼蛄、蛴螬等，每亩用 3％颗粒剂 180～240g 撒施。

注意事项

（1）不能与波尔多液、石硫合剂等碱性农药混用。

（2）某些蔬菜如黄瓜、菜豆、甜菜等对辛硫磷敏感，易产生药害。

（3）高粱对辛硫磷敏感，不宜喷撒使用；玉米田只能用颗粒剂防治玉米螟，不要喷雾防治蚜虫、黏虫等。

（4）见光易分解，所以田间使用最好在夜晚或傍晚。

（5）对鱼类和蜜蜂有毒，避免污染池塘和蜂场等场所。

（6）中毒症状，急救措施与其他有机磷相同。

溴虫腈 chlorfenapyr

$C_{15}H_{11}BrClF_3N_2O$, 407.61

其他名称　除尽、虫螨腈、溴虫清、咯虫尽、氟唑虫清。

主要剂型　10％悬浮剂，10％水乳剂，24％乳油。

作用特点　属于新型芳基吡咯类杀虫、杀螨剂，主要是胃毒作用，具有一定的触杀和杀卵作用，无内吸性，但具有良好的渗透作用，对钻蛀、刺吸式口器害虫和害螨的防效优异，持效期中等。溴虫腈是一种杀虫剂前体，本身对昆虫无毒杀作用。昆虫取食或接触后，溴虫腈在昆虫体内多功能氧化酶作用下转变为具有杀虫活性的化合物，作用于昆虫体细胞中的线粒体，阻断线粒体的氧化磷酰化作用，最终导致昆虫能量代谢不足而死亡。

防治对象　用于防治棉花、大豆、蔬菜、果树、茶树、桑树、观赏植物等植物上的鳞翅目、同翅目、鞘翅目等多种害虫、害螨，如小菜蛾、甜菜夜蛾、斜纹夜蛾、菜蚜、黄条跳甲、烟蚜夜蛾、棉铃虫、棉红蜘蛛、美洲斑潜蝇、豆野螟、蓟马、红蜘蛛、茶尺蠖、茶小绿叶蝉、柑橘潜叶蛾、二斑叶螨、朱砂叶螨等。也可用于防治白蚁。

使用方法

（1）防治十字花科蔬菜上的小菜蛾、甜菜夜蛾，每亩用 10％悬浮剂 34～50mL，兑水 40～50kg 喷雾，持效期为 15 天左右。

（2）防治蔬菜黄条跳甲，用 10％悬浮剂 1500 倍液喷雾。

（3）防治茶尺蠖和茶小绿叶蝉，用 24％乳油 1000～2000 倍液喷雾。

（4）防治桑尺蠖和桑毛虫，用 10％悬浮剂 1000～1500 倍液喷雾。

注意事项

（1）安全间隔期为 14 天。

（2）具有控制害虫种群持效期长的特点，为达最佳防效推荐在卵孵盛期或在低龄幼虫发育初期使用。

（3）具有胃毒和触杀的双重作用，施药时将药液均匀喷到叶面害虫取食部位或虫体上。

（4）不宜与其他杀虫剂混用，提倡与其他不同作用机制的杀虫剂交替使用，每季作物使用该药不超过 2 次。

（5）傍晚施药更有利于药效发挥。

（6）本品对鱼有毒，不要将药液直接撒到水及水源处。

溴氰虫酰胺 cyantraniliprole

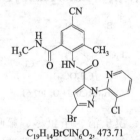

$C_{19}H_{14}BrClN_6O_2$, 473.71

其他名称 氰虫酰胺、倍内威。

主要剂型 10％、19％悬浮剂，10％可分散油悬浮剂。

作用特点 属于新型邻氨基苯甲酰胺类杀虫剂，是杜邦公司继氯虫酰胺之后开发的第二代鱼尼汀受体抑制剂类杀虫剂，其作用机理是通过激活昆虫体内的鱼尼汀受体，过度释放肌肉细胞内的钙离子，导致肌肉抽搐、麻痹，最终死亡。与氯虫苯甲酰胺相比，溴氰虫酰胺具有更广谱的杀虫活性，对刺吸式口器害虫具有优异的防效，并且具有良好的渗透性和局部内吸传导活性。

防治对象 用于防治水稻、玉米、棉花、大豆、马铃薯、烟草、橄榄、葫芦、咖啡、蔬菜、果树、茶树、坚果类等作物上的咀嚼式、刺吸式、锉吸式和舔吸式口器害虫，如粉虱、蚜虫、蓟马、木虱、潜叶蝇、甲虫等。

使用方法

（1）防治水稻二化螟、三化螟，每亩用10％可分散油悬浮剂2～2.6g；防治稻纵卷叶螟，每亩用10％可分散油悬浮剂2～6g；防治水稻蓟马，每亩用10％可分散油悬浮剂3～4g，兑水喷雾。

（2）防治小白菜上小菜蛾、菜青虫、斜纹夜蛾，每亩用10％可分散油悬浮剂1～1.4g；防治菜蚜，每亩用10％可分散油悬浮剂3～4g；防治黄条跳甲，每亩用10％可分散油悬浮剂2.4～2.8g，兑水喷雾。

（3）防治大葱上美洲斑潜蝇和蓟马，每亩用10％可分散油悬浮剂1.4～2.4g，兑水喷雾。

（4）防治豇豆、棉花、番茄、黄瓜和西瓜等作物上的蓟马、蚜虫、烟粉虱，每亩用10％可分散油悬浮剂3.33～4g，兑水喷雾。

（5）防治棉铃虫，每亩用10％可分散油悬浮剂1.93～2.4g，兑水喷雾。

（6）防治番茄、黄瓜和豇豆上的美洲斑潜蝇、豆荚螟，每亩用10％可分散油悬浮剂1.4～1.8g，兑水喷雾。

（7）防治黄瓜和番茄等作物上的白粉虱，每亩用10％可分散油悬浮剂4.33～5.67g，兑水喷雾。

（8）防治辣椒烟粉虱，每亩用19％悬浮剂8～10g，兑水进行苗床喷淋。

注意事项

（1）本品对蜜蜂、鱼类等水生生物、家蚕有毒，施药期间应避免对周围蜂群的影响，蜜源作物花期、蚕室和桑园附近禁用。

（2）远离水产养殖区施药，禁止在河塘等水体中清洗施药器具。

（3）鸟类保护区禁用，瓢虫、赤眼蜂等天敌放飞区域禁用。

（4）本品在水稻上每季最多使用2次，安全间隔期为28天。

溴氰菊酯 deltamethrin

C$_{22}$H$_{19}$Br$_2$NO$_3$, 505.20

其他名称　敌杀死、氰苯菊酯、右旋顺溴腈苯醚菊酯、扑虫净、克敌、康素灵、凯安保、凯素灵、天马、骑士、金鹿、保棉丹、增效百虫灵。

主要剂型　2.5％、5％乳油，2.5％、5％可湿性粉剂，2.5％、10％悬浮剂，2.5％微乳剂，2.5％水乳剂，0.006％粉剂，25％水分散片剂。

作用特点　拟除虫菊酯类杀虫剂，杀虫谱广、击倒力强。以触杀和胃毒作用为主，无熏蒸和内吸作用，在高浓度下对一些害虫有驱避作用。对鳞翅目、直翅目、缨翅目、半翅目、双翅目、鞘翅目等多种害虫有效，但对蛾类、螨类、介壳虫、盲蟪象等防效很低或基本无效。

防治对象 用于防治棉花、蔬菜、果树、茶树、油料作物、烟草、甘蔗、旱粮、林木、花卉等作物上的多种害虫，如蚜虫、棉铃虫、棉红铃虫、菜青虫、小菜蛾、斜纹夜蛾、甜菜夜蛾、黄守瓜、黄条跳甲、桃小食心虫、梨小食心虫、桃蛀螟、柑橘潜叶蛾、茶尺蠖、茶毛虫、刺蛾、茶细蛾、大豆食心虫、豆荚螟、豆野螟、豆天蛾、芝麻天蛾、芝麻螟、菜粉蝶、斑粉蝶、烟青虫、甘蔗螟虫、麦田黏虫、松毛虫等。还可以防治仓储、卫生害虫。

使用方法

（1）防治玉米螟，每亩用 2.5％可湿性粉剂 20～30g，拌适量细土均匀撒施于玉米喇叭口内。

（2）防治玉米、油菜等作物蚜虫，以及茶树害虫，每亩用 2.5％乳油 0.25～0.5g，兑水喷雾。

（3）防治谷子黏虫、花生蚜虫、烟草烟青虫等，每亩用 2.5％乳油 0.5～0.625g，兑水喷雾。

（4）防治柑橘、苹果和梨等果树上的害虫，用 2.5％乳油 0.5～1g，兑水 100kg 喷雾。

（5）防治大白菜和棉花上的主要害虫，每亩用 2.5％乳油 0.5～1g，兑水喷雾。

（6）防治荒地飞蝗，每亩用 2.5％乳油 0.7～0.8g，兑水喷雾。

（7）防治森林松毛虫等，用 2.5％乳油 0.4～0.7g，兑水 100kg 喷雾；或每公顷用 0.006％粉剂 562.5～1125mg，进行飞机均匀喷粉。

（8）防治卫生害虫蚊虫、家蝇和蜚蠊等，每亩用 2.5％悬浮剂 13.34g，兑水进行滞留喷洒；或用 0.21％杀虫气雾剂直接喷雾处理。

（9）防治仓储害虫，用 0.006％粉剂 30～50g，与 100kg 原粮拌粮处理。

注意事项

（1）不能与波尔多液、石硫合剂等碱性物质混用，以免降低药效。

（2）为避免害虫产生抗药性，应与作用机制不同的农药交替使用或混用。

（3）对鱼、虾、蜜蜂、家蚕有剧毒，避免污染江河、池塘、蜂场、蚕室和桑园等场所。

（4）叶菜类作物的安全间隔期为 15 天。

（5）该药对螨蚧类的防效甚低，不可专门用作杀螨剂，以免害螨猖獗为害。最好不单一用于防治棉铃虫、蚜虫等抗性发展快的害虫。

烟碱 nicotine

$C_{10}H_{14}N_2$, 162.23

其他名称 尼古丁。

主要剂型 10％乳油，10％水剂。

作用特点 属于三大传统植物性杀虫剂之一，主要来源于茄科烟草属植物。具有胃毒、触杀和熏蒸作用，并有杀卵作用，无内吸性。烟碱是典型的神经毒剂，主要作用于神经系统，为乙酰胆碱受体（AchR）的激动剂，高浓度时刺激烟碱型受体，使突触后膜去极化，破坏昆虫中枢神经系统的正常传导，导致出现麻痹而死亡，与乙酰胆碱（Ach）作用相似。烟碱易挥发，持效期短，但它的盐类（如硫酸烟碱）较稳定，残效期较长。它的蒸气可从虫体任何部位侵入体内而发挥毒杀作用。

防治对象 用于防治棉花、水稻、烟草、甘蔗、茶叶、蔬菜和果树等作物上的同翅目、鞘翅目、双翅目、鳞翅目等多种害虫，如蚜虫、烟青虫、甘蔗螟、夜蛾、小菜蛾、斑潜蝇、粉虱、地老虎、蛴螬、蝼蛄、象甲、地蛆等。

使用方法

（1）防治棉花上的蚜虫，每亩用 10％水剂或 10％乳油 8～10g，兑水喷雾。

（2）防治烟草上的烟青虫，每亩用 10％乳油 5～7.5g，兑水喷雾。

（3）防治斑潜蝇，每亩用 10％乳油或 10％水剂 5～7g，兑水喷雾。

注意事项

（1）烟碱易挥发，必须密闭存放，配成药液后立即使用；在药液中加入一定量的肥皂或石灰，可提高药效。

（2）对蜜蜂有毒，避免在蜂场或作物开花时使用。

（3）对人高毒，配药或施药时应穿戴口罩、手套、喷药服等。

（4）该农药对桑蚕敏感，不得使用于桑园。

依维菌素 ivermectin

$C_{48}H_{74}O_{14}$, 875.09

其他名称 伊维菌素。

主要剂型 0.3％乳油，0.5％乳油，3％杀白蚁粉剂。

作用特点 属于天然大环内酯类抗生素杀虫剂，具有驱杀作用，无内吸性，在土壤中易被微生物代谢分解，对环境安全。其作用机理是通过作用于昆虫神经系统γ-氨基丁酸（GABA）受体，促进抑制性递质γ-氨基丁酸（GABA）过度释放，同时打开谷氨酸门控的氯离子通道，增强神经膜对氯离子的通透性，导致细胞膜超极化，从而阻断神经信号的传递，最终昆虫麻痹而死亡。它也是一种新型的广谱、高效、低毒抗寄生虫药，对体内外寄生虫特别是线虫和节肢动物均有良好驱杀作用，但对绦虫、吸虫及原生动物无效。

防治对象　主要用于防治蔬菜（如甘蓝等）、茶树、水稻等作物上的鳞翅目害虫，如小菜蛾、烟青虫、菜青虫等，以及林木和土壤中的白蚁。还可防治奶牛、狗、猫、马、猪、羊等家畜体内的寄生虫、盘尾吸虫病、线虫、昆虫、螨虫等。

使用方法

（1）防治甘蓝上的小菜蛾，每亩用 0.5％乳油 0.2～0.3g，兑水喷雾。

（2）防治木材上的白蚁，每 100kg 水用 0.3％乳油 750mg，进行浸泡处理。

（3）防治土壤中的白蚁，用 0.3％乳油 150g，兑水 100kg，进行土壤喷洒。

（4）防治家居卫生害虫白蚁，用 3％依维菌素杀白蚁粉剂直接喷粉使用。

注意事项

（1）不能与波尔多液、石硫合剂等碱性农药混用。

（2）对家蚕和蜜蜂毒性较高，应避免污染蚕室、桑园、蜂场等场所。

（3）作物安全间隔期为 7 天。

乙基多杀菌素 spinetoram

$C_{42}H_{69}NO_{10}$, 747

其他名称　艾绿士。

主要剂型　6％悬浮剂。

作用特点　属于新型大环内酯类抗生素杀虫剂，具有胃毒和触杀作用。其作用机理是作用于昆虫神经系统中烟碱型乙酰胆碱受体和γ-氨基丁酸（GABA）受体，致使昆虫对兴奋性或抑制性的信号传递反应不敏感，影响正常的神经活动，直至死亡。

防治对象　用于防治水稻、蔬菜（如甘蓝等）、果树（如苹果、梨、柑橘等）、大豆、坚果、甘蔗等作物上的多种害虫，如稻纵卷叶螟、小菜蛾、甜菜夜蛾、斜纹夜蛾、豆荚螟、蓟马、潜叶蝇、苹果蠹蛾、苹果卷叶蛾、梨小食心虫、橘小实蝇等。

使用方法

（1）防治稻纵卷叶螟，每亩用 6％悬浮剂 1.2～1.8g，兑水喷雾。

（2）防治甘蓝上的小菜蛾和甜菜夜蛾，每亩用 6％悬浮剂 1.2～2.4g，于低龄幼虫期，兑水喷雾。

（3）防治茄子上的蓟马，每亩用 6％悬浮剂 0.6～1.2g，兑水喷雾。

注意事项

（1）对蜜蜂高毒、对家蚕剧毒，应避免污染蜂场、蚕室、桑园等场所。

（2）误服时，立即就医，是否需要引吐，由医生根据病情决定。

（3）建议与其他作用机理不同的杀虫剂轮换使用，延缓抗药性的产生。

乙硫虫腈 ethiprole

$C_{13}H_9Cl_2F_3N_4OS$, 397.20

其他名称　乙虫腈、乙虫清、酷毕。

主要剂型　10％悬浮剂。

作用特点　低毒杀虫剂。乙虫腈为苯基吡唑类杀虫剂，是 γ-氨基丁酸（GABA）受体抑制剂。通过 γ-氨基丁酸（GABA）干扰氯离子通道，从而破坏中枢神经正常活动使昆虫致死。该药对昆虫 GABA 氯离子通道的束缚比对脊椎动物更加紧密，因而提供了很高的选择毒性。本品低用量下对多种咀嚼式和刺吸式害虫有效，可用于种子处理和叶面喷雾，持效期长达 21～28 天。

防治对象　主要用于防治蓟马、蝽、象虫、甜菜麦蛾、蚜虫、飞虱和蝗虫等，对某些粉虱也表现出活性，特别是对极难防治的水稻害虫稻绿蝽有很强的活性。

使用方法　用药剂量为 45～60g（a.i.）/hm²（折成 10％悬浮剂为 30～40mL/亩，一般加水 50L 稀释），于稻飞虱低龄若虫高峰期进行稻株部位全面喷雾，施药 1～2 次。

注意事项

（1）低龄幼（若）虫高峰期防治须进行植株部位全面喷雾，施药 1～2 次。

（2）该药的速效性较差，持效期长。

（3）该制剂对鱼中等毒性，有一定风险；对鸟低毒；对蜜蜂接触和经口均为高毒，高风险；对家蚕中等毒性，中等风险。使用时应注意蜜源作物花期禁用；养鱼稻田禁用，施药后田水不得直接排入水体，不得在河塘等水域清洗施药器具。

乙螨唑 etoxazole

$$C_{21}H_{23}F_2NO_2, 359.41$$

其他名称 依杀螨、来福禄。

主要剂型 11％悬浮剂，20％悬浮剂。

作用特点 属于二苯基恶唑啉衍生物类化合物，是一种选择性触杀型杀螨剂，几丁质抑制剂。主要影响螨卵的胚胎形成以及从幼螨到成螨的蜕皮过程，对卵、幼螨有效，对成螨无效，但对雌性成螨具有很好的不育作用。具有内吸性和强耐雨性，持效期长达50天。

防治对象 主要用于防治果树（如苹果、柑橘等）、棉花、番茄、茶叶、花卉、蔬菜等作物上的叶螨、始叶螨、全爪螨、二斑叶螨、朱砂叶螨等螨类。

使用方法

（1）防治柑橘红蜘蛛，用11％悬浮剂5000～7500倍液，于螨卵孵盛期或幼螨期，进行喷雾。

（2）防治苹果红蜘蛛，用11％悬浮剂1.47～2.2g，于螨卵孵盛期或幼螨期，兑水100kg喷雾。

注意事项

（1）不能与波尔多液、石硫合剂等碱性农药混用。

（2）为了避免抗药性产生，应与其他杀螨剂轮换使用；并且每个作物季节使用不要超过2次。

（3）由于乙螨唑不能直接杀死成螨，所以当成螨危害严重时，不能单独使用乙螨唑，应与能防治成螨的杀螨剂混合使用。

（4）对家蚕毒性较高，应避免在蚕室和桑园等场所使用。

乙嘧硫磷 etrimfos

$$C_{10}H_{17}N_2O_4PS, 292.29$$

其他名称 乙氧嘧啶磷。

主要剂型 400g/L超低容量喷雾剂，2％粉剂，50％乳油。

作用特点 由湖南大学化学化工学院研制开发的高效低毒有机磷农药，具有触杀和胃毒作用，无内吸性。其作用机理与其他有机磷杀虫剂相同。

防治对象 主要用于防治果树、蔬菜、水稻、马铃薯、玉米和苜蓿等作物上的鳞翅目、鞘翅目、双翅目和半翅目等多种害虫，如稻纵卷叶螟、二化螟、三化螟等。

使用方法 防治水稻螟虫等，每公顷用颗粒剂 1～1.5kg，兑水喷雾。

乙氰菊酯 cycloprothrin

$C_{26}H_{21}Cl_{2}NO_{4}$, 482.36

其他名称 赛乐收、杀螟菊酯、稻虫菊酯。

主要剂型 10％乳油，0.5％、1％粉剂，2％颗粒剂。

作用特点 低毒拟除虫菊酯类杀虫剂，具有触杀作用，还具有忌避、拒食和拒产卵作用，几乎无胃毒作用，无内吸和熏蒸作用。作用机理是通过作用于昆虫神经系统，抑制钠离子通道功能，破坏神经传导活动，导致昆虫麻痹而死亡。

防治对象 主要用于防治水稻、蔬菜、果树、茶树等作物上的多种害虫，如水稻象甲、稻纵卷叶螟、二化螟、三化螟、玉米螟、黏虫、黑尾叶蝉、菜青虫、斜纹夜蛾、小菜蛾、蚜虫、大豆食心虫、茶小卷叶蛾、茶黄蓟马、果树食心虫、柑橘潜叶蛾、桃小食心虫、棉铃虫等。

使用方法 防治水稻象甲等，每亩用 10％乳油 75～130mL，于成虫高峰期，兑水 45kg 进行均匀喷雾；或每亩用 2％颗粒剂 500～1000g，用干细沙均匀拌药，进行人工撒施。

注意事项

（1）不能与碱性农药混合使用。

（2）在稻田中最高使用剂量为每亩 27g（有效成分），每年最多使用 4 次，安全间隔期为 60 天。

（3）对蜜蜂、家蚕有毒，应避免污染蜂场、蚕室和桑园等场所。

乙酰甲胺磷 acephate

$C_{4}H_{10}NO_{3}PS$, 183.17

其他名称 高灭磷、杀虫灵、酰胺磷、益士磷。

主要剂型 20%、30%、40%乳油，75%可溶粉剂，92%可溶粒剂，97%水分散粒剂，1.8%、2%、4.5%杀蟑饵剂。

作用特点 属于低毒、广谱性有机磷杀虫剂，作用于昆虫胆碱酯酶。具有胃毒和触杀作用，并有一定的杀卵和熏蒸作用，有内吸性。是一种缓效型杀虫剂，在施药后初效作用缓慢，2~3天后效果显著，后效作用强，持效期可达10~21天。

防治对象 用于防治水稻、棉花、玉米、十字花科蔬菜、茶叶、烟草、果树、小麦、油菜、甜菜、甘蔗、牧草、观赏植物等作物上的多种咀嚼式、刺吸式口器害虫和害螨，如水稻二化螟、稻纵卷叶螟、稻飞虱、水稻叶蝉、棉铃虫、棉蚜、盲蝽象、玉米螟、黏虫、菜青虫、烟青虫、茶尺蠖、柑橘介壳虫、柑橘红蜘蛛、桃小食心虫等，以及卫生害虫如蜚蠊等。

使用方法

(1) 防治水稻螟虫、叶蝉、飞虱，及棉花上蚜虫、棉铃虫，每亩用40%乳油40~50g，兑水喷雾。

(2) 防治玉米和小麦上的玉米螟和黏虫，用40%乳油500~1000倍液喷雾。

(3) 防治十字花科蔬菜上的蚜虫和菜青虫，用40%乳油500~1000倍液喷雾。

(4) 防治烟草上的烟青虫，用40%乳油500~1000倍液喷雾。

(5) 防治茶树上的茶尺蠖，用40%乳油500~1000倍液喷雾。

(6) 防治苹果食心虫，用40%乳油500~1000倍液喷雾。

(7) 防治柑橘介壳虫和红蜘蛛，用40%乳油500~1000倍液喷雾。

(8) 防治棉花上盲蝽象、棉铃虫，每亩用97%水分散粒剂43.65~58.2g，兑水喷雾。

(9) 防治家居卫生害虫蜚蠊、蚂蚁，将2%乙酰甲胺磷杀蟑饵剂投放于蜚蠊出没的地方即可。

注意事项

(1) 不能与波尔多液、石硫合剂等碱性药剂混用，以免分解失效。

(2) 不宜在桑、茶树上使用。

(3) 在蔬菜上的安全间隔期为7天，秋冬季节为9天，每季最多使用2次；水稻、棉花、果树、柑橘、烟草、玉米和小麦的安全间隔期为14天，每季最多使用1次。

异丙威 isoprocarb

$C_{11}H_{15}NO_2$, 193.24

其他名称 叶蝉散、灭扑威、异灭威、灭必虱、灭扑散。

主要剂型 20％乳油，10％、20％烟剂，2％、4％粉剂，20％、30％悬浮剂，40％可湿性粉剂。

作用特点 属于氨基甲酸酯类杀虫剂，作用于昆虫胆碱酯酶。具有触杀、内吸作用，并有一定的渗透作用，而且击倒力强，药效迅速，但残效期较短。

防治对象 用于防治水稻、棉花、甘蔗、马铃薯、瓜类、蔬菜等作物上的害虫，如水稻叶蝉、飞虱、蚜虫、棉花盲蝽象、蓟马、白粉虱、甘蔗扁飞虱、马铃薯甲虫、厩蝇等。

使用方法

（1）防治稻飞虱，每亩用20％乳油30～40g或40％可湿性粉剂40～50g兑水喷雾；或每亩用4％粉剂40～48g，进行均匀喷粉。

（2）防治水稻叶蝉，每亩用20％乳油30～40g兑水喷雾；或每亩用2％粉剂30～60g，进行均匀喷粉。

（3）防治黄瓜保护地白粉虱，每亩用20％烟剂40～60g，点燃放烟进行熏蒸处理。

（4）防治黄瓜保护地蚜虫，每亩用10％烟剂35～50g，点燃放烟进行熏蒸处理。

（5）防治甘蔗飞虱，每亩用2％粉剂2～2.5kg（有效成分40～50g），与20kg细沙土混匀，撒施于甘蔗心叶及叶鞘间。

（6）防治柑橘潜叶蛾，用20％乳油500～800倍液喷雾。

注意事项

（1）不能与碱性药剂混用，不可与敌稗同时使用。

（2）在作物上安全间隔期为10天以上。

（3）该药剂对芋有药害，不得使用。

（4）对鱼、蜜蜂有毒，避免污染江河、池塘、蜂场等场所。

抑食肼 benzoic acid

$$C_{18}H_{20}N_2O_2, 296.36$$

其他名称 虫死净、绿巧、佳蛙、锐丁。

主要剂型 20％、25％可湿性粉剂，20％胶悬剂，5％颗粒剂。

作用特点 属于双酰肼类，是一种非甾类、具有蜕皮激素活性的昆虫生长调节剂，主要通过降低或抑制幼虫和成虫取食能力，促使昆虫加速脱皮，减少产卵，阻碍昆虫繁殖达到杀虫目的。以胃毒作用为主，具有较强的内吸性，速效性较差，但持效期较长。

防治对象　用于防治水稻、马铃薯、蔬菜、果树等作物上的鳞翅目、鞘翅目、双翅目等多种害虫，如稻纵卷叶螟、稻黏虫、二化螟、马铃薯甲虫、菜青虫、斜纹夜蛾、小菜蛾、苹果蠹蛾、舞毒蛾、卷叶蛾等。

使用方法

（1）防治水稻上的稻纵卷叶螟和黏虫，每亩用20%可湿性粉剂10～20g，于害虫发生初期，兑水喷雾。

（2）防治菜青虫、斜纹夜蛾，每亩用20%可湿性粉剂10～13g，兑水喷雾。

（3）防治小菜蛾，每亩用20%可湿性粉剂16～25g，兑水喷雾。

注意事项

（1）不能与碱性物质混用。

（2）该药速效性较差，应在害虫发生初期施用。

（3）该药剂持效期长，在蔬菜、水稻作物上安全间隔期为7～10天。

印楝素 azadirachtin

$C_{35}H_{44}O_{16}$, 720.71

其他名称　蔬果净、川楝素、呋喃三萜、楝素。

主要剂型　0.3%、0.5%乳油，0.5%可溶液剂，0.5%、2%水分散粒剂，1%微乳剂。

作用特点　三大植物性杀虫剂之一，是一类从杀虫植物印楝中分离提取的活性最强的四环三萜类化合物。印楝素可分为印楝素-A、印楝素-B、印楝素-C、印楝素-D、印楝素-E、印楝素-F、印楝素-G、印楝素-I共8种，印楝素通常所指印楝素-A。具有拒食、忌避、内吸和抑制生长发育的作用。主要作用于昆虫的内分泌系统，降低蜕皮激素的释放量；也可以直接破坏表皮结构或阻止表皮几丁质的形成，或干扰呼吸代谢，影响生殖系统发育等。它是目前世界公认的广谱、高效、低毒、易降解、无残留的生物农药，而且没有抗药性。

防治对象　用于防治十字花科蔬菜、果树、茶叶、烟草、瓜类、番茄、水稻、玉米、高粱、棉花等几乎所有作物、观赏植物、花卉、林木、草原上的200多种害虫，如小菜蛾、斜纹夜蛾、甜菜夜蛾、黄条跳甲、白粉虱、蚜虫、烟青虫、棉铃虫、水稻二化螟、三化螟、稻纵卷叶螟、稻水象甲、稻飞虱、稻蝗、玉米螟、柑橘潜叶蛾、柑橘木虱、锈壁虱、桃小食心虫、橘小实蝇、美洲斑潜蝇、茶毛虫、茶小绿叶蝉、松材线虫等，对草原飞蝗有特效，还可以防治螨类。

使用方法

（1）防治十字花科蔬菜上的小菜蛾、菜青虫，每亩用 0.3％乳油 0.18～0.27g，兑水喷雾。

（2）防治柑橘潜叶蛾，用 0.3％乳油 500～750mg，兑水 100kg 喷雾。

（3）防治烟草上的烟青虫，每亩用 0.3％乳油 0.18～0.3g，兑水喷雾。

（4）防治茶叶上的茶毛虫，每亩用 0.3％乳油 0.36～0.45g 兑水喷雾；防治茶小绿叶蝉，用 0.5％可溶液剂 714～1000mg，兑水 100kg 喷雾。

（5）防治高粱和玉米上的玉米螟，每亩用 0.3％乳油 0.24～0.3g，兑水喷雾。

（6）防治草原蝗虫，每公顷用 0.3％乳油 8.1～11.25g，兑水喷雾。

注意事项

（1）药效较慢，但持效期长；采收安全间隔期一般为 1～2 天。

（2）不宜与碱性药剂混用。在使用时，按喷液量加 0.03％的洗衣粉，可提高防治效果。

（3）印楝素对蚜茧蜂、六斑瓢虫、尖臀瓢虫等有较强的杀伤力。

茚虫威 indoxacarb

$C_{22}H_{17}ClF_3N_3O_7$, 527.83

其他名称　安打、安美、全垒打。

主要剂型　15％乳油，15％、30％水分散粒剂，15％、23％悬浮剂，6％微乳剂，0.1％杀蟑饵剂。

作用特点　属于新型噁二嗪类氨基甲酸酯杀虫剂，具有强烈的胃毒和触杀作用。其有独特的作用机理，在昆虫体内被水解酶迅速转化为 DCJW（N-去甲氧羰基代谢物），由 DCJW 作用于昆虫神经细胞失活态电压门控钠离子通道，不可逆阻断昆虫体内的神经冲动传递，破坏神经冲动传递，导致害虫运动失调、不能进食、麻痹并最终死亡。药剂通过接触和取食进入昆虫体内，0～4h 内昆虫即停止取食，随即被麻痹，昆虫的协调能力会下降（可导致幼虫从作物上落下），一般在药后 24～60h 内死亡，与其他杀虫剂不存在交互抗性，可用于害虫的综合防治和抗性治理。茚虫威结构中仅 S 异构体有活性。

防治对象　用于防治甘蓝、芥蓝、番茄、辣椒、花椰菜类、黄瓜、小胡瓜、茄子、莴苣、苹果、梨、桃、杏、棉花、马铃薯、葡萄等作物上的多种害虫，如甜菜夜蛾、小菜蛾、菜青虫、斜纹夜蛾、甘蓝夜蛾、棉铃虫、烟青虫、卷叶蛾类、叶蝉、苹果蠹蛾、葡萄小食心虫、棉大卷叶蛾、金刚钻、马铃薯甲虫、牧草盲蝽象等。

使用方法

（1）防治小菜蛾、菜青虫，每亩用 30％水分散粒剂 4.4～8.8g 或 15％悬浮剂 8.8～13.3mL，于 2～3 龄幼虫期兑水喷雾。

（2）防治甜菜夜蛾，每亩用 30％水分散粒剂 4.4～8.8g 或 15％悬浮剂 8.8～17.6mL，于低龄幼虫期兑水喷雾。

（3）防治棉铃虫，每亩用 30％水分散粒剂 6.6～8.8g 或 15％悬浮剂 8.8～17.6mL，兑水喷雾。

注意事项

（1）为避免害虫产生抗药性，应与其他不同作用机制的杀虫剂交替使用，且每季作物上建议使用不超过 3 次。

（2）施用后，害虫从接触药液或食用含药液叶片到其死亡会有一段时间，但害虫此时已停止对作物取食和危害。

（3）该药剂无内吸性，施药时确保作物叶片的正反面能被均匀喷施。

（4）药剂不慎接触皮肤或眼睛，应用大量清水冲洗干净；不慎误服，应立即送医院对症治疗。

鱼藤酮 rotenone

$C_{23}H_{22}O_6$，394.42

其他名称 毒鱼藤、鱼藤精。

主要剂型 2.5％、4％、7.5％乳油，5％、6％微乳剂，2.5％悬浮剂，5％可溶液剂。

作用特点 三大植物性杀虫剂之一，主要是触杀和胃毒作用，无内吸性，见光易分解，在作物上残留时间短。其作用机理是通过作用于昆虫的线粒体呼吸链，抑制线粒体复合体Ⅰ（NADH 脱氢酶-辅酶 Q）的作用，阻断昆虫细胞的电子传递，从而降低体内的 ATP 水平，最终使害虫得不到能量供应，然后行动迟滞、麻痹而缓慢死亡。

防治对象 用于防治蔬菜、水稻、棉花、果树等作物上的害虫，如蚜虫、黄条跳甲、蓟马、菜青虫、斜纹夜蛾、甜菜夜蛾、小菜蛾、斑潜蝇、黄守瓜、飞虱、猿叶虫等。

使用方法

（1）防治十字花科蔬菜蚜虫，每亩用 2.5％乳油 2.5～3.75g，兑水喷雾。

（2）防治油菜上的黄条跳甲和斑潜蝇，每亩用 5％乳油 7.5～10g，兑水喷雾。

（3）防治小菜蛾，每亩用 4％乳油 80～160mL，兑水 30kg 喷雾。

注意事项

（1）不能与碱性农药混用。

（2）对鱼类等水生生物剧毒，避免污染江河、池塘等场所。

（3）十字花科蔬菜的安全间隔期为 3 天。

仲丁威 fenobucarb

$C_{12}H_{17}NO_2$, 207.27

其他名称　扑杀威、丁苯威、巴沙。

主要剂型　20％、25％、50％、80％乳油，20％微乳剂，20％水乳剂。

作用特点　属于低毒氨基甲酸酯类杀虫剂，具有强烈的触杀作用，并具一定胃毒、熏蒸和杀卵作用。对飞虱、叶蝉有特效，作用迅速，但残效期短。无内吸性，但有较强的渗透作用。

防治对象　用于防治水稻、小麦、棉花、茶叶、甘蔗等作物上的害虫，如稻飞虱、叶蝉、蓟马、蚜虫、三化螟、稻纵卷叶螟、棉铃虫、棉蚜、象鼻虫等；以及卫生害虫，如蚊、蝇及蚊幼虫等。

使用方法

（1）防治稻飞虱、稻蓟马、稻叶蝉，每亩用 25％乳油 100～200mL，兑水 100kg 喷雾。

（2）防治三化螟、稻纵卷叶螟，每亩用 25％乳油 200～250mL，兑水 100～150kg 喷雾。

（3）防治蚊、蝇及蚊幼虫，用 25％乳油加水稀释成 1％的溶液，按每平方米 1～3mL 喷洒。

注意事项

（1）不能与波尔多液、石硫合剂等碱性农药混用。

（2）对鱼类有毒，避免污染江河、池塘等场所。

（3）在稻田施药的前后 10 天，避免使用敌稗，以免发生药害。

（4）误服中毒后解毒药为阿托品，严禁使用解磷定和吗啡。

唑虫酰胺 tolfenpxrad

$$C_{21}H_{22}ClN_3O_2, 383.87$$

其他名称　捉虫朗。

主要剂型　15％乳油、15％悬浮剂。

作用特点　属于吡唑杂环类高效杀虫、杀螨剂。具有毒性低、杀虫谱广、见效快、持效期较长、无交互抗性等特性。以触杀作用为主，无内吸性，还具有杀卵、拒食、抑制产卵及杀菌作用。作用机理为阻碍线粒体的代谢系统中的电子传达系统复合体Ⅰ，从而使电子传达受到阻碍，使昆虫不能提供和贮存能量，被称为线粒体电子传达复合体阻碍剂（METI）。

防治对象　用于防治蔬菜、果树、花卉、茶叶等作物上的鳞翅目、半翅目、甲虫目、膜翅目、双翅目、缨翅目等多种害虫及螨类，如小菜蛾、斜纹夜蛾、甜菜夜蛾、黄条跳甲、蓟马、蚜虫、潜叶蛾、螟虫、粉蚧、飞虱、斑潜蝇、柑橘锈螨、梨叶锈螨、番茄叶螨等。

使用方法

（1）防治甘蓝、大白菜等作物上的小菜蛾等，用15％乳油1000～2000倍液，于卵孵化盛期或低龄幼虫期，进行均匀喷雾。

（2）防治茄子蓟马，每亩用15％乳油7.5～12g，兑水50kg喷雾。

注意事项

（1）为避免害虫产生抗药性，应与其他作用机制不同的农药交替使用。

（2）对鱼类剧毒，对鸟、蜜蜂、家蚕高毒，避免污染江河、池塘、蜂场、蚕室、桑园等场所，以及不要在作物开花时节使用。

（3）对黄瓜、茄子、番茄、白菜等幼苗可能有药害，使用时应注意。

唑螨酯 fenpyroximate

$$C_{24}H_{27}N_3O_4, 421.49$$

其他名称　杀螨王、霸螨灵。

主要剂型 5%、20%、28%悬浮剂，8%微乳剂。

作用特点 属于肟类杀螨剂，有 E 体和 Z 体两种，E 体比 Z 体杀螨活性高。以触杀作用方式为主，杀螨谱广，并兼有杀虫防病作用。其作用机理是抑制昆虫线粒体呼吸链电子转移，影响细胞能量代谢过程。除了对害螨各个生育期（卵、幼螨、若螨、成螨）均有良好防治效果外，对二化螟、稻飞虱、小菜蛾、蚜虫等害虫具有良好的杀虫效果，且对稻瘟病、大麦白粉病、燕麦冠锈病和瓜类霜霉病等病害也有较好的兼治作用，与其他药剂无交互抗性。

防治对象 用于防治棉花、啤酒花、果树（如苹果、柑橘、梨等）、草莓、西瓜、甜瓜、水稻、麦类、花生、烟草、茶叶、蔬菜、观赏植物等多种植物上的红叶螨、全爪叶螨以及多种害虫，如棉红蜘蛛、苹果红蜘蛛、柑橘红蜘蛛、山楂红蜘蛛、四斑黄蜘蛛、毛竹叶螨、（茶）神泽叶螨、跗线螨、细须螨、斯氏尖叶瘿螨、柑橘锈壁虱、小菜蛾、斜纹夜蛾、二化螟、稻飞虱、桃蚜等；对稻瘟病、白粉病、霜霉病等病害亦有良好的防治作用。

使用方法

（1）防治棉花叶螨，每公顷用5%悬浮剂15～30g，兑水喷雾。

（2）防治柑橘红蜘蛛和锈壁虱，用5%悬浮剂1000～1500倍液喷雾。

（3）防治苹果红蜘蛛，用5%悬浮剂1500～2000倍液喷雾。

（4）防治啤酒花叶螨，每亩用5%悬浮剂1～2g，兑水喷雾。

（5）防治蔬菜、草莓、西瓜、烟草等作物上的红蜘蛛，用5%悬浮剂500～800倍液，进行叶面喷雾。

（6）防治茶树红蜘蛛，用5%悬浮剂1000倍液，进行叶面喷雾。

（7）防治绿化苗木红蜘蛛，用5%悬浮剂1500～2500倍液，进行叶面喷雾。

注意事项

（1）可与多种杀虫剂、杀菌剂混用，如波尔多液、毒死蜱、炔螨特等，但不能与石硫合剂等强碱性农药混用，否则会产生凝结。

（2）对鱼有毒，避免污染江河、池塘等水源。

（3）对家蚕有拒食作用，避免污染桑园桑叶；在桑树上安全间隔期为25天。

（4）其安全间隔期。在柑橘、苹果、梨、葡萄和茶上为14天，在桃上为7天，在樱桃上为21天，在草莓、西瓜和甜瓜上为1天。

第三章

杀 菌 剂

氨基寡糖素 oligosaccharins

$(C_6H_{11}O_4N)_n (n \geqslant 2)$

其他名称　壳寡糖、百净。

主要剂型　0.2%、0.5%、2%、3%、5%水剂。

作用特点　氨基寡糖素能对一些病菌的生长产生抑制作用，影响真菌孢子萌发，诱发菌丝形态发生变异、孢内生化发生改变等；能激发植物体内基因，产生具有抗病作用的几丁酶、葡聚糖酶、保素及 PR 蛋白等，并具有细胞活化作用，有助于受害植株的恢复，促根壮苗，增强作物的抗逆性，促进植物生长发育。氨基寡糖素溶液，具有杀毒、杀细菌、杀真菌作用。不仅对真菌、细菌、病毒具有极强的防治和铲除作用，而且还具有营养、调节、解毒、抗菌的功效。

防治对象　广泛用于防治果树、蔬菜、地下根茎、烟草、中药材及粮棉作物因病毒、细菌、真菌引起的花叶病、小叶病、斑点病、炭疽病、霜霉病、疫病、蔓枯病、黄矮病、稻瘟病、青枯病、软腐病等病害。

使用方法

（1）防治枣树、苹果、梨等果树的枣疯病、花叶病、锈果病、炭疽病、锈病等病害，在发病初期用 1000 倍液氨基寡糖素细致喷雾，每 10～15 天 1 次，连喷 2～3 次，防治效果良好。

（2）防治瓜类、茄果类病毒病、灰霉病、炭疽病等病害，自幼苗期开始用 1000 倍 2%氨基寡糖素复配其他有关防病药剂，每 10 天左右喷洒 1 次，连续喷洒

2～3 次，可防治以上病害发生。

（3）防治烟草花叶病毒病、黑胫病等病害，自幼苗期开始用 1000 倍 2% 氨基寡糖素复配其他有关防病药剂，每 10 天左右喷洒 1 次，连续喷洒 2～3 次，可有效地防治病毒病、黑胫病等病害发生。

（4）防治水稻稻曲病，孕穗期，采用 3% 水剂的氨基寡糖素 600～800 倍液喷雾做茎叶处理可有效防治。

注意事项

（1）喷施应避开烈日和阴雨天，傍晚喷施于作物叶片或果实上。

（2）本品含量极高，随配随用，请按照使用浓度配制。

（3）使用时，请预留一块空地不喷，从而更好地检验本品效果。

氨基酸络合铜 copper compound amino acid complex

其他名称　蛋白铜、混氨铜。

主要剂型　15% 悬浮剂。

作用特点　氨基酸络合铜是一类新型高效的铜离子杀菌剂，具有良好的杀菌效果。进入植物病菌细胞内部的铜离子毒害含巯基的酶，使这些酶控制的生化活动终止而杀死病原菌；氨基酸的作用是增加铜离子通过植物病菌细胞膜的能力，由于铜离子被络合可以降低铜离子对作物的不利影响，尤其在多种氨基酸络合铜中起主要作用的甘氨酸络合铜可以明显降低由铜离子引起的药害的发生。

防治对象　主要防治西瓜、黄瓜、茄子、辣椒、生姜、番茄、草莓、棉花、花生等作物的枯萎病、青枯病、幼苗猝倒病、蔓割病、白粉病、霜霉病等一切因真菌引起的作物病害。

使用方法

（1）在作物移栽种植或直接播种时，用井水稀释 300～400 倍液，每植株穴浇灌 500mL 稀释好的药液，可以防治病害。

（2）用本品稀释 600～700 倍进行全株喷雾，防治蔓割病、白粉病、霜霉病，每隔 5～7 天喷 1 次。

注意事项

（1）严格按照农药安全规定使用此药，避免药品直接接触身体，如果药液不小心溅入眼睛，应立即用清水冲洗干净并携带此药标签去医院就医。

（2）此药应储藏在阴凉干燥和儿童接触不到的地方。

（3）如果误服要立即送往医院治疗。

（4）施药后各种工具要清洗干净，污水和剩药要妥善处理，不得任意倾倒，以免污染鱼塘和水源。

（5）应轻拿轻放，不得与食品、日用品一起运输储存。

百菌清 chlorthalonil

$$C_8Cl_4N_2, 265.91$$

其他名称　达克宁、打克尼尔、克劳优、四氯异苯腈、顺天星一号、霉必清、桑瓦特。

主要剂型　50％、60％、75％可湿性粉剂，40％、72％悬浮剂，5％、10％、15％、20％、30％、45％烟剂，75％水分散粒剂。

作用特点　百菌清是广谱、保护性杀菌剂。作用机理是能与真菌细胞中的3-磷酸甘油醛脱氢酶发生作用，与该酶中含有半胱氨酸的蛋白质结合，从而破坏该酶的活性，使真菌细胞的新陈代谢受破坏而失去生命力。百菌清不进入植物体内，只在作物表面起保护作用，对已侵入植物体内的病菌无作用，对施药后新长出的植物部分亦不能起到保护作用。药效稳定，残效期长。药效适用范围宽，不易诱发病菌产生耐药性。

防治对象　用于防治麦类、水稻、玉米、果树、蔬菜、花生、马铃薯、茶叶、橡胶、花卉等作物的多种真菌性病害，如甘蓝黑斑病、霜霉病、菜豆锈病、灰霉病及炭疽病，芹菜叶斑病，马铃薯晚疫病、早疫病及灰霉病，番茄早疫病、晚疫病、叶霉病、斑枯病，各种瓜类上的炭疽病、霜霉病等。

使用方法

（1）防治蔬菜霜霉病、白粉病、炭疽病、灰霉病、早疫病、晚疫病用75％可湿性粉剂600～800倍喷雾，隔10天用药1次，连续2～3次。大棚和温室作物病害防治使用烟剂。

（2）防治麦类赤霉病，在破口期每亩用75％可湿性粉剂70～100g，加水50kg喷雾。

（3）防治茶树炭疽病、茶饼病、网饼病，在发病初期，用75％可湿性粉剂800～1000倍液喷雾。

（4）防治瓜类白粉病、蔓枯病、叶枯病及疮痂病，在病害初期，用75％可湿性粉剂150～225g/亩，加水50～75L喷雾。

（5）防治果树霜霉病、白粉病、葡萄炭疽病、果腐病，桃褐病，苹果炭疽病、叶斑病，柑橘疮痂病，用75％可湿性粉剂800～1000倍液喷雾。

（6）防治玉米大斑病，发病初期，用75％可湿性粉剂110～140g/亩，兑水40～50L喷雾，以后每隔5～7天喷药1次。

（7）防治橡胶树炭疽病，发病初期，用75％可湿性粉剂500～800倍液喷雾。

注意事项

（1）对皮肤和眼睛有刺激作用，少数人有过敏反应、引起皮炎。

（2）不能与石硫合剂等碱性农药混用。

（3）梨、柿对百菌清较敏感，不可施用。

（4）高浓度对桃、梅、苹果会引起药害。

（5）苹果落花后 20 天的幼果期不能用药，会造成果实锈斑。

（6）对玫瑰花有药害。

（7）与杀螟硫磷混用，桃树易发生药害。

（8）与克螨特、三环锡等混用，茶树可能产生药害。

（9）对鱼类及甲壳类动物毒性较大，应防止药液流入鱼塘。

拌种咯 fenpiclonil

$C_{11}H_6Cl_2N_2$, 237.08

其他名称　Beret、Gallba、CGA 142705。

主要剂型　20％、50％水分散剂，5％、40％胶悬剂，5％悬浮种衣剂。

作用特点　属吡咯腈类保护性杀菌剂，主要抑制菌丝内氨基酸合成和葡萄糖磷酰化有关的转移，并抑制真菌菌丝体的生长，最终导致病菌死亡。持效期 4 个月以上。

防治对象　对禾谷类作物种传病菌如雪腐镰刀菌有效，也可防治土传病害的病菌如链格孢属、壳二孢属、曲霉属、葡萄孢属、镰孢霉属、长蠕孢属、丝核菌属和青霉属菌。

使用方法　以 0.2g（有效成分）/kg 种子，处理麦类种子，可有效地防治大麦条纹病、网斑病，麦类雪腐病，大麦散黑穗病；同剂量处理稻种，可防治水稻恶苗病、稻瘟病、稻胡麻叶斑病等；以 0.05g 有效成分/kg 薯块，处理马铃薯，可防治马铃薯干腐病、黑痣病、银皮病、黑腐病等。

注意事项

（1）不要用手直接拌种，拌种器械清洗干净。

（2）此药应储藏在阴凉干燥和儿童接触不到的地方。

苯氟磺胺 dichlofluanid

$C_9H_{11}Cl_2FN_2O_2S_2$, 333.23

其他名称　抑菌灵、二氯氟磺胺、Euparen、Elvaron。

主要剂型　50％可湿性粉剂，50％乳油，7.5％粉剂。

作用特点　防治谱较广，保护性杀菌剂，有一定内吸性。

防治对象　防治水果、柑橘、葡萄、蔬菜、草莓等真菌病害，防治多种蔬菜作物的灰霉病、白粉病，防治白菜、黄瓜、莴苣、葡萄、啤酒花霜霉病有特效，也可用于杀灭红蜘蛛。

使用方法　用作常规喷雾，也可涂抹水果防止杂菌侵入。在高容量使用时，浓度为 0.075％～0.2％（a.i.）。

注意事项

（1）该药有一定毒性，收获前 7～14 天应停止用药。

（2）不要与波尔多液、石硫合剂等碱性农药混用。

（3）使用浓度过高对核果类果树有药害，施用时请注意。

苯菌灵 benomyl

$C_{14}H_{18}N_4O_3$，290.32

其他名称　苯来特、苯乃特、免赖得。

主要剂型　50％可湿性粉剂。

作用特点　属高效广谱、内吸性杀菌剂，具有保护、治疗和铲除等作用。除了具有杀菌活性外，还具有杀螨、杀线虫活性。杀菌方式与多菌灵相同，通过抑制病菌细胞分裂过程中纺锤体的形成而导致病菌死亡。对子囊菌纲、半知菌类及某些担子菌纲的真菌引起的病害有良好的抑制活性，对锈菌、鞭毛菌和结核菌无效。

防治对象　用于防治苹果、梨、葡萄白粉病，苹果、梨黑星病，小麦赤霉病，水稻稻瘟病，瓜类疮痂病、炭疽病，茄子灰霉病，番茄叶霉病，黄瓜黑星病，葱类灰色腐败病，芹菜灰斑病，芦荟茎枯病，柑橘疮痂病、灰霉病，大豆菌核病，花生褐斑病，甘薯黑斑病和腐烂病。

使用方法

（1）防治瓜类白粉病，黄瓜和甜（辣）椒的炭疽病，西红柿灰霉病、叶霉病，黄瓜菌核病，用 1500～2000 倍液喷雾，发病初期，每隔 7～10 天喷雾 1 次，连喷 3 次。

（2）防治茄子黄萎病、褐纹病，取 50％苯菌灵和 50％福美双可湿性粉剂各 1 份，混拌均匀，而后再与填充剂（细土或炉灰等）3 份混匀，用种子质量 0.1％的混合药剂拌种。

（3）防治黄瓜枯萎病，在发病初期，用 500～1000 倍液灌根，每株每次灌 0.25～0.3kg。

注意事项

（1）苯菌灵可与多种农药混用，但不能与强碱性药剂及含铜制剂混用。

（2）为避免产生抗性，应与其他杀菌剂交替使用。但不宜与多菌灵、硫菌灵等与苯菌灵存在交互抗性的杀菌剂作为替换药剂。

苯菌酮 metrafenone

$C_{19}H_{21}BrO_5$, 409.27

其他名称 灭芬农、溴甲氧苯酮。

主要剂型 30％、50％悬浮剂。

作用特点 属二苯甲酮类杀菌剂，通过干扰孢子萌发时的附着胞的发育与形成，抑制了白粉病的孢子萌发，其次苯菌酮通过干扰极性肌动蛋白组织的建立和形成，使病菌的菌丝体顶端细胞的形成受到干扰和抑制，从而阻碍菌丝体的正常发育与生长，抑制和阻碍白粉病菌的侵害，用于防治众多的子囊菌类病害，对各类白粉病有良好的保护、治疗、铲除和抑制产孢的作用，尤其对禾谷类作物白粉病有特效。

防治对象 主要用于谷类、葡萄和黄瓜等作物防治白粉病和眼点病。

使用方法 防治葡萄上的白粉病。300g/L悬浮剂推荐用量为0.7～1.1L/亩，一季最多使用六次。

注意事项

（1）最大残留限量为0.05mg/kg。

（2）不得与食品、日用品一起运输储存。

苯醚甲环唑 difenoconazole

$C_{19}H_{17}Cl_2N_3O_3$, 406.26

其他名称 恶醚唑、敌委丹、世高。

主要剂型 10％热雾剂，10％、37％、60％水分散粒剂，30g/L悬浮种衣剂，250g/L乳油，10％、20％微乳剂，30％、40％悬浮剂，20％水乳剂。

作用特点 内吸性杀菌，具保护和治疗作用。抗菌机制是抑制细胞壁甾醇的生物合成，可阻止真菌的生长。杀菌谱广，对子囊菌纲、担子菌纲和包括链格孢属、壳二孢属、尾孢霉属、刺盘孢属、球痤菌属、茎点霉属、柱隔孢属、壳针孢属、黑星菌属在内的半知病，白粉菌科、锈菌目及某些种传病菌有持久的保护和治疗作用。对葡萄炭疽病、白腐病效果也很好。叶面处理或种子处理可提高作物的产量和保证品质。

防治对象 广泛应用于果树、蔬菜等作物，有效防治黑星病、黑痘病、白腐病、斑点落叶病、白粉病、褐斑病、锈病、条锈病、赤霉病等。

使用方法

(1) 梨黑星病，在发病初期，用 10％水分散颗粒剂 6000～7000 倍液，或每 100L 水加制剂 14.3～16.6g（有效浓度 14.3～16.6mg/L）。发病严重时可提高浓度，建议用 3000～5000 倍液或每 100L 水加制剂 20～33g（有效浓度 20～33mg/L），间隔 7～14 天，连续喷药 2～3 次。

(2) 苹果斑点落叶病，在发病初期，用 2500～3000 倍液或每 100L 水加制剂 33～40g（有效浓度 33～40mg/L），发病严重时用 1500～2000 倍液或每 100L 水加制剂 50～66.7g（有效浓度 50～66.7mg/L），间隔 7～14 天，连续喷药 2～3 次。

(3) 葡萄炭疽病、黑痘病用 1500～2000 倍液或每 100L 水加制剂 50～66.7g（有效浓度 50～66.7mg/L）。

(4) 柑橘疮痂病，用 2000～2500 倍液或每 100L 水加制剂 40～50g（有效浓度 40～50mg/L）喷雾。

(5) 西瓜蔓枯病，每亩用制剂 50～80g（有效成分 5～8g）。

(6) 草莓白粉病，每亩用制剂 20～40g（有效成分 2～4g）。

(7) 番茄早疫病，发病初期用 800～1200 倍液或每 100L 水加制剂 83～125g（有效浓度 83～125mg/L），或每亩用制剂 40～60g（有效成分 4～6g）。

(8) 辣椒炭疽病，在发病初期，用 800～1200 倍液或每 100L 水加制剂 83～125g（有效浓度 83～125mg/L），或每亩用制剂 40～60g（有效成分 4～6g）。

(9) 西瓜、草莓、辣椒喷液量为每亩人工 50L。果树可根据果树大小确定喷液量，大果树喷液量高，小果树喷液量低。

注意事项

(1) 苯醚甲环唑不宜与铜制剂混用，因为铜制剂能降低它的杀菌能力。

(2) 苯醚甲环唑在喷雾时用水量一定要充足，要求果树全株均匀喷药。

(3) 施药应选早晚气温低、无风时进行。晴天空气相对湿度低于 65％、气温高于 28℃、风速大于 5m/s 时应停止施药。

(4) 苯醚甲环唑施药时间宜早不宜迟，在发病初期进行喷药效果最佳。

苯噻菌胺酯 benthiavalicarb isopropyl

$C_{18}H_{24}FN_3O_3S$, 381.46

其他名称 苯噻菌胺。

主要剂型 3.5％可湿性粉剂。

作用特点 属高效、低毒、广谱细胞合成抑制剂。苯噻菌胺具有很好的预防、治疗作用，并且有很好的持效性和耐雨水冲刷性，可以和多种杀菌剂复配。苯噻菌胺对疫霉病具有很好的杀菌活性，对其孢子囊的形成、孢子囊的萌发在低浓度下有很好的抑制作用，但对游动孢子的释放和游动孢子的移动没有作用。

防治对象 对葡萄霜霉病菌、瓜类霜霉病菌、十字花科霜霉病菌、马铃薯和番茄的晚疫病有效。

使用方法 在田间试验中，$25\sim75g$（a.i.）$/hm^2$ 剂量即可有效地控制马铃薯和番茄的晚疫病、葡萄和其他作物的霜霉病。

注意事项 为了达到广谱活性和低残留，应将苯噻菌胺酯与其他杀菌剂配成混剂使用。

苯霜灵 benalaxyl

$$C_{20}H_{23}NO_3, 325.40$$

其他名称 苯酰胺、灭菌安、本达乐。

主要剂型 20％乳油，25％、35％可湿性粉剂，50g/L 颗粒剂。

作用特点 属核糖体 RNA 合成抑制剂，抑制真菌蛋白的合成。苯霜灵是一种高效、低毒、药效期长的内吸性杀菌剂，对作物安全，兼具治疗和保护作用。可被植物根、茎、叶迅速吸收，双向传导，并迅速被运转到植物体内的各个部位，因而耐雨水冲刷。

防治对象 用于防治卵菌纲病害。如马铃薯霜霉病，葡萄霜霉病，烟草、大豆和洋葱上的霜霉病，黄瓜和观赏植物上的霜霉病，草莓、观赏植物和番茄上的疫霉病，莴苣上的莴苣盘梗霉菌，以及观赏植物上的丝囊霉菌和腐霉菌引起的病害。

使用方法

（1）防治黄瓜霜霉病，发病初期，用20％苯霜灵乳油 300～400 倍液茎叶喷雾。

（2）防治番茄晚疫病，发病初期，用20％乳油 100～125mL 兑水 40～50kg 茎叶喷雾。

（3）防治辣椒疫病，在发病前或发病初期，用20％苯霜灵乳油 500～700 倍液茎叶喷雾，连续施药 3 次。

注意事项

（1）易产生抗性，与其他作用机制的杀菌剂交替使用。

（2）此药应储存在阴凉和儿童接触不到的地方。

（3）苯霜灵适宜发病初期使用，最好与百菌清等保护剂混用。

苯酰菌胺 zoxamide

$$C_{14}H_{16}Cl_3NO_2, 336.64$$

其他名称 Zoxium。

主要剂型 24％悬浮剂、80％可湿性粉剂。

作用特点 是一种高效保护性杀菌剂，具有长的持效期和很好的耐雨水冲刷能力，通过微管蛋白 β-亚基的结合和微管细胞骨架的破裂来抑制菌核分裂。不影响游动孢子的游动、孢囊的形成和萌发，伴随菌核分裂的第一个循环，芽管的伸长受到抑制，从而阻止病菌穿透寄主植物。

防治对象 主要用于防治卵菌纲病害，如马铃薯晚疫病和番茄晚疫病、黄瓜霜霉病和葡萄霜霉病，对葡萄霜霉病有特效。

使用方法 茎叶处理。防治卵菌纲病害，如马铃薯晚疫病和番茄晚疫病、黄瓜霜霉病和葡萄霜霉病，在发病前使用，每亩用量为 6.7～16.7g，每隔 7～10 天施药 1 次。通常和代森锰锌以及其他杀菌剂混配使用，不仅扩大杀菌谱，而且提高药效。

注意事项

（1）在 0.3kg/hm² 时，对蚜茧蜂 (*Aphidius*) 和草蛉 (*Chrysoperla*) 有危害。

（2）苯酰菌胺在洋葱中的残留限量为 0.7mg/kg。

（3）应在发病前使用，且掌握好用药间隔时间，通常为 7～10 天。

苯锈啶 fenpropidin

$$C_{19}H_{31}N, 273.46$$

其他名称 苯锈定。

主要剂型 50％、75％乳油。

作用特点 苯锈啶属哌啶类内吸性杀菌剂，具有保护、治疗和铲除活性，是甾醇生物合成抑制剂，持效期约 28 天。

防治对象 对白粉菌科真菌，尤其是禾白粉菌、黑麦喙孢和柄锈菌有特效。

使用方法 禾谷类作物喷施用量 750g/hm²。如以 500～700g (a.i.)/hm² 可防治大麦白粉病、锈病。

注意事项

（1）苯锈啶在香蕉中的最大残留限量为 10mg/kg。

（2）对眼睛有腐蚀性刺激作用，使用需小心。

苯氧菌胺 metominostrobin

$C_{16}H_{16}N_2O_3$, 284.31

其他名称　Oribright、苯氧菌胺（E）。

主要剂型　5％颗粒剂，31.3％可湿性粉剂。

作用特点　线粒体呼吸抑制剂，即抑制真菌线粒体呼吸链的细胞色素 b、c1 复合体，通过抑制电子传递而抑制菌体呼吸。防治对 14-脱甲基化酶抑制剂、苯甲酰胺类、二羧酰胺类和苯并咪唑类产生抗性的菌株有效。具有保护、治疗、铲除、渗透、内吸活性。

防治对象　适宜作物包括水稻、小麦、果树和蔬菜等，除对稻瘟病有特效外，对白粉病、霜霉病等亦有良好的活性。

使用方法　在未感染或发病初期施用，使用剂量为 500～2000g（a.i.）/hm²。

注意事项

（1）与其他作用机制杀菌剂交替使用，避免抗性发生。

（2）不能与碱性农药混用。

（3）施药后各种工具要清洗干净，污水和剩药要妥善处理，不得任意倾倒，以免污染鱼塘和水源。

（4）对热、酸、碱稳定，遇光稍有分解。

苯氧喹啉 quinoxyfen

$C_{15}H_8Cl_2FNO$, 308.13

其他名称　快诺芬、喹氧灵。

主要剂型　25％、50％悬浮剂。

作用特点　苯氧喹啉为内吸性、保护性杀菌剂，对白粉病预防有特效，并具有蒸汽相活性，移动性好，可以抑制附着胞生长，不具有铲除作用。它通过内吸向顶部、向基部传输，并通过蒸汽相移动，实现药剂在植株中的再分配。叶面施药后，药剂可迅速地渗入到植物组织中，并向顶端转移，持效期长达 70 天。

防治对象　主要适用作物有：大麦、葫芦、蛇麻、西瓜、燕麦、辣椒、梨果、黑麦、草莓、黑小麦、葡萄和小麦等。作用于白粉病侵染前的生长阶段，可有效防治谷物白粉病、甜菜白粉病、瓜类白粉病、辣椒和番茄白粉病、葡萄白粉病、桃树白粉病以及草莓和蛇麻白粉病等。

使用方法 登记在蔬菜、蛇麻和甜菜等作物上防治白粉病。最大用药量 250g/hm^2，能提供 70 天保护作用；防治麦类白粉病使用剂量为 $100\sim250g$（a.i.）/hm^2，防治葡萄白粉病使用剂量为 $50\sim75g$（a.i.）/hm^2。

注意事项 与目前市售的三唑类、吗啉类和甲氧基丙烯酸酯类杀菌剂无交互抗性。

吡菌磷 pyrazophos

$C_{14}H_{20}N_3O_5PS$, 373.36

其他名称 吡嘧磷、粉菌磷、定菌磷。

主要剂型 30％乳油，30％可湿性粉剂。

作用特点 有机磷杀菌剂，属于黑色素合成抑制剂，具有保护、治疗作用及内吸作用，具有较强的向顶传导作用，可由叶和茎吸收并传导。

防治对象 适宜于禾谷类作物、蔬菜、果树等作物，防治各种白粉病以及根腐病和云纹病等。并兼具杀蚜、螨、潜叶蝇、线虫的作用。

使用方法

（1）防治苹果、桃子白粉病，用含量为 0.05％的药剂，7 天喷 1 次。

（2）防治瓜类白粉病，用含量为 0.03％～0.05％的药剂，7～10 天喷 1 次。

（3）防治小麦、大麦白粉病，在发病初期，用 30％乳油 15～20mL/100m^2 兑水喷雾。

（4）防治黄椰菜、包心菜白粉病，每百平方米用 30％乳油 4～10mL。

注意事项

（1）根部吸收较差，不宜拌种和土壤施用，残效期长达 3 周。

（2）一般条件下贮存稳定，在酸、碱介质中易分解。

吡噻菌胺 penthiopyrad

$C_{16}H_{20}F_3N_3OS$, 359.41

其他名称 富美实、家报福。

主要剂型 15%、20%悬浮剂。

作用特点 高活性、杀菌谱广、无交互抗性，通过抑制琥珀酸脱氢酶，破坏病菌呼吸而发挥效果，使病原菌呼吸受阻而死亡。

防治对象 主要用于控制或抑制油菜籽、芥末（油和调料类型）、玉米和大豆在土壤和种子中的真菌疾病。广泛应用于果树、蔬菜、草坪等众多作物，防治锈病、菌核病、灰霉病、霜霉病、苹果黑星病和白粉病。

使用方法

(1) 在 $100\sim200g$ （a.i.）$/hm^2$ 剂量下，茎叶处理可有效地防治苹果黑星病、白粉病等。

(2) 在100mg/L浓度下对葡萄灰霉病有很好活性，25mg/L浓度下对黄瓜霜霉病防治效果好。

注意事项

(1) 为了防止产生抗性，本剂避免连续使用，最好与不同作用机制的杀菌剂交替使用。

(2) 本剂对眼睛有轻微刺激作用，一旦溅入眼睛立即用水清洗。

吡唑醚菌酯 pyraclostrobine

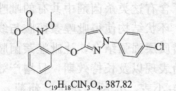

$C_{19}H_{18}ClN_3O_4$, 387.82

其他名称 唑菌胺酯、百克敏、吡亚菌平、凯润。

主要剂型 25%乳油，20%水分散粒剂，20%浓乳剂。

作用特点 吡唑醚菌酯为新型广谱杀菌剂。作用机理为线粒体呼吸抑制剂，即通过在细胞色素合成中阻止电子转移。具有保护、治疗、叶片渗透传导作用。它能控制子囊菌纲、担子菌纲、半知菌纲卵菌纲等大多数病害。对孢子萌发及叶内菌丝体的生长有很强的抑制作用。具有渗透性及局部内吸活性，持效期长，耐雨水冲刷。

防治对象 广泛用于防治小麦、水稻、花生、葡萄、蔬菜、马铃薯、香蕉、柠檬、咖啡、核桃、茶树、烟草和观赏植物、草坪及其他大田作物上的病害。可防治黄瓜白粉病、霜霉病和香蕉黑星病、叶斑病、菌核病等。

使用方法

(1) 防治黄瓜白粉病、霜霉病的用药量为有效成分 $75\sim150g/hm^2$ （折成乳油商品量为 $20\sim40mL/$亩）。加水稀释后于发病初期均匀喷雾。一般喷药 $3\sim4$ 次，间隔 7 天喷 1 次药。

(2) 防治香蕉黑星病、叶斑病的有效成分浓度为 $83.3\sim250mg/kg$ （稀释倍数为 $1000\sim3000$ 倍），于发病初期开始喷雾。一般喷药 3 次，间隔 10 天喷 1 次药，喷药次数视病情而定。

注意事项

（1）该制剂对鱼剧毒，对鸟、蜜蜂、蚯蚓低毒。

（2）药械不得在池塘等水源和水体中洗涤，施药残液不得倒入水源和水体中。

（3）对黄瓜、香蕉安全，未见药害发生。

（4）在作物幼苗三叶以下及温度在15℃以下，在任何作物上使用时要谨慎。

吡唑萘菌胺 isopyrazam

$C_{20}H_{23}F_2N_3O$, 359.41

其他名称　双环氟唑菌胺。

主要剂型　29％悬浮剂。

作用特点　吡唑萘菌胺的作用机理是抑制线粒体内膜上电子传递链中的琥珀酸脱氢酶还原酶（complex Ⅱ）的作用，使得病原真菌无法经由呼吸作用产生能量，进而阻止病菌的生长。除了含有这类杀菌剂中共有的吡唑环外，吡唑萘菌胺中还含有独特的苯并桥环，这两个环状结构使得吡唑萘菌胺与线粒体膜琥珀酸脱氢酶上的结合位点以及叶片表面的蜡质层强强结合，让吡唑萘菌胺提供了更高的活性，确保了它在田间的病害高效防治表现以及长持效期，且增产效果显著。

防治对象　可有效防治小麦、水稻、花生、葡萄、蔬菜、马铃薯、香蕉、柠檬、咖啡、果树、核桃、茶树、烟草和观赏植物、草坪及其他大田作物上的病害。

使用方法　对黄瓜白粉病，使用剂量为146.25～243.75g/hm²，使用方法为喷雾。

注意事项

（1）每季作物最多使用3次。

（2）在黄瓜白粉病发病初期使用，安全间隔期为3天。

（3）吡唑萘菌胺在苹果中的限量为0.7mg/kg，在花生中的限量为0.01mg/kg。

丙环唑 propiconazole

$C_{15}H_{17}Cl_2N_3O_2$, 342.22

其他名称　敌力脱、必扑尔。

主要剂型　25％、30％、50％、62％、70％乳油，45％水乳剂，20％、40％、50％、55％微乳剂。

作用特点 一种具有治疗和保护双重作用的内吸性三唑类广谱杀菌剂。作用机理是影响甾醇的生物合成，使病原菌的细胞膜功能受到破坏，最终导致细胞死亡，从而起到杀菌、防病和治病的功效。可被根、茎、叶部吸收，快速地在植物株体内向上传导。防治子囊菌、担子菌和半知菌引起的病害，对卵菌类病害无效。

防治对象 可用于防治子囊菌、担子菌和半知菌所引起的病害，特别是对小麦根腐病、白粉病、颖枯病、纹枯病、锈病、叶枯病，大麦网斑病，葡萄白粉病，水稻恶苗病等有较好的防治效果。

使用方法 在农作物的花期、苗期、幼果期、嫩梢期使用。

（1）防治香蕉叶斑病 在发病初期，用20％丙环唑乳油1000～1500倍液喷雾效果最好，间隔21～28天。根据病情的发展，可考虑连续喷施第2次。

（2）防治葡萄炭疽病 在发病初期前，用于保护性防治，可用20％丙环唑乳油2500倍液喷雾。

（3）用于治疗性防治葡萄炭疽病（发病中期） 用20％丙环唑乳油3000倍液喷雾，间隔期可达30天。

（4）防治花生叶斑病 用20％丙环唑乳油2500倍液，在发病初期进行喷雾，间隔14天连续喷药2～3次。

（5）防治西瓜蔓枯病 在西瓜膨大期，用20％丙环唑乳油5000倍液喷雾。

（6）防治番茄炭疽病、辣椒叶斑病 用20％丙环唑乳油2500倍液，在发病初期喷雾。

（7）防治草莓白粉病 在发病初期，用20％丙环唑乳油4000倍液喷雾。

（8）防治小麦纹枯病 用20％丙环唑乳油初发病时1500倍液喷雾；发病中期用1000倍液进行喷雾，在小麦茎基节间均匀喷药。

注意事项

（1）在农作物的花期、苗期、幼果期、嫩梢期，稀释倍数要求达到3000～4000倍。可以和大多数酸性农药混配使用。

（2）应避免药剂接触皮肤和眼睛，不要直接接触被药剂污染的衣物，不要吸入药剂气体和雾滴。喷雾时不许吃东西、喝水和吸烟。吃东西、喝水和吸烟前要洗手、洗脸。施药后应及时洗手和洗脸。

（3）贮存温度不得超过35℃。

（4）禁止在河塘水域清洗施药用具，避免污染水源。

（5）丙环唑残效期在1个月左右。

丙硫菌唑 prothioconazole

$C_{14}H_{15}Cl_2N_3OS, 344.27$

其他名称 Proline、Input。

主要剂型 41%悬浮剂。

作用特点 丙硫菌唑的作用机理是抑制真菌中甾醇的前体——羊毛甾醇或24-亚甲基二氢羊毛甾醇14位上的脱甲基化作用，即脱甲基化抑制剂（DMIs）。不仅具有很好的内吸活性，优异的保护、治疗和铲除活性，且持效期长。丙硫菌唑及其代谢物在土壤中表现出相当低的淋溶和积累作用。丙硫菌唑具有良好的生物毒性和生态毒性，对使用者和环境安全。

防治对象 丙硫菌唑主要用于防治禾谷类作物如小麦、大麦、油菜、花生、水稻和豆类作物等众多病害。几乎对所有麦类病害都有很好的防治效果，如小麦和大麦的白粉病、纹枯病、枯萎病、叶斑病、锈病、菌核病、网斑病、云纹病等。还能防治油菜和花生的土传病害，如菌核病，以及主要叶面病害，如灰霉病、黑斑病、褐斑病、黑胫病、菌核病和锈病等。

使用方法 使用剂量为200g（a.i.）/hm² 时，对白粉病有较好的防治效果。

注意事项

（1）经常轮换使用，严格禁止长期单一使用该药。

（2）此药应储藏在阴凉干燥和儿童接触不到的地方。

丙森锌 propineb

C₅H₈N₂S₄Zn, 289.80

其他名称 安泰生、法纳拉、连冠。

主要剂型 70%、80%水分散粒剂，70%、80%可湿性粉剂。

作用特点 丙森锌是一种持效期长、速效性好、广谱的保护性杀菌剂，主要作用于真菌细胞壁和蛋白质的合成，并抑制病原菌体内丙酮酸氧化，从而抑制病原菌孢子的侵染和萌发以及菌丝体的生长。该药含有易于被作物吸收的锌元素，可以促进作物生长、提高果实品质。

防治对象 丙森锌适用于番茄、白菜、黄瓜、杧果和花卉等作物。防治白菜霜霉病、黄瓜霜霉病、番茄早晚疫病、杧果炭疽病。对蔬菜、烟草、啤酒花等作物的霜霉病以及番茄和马铃薯的早、晚疫病均有良好的保护作用，并且对白粉病、锈病和葡萄孢属病菌引起的病害也有一定的抑制作用。

使用方法

（1）防治黄瓜霜霉病，在露地黄瓜定植后，田间尚未发病时或发病初期先摘除病叶后立即喷施70%安泰生可湿性粉剂500～700倍液，以后每隔5～7天喷药1次，连喷3次。

（2）防治大白菜霜霉病，在发病初期或发现中心病株时用70%安泰生可湿性粉剂 150～215g 加水喷雾。每间隔 5～7 天喷药 1 次，连喷 3 次。

（3）防治番茄早疫病，结果初期尚未发病时开始喷药保护，每亩用 70% 安泰生可湿性粉剂 125～187.5g，兑水喷雾，每隔 5～7 天喷药 1 次，连喷 3 次。

（4）防治番茄晚疫病，在发现中心病株时先摘除病株，然后用 70% 安泰生可湿性粉剂 500～700 倍液喷雾，每隔 5～7 天喷药 1 次，连喷 3 次。

（5）防治杧果炭疽病，在杧果开花期，雨水较多易发病时开始用 70% 安泰生可湿性粉剂 500 倍液喷雾。间隔 10 天喷药 1 次，共喷 4 次。

注意事项

（1）丙森锌是保护性杀菌剂，必须在病害发生前或始发期喷药，在推荐剂量下对作物安全。

（2）不可与铜制剂和碱性药剂混用。若喷了铜制剂或碱性药剂，需 1 周后再使用安泰生。

（3）如果药剂不慎接触皮肤或眼睛，应用大量清水冲洗干净；不慎误服，应立即送医院诊治。

丙氧喹啉 proquinazid

$C_{14}H_{17}IN_2O_2$, 372.20

其他名称 6-碘代-2-丙氧基-3-丙基-4(3H)喹唑啉。

主要剂型 200g/L 乳油。

作用特点 主要作用方式是抑制真菌孢子的萌发，防止附着胞的形成。其次是刺激寄主防御基因的表达。在感病初期使用，持效期长达 4～6 周。

防治对象 用于作物和葡萄上，抑制孢子萌发和白粉病生长。

使用方法 葡萄上使用，当根长 20～25cm 至开花期间，用量 0.15～0.25L/hm^2，有效保护期达 21 天。安全间隔期为 28 天。

春雷霉素 kasugamycin

$C_{14}H_{25}N_3O_9$, 379.36

其他名称 春日霉素、加收米、加瑞农、加收热必。

主要剂型 2%、4%、6%、10% 可湿性粉剂，2% 水剂。

作用特点 属于氨基配糖体物质，是放线菌产生的代谢产物，具有预防和治疗作用，有很强的内吸性。能与 70s 核糖体蛋白质的 30s 部分结合，抑制氨基酰 tRNA 和 mRNA-核糖核蛋白复合体的结合，干扰菌体酯酶系统的氨基酸代谢，抑制蛋白质合成，可使菌丝膨大变形、停止生长、横边分枝、细胞质颗粒化，从而达到抑制病菌的效果，植株体外杀菌能力弱，内吸性强，耐雨水冲刷，持效期长。

防治对象 主要防治水稻稻瘟病，包括苗瘟、叶瘟、穗颈瘟、谷瘟。也可用于防治烟草野火病、蔬菜、瓜果等多种细菌和真菌病害，如番茄叶霉病、黄瓜细菌性角斑病、黄瓜枯萎病、甜椒褐斑病、白菜软腐病、柑橘溃疡病、辣椒疮痂病、芹菜早疫病等。

使用方法

（1）防治水稻稻瘟病，发病前至发病初期，用 6％可湿性粉剂 40～50g/亩兑水 40～50kg 喷雾。

（2）防治辣椒疮痂病、芹菜早疫病、菜豆晕疫病，发病初期用 2％液剂 100～130mL/亩兑水 60～80kg 喷雾。

（3）防治柑橘溃疡病，发病初期用 4％可湿性粉剂 600～800 倍液喷雾。

（4）防治猕猴桃溃疡病，新梢萌芽到新叶簇生期用 6％可湿性粉剂 400 倍液喷雾，间隔 10 天喷 1 次，连续 2～3 次。

（5）防治番茄灰霉病，用 6％春雷霉素可湿性粉剂 800 倍液喷雾，间隔 7 天，连喷 3～4 次。

注意事项

（1）不能与碱性农药混用。

（2）2％水剂施药后 5～6h 遇雨对药效无影响。

（3）对大豆、菜豆、豌豆、葡萄、柑橘、苹果有轻微药害，使用时应该注意。

（4）如果误服可饮大量盐水催吐。

（5）存放于阴凉干燥处。

哒菌酮 diclomezine

$C_{11}H_8Cl_2N_2O$, 255.10

其他名称 哒菌清、达灭净。

主要剂型 1.2％粉剂，20％悬浮剂，20％可湿性粉剂。

作用特点 哒菌酮通过抑制病原菌隔膜的形成和菌丝生长，从而达到杀菌的目的。哒菌酮是具有保护和治疗作用的哒嗪酮类杀菌剂。实验证明，在含有 1mg/L 哒菌酮的 PDA 培养基上，立枯丝核菌、稻小核菌和灰色小核菌分枝菌丝的隔膜形成会受到抑制，并引起细胞内含物泄漏，此现象在培养开始后 2～3h 便可发现。因此快速起作用是哒菌酮特有的。

防治对象 适用于水稻、花生、草坪等，主要用于防治水稻纹枯病和各种菌核病，花生的白霉病和菌核病等。

使用方法 防治水稻纹枯病和其他菌核病菌引起的病害，1.2%粉剂使用剂量为24～32g/亩，兑水50kg茎叶喷雾。

注意事项

(1) 严格按照农药安全规定使用此药，避免药液或药粉直接接触。

(2) 储存在阴凉和儿童接触不到的地方。

(3) 在光照下缓慢分解。在酸、碱和中性环境下稳定。可被土壤颗粒稳定吸附。

代森联 metiram

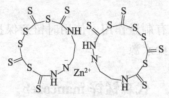

$C_{12}H_{12}N_6S_{16}Zn$, 818.71

其他名称 代森连、品润。

主要剂型 70%干悬浮剂，70%可湿性粉剂，60%水分散颗剂。

作用特点 低毒农药，是一种优良的保护性杀菌剂。由于其杀菌范围广、不易产生抗性，防治效果明显优于其他同类杀菌剂，所以在国际上用量一直是大吨位产品。也是目前其他保护性杀菌剂的替代产品。

防治对象 代森联使用范围非常广泛，常应用于苹果、梨、葡萄、桃、杏、李子、柑橘、香蕉、草莓、杧果等果树，番茄、茄子、辣椒等茄果类蔬菜，黄瓜、甜瓜、西瓜、苦瓜等瓜类，十字花科蔬菜，芹菜、洋葱、大葱、蒜、芦笋等蔬菜，花生、大豆等豆类，及马铃薯、烟草、大田作物、花卉等；对早疫病、晚疫病、疫病、霜霉病、黑胫病、叶霉病、叶斑病、紫斑病、斑枯病、褐斑病、黑斑病、黑星病、疮痂病、炭疽病、轮纹病、斑点落叶病、锈病等多种真菌性病害均具有很好的预防效果。

使用方法

(1) 防治枣树、苹果、梨等果树的叶斑病、锈病、黑星病、霜霉病等病害，于发病初期开始喷洒1000倍70%代森联水分散粒剂，每10～15天1次，连续喷洒2～3次。注意与波尔多液交替使用。

(2) 防治瓜菜类疫病、霜霉病、炭疽病，用600～800倍70%代森联水分散颗剂+50%纯烯酰吗啉乳油，每7～14天1次，中间交替喷洒其他农药。

(3) 防治大田作物霜霉病、白粉病、叶斑病、根腐病等病害，在发病初期用

$700 \sim 1000$ 倍 70%代森联干悬浮剂，每 $7 \sim 14$ 天 1 次，中间交替喷洒其他农药。

（4）防治西红柿、茄子、马铃薯疫病、炭疽病、叶斑病，用 80%可湿性粉剂 $400 \sim 600$ 倍液，发病初期喷洒，连喷 $3 \sim 5$ 次。

（5）防治蔬菜苗期立枯病、猝倒病，用 80%可湿性粉剂，按种子质量的 $0.1\% \sim 0.5\%$拌种。

（6）防治瓜类霜霉病、炭疽病、褐斑病，用 $400 \sim 500$ 倍液喷雾，连喷 $3 \sim 5$ 次。

（7）防治白菜、甘蓝霜霉病，芹菜斑点病，用 $500 \sim 600$ 倍液喷雾。

注意事项

（1）贮藏时，应注意防止高温，并要保持干燥，以免在高温、潮湿条件下药剂分解，降低药效。

（2）为提高防治效果，可与多种农药、化肥混合使用，但不能与碱性农药、化肥和含铜的溶液混用。

（3）药剂对皮肤、黏膜有刺激作用，使用时留意保护。

（4）对鱼有毒，不可污染水源。

代森锰锌 mancozeb

$C_4H_6N_2S_4MnZn$, 330.71

其他名称　叶斑清、百乐、大生。

主要剂型　50%、70%、80%可湿性粉剂，30%、48%悬浮剂。

作用特点　代森锰锌是高效、低毒、广谱的保护性杀菌剂。作用机制是和参与丙酮酸氧化过程的二硫辛酸脱氢酶中的巯基结合，从而抑制菌体内丙酮酸的氧化。可以与内吸性杀菌剂混配使用，来延缓耐药性的产生。对果树、蔬菜上的炭疽病和早疫病等有效。

防治对象　主要防治梨黑星病，柑橘疮痂病、溃疡病，苹果斑点落叶病，葡萄霜霉病，荔枝霜霉病、疫霉病，青椒疫病，黄瓜、香瓜、西瓜霜霉病，番茄疫病，棉花烂铃病，小麦锈病、白粉病，玉米大斑、条斑病，烟草黑胫病，山药炭疽病、褐腐病、根颈腐病、斑点落叶病等。

使用方法

（1）防治枣树、苹果、梨等果树的叶斑病、锈病、黑星病、霜霉病等病害，于发病初期开始喷洒 800 倍 80%代森锰锌可湿性粉剂，每 $10 \sim 15$ 天 1 次，连续喷洒 $2 \sim 3$ 次。注意与波尔多液交替使用。

（2）防治瓜菜类疫病、霜霉病、炭疽病，用 600～800 倍 80％代森锰锌可湿性粉剂，每 7～14 天 1 次，中间交替喷洒其他农药。

（3）防治大田作物霜霉病、白粉病、叶斑病、根腐病等病害，在发病初期用 700～1000 倍 80％代森锰锌可湿性粉剂，每 7～14 天 1 次，中间交替喷洒其他农药。

注意事项

（1）贮藏时，应注意防止高温，并要保持干燥，以免在高温、潮湿条件下使药剂分解，降低药效。

（2）为提高防治效果，可与多种农药、化肥混合使用，但不能与碱性农药、化肥和含铜的溶液混用。

（3）药剂对皮肤、黏膜有刺激作用，使用时留意保护。

（4）对鱼有毒，不可污染水源。

代森锌 zineb

C₄H₆N₂S₄Zn, 275.77

其他名称 锌乃浦、培金。

主要剂型 65％、80％可湿性粉剂，65％水分散粒剂。

作用特点 代森锌属于低毒、广谱杀菌剂。代森锌的有效成分化学性质比较活泼，在水中容易氧化成异硫氰化物，该化合物对病原菌体内含有—SH 的酶具有很强的抑制作用，并能直接杀死病原菌孢子并抑制孢子发芽，防止病菌侵入植物体内，但对已侵入植物体内的病原菌丝体的杀伤作用很小。因此，使用代森锌防治植物病害，应在病害初期使用，才能取得较好的防治效果。

防治对象 可防治白菜、黄瓜霜霉病，番茄炭疽病，马铃薯晚疫病，葡萄白腐病、黑斑病，苹果、梨黑星病等。

使用方法

（1）防治马铃薯早疫病、晚疫病，西红柿早疫病、晚疫病、斑枯病、叶霉病、炭疽病、灰霉病，茄子绵疫病、褐纹病，白菜、萝卜、甘蓝霜霉病、黑斑病、白斑病、软腐病、黑腐病，瓜类炭疽病、霜霉病、疫病、蔓枯病、冬瓜绵疫，豆类炭疽病、褐斑病、锈病、火烧病等，用 65％的代森锌可湿性粉剂 500～700 倍液喷雾。喷药次数根据发病情况而定，一般在发病前或发病初期开始喷第 1 次药，以后每隔 7～10 天喷 1 次，速喷 2～3 次。

（2）防治蔬菜苗期病害，可用代森锌和五氯硝基苯做成"五代合剂"处理土壤。即用五氯硝基苯和代森锌等量混合后，按每平方米育苗床面用混合制剂 8～

10g。用前将药剂与适量的细土混匀，取三分之一药土撒在床面作垫土，播种后用剩下的三分之二药土作播后覆盖土用，而后用塑料薄膜覆盖床面，保持床面湿润，直到幼苗出土揭膜。

（3）防治白菜霜霉病，蔬菜苗期病害，可用种子质量的 0.3％～0.4％药剂进行拌种。

注意事项

（1）葫芦科蔬菜对锌敏感，用药时要严格掌握浓度，不能过大。

（2）不能与碱性农药混用。

（3）本品受潮、热易分解，应存置阴凉干燥处，容器严加密封。

（4）使用时注意不让药液溅入眼、鼻、口等，用药后要用肥皂洗净脸和手。

稻瘟灵 isoprothiolane

$C_{12}H_{18}O_4S_2$，290.40

其他名称 富士一号、异丙硫环。

主要剂型 30％、40％乳油，40％可湿性粉剂，30％展膜油剂，18％高渗乳油，40％泡腾粒剂。

作用特点 属含硫杂环杀菌剂，具有保护和治疗作用。稻瘟灵能够使稻瘟病菌分生孢子失去侵入宿主的能力，阻碍磷脂合成（由甲基化生成的磷脂酰胆碱），对病菌含甾醇族化合物的脂类代谢有影响，对病菌细胞壁成分有影响，能抑制菌丝侵入，防止吸器形成，控制芽孢生成和病斑扩大。具有渗透性，通过根和叶吸收，向上向下传导，从而转移到整个植株。

防治对象 用于防治水稻稻瘟病（叶瘟和穗瘟），果树、茶树、桑树、块根蔬菜上的根腐病。

使用方法

（1）防治水稻叶瘟 在田间出现叶瘟发病中心或急性病斑时，每亩用 40％可湿性粉剂 60～75g，兑水 30kg 喷雾，经常发生地区可在发病前 7～10 天，每亩用 40％可湿性粉剂 60～100g，兑水 30kg 泼浇。

（2）防治穗颈瘟 每亩用 40％可湿性粉剂 75～100g，兑水 30kg 喷雾。在孕穗后期到破口和齐穗期各喷 1 次。

注意事项

（1）不能与强碱性农药混用。鱼塘附近使用该药要慎重。

（2）安全间隔期为 15 天。

（3）采用泼浇或撒毒土，药效期虽长，但成本大大提高，一般不宜采用。

（4）中毒时可用浓盐水洗胃并立即送医院治疗。

敌磺钠 fenaminosulf

H₃C—N—⟨benzene ring⟩—N=N—SO₂ONa

$C_8H_{10}N_3NaO_3S$, 251.24

其他名称 敌克松、地克松、地爽。

主要剂型 75％、95％可溶性粉剂，55％膏剂。

作用特点 内吸性杀菌剂，具有一定内吸渗透性，以保护作用为主，也具有良好的治疗效果。施药后经根、茎吸收并传导，是较好的种子和土壤处理剂。遇光易分解。

防治对象 主要用作种子处理和土壤处理，也可喷雾。适宜作物蔬菜、甜菜、麦类、菠萝、水稻、烟草、棉花等。防治稻瘟病、稻恶苗病、锈病、猝倒病、白粉病、疫病、黑斑病、炭疽病、霜霉病、立枯病、根腐病和茎腐病，以及粮食作物的小麦网腥黑穗病、腥黑穗病。

使用方法

（1）蔬菜病害的防治，苗期立枯病、猝倒病，可用 160g 2.5％粉剂兑 20 倍细土，配成药土均匀撒施；马铃薯环腐病，用 75％可溶性粉剂按薯种质量的 0.3％～0.5％拌种薯块；黄瓜、西瓜立枯病、枯萎病、每亩用 75％可溶性粉剂 207～400g 兑水 75～100kg 喷茎基部或灌根，在发病初期连续喷 2～3 次；白菜、黄瓜霜霉病、西红柿、茄子炭疽病，可用 75％可溶性粉剂 500～1000 倍液喷雾。用 95％可溶性粉剂 2.75～5.5kg/hm² ，兑水喷雾或者泼浇，可防治大白菜软腐病，番茄绵疫病、炭疽病；用 95％可溶性粉剂 3000～4000g/hm² ，兑水喷雾或泼浇；可防治西瓜、黄瓜立枯病、枯萎病；用 95％可溶性粉剂 500～800g 拌 100kg 种子，可防治甜菜立枯病，根腐病。

（2）棉花苗期病害的防治，每 100kg 用 95％可湿性粉剂 500g 拌种。

（3）烟草黑胫病的防治，每亩用 95％可湿性粉剂 350g 拌 15～25kg 细土，撒在烟草基部并立即盖土。

（4）水稻苗期立枯病、黑根病、烂秧病的防治，每亩秧田用 95％可溶性粉剂 92.1g 拌种，用 95％可溶性粉剂 14kg/hm² ，兑水泼浇或者喷雾。

（5）松杉苗木立枯病、黑根病的防治，每 100kg 种子用 95％可溶性粉剂 147.4～368.4g 拌种。

（6）烟草黑胫病，用 95％可溶性粉剂 5.25kg/hm² 与 225～300kg 细土拌匀，在移栽时和起培土前，将药土撒在烟苗基部周围，并立即覆土。也可用 95％可溶性粉剂 500 倍稀释液喷洒在烟苗茎基部及周围土面上，用药液 1500kg/hm² 喷雾，每隔 15 天喷药 1 次，共喷 3 次。

（7）小麦、粟、马铃薯病害的防治，用 95％可溶性粉剂 220g 拌种 100kg，可防治小麦腥黑穗病、粟粒黑粉病、马铃薯环腐病等。

注意事项

（1）对皮肤有刺激作用。可通过口腔、皮肤、呼吸道中毒，出现昏迷、抽搐、萎靡症状，中毒后立即用碱性药液洗胃。

（2）水溶液呈深橙色，见光易分解，可加亚硫酸钠使之稳定，它在碱性介质中稳定。

敌菌丹 captafol

$C_{10}H_9Cl_4NO_2S, 349.06$

其他名称 福尔西一登、四氯丹。

主要剂型 80%可湿性粉剂，40%悬浮剂。

作用特点 一种多作用点的广谱、保护性杀菌剂。结构中的二甲酰亚氨基杀菌活性高，抑制病菌的分生孢子。

防治对象 适宜作物蔬菜、果树和经济作物。可防治果树、蔬菜和经济作物的根腐病、立枯病、霜霉病、疫病和炭疽病。防治番茄叶和果实病害，马铃薯枯萎病，咖啡、仁果病害以及防治其他农业、园艺和森林作物病害，也可作为木材防腐。

使用方法 对感染茎干溃烂病的果树，用80%敌菌丹可湿性粉剂250mg/L喷施。

注意事项

（1）在乳状液或悬浮液中缓慢分解，在酸性和碱性介质中迅速分解，温度为熔点时缓慢分解。

（2）粉尘能引起呼吸系统损伤。

（3）可能对苹果、葡萄、柑橘、玫瑰有药害，用前需要谨慎试用。

敌菌灵 anilazine

$C_9H_5Cl_3N_4, 275.52$

其他名称 防霉灵、代灵。

主要剂型 50%可湿性粉剂。

作用特点 杂环类内吸性、广谱性杀菌剂，有内吸活性。

防治对象 可防治瓜类炭疽病、瓜类霜霉病、黄瓜黑星病、水稻稻瘟病、胡麻叶斑病、烟草赤星病、番茄斑枯病、黄瓜蔓枯病等，对由葡萄孢属、尾孢属、交链孢属、葡柄霉属等真菌有特效。

使用方法

（1）防治人参立枯病，用50％敌菌灵可湿性粉剂，按种子质量的0.3％拌种。

（2）防治番茄斑枯病，在发病初期，用50％可湿性粉剂300～700倍液喷雾，喷600～900kg/hm² 药液。间隔7～10天喷1次。

（3）防治黄瓜赤星病、霜霉病、蔓枯病等，用50％可湿性粉剂400～500倍液，发病初期喷药，喷600～1200kg/hm² 药液，一般喷3～4次，间隔7～10天喷1次，连续3～4次。

（4）防治保护地黄瓜霜霉病、番茄晚疫病，用10％防霉灵粉尘，每亩用药量为1kg，在发病前或发病初期开始喷药，以后每隔7～10天喷1次，视病情发生情况连续喷2～3次。

（5）防治烟草赤星病，水稻稻瘟病。用50％敌菌灵可湿性粉剂500倍液，在叶瘟发生初期和水稻破口期各喷1次，喷600～900kg/hm² 药液。

注意事项

（1）在中性和弱酸性介质中较稳定，在碱性介质中加热会分解。

（2）长时间与皮肤接触有刺激作用。

（3）水稻扬花期应停止用药，以防产生药害。

丁苯吗啉 fenpropimorph

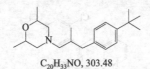

C₂₀H₃₃NO, 303.48

其他名称 Funbas、Mildofix、Mistral T、Corbel。

主要剂型 75％乳油。

作用特点 丁苯吗啉为吗啉类内吸性杀菌剂，能够向顶传导，对新生叶保护作用时间长达3～4周，具有保护和治疗作用，是麦角甾醇生物合成抑制剂，能够改变孢子的形态和细胞膜的结构，并影响其功能，使病原菌受抑制或死亡。

防治对象 适用于禾谷类作物、豆科、甜菜、棉花和向日葵等作物，防治柄锈菌属、黑麦喙孢，禾谷类作物的白粉菌、豆类白粉菌、甜菜白粉菌等引起的真菌病害，如麦类白粉病。麦类叶锈病和禾谷类黑穗病、棉花立枯病等。

使用方法 防治豆类和甜菜的叶部病害、禾谷类白粉病、禾谷类锈病，在发病早期，用75％乳油50mL/亩，兑水40～50kg茎叶喷雾。

注意事项

（1）严格按照农药安全规定使用此药。

（2）储存在阴凉和儿童接触不到的地方。

（3）如果误服要立即送医院治疗。

（4）搬运时轻拿轻放，以免破损污染环境。

丁香酚 eugenol

$$H_3CO$$
$$HO$$

$C_{10}H_{12}O_2$, 164.20

其他名称 4-烯丙基愈疮木酚、丁香油酚、丁子香酚、丁子香酸、烯丙基甲氧基苯酚、异丁香酚苯乙醚、灰霉特。

主要剂型 2.1％、20％水剂，0.3％可溶液剂。

作用特点 低毒杀菌剂，从丁香等植物中提取的杀菌成分。丁香酚对作物病害有预防和治疗的作用，能迅速治疗多种农作物感染的真菌、细菌性病害，对各种叶斑病也有良好的防治作用。

防治对象 对灰霉病、霜霉病、白粉病、疫病等多种真菌病害有特效。

注意事项

（1）不慎与眼睛接触后，请立即用大量清水冲洗并征求医生意见。

（2）不稳定，暴露空气下变黑稠黏，有刺激性臭味。

啶斑肟 pyrifenox

$$Cl \quad Cl$$
$$N \quad OCH_3$$

$C_{14}H_{12}Cl_2N_2O$, 295.16

其他名称 2,4-二氯-2-(3-吡啶基)苯乙酮-*O*-甲基肟。

主要剂型 25％可湿性粉剂，20％乳油。

作用特点 啶斑肟是麦角甾醇生物合成抑制剂，是内吸性杀菌剂，可被植物的根和茎吸收，向顶转移，同时具有保护和治疗的作用，可防治子囊菌纲和半知菌纲的多种植物病原菌。

防治对象 可防治香蕉、葡萄、花生、观赏植物、核果、仁果和蔬菜等叶面上或果实上的病原菌，如苹果黑星病、苹果白粉病、葡萄白粉病、花生叶斑病。

使用方法

（1）防治花生叶斑病，发病初期喷药，用25％可湿性粉剂17～35g/亩，兑水40～50kg茎叶喷雾。

（2）防治葡萄白粉病，发病初期喷药，用25％可湿性粉剂10～13g/亩，兑水

40～50kg 茎叶喷雾。

注意事项

（1）严格按照农药安全规定使用此药。

（2）储存在阴凉和儿童接触不到的地方。

（3）如果误服要立即送医院治疗。

（4）搬运时轻拿轻放，以免破损污染环境。

啶酰菌胺 boscalid

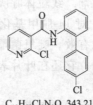

$C_{18}H_{12}Cl_2N_2O$, 343.21

其他名称 2-氯-*N*-(4-氯联苯-2-基)烟酰胺。

主要剂型 50%水分散粒剂。

作用特点 属于线粒体呼吸链中琥珀酸辅酶 Q 还原酶抑制剂，具有保护和治疗作用，通过叶面渗透在植物中转移，抑制线粒体琥珀酸脱氢酶，阻碍三羧酸循环，使氨基酸、糖缺乏，能量减少，干扰细胞的分裂和生长。抑制孢子萌发、细菌管延伸、菌丝生长和孢子母细胞形成真菌生长和繁殖的主要阶段，杀菌作用由母体活性物质直接引起，没有相应代谢活性。与多菌灵、速克灵等无交互抗性。除了杀菌活性外，本品还显示出对红蜘蛛等的杀螨活性。

防治对象 黄瓜、甘蓝、薄荷、坚果、豌豆、草莓、根类蔬菜、核果、向日葵、马铃薯、葡萄、蔬菜、花生、莴苣、菜果、胡萝卜、大田作物、芥菜、油菜、豆类、球茎蔬菜类等的白粉病、灰霉病、各种腐烂病、褐根病和根腐病。

使用方法

（1）防治葡萄、黄瓜等的灰霉病、白粉病，在发病早期，用50%水分散粒剂35～45g/亩，兑水 40～45kg 茎叶喷雾。

（2）防治油菜菌核病，用50%水分散粒剂，一般年份每亩用药24～36g，发生偏重的年份用药 36～48g/亩，兑水 50kg 茎叶喷雾。

（3）防治草莓灰霉病，用50%水分散粒剂 1200 倍液茎叶喷雾，草莓始花期第1次喷药，间隔 10 天连续喷 3 次。

注意事项

（1）在黄瓜上施药的时候，应注意高温、干燥条件下易发生烧叶、烧果现象。

（2）在葡萄等果树上施药，应避免与渗透展开剂、叶面液肥混用。

啶氧菌酯 picoxystrobin

$$C_{18}H_{16}F_3NO_4, 367.32$$

其他名称 Acanlo。

主要剂型 22.5%、25%悬浮剂。

作用特点 广谱、内吸性杀菌剂。线粒体呼吸抑制剂，即通过在细胞色素 b 和 c1 间电子转移抑制线粒体的呼吸。对 14-脱甲基化酶抑制剂、苯甲酰胺类、三羧酰胺类和苯并咪唑类产生抗性的菌株有效。啶氧菌酯一旦被叶片吸收，就会在木质部中移动，随水流在运输系统中流动；它还在叶片表面的气相中流动并随着从气相中吸收进入叶片后又在木质部中流动。

防治对象 适宜作物与安全性麦类如小麦、大麦、燕麦及黑麦。主要用于防治麦类的叶面病害，如叶枯病、叶锈病、颖枯病、褐斑病、白粉病等，与现有甲氧丙烯酸酯类杀菌剂相比，对小麦叶枯病、网斑病和云纹病有更强的治疗效果。

使用方法 茎叶喷雾，使用剂量为 250g（a.i.）/hm²。

注意事项

（1）严格按照农药安全规定使用此药，避免药品直接接触身体，如果药液不小心溅入眼睛，应立即用清水冲洗干净并携带此药标签去医院就医。

（2）此药应储藏在阴凉干燥和儿童接触不到的地方。

（3）如果误服要立即送往医院治疗。

（4）施药后各种工具要清洗干净，污水和剩药要妥善处理，不得随意倾倒，以免污染鱼塘和水源。

（5）应轻拿轻放，不得与食品、日用品一起运输储存。

多果定 dodine

$$C_{15}H_{33}N_3O_2, 287.44$$

其他名称 多乐果、多宁。

主要剂型 65%可湿性粉剂。

作用特点 属非内吸性保护性杀菌剂，可破坏真菌细胞膜通透性，引起细胞内含物外渗。

防治对象 可用于防治蔬菜、果树、观赏植物和树木的多种真菌病害。

使用方法 使用剂量为 250~1500g（a.i.）/hm²。

注意事项

（1）为保护性药剂，无内吸性，需发病初期用药，喷药要周到。

（2）对水生生物高毒，可能对水体环境产生长期不良影响，严禁在水源附近使用。

多菌灵 carbendazim

$C_9H_9N_3O_2$，191.19

其他名称　苯并咪唑14号、棉萎丹、棉萎灵、溶菌灵、防霉宝、保卫田。

主要剂型　25％、50％可湿性粉剂，40％、50％悬浮剂，80％水分散粒剂。

作用特点　苯并咪唑类高效、低残留的内吸性广谱药剂，具有一定的内吸能力，可通过植物叶片和种子渗入到植物体内，耐雨水冲刷，持效期长。对许多高等真菌病害均有较好的保护和治疗作用，对真菌和细菌的病害无效。作用机制是干扰真菌细胞有丝分裂中纺锤体的形成，从而影响细胞分裂，导致病菌死亡。多菌灵对许多植物的根部、叶片、花、果实及贮运期的多种真菌病害均具有良好的治疗和预防作用。

防治对象　防治瓜类白粉病、疫病，番茄早疫病，豆类炭疽病、疫病，油菜菌核病，防治茄子、黄瓜菌核病，瓜类、菜豆炭疽病、豌豆白粉病，防治十字花科蔬菜、西红柿、莴苣、菜豆菌核病，西红柿、黄瓜、菜豆灰霉病，防治十字花科蔬菜白斑病、豇豆煤霉病、芹菜早疫病（斑点病）等真菌病害。

使用方法

（1）防治麦类病害，麦类黑穗病。用多菌灵有效成分100g，加水4kg均匀喷洒100kg麦种，再堆闷6h后播种。麦类赤霉病。如小麦扬花初期，有连续阴雨天气，每亩用25％可湿性粉150～200g，兑水50～80L喷雾，隔5～7天视天气状况和病情发展，决定喷第2次药与否，用药量同第1次。

（2）防治水稻病害，稻瘟病。每亩用多菌灵有效成分37.5～50g，兑水稀释作常量或低容量喷雾。防治叶瘟，在田间发现发病中心时喷第一次药，隔7天后再喷1次；防治穗瘟，在水稻破口期和齐穗期各喷1次；防治水稻纹枯病，在水稻分蘖末期和孕穗前各喷药1次。每亩用多菌灵有效成分37.5～50g，兑水喷雾。喷药时重点喷水稻茎部；水稻小粒菌核病。在水稻圆秆拔节期至抽穗期喷药。每亩用多菌灵有效成分37.5～50g，兑水50～80L喷雾。每隔5～7天喷药1次，共喷药2～3次。

（3）防治棉花立枯病、炭疽病。每100kg种子用多菌灵有效成分500g拌种。也可采用浸种方法，用多菌灵有效成分250g，兑水250kg，浸100kg种子24h。

（4）防治油菜菌核病。在油菜花期和终花期各喷1次。每亩用多菌灵有效成分37.5～62.5g，兑水50～80L喷雾。

（5）防治花生立枯病、茎腐病、根腐病。用50%多菌灵可湿性粉剂拌种。拌种药量为种子质量的0.5%～81%，即100kg种子用50%多菌灵可湿性粉剂500～1000g。也可先将花生种浸泡24h或将种子用水湿润，再按上述的药量拌种。

（6）防治甘薯黑斑病。用2000倍药液浸种薯10min，或用30mg/kg的药液浸苗基部3～5min，药液可连续使用7～10次。

（7）防治蔬菜病害。番茄早疫病，发病初期每亩用多菌灵有效成分31.3～37.5g，兑水50L喷雾。隔7～10天喷1次，连续喷药3～5次。黄瓜炭疽病，25%多菌灵可湿性粉剂2kg加土杂肥2000kg，配成药土覆盖。

（8）果树病害的防治。梨黑星病，在梨树萌芽期用25%多菌灵可湿性粉剂250倍液，喷第1次药，落花后喷第2次。以后根据病情发展情况决定喷药次数。一般喷药3～4次，每次间隔期为7～10天。桃疮痂病，在桃子套袋前，用25%多菌灵可湿性粉剂200～400倍液喷雾，每隔7～10天喷1次。苹果褐斑病，在病害始见后，使用25%多菌灵可湿性粉剂250～400倍液喷雾。每隔7～10天喷药1次喷。葡萄白腐病、黑痘病、炭疽病，在葡萄展叶后到果实着色前，使用25%多菌灵可湿性粉剂250～500倍药液喷雾，每隔10～15天喷1次。

（9）防治花卉病害。在病害发生初期，使用25%多菌灵250倍液喷雾。根据病情发展情况决定喷药次数。隔7～10天喷1次。

注意事项

（1）与硫黄、混合氨基酸铜·锌·锰·镁、代森锰锌、代森铵、福美双、福美锌、五氯硝基苯、丙硫多菌灵、菌核净、溴菌清、乙霉威、井冈霉素等有混配剂；与敌磺钠、代森锰锌、百菌清、武夷菌素等能混用。

（2）在蔬菜收获前180天停用。

（3）不要长期单一使用多菌灵，也不能与硫菌灵、苯菌灵、甲基硫菌灵等同类药剂轮用，应与其他药剂轮用。对多菌灵产生抗（药）性的地区，不能采用增加单位面积用药量的方法继续使用，应坚决停用。

（4）本剂不能与强碱性药剂或含铜药剂混用。

多抗霉素 polyoxin

R＝CH_2OH, $C_{12}H_{25}N_5O_{13}$, 507.41

其他名称　多氧霉素、多效霉素、多氧清、保亮、宝丽安、保利霉素。

主要剂型　1.5％、2％、3％、10％可湿性粉剂，1％、3％水剂。

作用特点　金色链霉菌产生的代谢产物，属于广谱性抗生素类杀菌剂。具有较好的内吸传导作用。作用机理是干扰病菌细胞壁几丁质的生物合成，使菌体细胞壁不能进行生物合成导致病菌死亡。芽管和菌丝接触药剂后，局部膨大、破裂、溢出细胞内含物，而不能正常发育，导致死亡。因此还具有抑制病菌产孢和病斑扩大的作用。

防治对象　防治小麦白粉病，番茄花腐病，烟草赤星病，黄瓜霜霉病，人参、西洋参和三七的黑斑病，瓜类枯萎病，水稻纹枯病，苹果斑点落叶病、火疫病，茶树茶饼病，梨黑星病、黑斑病，草莓及葡萄灰霉病。对瓜果蔬菜的立枯病、白粉病、灰霉病、炭疽病、茎枯病、枯萎病、黑斑病等多种病害防效优良，同时对防治水稻纹枯病、稻瘟病，小麦锈病，赤霉病等作物病害也有明显效果。

使用方法

(1) 人参黑斑病的防治。人参出苗展叶初期开始喷药防治，可选用3％多氧清水剂600倍液喷雾，每隔7～10天喷药1次，视病情喷5～8次，每次大雨后需补喷。

(2) 苹果斑点落叶病的防治。花前可用3％多氧清2号800～1000倍液进行一次叶面喷雾作为保护性防治，发病初期用宝抗1200～1500倍液喷雾，隔10天左右再喷1次。病情严重时可加大用药倍数及频次。

(3) 草莓灰霉病的防治。当草莓进入开花期以后要定点观察，当病果率达到1％时，喷宝抗500倍液，每7天喷药1次，连喷3～4次，可与灰清轮用。另外，浇水前和降雨后等空气相对湿度高的条件下要注意喷药防病，可喷宝抗800倍液。

(4) 草莓白粉病的防治。发病初期可喷宝抗1500倍液或多氧清2号800倍液进行防治，7天喷药1次，连喷2～3次。

(5) 梨黑斑病的防治。在梨树发芽前，全园喷施1次3～5波美度石硫合剂与0.3％～0.5％五氯酚钠混合液，杀死树体上的越冬病菌。梨树生长期喷药保护幼叶幼果，一般从花前开始第1次喷药（3％多氧清2号800～1000倍液），以后15～20天1次，连喷4～6次，可用宝抗1200～1500倍液、3％多氧清800～1000倍液等。

(6) 苹果霉心病的防治。在苹果萌芽之前，全园喷布石硫合剂加80％五氯酚钠清园，以铲除树体上越冬的病菌。于开花前喷一次杀菌剂，可选择宝抗1500倍液、3％多氧清800～1000倍液等药剂。

注意事项

(1) 不能与酸碱农药混用。

(2) 全年用药次数不超过3次，避免耐药性产生，密封放置阴凉处。

噁咪唑 oxpoconazole

$C_{19}H_{24}ClN_3O_2$, 361.5

主要剂型 20％可湿性粉剂。

作用特点 咪唑类广谱杀菌剂，通过抑制甾醇的生物合成而起作用。不具有内吸作用，但具有一定的传导性能。对卵菌所有生长阶段均有作用，对甲霜灵产生抗性或敏感的病菌均有活性。

防治对象 对灰葡萄孢属、盘单孢属、黑星菌属、枝孢属、胶锈孢属、交链孢属等病原菌均有极好的抑菌活性，对灰霉病菌有突出的杀菌活性。

使用方法

(1) 防治水稻恶苗病。在不同地区用法不同，长江流域及长江以南地区，用25％乳油2000～3000倍液或每100L水加25％乳油33.2～50mL（有效浓度83.3～125mg/L），调好药液浸种1～2天，然后取出稻种用清水进行催芽。黄河流域及黄河以北地区，用25％乳油3000～4000倍液或每100L水加25％乳油25～33.2mL（有效浓度62.5～83.3mg/L），调好药液浸种3～5天，然后取出稻种用清水进行催芽。在东北地区，用25％乳油3000～5000倍液，或每100L水加25％乳油20～33.2mL（有效浓度50～83.3mg/L），调好药液浸种5～7天，浸种时间长短根据温度而定，低温时间长，温度高时间短。

(2) 防治水稻稻瘟病。在黑龙江省，7月下旬至8月上旬，水稻"破肚"，出穗前和扬花前后，每亩用20％乳油40～60mL（有效成分10～15g），加水20L，用人工喷雾器喷洒1～2次，防治穗颈稻瘟病。病轻时喷1次即可，发病重的年份在第1次喷药后间隔7天再喷1次。结合喷施叶面肥磷酸二氢钾、增产菌一起喷洒效果更好，防病效果可达78％～88.5％。除防治稻瘟病外，也可兼防水稻胡麻斑病等其他病害。

(3) 防治柑橘病害。用25％乳油500～1000倍液，或每100L水加25％乳油100～200mL（有效浓度250～500mg/L），在采果后防腐保鲜处理。常温药浓浸果1min后捞起晾干，可以抑制柑橘炭疽病、蒂腐病、青绿霉病。

(4) 防治杧果炭疽病。用25％乳油500～1000倍液，或每100L水加25％乳油100～200mL（有效浓度250～500mg/L），采收前在杧果花蕾期至收获期喷洒5次。

(5) 杧果保鲜。用25％乳油250～500倍液，或每100L水加25％乳油200～400mL（有效浓度500～1000mg/L），当天采收的果实，当天用药处理完毕，常温药液浸果 1min 后捞起晾干。

(6) 防治小麦赤霉病。在黑龙江省，6 月下旬至 7 月上旬，小麦抽穗扬花期，每亩用 25％乳油 53～66.7mL（有效成分 13.25～16.7g），拖拉机悬挂喷雾器喷雾，每亩喷药液量 10～13L；飞机喷洒，每亩喷洒药液量 1～3L。防治小麦赤霉病同时也可兼治穗部和叶部根腐病及叶部多种叶枯性病害。

(7) 防治甜菜褐斑病。在 7 月下旬甜菜叶上出现第一批褐斑时，每亩用 25％乳油 80mL（有效成分 20g），加水 25L 喷 1 次，隔 10 天再喷 1 次，共喷 2～3 次。播种前 800～1000 倍液浸种，在块根膨大期，每亩用 25％乳油 150mL（有效成分 37.5g）喷洒 1 次，可增产增收。

注意事项 严格按照农药安全规定使用此药，避免药品直接接触身体，如果药液不小心溅入眼睛，应立即用清水冲洗干净并携带此药标签去医院就医。

恶霉灵 hymexazol

$C_4H_5NO_2$, 99.09

其他名称 土菌消、立枯灵、克霉灵、杀纹宁。

主要剂型 8％、15％、30％水剂，15％、70％可湿性粉剂，20％乳油，70％种子处理干粉剂，0.10％颗粒剂。

作用特点 属内吸性高效农药杀菌剂、土壤消毒剂。恶霉灵能有效抑制病原真菌菌丝体的正常生长或直接杀死病菌，又能促进植物生长；并具有促进作物根系生长发育、生根壮苗，提高农作物的成活率。恶霉灵的渗透率极高，2h 就能移动到茎部，20h 移动至植物全身。

防治对象 用于防治鞭毛菌、子囊菌、担子菌、半知菌的腐霉菌、镰刀菌、丝核菌、伏革菌、根壳菌、雪霉菌等。作为土壤消毒剂，对腐霉菌、镰刀菌引起的土传病害如猝倒病、立枯病、枯萎病、菌核病等有较好的预防效果。

使用方法

(1) 防治稻苗立枯病，在水稻秧田、苗床、育秧箱（盘），于播前每平方米用 30％水剂 3～6mL（亩用有效成分 60～120g），兑水 3kg，喷透为止，然后播种。秧苗 1～2 叶期如发病或在移栽前再喷 1 次。

(2) 防治甜菜立枯病，每 100kg 种子，用 70％可湿性粉剂 400～700g，加 50％福美双可湿性粉剂 400～800g，混合后拌种。因闷种容易产生药害，不宜采用。田间发病初期，用 70％可湿性粉剂 3300 倍液喷洒或灌根；防治甜菜根腐病和苗腐病，必要时喷洒或浇灌 70％可湿性粉剂 3000～3300 倍液；防治甘蔗虎斑病，发病初期喷淋 70％可湿性粉剂 3000 倍液。

(3) 防治西瓜枯萎病，用 30％水剂 600～800 倍液喷淋苗床或本田灌根。

（4）防治黄瓜、番茄、茄子、辣椒的猝倒病、立枯病，发病初期喷淋 15％水剂 1000 倍液，每平方米喷药液 2～3kg。防治黄瓜枯萎病，定植时每株浇灌 15％水剂 1250 倍液 200mL。

（5）防治烟草猝倒病、立枯病，发病初喷 70％可湿性粉剂 3000～3300 倍液。

（6）防治药用植物红花猝倒病，移栽时用 15％水剂 450 倍液灌穴。防治莳萝立枯病，发病初喷淋 15％水剂 450 倍液，隔 7～10 天再施 1 次。

（7）防治茶苗猝倒病、立枯病，种植前每亩用 70％可湿性粉剂 50～150g，兑水土施，或每亩用 15％水剂 250～800mL，兑水喷于土面。

注意事项

（1）使用时须遵守农药使用防护规则。用于拌种时，要严格掌握药剂用量，拌后随即晾干，不可闷种，防止出现药害。

（2）宜无风晴朗天气喷施，喷后 4h 遇雨不需补喷。

（3）如有误服，饮大量温水催吐，洗胃，并携带本标签立即就医。

恶霜灵 oxadixyl

C₁₄H₁₈N₂O₄, 278.30

其他名称　杀毒矾、噁唑烷酮、噁酰胺。

主要剂型　25％可湿性粉剂，75％细粒剂。

作用特点　恶霜灵具有接触杀菌和内吸传导活性，具有治疗和保护作用，被植物内吸后，能在植物根、茎、叶内部随汁液流动向四周传导，恶霜灵在植物体内的移动性稍次于甲霜灵。具有双向传导作用，但是以向上传导为主，也具有跨层转移作用，有效期长，药效快，对各种作物的霜霉病具有预防、治疗、根除三大功效。抗菌谱与甲霜灵相似，对疫霉菌、腐霉菌、霜霉菌、白锈菌、葡萄生轴霜霉菌等具有较高的抗菌活性。

防治对象　用于防治霜霉目真菌引起的植物霜霉病、疫病等。另外，还对烟草黑胫病、猝倒病，葡萄的褐斑病、黑腐病、蔓割病等具有良好的防效。

使用方法

（1）一般用 38％恶霜菌酯（30％恶霜灵＋8％嘧菌酯）兑水 800 倍喷雾，防治黄瓜霜霉病和疫病，茄子、番茄及辣椒的绵疫病，十字花科蔬菜白锈病等，每隔10～14 天喷 1 次，每季用药不得超过 3 次。

（2）谷子白发病的防治。每 100kg 种子用 35％拌种剂 200～300g 拌种，先用1％清水或米汤将种子湿润，再拌入药粉。

（3）烟草黑茎病的防治。苗床在播种后 2～3 天，每亩用 25％可湿性粉剂

133g，进行土壤处理，本田在移栽后第 7 天用药，每亩用 38％恶霜菌酯（30％恶霜灵＋8％嘧菌酯）兑水 800 倍喷雾。

（4）马铃薯晚疫病的防治。初见叶斑时，每亩用 38％恶霜菌酯（30％恶霜灵＋8％嘧菌酯）兑水 800 倍喷雾，每隔 10～14 天喷 1 次，不得超过 3 次。

注意事项　单一长期使用该药，病菌易产生抗性，所以常与其他杀菌剂混配。

恶唑菌酮 famoxadone

$C_{22}H_{18}N_2O_4$, 374.39

其他名称　易保、噁唑菌酮、唑菌酮。

主要剂型　75％水分散粒剂。

作用特点　属内吸性杀菌剂，具有保护和治疗作用。恶唑菌酮为线粒体电子传递抑制剂，对复合体Ⅲ中细胞色素 C 的氧化还原酶有抑制作用。具有亲脂性，喷施作物叶片上后，易黏附，不被雨水冲刷特效。同甲氧基丙烯酸酯类杀菌剂有交互抗性，与苯基酰胺类杀菌剂无交互抗性。与氟硅唑混用对防治小麦颖枯病、网斑病、白粉病、锈病效果更好。

防治对象　主要用于防治子囊菌纲、担子菌纲、卵菌亚纲中的重要病害如白粉病、锈病、颖枯病、网斑病、霜霉病、晚疫病等。

使用方法

（1）防治葡萄霜霉病，发病初期用 3.3～6.7g（a.i.）/亩兑水喷雾。

（2）防治马铃薯、番茄晚疫病，发病初期用 6.7～13.3g（a.i.）/亩兑水喷雾。

（3）防治小麦颖枯病、网斑病、白粉病、锈病，发病初期用 10～13.3g（a.i.）/亩兑水喷雾，与氟硅唑混用效果更好。

注意事项

（1）不能与碱性农药混用。

（2）为了减少抗性发生，经常轮换使用。

二氯异氰尿酸钠 sodium dichloroisocyanurate

$C_3Cl_2N_3NaO_3$, 219.98

其他名称　优氯净、优氯克霉灵。

主要剂型　20％、40％、50％可溶性粉剂，66％烟剂。

作用特点　一种脲类低毒广谱杀菌剂，是氧化性杀菌剂中杀菌最为广谱、高效、安全的消毒剂。喷施在作物表面能慢慢地释放次氯酸，通过使菌体蛋白质变性，改变膜通透性，干扰酶系统生理生化及影响 DNA 合成等过程，使病原菌迅速死亡。对食用菌栽培过程中易发生的霉菌及多种病害有较强的消毒和杀菌能力。

防治对象　对蔬菜，果树，瓜类，小麦、水稻、花生、棉花等田间作物的病原细菌、真菌、病毒均有极强的杀灭能力。用于食用菌栽培，用于防治霉菌引起的基料感染及杂菌病害。

注意事项

（1）本品宜单独使用，避免与其他药剂混用。

（2）粉尘对鼻、喉有刺激性。高浓度吸入引起支气管痉挛、呼吸困难和窒息。极高浓度吸入可引起肺水肿，甚至死亡。对眼和皮肤有刺激性。口服灼伤消化道。

二噻农 dithianon

$C_{14}H_4N_2O_2S_2$, 296.32

其他名称　二氰蒽醌、博青。

主要剂型　66％水分散粒剂，22.70％、50％悬浮剂，65％可湿性粉剂。

作用特点　一种广谱保护性低毒杀菌剂，通过与含硫基团反应和干扰细胞呼吸而抑制一系列真菌酶，最后导致病害死亡。喷施于表面后形成一层致密的保护药膜，有效防止病菌的侵染，但对已经侵染的病害没有治疗作用。

防治对象　适宜作物果树包括仁果和核果如苹果、梨、桃、杏、樱桃、柑橘、咖啡、葡萄、草莓、啤酒花等。除了对白粉病无效外，几乎可以防治所有果树病害如黑星病、霉点病、叶斑病、锈病、炭疽病、疮痂病、霜霉病、褐腐病等。

使用方法　主要茎叶处理。防治苹果、梨黑星病，苹果轮纹病，樱桃叶斑病、锈病、炭疽病和穿孔病，桃、杏缩叶病、褐腐病、锈病，柑橘疮痂病、锈病，草莓叶斑病等，使用剂量为 525g（a.i.）/hm^2；防治啤酒花霜霉病使用剂量为 1400g（a.i.）/hm^2；防治葡萄霜霉病使用剂量为 560g（a.i.）/hm^2。

注意事项

（1）低毒，对人畜、蜜蜂、鱼等生物安全。

（2）在推荐剂量下尽管对大多数果树安全，但对某些苹果树品种有药害。

二硝巴豆酸酯 dinocap

敌螨普-6 70%　　　　敌螨普-4 30%

$C_{18}H_{24}N_2O_6$, 364.39

其他名称　敌螨普、消螨普。

主要剂型　19.5％、50％乳油，37％乳剂，37％水剂，19.5％、25％可湿性粉剂。

作用特点　触杀型杀菌剂，兼有保护和治疗作用。另外还可以作为非内吸性杀螨剂。

防治对象　防治苹果、葡萄、烟草、蔷薇、菊花、黄瓜、啤酒花上的白粉病。也可用于防治苹果全爪螨，还可用作种子处理剂。

使用方法　作为杀霉剂用于防治葡萄白粉病（210g/hm²）。

注意事项　在一定条件下的温室玫瑰除外。高温易导致药害。

粉唑醇 flutriafol

$C_{16}H_{13}F_2N_3O$, 301.29

其他名称　(RS)-2,4′-二氟-α-(1H-1,2,4-三唑-1-甲基)二苯基甲醇。

主要剂型　12.5％乳油。

作用特点　三唑类广谱内吸性杀菌剂。是甾醇脱甲基化抑制剂，在植物体内向顶端传导，对病害具有保护、治疗和铲除作用。主要与真菌蛋白色素相结合，抑制麦角甾醇的生物合成，引起真菌细胞壁破裂和抑制菌丝生长。粉唑醇可通过植物的根、茎、叶吸收，再由维管束向上转移，根部的内吸能力大于茎、叶，但不能在韧皮部做横向或向基输导，在植物体内或体外都能抑制真菌的生长。

防治对象　对担子菌和子囊菌引起的多种病害具有良好的保护和治疗作用，可有效地防治麦类作物白粉病、锈病、黑穗病、玉米黑穗病等。

使用方法

（1）麦类黑穗病 100kg 种子用 12.5％乳油 200～300mL 拌种。先将拌种所需的药量加水调成药浆，调成药浆的量为种子质量的 1.5％，拌种均匀后再播种。

（2）麦类白粉病　　在剑叶零星发病至病害上升期，或上部 3 叶发病率达30％～50％时，开始喷药，用 12.5％乳油 255mL/亩，兑水 40～50L 喷雾。

（3）麦类锈病盛发前，用 12.5％乳油 33.3～50mL/亩，兑水 40～50L 喷雾或低容量喷雾。

（4）玉米丝黑穗病 100kg 玉米种子用 12.5％乳油 320～480mL 拌种。先将拌种所需的药量兑水调成药浆，调成药浆的量为种子质量的 1.5％，拌种均匀后再播种。

注意事项　　施药时应使用安全防护用具，如不慎溅到皮肤或眼睛上应立即用水冲洗。不得与食物、饲料一起存放，废旧容器及剩余药剂应密封于原包装中妥善处理。

呋吡菌胺 furametpyr

$C_{17}H_{20}O_2N_3Cl, 333.81$

其他名称　　福拉比、氟吡酰胺。

主要剂型　　1.5％颗粒剂、0.5％粉剂、15％可湿性粉剂。

作用特点　　呋吡菌胺对电子传递系统中作为真菌线粒体还原性烟酰胺腺嘌呤二核苷酸（NADH）机制的电子传递系统无影响，而对琥珀酸机制的电子传递系统具有强烈的抑制作用，即对光合作用Ⅱ产生影响，使生物体所需养料减少，导致菌体死亡，具有内吸活性，且传导性优良，具有很好的治疗和预防效果。

防治对象　　对担子菌纲的大多数病菌具有优良的活性，特别是对丝核菌属和伏革菌属引起的植物病害具有优异的防治效果。对丝核菌属、伏革菌属引起的植物病害如水稻纹枯病、多种水稻菌核病、白绢病等有特效。

使用方法　　以颗粒剂于水稻田淹灌施药防治水稻纹枯病等。大田防治水稻纹枯病的剂量为 450～600g（a.i.）/hm²。

注意事项　　在太阳光下分解较迅速。在加热条件下，原药于碳酸钠介质中易分解，在其他填料中均较稳定。

呋霜灵 furalaxyl

$C_{17}H_{19}NO_4, 301.34$

其他名称 N-(2-呋喃甲酰基)-N-(2,6-二甲苯基)-DL-丙氨酸甲酯。

主要剂型 50％可湿性粉剂。

作用特点 通过干扰核糖体 RNA 的合成，抑制真菌蛋白质的合成，内吸性杀菌剂，具有保护和治疗作用，可被植物根、茎、叶迅速吸收，并在植物体内运转到各个部位，因而耐雨水冲刷。

防治对象 用于防治观赏植物、蔬菜、果树等的土传病害如腐霉属、疫霉属等卵菌纲病原菌引起的病害，如瓜果蔬菜的猝倒病、腐烂病、疫病等。

呋酰胺 ofurace

$C_{14}H_{16}ClNO_3$, 281.73

其他名称 Vamin、Patafol。

主要剂型 25％乳油。

作用特点 通过干扰核糖体 RNA 的合成，抑制真菌蛋白质合成，内吸性杀菌剂，具有保护和治疗作用。可被植物的根、茎、叶迅速吸收，并在植物体内运转到各个部位，因而耐雨水冲刷。

防治对象 用于由霜霉菌、疫霉菌、腐霉菌等卵菌纲病原菌引起的病害，具有保护和治疗作用，如烟草霜霉病、向日葵霜霉病、番茄晚疫病、葡萄霜霉病及观赏植物、十字花科蔬菜上的霜霉病等。

使用方法 在发病前期，用 50％可湿性粉剂 800～1000 倍液均匀喷雾，间隔 20 天再喷 1 次，可有效控制病害的危害。

注意事项

(1) 严格按照农药安全规定使用此药。

(2) 储存在阴凉和儿童接触不到的地方。

(3) 如果误服要立即送医院治疗。

(4) 搬运时轻拿轻放，以免破损污染环境。

氟苯嘧啶醇 nuarimol

$C_{17}H_{12}ClFN_2O$, 314.74

其他名称 环菌灵、Trimidal、Trimiol。

主要剂型 65％可湿性粉剂。

作用特点 氟苯嘧啶醇是具有保护、治疗和内吸活性的杀菌剂，作用机理为抑制甾醇脱甲基化，对多种植物病原菌有活性。

防治对象 适用于禾谷类作物、苹果、石榴、核果、葡萄、蛇麻草、葫芦和其他作物。对禾谷类作物由病原真菌引起的病害，如斑点病、叶枯病、黑穗病、白粉病、黑星菌等有广谱抑制作用。对苹果、石榴、核果、葡萄等的白粉病和苹果的疮痂病也有抑制作用。

使用方法

（1）防治果树黑星病和白粉病，在发病前期至发病早期，用 52.5g（a.i.）/hm^2 兑水 75kg 喷雾。

（2）防止麦类白粉病，用 100～200mg（a.i.）拌种 1kg。

（3）对大麦和小麦以 40g（a.i.）/hm^2 进行茎叶喷雾，能防治大麦白粉病；也可以用 100～200mg/kg 种子对大麦和小麦进行拌种，防治白粉病，还可用来防治果树上由白粉菌和黑星菌引起的病害。

氟啶胺 fluazinam

$C_{13}H_4Cl_2F_6O_4N_4$, 465.09

其他名称 福农帅。

主要剂型 500g/L 悬浮剂。

作用特点 线粒体氧化磷酰化解偶联剂，无内吸活性，是广谱、高效的保护性杀菌剂，耐雨水冲刷，持效期长，兼有优良的控制植食性螨类的作用，对十字花科植物根肿病也有一定的防效。对交链孢属、葡萄孢属、疫霉属、单轴霉属、核盘菌属和黑垦菌属菌非常有效，对抗苯并咪唑类和二羧酰亚胺类杀菌剂的灰葡萄孢也有良好效果。

防治对象 适用于葡萄、苹果、梨、柑橘、小麦、大豆、马铃薯、蔬菜、水稻、茶和草坪等，同时还具有杀螨活性；防治的病害有黄瓜灰霉病、腐烂病、霜霉病、炭疽病、白粉病，番茄晚疫病，苹果黑星病、叶斑病，梨黑斑病、锈病，水稻稻瘟病、纹枯病，葡萄灰霉病、霜霉病，马铃薯晚疫病等。

使用方法

（1）防治马铃薯疫病，每亩用 500g/L 的氟啶胺悬浮剂 27～33mL，兑水 2000～2500 倍喷雾处理。

（2）防治辣椒疫病，每亩用 500g/L 的氟啶胺悬浮剂 25～33mL，兑水 2000～

2500 倍喷雾处理。

（3）防治大白菜根肿病，50％悬浮剂，每亩用药 267～333mL 兑水 67kg，在大白菜播种或定植前对全田或种植穴内的土壤喷雾。

（4）防治柿炭疽病，用 50％氟啶胺悬浮剂 1500 倍液，在柿子树谢花后 10～30 天喷药，间隔 7～10 天喷 1 次，连续 2～3 次，在 6 月下旬初再喷施 1 次。

注意事项

（1）具有过敏体质的人或对本剂及其他药剂过敏者，不要进行施药作业。

（2）调剂药液或施药时，必须穿戴好必要的保护设施。

（3）下雨时或树木潮湿时不要进行施药工作。

（4）剪枝、施肥、采果、除草、套袋等管理工作尽量在施药前完成。

（5）施药后或入园作业后及时用水冲洗身体、眼睛，并漱口，同时更换衣服。

氟啶菌酰胺 fluopicolide

$C_{14}H_8Cl_3F_3N_2O$, 383.58

其他名称　氟吡菌胺、银法利。

主要剂型　687.5g/L 悬浮剂。

作用特点　为广谱杀菌剂，对卵菌纲病原菌有很高的生物活性。具有保护和治疗作用，氟啶酰菌胺有较强的渗透性，能从叶片上表面向下表面渗透，从根部向叶部方向传导，对幼芽处理后能够保护叶片不受病菌侵染，从根部沿植株木质部向整株作物分布，但不能沿韧皮部传导。

防治对象　主要用于防治卵菌纲病害如霜霉病、疫病等，除此之外，还对稻瘟病、灰霉病、白粉病具有一定的防效。

氟硅唑 flusilazole

$C_{16}H_{15}F_2N_3Si$, 315.39

其他名称　福星、克菌星、秋福。

主要剂型　5％、8％、20％、30％微乳剂、20％可湿性粉剂，8％热雾剂，10％、15％、25％水乳剂，40％乳油。

作用特点　三唑类的内吸杀菌剂，具有保护和治疗作用。抑制甾醇脱甲基化，破坏和阻止麦角甾醇的生物合成，导致细胞膜不能形成，使病菌死亡。渗透性强，对子囊菌、担子菌和半知菌所致病害有效，对卵菌无效，对梨黑星病有特效。

防治对象 用于防治苹果、梨、黄瓜、番茄和禾谷类等子囊菌、担子菌及部分半知菌引起的病害。氟硅唑防治梨黑星病，苹果轮纹烂果病，黄瓜黑星病，烟草赤星病，蔬菜白粉病，菊花、薄荷、车前草、田旋花及蒲公英的白粉病，以及红花锈病，氟硅唑还可防治小麦锈病、白粉病、颖枯病，大麦叶斑病等。

使用方法

（1）防治梨黑星病，用 40％乳油 10000 倍液喷雾，间隔 7～10 天喷雾 1 次，连续喷雾 4 次。

（2）防治葡萄黑痘病、白腐病、炭疽病、白粉病等，发病初期用 40％乳油 8000～10000 倍液喷雾，间隔 7～10 天左右喷药 1 次。

（3）防治香蕉树黑星病，发病初期用 10％乳油 4000～5000 倍液喷雾。

（4）防治黄瓜黑星病、白粉病，发病前期用 40％乳油 6000～8000 倍喷雾，间隔 7 天喷药 1 次。

（5）防治菜豆白粉病，发病初期用 40％乳油 150～225mL/hm^2 兑水 40～50kg 喷雾。

（6）防治西葫芦白粉病，发病初期用 40％乳油 8000～10000 倍液喷雾。

（7）防治花生病害，75～100g（a.i.）/hm^2 剂量下可有效防治花生叶斑病。

（8）防治药用植物菊花、薄荷、车前草、田旋花、蒲公英的白粉病，以及红花锈病，于发病初期开始喷 40％乳油 9000～10000 倍液，隔 7～10 天喷 1 次药。

（9）防治烟草赤星病、蔬菜白粉病，于发病初期喷 40％乳油 6000～8000 倍液，隔 5～7 天喷药 1 次，连续喷药 3～4 次。

注意事项

（1）酥梨类品种在幼果期对此药敏感，应谨慎使用，否则易引起药害。

（2）为了避免病菌对福星产生抗性，应和其他保护性杀菌剂交替使用。

（3）福星的每人每日允许摄入量（ADI）为 0.001mg/kg，梨肉的最大残留限量为 0.05μg/g，梨皮为 0.5μg/g（中国台湾）。安全间隔期为 18 天。

（4）误服者不能引吐和服麻黄碱等药物。药液溅入眼睛，立即用大量清水冲洗至少 15min，再请医生诊治。

（5）使用后的空瓶要深埋或按有关规定处理，不可随处抛弃。

氟环唑 epoxiconazole

$C_{17}H_{13}ClFN_3O$, 329.76

其他名称　环氧菌唑、欧霸。

主要剂型　50％、70％水分散粒剂，12.5％、25％、30％、40％、50％悬浮剂，75g/L乳油。

作用特点　属于甾醇生物合成中 C-14 脱甲基化酶抑制剂，高效、内吸具有保护、治疗和铲除作用。可迅速被植株吸收并传导至感病部位，使病害侵染立即停止，局部施药防治彻底。既能有效控制病害，又能通过调节酶的活性提高作物自身生化抗病性，使作物本身的抗病性大大增强。使叶色更绿，从而保证作物光合作用最大化，提高产量及改善品质。持效期极佳，如在谷物上的抑菌作用可达 40 天以上，卓越的持留效果，降低了用药次数及劳力成本。

防治对象　对立枯病、白粉病、眼纹病等十多种病害有很好的防治作用，并能防治糖用甜菜、花生、油菜、草坪、咖啡、水稻及果树等的病害。

使用方法

（1）防治小麦锈病，发病初期用 12.5％悬浮剂 750～900mL/hm²，兑水 40～50kg 喷雾。

（2）防治香蕉叶斑病，发病初期用 75g/L 悬浮剂 4000～7500 倍液喷雾。

（3）防治水稻稻曲病和纹枯病，用 12.5％氟环唑悬浮剂 600g/hm²，防效显著。

氟菌唑 triflumizole

$$C_{15}H_{15}ClF_3N_3O, 345.75$$

其他名称　特富灵、三氟咪唑。

主要剂型　30％可湿性粉剂，15％乳油，10％烟剂。

作用特点　麦角甾醇脱甲基化抑制剂，属于三唑类广谱低毒杀菌剂，具有预防、治疗、铲除效果；内吸作用传导性好，抗雨水冲刷，可防多种作物病害。

防治对象　广泛用于麦类、黄瓜、西瓜、甜瓜、南瓜、辣椒、番茄、草莓、苹果、梨、葡萄、豌豆、洋葱、花卉植物等多种植物。可用于麦类、果树、蔬菜等白粉病、锈病、桃褐腐病的防治。

使用方法

（1）防治苹果星病、白粉病，用 30％可湿性粉剂 2000～3000 倍液喷雾。

（2）防治麦类白粉病、黑穗病、条斑病，每 100kg 种子用 30％可湿性粉剂 1500g 拌种或每亩用 30％可湿性粉剂 200～300g 兑水喷雾，间隔 7～10 天。施药 2～3 次。

（3）防治黄瓜白粉病，发病初期第一次施药，间隔 10 天第 2 次施药，用量

$500\sim600\mathrm{g/hm^2}$。

注意事项

（1）该药对鱼类有一定毒性，防止污染池塘。

（2）人体每日允许摄入量（ADI）为 0.018mg/kg。

（3）安全间隔期仅为 1 天。

氟喹唑 fluquinconazole

$C_{16}H_8Cl_2FN_5O$, 376.17

其他名称　SN597265。

主要剂型　25%可湿性粉剂，167g/L 种子处理剂。

作用特点　麦角甾醇脱甲基化抑制剂，破坏和阻止病菌的细胞膜重要组成成分麦角甾醇的生物合成，导致细胞膜不能形成，使病菌死亡。具有内吸性、保护和治疗活性。用于担子菌纲、半知菌类和子囊菌纲真菌引起的多种病害。

防治对象　防治白粉病菌、链核盘菌、尾孢霉属、茎点霉属、壳针孢属、埋核盘菌属、柄锈菌属、驼孢锈菌属和核盘菌属等真菌引起的病害。

使用方法　主要用于茎叶喷雾，使用剂量为 $125\sim375$g（a.i.）/hm²（蔬菜），$125\sim190$g（a.i.）/hm²（禾谷类等大田作物），$4\sim8$g（a.i.）/hm²（果树）。防治苹果黑星病、白粉病，发病初期用 25%可湿性粉剂 5000 倍液喷雾，间隔 $10\sim14$ 天喷 1 次，共喷 $5\sim9$ 次。

氟吗啉 flumorph

$C_{21}H_{22}FNO_4$, 371.40

其他名称　灭克、氟吗锰锌。

主要剂型　20%、50%、60%可湿性粉剂。

作用特点　属于吗啉类内吸治疗性杀菌剂。具有很好的保护、治疗、铲除、内吸和渗透活性，是卵菌纲病害的防治剂，对孢子囊萌发的抑制作用显著。本品高效、低毒、低残留、对作物安全，但易诱发病菌抗药性。

防治对象 适宜作物为葡萄、板蓝根、烟草、啤酒花、谷子、甜菜、花生、大豆、马铃薯、番茄、黄瓜、白菜、南瓜、甘蓝、大葱、大蒜、辣椒等，橡胶、柑橘、菠萝、荔枝、可可、玫瑰等。主要用于防治卵菌纲病原菌引起的病害如霜霉病、晚疫病、霜疫病等，如黄瓜霜霉病、葡萄霜霉病、白菜霜霉病、番茄晚疫病、马铃薯晚疫病、辣椒疫病、荔枝霜疫霉病、大豆疫霉根腐病等。

使用方法

（1）防治辣椒疫病，番茄晚疫病，葡萄霜霉病等，在发病初期，用50％可湿性粉剂 $450\sim600g/hm^2$ 兑水 $40\sim50kg$ 喷雾。

（2）防治大白菜制种田霜霉病，用60％可湿性粉剂500倍液，在白菜霜霉病发病初期开始喷药，间隔7天喷1次，连续喷3次。

（3）防治蔬菜的霜霉病、晚疫病，在发病初期用60％可湿性粉剂1袋25g兑水14kg进行叶面喷雾，每隔 $5\sim7$ 天喷1次，连续喷 $2\sim3$ 次，对于无病区，每隔 $10\sim15$ 天喷1次，可预防病害的发生。

注意事项

（1）不能与铜制剂及碱性药剂混用。

（2）注意与不同类型药剂交替使用，尽量避免产生抗药性。

（3）一般条件下，易水解、光解。

氟醚唑 tetraconazole

$C_{13}H_{11}Cl_2F_4N_3O$, 372.15

其他名称 朵麦克、杀菌全能王、四氟醚唑。

主要剂型 4％、12.5％水乳剂，25％微乳剂。

作用特点 第二代三唑类杀菌剂，麦角甾醇脱甲基化抑制剂。杀菌活性是第一代的 $2\sim3$ 倍，杀菌谱广、高效、持效期长达 $4\sim6$ 周，具有保护和治疗作用，并有很好的内吸传导性能。本品对铜有轻微腐蚀性。

防治对象 可防治白粉菌属、柄锈菌属、喙孢属、核腔菌属和壳针孢属菌引起的病害如小麦白粉病、小麦散黑穗病、小麦锈病、小麦腥黑穗病、小麦颖枯病、大麦云纹病、大麦散黑穗病、大麦纹枯病、玉米丝黑穗病、高粱丝黑穗病、瓜果白粉病、香蕉叶斑病、苹果斑点落叶病、梨黑星病和葡萄白粉病等。

使用方法 禾谷类作物和甜菜作叶面喷雾 ［$100\sim125g$ （a.i.）$/hm^2$］，用于葡萄、观赏植物、仁果、核果、蔬菜作叶面喷雾（$20\sim50g/hm^2$），也可作种子处理（$10\sim30g/100kg$ 种子）。

注意事项

(1) 严格按照农药安全规定使用此药，避免药品直接接触身体，如果药液不小心溅入眼睛，应立即用清水冲洗干净并携带此药标签去医院就医。

(2) 贮存在通风、干燥的库房中，防潮湿、日晒，不得与食物、种子、饲料混放，避免与皮肤、眼睛接触，防止由口鼻吸入。

氟嘧菌酯 fluoxastrobin

$C_{21}H_{16}ClFN_4O_5$, 458.83

其他名称 {2-[6-(2-氯苯氧基)-5-氟嘧啶-4-基氧]苯基}(5,6-二氢-1,4,2-二噁嗪-3-基)甲酮 O-甲基肟。

主要剂型 10％乳油。

作用特点 氟嘧菌酯是甲氧基丙烯酸酯类线粒体呼吸抑制剂，即通过在细胞色素 b 和 c1 间电子转移抑制线粒体的呼吸。作用于线粒体呼吸的杀菌剂较多，但甲氧基丙烯酸酯类化合物作用的部位（细胞色素 b）与以往所有杀菌剂均不同，因此防治对甾醇抑制剂、苯基酰胺类、二羧酰胺类和苯并咪唑类产生抗性的菌株有效。具有速效和持效期长双重特性，对作物具有很好的相容性，适当的加工剂型可进一步提高其通过角质层进入叶部的渗透作用。尽管它通过种子和根部的吸收能力较差，但用作种子处理剂时，对幼苗的种传和土传病害具有很好的杀灭和持效作用，不过对大麦白粉病或网斑病等气传病害则无效。

防治对象 对几乎所有真菌纲（子囊菌纲、担子菌纲、卵菌纲和半知菌类）病害如锈病、颖枯病、网斑病、白粉病、霜霉病等数十种病害均有很好的活性。

使用方法

(1) 在 75～100g（a.i.）/hm² 剂量下茎叶喷雾，氟嘧菌酯对咖啡锈病具有优异防效。

(2) 在 100～200g（a.i.）/hm² 剂量下茎叶喷雾，氟嘧菌酯对马铃薯早疫病等有优异防效，对晚疫病有很好的防效；对蔬菜叶斑病等具有优异防效，对霜霉病有很好的防效。

(3) 在 200g（a.i.）/hm² 剂量下茎叶喷雾，氟嘧菌酯对禾谷类作物叶斑病、颖枯病、褐锈病、条锈病、云纹病、褐斑病、网斑病具有优异防效，对白粉病有很好的药效，并能兼治全蚀病。

(4) 氟嘧菌酯作禾谷类作物种子处理剂时处理浓度为 5～10g（a.i.）/100kg 种子，对雪霉病、腥黑穗病和坚黑穗病等种传和土传病害有优异防效，并能兼治散黑穗病和叶条纹病。

注意事项 避免误食、误用，若发生中毒，立马就医。

氟酰胺 flutolanil

$C_{17}H_{16}F_3NO_2$, 323.31

其他名称 望佳多、氟纹胺、福多宁。

主要剂型 20％可湿性粉剂。

作用特点 属于呼吸作用的电子传递链中作为琥珀酸脱氢酶抑制剂，抑制天冬氨酸盐和谷氨酸盐的合成，具有保护和治疗活性，能够防止病原菌的生长和穿透，主要防治担子菌亚门的病原菌引起的病害。

防治对象 用于防治水稻、谷类、马铃薯、甜菜、花生、水果等作物各种立枯病、纹枯病等。

使用方法

(1) 防治水稻纹枯病，在发病初期使用，用20％可湿性粉剂100~120g/亩兑水40~50kg喷雾，可以长期抑制病害的发生；溶于灌溉水中，能被水稻根系吸收，并向上转移到水稻的茎叶，以达到较好的防治效果。

(2) 防治马铃薯疮痂病，用20％可湿性粉剂225g/kg种薯，浸泡，可以达到较好的防治效果。

福美双 thiram

$C_6H_{12}N_2S_4$, 240.44

其他名称 秋兰姆、赛欧散、阿锐生。

主要剂型 50％、75％、80％可湿性粉剂。

作用特点 广谱保护性的福美系杀菌剂，其杀菌机制是通过抑制病菌一些酶的活性和干扰三羧酸代谢循环而导致病菌死亡。用于叶部或种子处理的保护性杀菌剂，对植物无药害。该药有一些渗透性，在土壤中持效期长。

防治对象 对根腐病、立枯病、猝倒病、黑星病、疮痂病、炭疽病、轮纹病、黑斑病、灰斑病、叶斑病、白粉病、锈病、霜霉病、晚疫病、早疫病、稻瘟病、黑穗病等真菌性病害均具有很好的防治效果。用于防治麦类条纹病、腥黑穗病，玉米、亚麻、蔬菜、糖萝卜、针叶树立枯病，烟草根腐病，甘蓝、莴苣、瓜类、茄子、蚕豆等苗期立枯病、猝倒病，草莓灰霉病，梨黑星病，马铃薯、番茄晚疫病，瓜、菜类霜霉病，葡萄炭疽病、白腐病等。

使用方法

（1）果树病害　防治葡萄白腐病。当下部果穗发病初期，开始喷50％可湿性粉剂600～800倍液，隔12～15天喷1次，至采收前半个月为止。使用浓度过高易产生药害。

（2）蔬菜病害　拌种防治种子传播的苗期病害。如十字花科、茄果类、瓜类等蔬菜苗期立枯病、猝倒病以及白菜黑斑病、瓜类黑星病、莴苣霜霉病、菜豆炭疽病、豌豆褐纹病、大葱紫斑病和黑粉病等，用种子质量的0.3％～0.4％的50％可湿性粉剂拌种。

（3）粮食作物病害　拌种防治水稻稻瘟病、胡麻叶斑病、稻苗立枯病、稻恶苗病，每50kg种子用50％可湿性粉剂250g拌种或用50％可湿性粉剂500～1000倍液浸种2～3天。

（4）油料作物病害　拌种防治油菜立枯病、白斑病、猝倒病、枯萎病、黑胫病，每50kg种子用50％可湿性粉剂125g。喷雾防治油菜霜霉病、黑腐病，每亩喷50％可湿性粉剂500～800倍液50～75kg，隔5～7天喷一次，共喷2～3次。

（5）防治甜菜立枯病和根腐病，每50kg种子用50％可湿性粉剂400g拌种；若每50kg种子用50％福美双可湿性粉剂200～400g与70％疫霉灵可湿性粉剂200～350g混合拌种，防病效果更好。防治根腐病还可将药剂制成毒土，沟施或穴施。

（6）烟草病害　防治烟草根腐病，每500kg温床土用50％可湿性粉剂500g，处理土壤。防治烟草黑腐病，发病初期用50％可湿性粉剂500倍液浇灌，每株灌药液100～200mL。防治烟草炭疽病，发病初期，用50％可湿性粉剂500倍液喷雾。

（7）防治棉花黑根病和轮纹病，每50kg种子用50％可湿性粉剂200g拌种。

（8）防治亚麻、胡麻枯萎病，每50kg种子用50％可湿性粉剂100g拌种。现在多用拌种双取代福美双。

（9）防治北沙参黑斑病，每50kg种子用50％可湿性粉剂150g拌种。防治山药斑纹病，发病前或发病初开始喷50％可湿性粉剂500～600倍液，隔7～10天喷1次，共喷2～3次。

（10）花卉病害　防治唐菖蒲的枯萎病和叶斑病（硬腐病），种植前，用50％可湿性粉剂70倍液浸泡球茎30min后种植。

（11）防治松树苗立枯病，每50kg种子用50％可湿性粉剂250g拌种。

注意事项

（1）不能与铜、汞及碱性农药混用或前后紧连使用。

（2）拌过药的种子有残毒，不能再食用。对皮肤和黏膜有刺激作用，长期接触的人饮酒有过敏反应。

（3）误服会出现恶心、呕吐、腹泻等症状，皮肤接触易发生瘙痒及出现斑疹等，应催吐，洗胃及对症治疗。贮存在阴凉干燥处，以免分解。

腐霉利 procymidone

$C_{13}H_{11}Cl_2NO_2$, 284.14

其他名称　速克灵、杀霉利、二甲菌核利、速克灵、黑灰净、必克灵、消霉灵、扫霉特、棚丰、福烟、克霉宁、灰霉灭、灰霉星、胜得灵、天达腐霉利。

主要剂型　50％可湿性粉剂，30％颗粒熏蒸剂，25％流动性粉剂，25％胶悬剂，10％、15％烟剂，20％悬浮剂。

作用特点　腐霉利是内吸性杀真菌剂，对葡萄孢属和核盘菌属真菌有特效，能防治果树、蔬菜作物的灰霉病、菌核病，防治对苯丙咪唑产生抗性的真菌亦有效。使用后保护效果好、持效期长，能阻止病斑发展蔓延。在作物发病前或发病初期使用，可取得满意效果。

防治对象　防治黄瓜灰霉病、滴核病，番茄灰霉病、菌核病、早疫病，辣椒灰霉病，辣椒等多种蔬菜的菌核病，葡萄、草莓灰霉病，苹果、桃、樱桃褐腐病，苹果斑点落叶病，枇杷花腐病等。

使用方法

（1）防治黄瓜灰霉病，在幼果残留花瓣初发病时开始施药，喷50％可湿性粉剂1000～1500倍液，隔7天1次，连喷3～4次。防治黄瓜菌核病，在发病初期开始施药，用50％可湿性粉剂35～50g，兑水50kg喷雾；或亩用10％烟剂350～400mL点燃放烟，隔7～10天施1次。喷雾，还应结合涂茎，即用50％可湿性粉剂加50倍水调成糊状液，涂于患病处。

（2）防治番茄灰霉病，在发病初苗用35％悬浮剂75～125g或50％可湿性粉剂35～50g，兑水常规喷雾。对棚室的番茄，在进棚前5～7天喷1次；移栽缓苗后再喷1次；开花期施2～3次，重点喷花；幼果期重点喷青果。在保护地里也可熏烟，每亩用10％烟剂300～450g。也可与百菌清交替使用。防治番茄菌核病、早疫病，每亩喷50％可湿性粉剂1000～1500倍液50kg，隔10～14天再施1次。

（3）防治辣椒灰霉病，发病前或发病初喷50％可湿性粉剂1000～1500倍液，保护地每亩用10％烟剂200～250g放烟。防治辣椒等多种蔬菜的菌核病，在育苗前或定植前，每亩用50％可湿性粉剂2kg进行土壤消毒。田间发病喷可湿性粉剂1000倍液，每亩用10％烟剂250～300g放烟。

（4）防治葡萄、草莓灰霉病，于发病初期开始施药，用50％可湿性粉剂1000～1500倍液或20％悬浮剂400～500倍液喷雾，隔7～10天再喷1次。

（5）防治苹果、桃、樱桃褐腐病，于发病初期开始喷50％可湿性粉剂1000～

2000 倍液，隔 10 天左右喷 1 次，共喷 2～3 次。

（6）防治苹果斑点落叶病，于春、秋梢旺盛生长期喷 50％可湿性粉剂 1000～1500 倍液 2～3 次。

（7）防治枇杷花腐病，喷 50％可湿性粉剂 1000～1500 倍液。

注意事项

（1）该药剂容易产生抗药性，不可连续使用，应与其他农药交替喷洒，药剂要现配现用，不要长时间放置。

（2）不要与强碱性药物如波尔多液、石硫合剂混用，也不要与有机磷农药混配。

（3）防治病害应尽早用药，最好在发病前，最迟也要在发病初期使用。

咯菌腈 fludioxonil

$C_{12}H_6F_2N_2O_2$, 248.19

其他名称　氟咯菌腈、适乐时。

主要剂型　2.5％、10％悬浮种衣剂，50％可湿性粉剂。

作用特点　通过抑制葡萄糖磷酰化有关的转移，并抑制真菌菌丝体的生长，最终导致病菌死亡。作用机理独特，与现有杀菌剂无交互抗性。咯菌腈既可以抑制孢子萌芽、细菌芽管伸长、灰霉病菌菌丝体生长，又可以有效抵抗链核盘菌属、核盘菌属、扩展青霉等真菌，对子囊菌、担子菌、半知菌等病原菌有良好的防效。

防治对象　用于小麦、大麦、玉米、豌豆、油菜、水稻、蔬菜、葡萄、草坪和观赏作物叶面处理，防治雪腐镰孢菌、小麦网腥黑腐菌、立枯病菌等，对灰霉病有特效；对谷物和非谷物种子处理，防治种传和土传病菌，如链格孢属、壳二孢属、曲霉属、镰孢菌属、长蠕孢属、丝核菌属及青霉属菌；玉米青枯病、茎基腐病、猝倒病；棉花立枯病、红腐病、炭疽病、黑根病、种子腐烂病；大豆、花生立枯病、根腐病（镰刀菌引起）；水稻恶苗病、胡麻叶斑病、早期叶瘟病、立枯病；油菜黑斑病、黑胫病；马铃薯立枯病、疮痂病；蔬菜枯萎病、炭疽病、褐斑病、蔓枯病。

使用方法

（1）药剂用量　大麦、小麦、玉米、花生、马铃薯每 100kg 种子用 2.5％咯菌腈悬浮种衣剂 100～200mL 或 10％咯菌腈悬浮种衣剂 25～50mL；棉花每 100kg 种子用 2.5％咯菌腈悬浮种衣剂 100～400mL，或 10％咯菌腈悬浮种衣剂 25～100mL；大豆每 100kg 种子用 2.5％咯菌腈悬浮种衣剂 200～400mL，或 10％咯菌腈悬浮种衣剂 50～100mL；水稻每 100kg 种子用 2.5％咯菌腈悬浮种衣剂 200～

800mL，或 10％咯菌腈悬浮种衣剂 50～200mL；油菜每 100kg 种子用 2.5％咯菌腈悬浮种衣剂 600mL 或 10％咯菌腈悬浮种衣剂 150mL；蔬菜每 100kg 种子用 2.5％咯菌腈悬浮种衣剂 400～800mL 或 10％咯菌腈 100～200mL。

（2）手工拌种　将咯菌腈悬浮种衣剂用水稀释（一般稀释到 1～2L/100kg 种子，大豆 0.6～0.9L/100kg 种子），充分混匀后倒在种子上，快速搅拌或摇晃，直到药液均匀分布到每粒种子上（根据颜色判断）。若地下害虫严重可加常用拌种剂混匀后拌种。

（3）机械拌种　按不同的比例把咯菌腈悬浮种衣剂加水稀释好即可拌种。例如国产拌种机一般药种比为 1∶60，可将咯菌腈悬浮种衣剂加水稀释至 1660mL/100kg（大豆 1L/100kg 种子以内）；若采用进口拌种机，一般药种比为 1∶（80～120），可将咯菌腈悬浮种衣剂加水调配至 800～1250mL/100kg 种子的程度即可开机拌种。

注意事项

（1）对水生生物有毒，勿把剩余药物倒入池塘、河流。

（2）农药泼洒在地，立即用沙、锯末、干土吸附，把吸附物集中深埋。曾经泼洒的地方用大量清水冲洗。回收药物不得再用。

（3）经处理种子绝对不得用来喂禽畜，绝对不得用来加工饲料或食品。

（4）用剩种子可以贮放 3 年，但若已过时失效，绝对不可把种子洗净作饲料及食品。

（5）播后必须盖土。

咯喹酮 pyroquilon

C₁₁H₁₁NO，173.21

其他名称　乐喹酮、百快隆。

主要剂型　2％、5％颗粒剂，50％可湿性粉剂。

作用特点　黑色素生物合成抑制剂，内吸性杀菌剂。咯喹酮由稻株根部迅速吸收，向顶输导至叶和稻穗花序组织。以毒土、种子处理和水中撒施方式施用后，药剂很快被稻根吸收。叶面施用后，咯喹酮被叶面迅速吸收，并在叶内向顶输导。咯喹酮在活体上防治病害的活性大大高于其在离体上对稻瘟病病原的菌丝体生长的抑制效果。产生这一作用主要是基于对稻瘟病菌附着胞中黑色素生物合成的抑制作用，这样防止了附着胞穿透寄主表皮细胞。病斑产生的分生孢子也可大为减少。

防治对象　主要用于防治水稻稻瘟病。

使用方法

(1) 播种前，以 4g（a.i.）/kg 种子的浓度处理种子。

(2) 在叶瘟和稻颈瘟出现之前，以 1.5～2.0kg（a.i.）/hm² 的浓度喷施于水中。

硅噻菌胺 silthiopham

$C_{13}H_{21}NOSSi$, 267.46

其他名称　全蚀净。

主要剂型　12.5%悬浮剂。

作用特点　属于保护性内吸性杀菌剂。小麦全蚀病的防病机理主要表现在两个方面：一方面是刺激小麦根系生长，弥补因病菌造成的根系发病死亡对产量的影响；另一方面是对小麦全蚀菌的抑制作用，拌种后小麦根部的黑根率明显降低，但这种现象也可能是使用硅噻菌胺后提高了作物的抗病性。

防治对象　小麦全蚀病。

使用方法　用于防治小麦全蚀病，主要作种子处理剂，使用剂量 5～40g（a.i.）/100kg 种子。

环丙酰菌胺 carpropamide

$C_{15}H_{18}Cl_3NO$, 334.67

其他名称　加普胺。

主要剂型　悬浮种衣剂、颗粒剂、悬浮剂、湿拌种剂。

作用特点　环丙酰菌胺是内吸、保护性杀菌剂。与现有杀菌剂不同，环丙酰菌胺无杀菌活性，不抑制病原菌菌丝的生长。其具有两种作用方式：抑制黑色素生物合成和在感染病菌后可加速植物抗菌素如稻壳酮 A 的产生，这种作用机理预示环丙酰菌胺可能对其他病害亦有活性。

防治对象　水稻稻瘟病。

使用方法　以预防为主，几乎没有治疗活性，具有内吸活性。在接种后 6h 内用环丙酰菌胺处理，则可完全控制稻瘟病的侵害，但超过 6h 处理，几乎无活性。在育苗箱中应用剂量为 400g（a.i.）/hm²，茎叶处理剂量为 75～150g（a.i.）/hm²，还可以用于种子处理。

环丙唑醇 cyproconazole

$$C_{15}H_{18}ClN_3O, 291.78$$

其他名称　环唑醇。

主要剂型　10％、40％可湿性粉剂，10％水溶性液剂，10％、84％水分散颗粒剂。

作用特点　属三唑类杀菌剂，是甾醇脱甲基化抑制剂，具有预防和治疗作用。能迅速被植物有生长力的部分吸收并主要向顶部转移。

防治对象　适宜小麦、大麦、燕麦、黑麦、玉米、高粱、甜菜、苹果、梨、咖啡、草坪等防治白粉菌属、柄锈菌属、喙孢属、核腔菌属和壳针孢属菌引起的病害如小麦白粉病、小麦散黑穗病、小麦纹枯病、小麦雪腐病、小麦全蚀病、小麦腥黑穗病、大麦云纹病、大麦散黑穗病、玉米丝黑穗病、高粱丝黑穗病、甜菜菌核病、咖啡锈病、苹果斑点落叶病、梨黑星病等。

使用方法　具有预防、治疗和内吸作用，主要用作茎叶处理，使用剂量通常为 $60\sim100g$ (a.i.)/hm^2。防治麦类锈病持效期为 $4\sim6$ 周。防治白粉病为 $3\sim4$ 周。

(1) 防治禾谷类作物病害用量为 $80g$ (a.i.)/hm^2。

(2) 防治咖啡病害用量为 $20\sim50g$ (a.i.)/hm^2。

(3) 防治甜菜病害用量为 $40\sim60g$ (a.i.)/hm^2。

(4) 防治果树和葡萄病害用量为 $10g$ (a.i.)/hm^2。

注意事项　在禾谷类中的残留量为 $0.03mg/kg$，在土壤中较稳定。

环氟菌胺 cyflufenamid

$$C_{20}H_{17}F_5N_2O_2, 412.35$$

其他名称　Pancho。

主要剂型　50g/L 水乳剂。

作用特点　环氟菌胺对白粉病有优异的保护和治疗活性，持效活性和耐雨水冲刷活性，内吸活性差，对作物安全。作用机理是环氟菌胺通过抑制白粉病菌生活史（即发病过程）中菌丝上分生的吸器的形成和生长，次生菌丝的生长和附着器的形成。对孢子萌发、芽管的延长和附着器形成均无作用。

防治对象 小麦白粉病、草莓白粉病、黄瓜白粉病、苹果白粉病和葡萄白粉病等。

使用方法 茎叶喷雾,防治葡萄、黄瓜、小麦、草莓、苹果等白粉病,在发病初期,用1.7g(a.i.)/亩兑水40~50kg喷雾。

注意事项

(1)此药应储存在阴凉和儿童接触不到的地方。

(2)施药后各种工具应认真清洗,污水和剩余药液要妥善处理保存,不得任意倾倒。

环酰菌胺 fenhexamid

$C_{14}H_{17}Cl_2NO_2$, 302.20

主要剂型 50%水分散粒剂、50%悬浮剂、50%可湿性粉剂。

作用特点 具体的作用机理尚不清楚,但大量的研究表明其具有独特的作用机理,与已有杀菌剂苯并咪唑类、二羟酰亚胺类、三唑类、苯胺嘧啶类、N-苯基氨基甲酸酯等无交互抗性。

防治对象 稻田防治稻瘟病、各种灰霉病以及相关的菌核病、黑斑病等。对灰霉病有特效。

使用方法 一种酰胺类杀菌剂,用作种子处理剂,育苗箱处理剂,属于内吸、保护性杀菌剂。

注意事项

(1)此药应储存在阴凉和儿童接触不到的地方。

(2)施药后各种工具应认真清洗,污水和剩余药液要妥善处理保存,不得任意倾倒。

磺菌胺 flusulfamide

$C_{13}H_7Cl_2F_3N_2O_4S$, 415.17

其他名称 2′,4-二氯-α,α,α-三氟-4′-硝基间甲苯磺酰苯胺。

主要剂型 粉剂、悬浮剂。

作用特点 磺菌胺主要用于土壤处理的杀菌剂,抑制孢子萌发。在根肿病菌的生长期中有两个作用点，一是在病菌休眠，孢子发芽的过程中发挥作用；另一为在土壤根须中的原生质和游动孢子到土壤中次生游动孢子的使作物二次感染的过程中发挥作用。

防治对象　磺菌胺能有效地防治土传病害，包括腐霉病菌、螺壳状丝囊霉、疮痂病菌及环腐病菌等引起的病害，对根肿病如白菜根肿病具有显著的效果。适用于萝卜、中国甘蓝、甘蓝、花椰菜、硬花甘蓝、甜菜、大麦、小麦、黑麦、番茄、茄子、黄瓜、菠菜、水稻、大豆等。

使用方法

（1）在种植前以 $600\sim900$g（a. i.）/hm^2 的剂量与土壤混合或与移栽土混合，不同类型的土壤中（如沙壤土、壤土、黏壤土和黏土）磺菌胺均能对根肿病呈现出卓著的效果。

（2）在 $600\sim900$g（a. i.）/hm^2 剂量下，对白菜芸苔根肿菌有效，对镰孢（霉）属、疫霉属、腐霉属、丝核菌属和多粘霉属的 Polymyxa betae、甜菜黄脉病毒的真菌传病媒介等也有很好的防治效果。

注意事项

（1）此药应储存在阴凉和儿童接触不到的地方。

（2）施药后各种工具应认真清洗，污水和剩余药液要妥善处理保存，不得任意倾倒。

磺菌威 methasulfocarb

$C_9H_{11}NO_4S_2$, 261.3

其他名称　Kayabest。

主要剂型　10%粉剂。

作用特点　属磺酸酯类杀菌剂和植物生长调节剂。该杀菌剂用于土壤，尤其用于水稻的育苗箱。它不仅是杀菌剂，而且还可以提高水稻根系的生理活性。

防治对象　对于防治由根腐属、镰孢（霉）属、腐霉属、木霉属、伏革菌属、毛霉属、丝核菌属和极毛杆菌属等病原菌引起的水稻枯萎病很有效。

使用方法　将10%粉剂混入土内，剂量为每5L育苗土6~10g药剂，在播种前7天之内或临近播种时使用。

注意事项

（1）此药应储存在阴凉和儿童接触不到的地方。

（2）施药后各种工具应认真清洗，污水和剩余药液要妥善处理保存，不得任意倾倒。

活化酯 acibenzolar

$C_8H_6N_2OS_2$, 210.3

其他名称 生物素。

主要剂型 50％可湿性粉剂、63％可湿性粉剂。

作用特点 活化酯为系统获得抗性的天然信号分子水杨酸的功能类似物，通过激活寄生植物的天然防御机制（系统获得抗性，SAR）来对植物产生保护作用，从而使植物对多种真菌和细菌产生自我保护作用。植物抗病活化剂几乎没有杀菌活性。同其他常规药剂如甲霜灵、代森锰锌、烯酰吗啉等混用，不仅可提高活化酯的防治效果，而且还能扩大其防病范围。

防治对象 水稻、小麦、蔬菜、香蕉、烟草等的白粉病、锈病、霜霉病等病害。

使用方法 在禾谷类作物上，用30g（a.i.）/hm² 进行茎叶喷雾1次，可有效预防白粉病，残效期达10周之久，且能兼防叶枯病和锈病。用12g（a.i.）/hm² 进行茎叶喷雾，每隔14天使用1次，可有效预防烟草霜霉病。

注意事项

（1）不能与食物、饲料等存放在一起，应贮存于干燥阴凉的地方。

（2）按农药安全规程使用，避免药剂溅到眼睛里和皮肤上，如果不慎溅到身上，应用大量清水冲洗。

（3）各种作物收获前停止用药的安全间隔为：水稻7天，小麦10天，大豆14天，玉米21天。

（4）发生中毒时，应立即送医院就诊，可以注射解毒药物阿托品。

（5）根据国家相关规定，自2016年12月31日起，禁止在蔬菜上使用。

己唑醇 hexaconazole

$C_{14}H_{17}Cl_2N_3O$, 314.21

其他名称 开美、绿云罗克、同喜、富绿。

主要剂型 5％的悬浮剂、10％乳油、5％微乳剂、50％水分散粒剂。

作用特点 属三唑类杀菌剂，甾醇脱甲基化抑制剂，对真菌尤其是担子菌门和子囊菌门引起的病害有广谱性的保护和治疗作用。破坏和阻止病菌的细胞膜重要组成成分麦角甾醇的生物合成，导致细胞膜不能形成，使病菌死亡。具有内吸、保护和治疗活性。

防治对象　防治苹果、葡萄、香蕉、蔬菜（瓜果、辣椒等）、花生、咖啡、禾谷类作物和观赏植物等作物上子囊菌、担子菌和半知菌所致病害，尤其是对担子菌纲和子囊菌纲引起的病害如白粉病、锈病、黑星病、褐斑病、炭疽病等有优异的保护和铲除作用。对水稻纹枯病有良好防效。

使用方法

（1）使用剂量通常为 15～250g（a. i.）/hm²。以 10～20mg/L 喷雾，能有效防治苹果白粉病、黑星病，葡萄白粉病。

（2）以 20～50mg/L 喷雾，可有效防治咖啡锈病或以 30g（a. i.）/hm² 防治咖啡锈病，效果优于三唑酮。

（3）以 20～50g（a. i.）/hm² 可防治花生褐斑病；以 15～20mg/L 可防治葡萄白粉病和黑腐病。

注意事项

（1）存放在密封容器内，并放在阴凉，干燥处。储存的地方必须远离氧化剂，避光保存。

（2）喷药时不要随意增加药量或提高药液浓度，以免发生药害。

（3）建议与其他类型杀菌剂交替使用，避免病菌产生抗药性。

（4）乳油在果树幼果期使用可能会刺激幼果表面产生果锈，需要慎重。

甲呋酰胺 fenfuram

$C_{12}H_{11}NO_2$, 201.22

其他名称　酚菌氟来、甲呋酰苯胺、黑穗胺。

主要剂型　干拌种剂、25％乳油。

作用特点　一种具有内吸作用的新的代替汞制剂的拌种剂，防治种子胚内带菌的麦类黑穗病，也可用于防治高粱黑穗病。但对侵染期较长的玉米丝黑穗病菌的防治效果差。

防治对象　小麦、大麦散黑穗病、小麦光腥黑穗病和网腥黑穗病、高粱丝黑穗病和谷子粒黑穗病。

使用方法

（1）防治小麦、大麦散黑穗病，每 100kg 的种子用 25％乳油 200～300mL 拌种。

（2）防治小麦光腥黑穗病和网腥黑穗病，每 100kg 的种子用 25％乳油 300mL

拌种。

(3) 防治高粱丝黑穗病，每 100kg 的种子用 25％乳油 200～300mL 拌种。还可兼治散黑穗病及坚黑穗病。

(4) 防治谷子粒黑穗病，每 100kg 的种子用 25％乳油 300mL 拌种。

注意事项

(1) 不能与食物、饲料等存放在一起，应贮存于干燥阴凉的地方。

(2) 按农药安全规程使用，避免药剂溅到眼睛里和皮肤上，如果不慎溅到身上，应用大量清水冲洗。

甲基立枯磷 tolclofos-methyl

$C_9H_{11}Cl_2O_3PS$, 301.13

其他名称　利克菌、立枯灭、灭菌磷。

主要剂型　50％可湿性粉剂，5％、10％、20％粉剂，20％乳油和 25％胶悬剂。

作用特点　一种广谱内吸性杀菌剂。用于防治土传病害，主要起保护作用。其吸附作用强，不易流失，持效期较长。对半知菌类、担子菌纲等各种病菌均有很强的杀菌活性。

防治对象　防治棉花、油菜、花生、甜菜、小麦、玉米、水稻、马铃薯、瓜果、蔬菜、观赏植物和果树等作物上的立枯病、枯萎病、菌核病、根腐病，十字花科黑根病、褐腐病。

使用方法

(1) 蔬菜病害

① 防治黄瓜、冬瓜、番茄、茄子、甜（辣）椒、白菜、甘蓝苗期立枯病，发病初期喷淋 20％乳油 1200 倍液，每平方米喷 2～3kg。视病情隔 7～10 天喷药 1 次，连续防治 2～3 次。

② 防治黄瓜、苦瓜、南瓜、番茄、豇豆、芹菜的白绢病，发病初期用 20％乳油与 40～80 倍细土拌匀，撒在病部根茎处，每株撒毒土 250～350g。必要时也可用 20％乳油 1000 倍液灌穴或淋灌，每株（穴）灌药液 400～500mL，隔 10～15 天再施 1 次。

③ 防治黄瓜、节瓜、苦瓜、瓠瓜的枯萎病，发病初期用 20％乳油 900 倍液灌根，每株灌药液 500mL，间隔 10 天左右灌药 1 次，连续灌药 2～3 次。

④ 防治甜瓜蔓枯病，发病初期在根茎基部或全株喷布 20％乳油 1000 倍液，隔 8～10 天喷药 1 次，总共喷药 2～3 次。

⑤ 防治葱、蒜白腐病，亩用 20％乳油 3kg，与细土 20kg 拌匀，在发病点及附

近撒施，或在播种时撒施。

⑥ 防治番茄丝核菌果腐病，喷20%乳油1000倍液。

⑦ 防治黄瓜、西葫芦、番茄、茄子的菌核病，定植前每亩用20%乳油500mL，与细土20kg，撒施并耙入土中。或在出现子囊盘时用20%乳油1000倍液喷施，间隔8～9天喷药1次，共喷药3～4次。病情严重时，除喷雾，还可用20%乳油50倍液涂抹瓜蔓病部，以控制病害扩张，并有治疗作用。

（2）防治棉花立枯病等苗期病害，每100kg种子用20%乳油1～1.5kg拌种。

（3）防治水稻苗期立枯病，每亩用20%乳油150～220mL，兑水喷洒苗床。

（4）防治烟草立枯病，发病初期，喷布20%乳油1200倍液，隔7～10天喷1次，共喷2～3次。

（5）防治甘蔗虎斑病，发病初期，喷布20%乳油1200倍液。

（6）药用植物病害

①防治薄荷白绢病，当发现病株时及时拔除，对病穴及邻近植株淋灌20%乳油1000倍液，每穴（株）淋药液400～500mL。防治佩兰白绢病，发病初期，用20%乳油与40～80倍细土拌匀，撒施在病部根茎处；必要时喷布20%乳油1000倍液，隔7～10天再喷1次。

② 防治莳萝立枯病，发病初期，喷淋20%乳油1200倍液，间隔7～10天再防治1～2次。

③ 防治枸杞根腐病，发病初期，浇灌20%乳油1000倍液，经一个半月可康复。

④ 防治红花猝倒病，采用直播的，用20%乳油1000倍液，与细土100kg拌匀，撒在种子上覆盖一层，再覆土。

（7）防治马铃薯黑痣病和枯萎病

① 沟施　开沟、播种后，将配制好的药液淋在块茎和周围的土壤上。配制药液时，按500～750mL/hm²（加水250L）土地配水，折算成各小区用药量，将药和水充分混匀即可施用。

② 喷雾　将药剂按50～60mL/亩加30～45L水剂量配制成药水，苗期进行叶面喷雾，喷在茎叶跟土壤接触部分效果最佳，发病严重时应隔5～7天连续防治2～3次。

注意事项

（1）在酸性介质中分解，不能与碱性农药混用。

（2）误服立即引吐（清醒时才能引吐）、洗胃、导泻。

甲基硫菌灵 thiophanate-methyl

$C_{12}H_{14}N_4O_4S_2$, 342.39

其他名称 甲基托布津。

主要剂型 5％糊剂，70％可湿性粉剂，40％、50％胶悬剂，36％悬浮剂。

作用特点 苯并咪唑类广谱治疗性杀菌剂，低残留，具有内吸、预防和治疗三重作用。杀菌机制：一是在植物体内部分转化为多菌灵，干扰病菌有丝分裂中纺锤体的形成，影响细胞分裂，导致病菌死亡；二是甲基硫菌灵直接作用于病菌，阻碍其呼吸过程，影响病菌孢子的产生、萌发及菌丝体生长。连续使用易诱使病菌产生耐药性。本品对多种病害有预防和治疗作用，对叶螨和病原线虫也有抑制作用。

防治对象 防治茄子、葱头、芹菜、番茄、菜豆等蔬菜的灰霉病、炭疽病、菌核病等病害，花腐病、月季褐斑病、海棠灰斑病等花卉病害，苹果轮纹病、炭疽病、葡萄褐斑病、炭疽病、灰霉病、桃褐腐病等水果病害，麦类黑穗病等一些其他病害。

使用方法

（1）蔬菜病害的防治 防治黄瓜白粉病、炭疽病，茄子、葱头、芹菜、番茄、菜豆等灰霉病、炭疽病、菌核病。可用50％可湿性粉剂1000～1500倍液喷雾，在发病初期，每隔7～10天喷1次药，连续喷药3～4次；防治莴苣灰霉病、菌核病，可用50％可湿性粉剂700倍液喷雾。

（2）花卉病害的防治 对大丽花花腐病、月季褐斑病、海棠灰斑病，君子兰叶斑病，一般在发病初期，每亩用50％可湿性粉剂83～125g，兑水喷雾，一共喷药3～5次。

（3）果树类病害的防治

① 防治苹果轮纹病、炭疽病，可用50％可湿性粉剂400～600倍液喷雾，每隔10天喷1次。

② 防治葡萄褐斑病、炭疽病、灰霉病、桃褐腐病等，可用50％可湿性粉剂600～800倍液喷雾。

③ 防治柑橘贮藏中的青霉、绿霉病，在柑橘采摘后立即用40％胶悬剂400～600倍液浸果实2～3min，捞出晾干装筐。

（4）麦类病害的防治 麦类黑穗病，可用50％可湿性粉剂200g加水4kg拌种100kg，然后闷种6h；三麦赤霉病，始花期喷药1次，5～7天后喷第2次，每次每亩可用50％可湿性粉剂75～100g。

（5）其他作物病害的防治 烟草、桑树白粉病，可用50％可湿性粉剂300～400mg/kg的药液喷雾；花生叶斑病，在病害盛发期，可用50％可湿性粉剂200～250mg/kg药液喷雾，间隔2周喷1次，施药3次；甘薯黑斑病，可用50％可湿性粉剂500～1000mg/kg药液浸种10min。

注意事项

（1）不能与碱性及无机铜制剂混用。

（2）长期单一使用易产生抗性并与苯并咪唑类杀菌剂有交互抗性，应注意与其他药剂轮用。

（3）药液溅入眼睛可用清水或 2％苏打水冲洗。

甲菌定 dimethirimol

$$C_{11}H_{19}N_3O, 209.29$$

其他名称　二甲嘧酚、甲嘧醇、灭霉灵。

主要剂型　10％乳油、124.7g/L 甲菌定盐酸盐水剂。

作用特点　腺嘌呤核苷脱氨酶抑制剂。内吸性杀菌剂，具有保护和治疗作用。可被植物根、茎、叶迅速吸收，并在植物体内运转到各个部位，故耐雨水冲刷。施药后持效期 10～14 天。

防治对象　防治苹果、葡萄、黄瓜、草莓、玫瑰和甜菜的白粉病。

使用方法　茎叶处理，使用剂量为 150～375g（a.i.）/hm²。

甲霜灵 metalaxyl

$$C_{15}H_{21}NO_4, 279.33$$

其他名称　阿普隆、保种灵、瑞毒霉、瑞毒霜、甲霜安、雷多米尔、氨丙灵。

主要剂型　5％颗粒剂，25％可湿性粉剂，35％拌种剂。

作用特点　核糖体 RNA 的合成抑制剂。内吸性特效杀菌剂，具有保护和治疗作用，可被植物的根茎叶吸收，并随之物体内水分运输，而转移到植物的各器官。有双向传导性能，持效期 10～14 天，土壤处理持效期可超过两个月。

防治对象　主要用于防治霜霉病、疫霉病、腐霉病、疫病、晚疫病、黑胫病、猝倒病等真菌性病害，适用于黄瓜、甜瓜、西葫芦、番茄、辣椒、茄子、马铃薯、葡萄、苹果、梨、柑橘、谷子、大豆、烟草等多种植物。

使用方法

（1）一般用 25％可湿性粉剂 750 倍液，防治黄瓜霜霉病和疫病，茄子、番茄及辣椒的绵疫病，十字花科蔬菜的白锈病等，每隔 10～14 天喷 1 次药，用药次数每季不得超过 3 次。

（2）谷子白发病的防治。每 100kg 种子用 35％拌种剂 200～300g 拌种，先用 1％清水或米汤将种子湿润，再拌入药粉。

（3）烟草黑茎病的防治。苗床在播种后 2～3 天，每亩用 25％可湿性粉剂

133g，进行土壤处理，在移栽后第 7 天用药，每亩用 58％可湿性粉剂兑水 500 倍喷雾。

（4）马铃薯晚疫病的防治。初见叶斑时，每亩用 25％可湿性粉剂 500 倍液喷雾，每隔 10～14 天喷 1 次药，不得超过 3 次。

注意事项　单一长期使用该药，病菌易产生抗性。

腈苯唑 fenbuconazole

$$C_{19}H_{17}ClN_4, 336.8$$

其他名称　唑菌腈、苯腈唑。

主要剂型　24％悬浮剂。

作用特点　三唑类内吸杀菌剂，是麦角甾醇生物合成抑制剂，能阻止已发芽的病菌孢子侵入作物组织，抑制菌丝的伸长。在病菌潜伏期使用，能阻止病菌的发育。在发病后使用，能使下一代孢子变形，失去侵染能力，对病害具有预防作用和治疗作用。可作叶面处理剂，也可作种子处理剂。

防治对象　适宜禾谷类作物、水稻、甜菜、葡萄、香蕉、桃树、苹果等作物。可防治香蕉叶斑病、桃树褐斑病、苹果黑星病、梨黑星病、禾谷类黑粉病、腥黑穗病、麦类锈病、菜豆锈病、蔬菜白粉病等。

使用方法

（1）果树病害

①防治香蕉叶斑病，在香蕉下部叶片出现叶斑之前或刚出现叶斑，用 24％悬浮剂 960～1200 倍液喷雾，隔 7～14 天喷 1 次药。

②防治桃树褐斑病，在发病初期，喷 24％悬浮剂 2500～3000 倍液，隔 7～10 天喷 1 次药，连续喷药 2～3 次。

③防治苹果黑星病、梨黑星病，用 24％悬浮剂 6000 倍液喷雾，防治梨黑斑病用 3000 倍液喷雾，隔 7～10 天喷 1 次药，一般连喷 2～3 次药。

（2）防治禾谷类黑粉病、腥黑穗病，每 100kg 种子，用 24％悬浮剂 40～80mL 拌种。防治麦类锈病，于发病初期，每亩用 24％悬浮剂 20mL，兑水 30～50kg 喷雾。但对禾谷类白粉病无效。

（3）防治菜豆锈病、蔬菜白粉病，于发病初期，每亩用 24％悬浮剂 18～75mL，兑水 30～50kg 喷雾，隔 5～7 天喷 1 次药，连喷 2～4 次药。

注意事项

（1）腈苯唑对鱼有毒，应避免污染水源。

（2）腈苯唑与其他杀菌剂轮换使用，以延缓或避免病菌产生抗药性。

腈菌唑 myclobutanil

$C_{15}H_{17}ClN_4$, 288.79

其他名称 仙生。

主要剂型 40%可湿性粉剂，5%、12%、12.5%乳油。

作用特点 一类具有保护和治疗活性的内吸性三唑类杀菌剂。主要对病原菌的麦角甾醇的生物合成起抑制作用，对子囊菌、担子菌均具有较好的防治效果。该剂持效期长，对作物安全，有一定刺激生长的作用，麦角甾醇生物合成抑制剂。具有强内吸性，药效高，对作物安全，持效期长等特点。

防治对象 适用于果树、园艺、麦类、棉花和水稻等作物，用来控制谷类腥黑穗病、黑穗病，新鲜梨果的白粉病和结疤，核果类植物的褐腐及白粉病，攀援植物的白粉病、黑腐病及灰霉病，谷类植物的锈蚀病，甜菜的叶斑病，它也被用来控制广泛的田间作物病。

使用方法 叶面喷洒和种子处理。使用剂量 30~60g（a.i.）/hm²。叶面喷施稀释 1000~1500 倍药液。

注意事项

（1）安全间隔期：大豆 14 天，叶菜类 7 天。

（2）在叶菜上最高用药量，每亩每次 75mL，最高残留限量（MRL）甘蓝中为 1mg/kg。

（3）不能与碱性农药混用，为保护蜜蜂，应避免在开花期使用。

（4）对烟草有药害。

井冈霉素 validamycin

$C_{20}H_{35}NO_{13}$, 497.49

其他名称 百艳、贝博、春雷米尔、世通。

主要剂型 5%、30%水剂，2%、3%、4%、5%、12%、15%、17%可溶性粉剂，0.33%粉剂。

作用特点 一种放线菌产生的抗生素，具有较强的内吸性，易被菌体细胞吸收并在其内迅速传导，干扰和抑制菌体细胞生长和发育。

防治对象 主要用于水稻纹枯病的防治，也可用于水稻稻曲病、玉米大小斑病以及蔬菜和棉花、豆类等作物病害的防治。

使用方法

（1）水稻病害的防治。纹枯病一般在水稻封行后至抽穗前期或盛发初期，每次每亩用 5% 可溶性粉剂 100～150g，兑水 75～100kg，针对水稻中下部喷雾或泼浇，间隔期 7～15 天，施药 1～3 次；水稻稻曲病，在水稻孕穗期，每亩用 5% 水剂 100～150mL，兑水 50～75kg 喷雾。

（2）棉花立枯病的防治。用 5% 水剂 500～1000 倍液，按 3mL/m² 药溶液量灌苗床。

（3）麦类纹枯病的防治。每 100kg 种子用 5% 水剂 600～800mL，兑少量的水均匀喷在麦种上，搅拌均匀，堆闷几小时后播种。也可在田间病株率达到 30% 左右时，每亩用 5% 井冈霉素水剂 100～150mL，兑水 60～75kg 喷雾。

注意事项

（1）可与除碱以外的多种农药混用。

（2）属抗菌素类农药，应存放在阴凉干燥处，并注意防腐、防霉、防热。

（3）粉剂在晴朗天气可早、晚两头趁露水未干时喷施，夜间喷施效果尤佳，阴雨天可全天喷施，风力大于 3 级时不宜喷粉。

（4）存放于阴凉、干燥的仓库中，并注意防霉、防热、防冻。

（5）保质期 2 年，保质期内粉剂如有吸潮结块现象，溶解后不影响药效。

糠菌唑 bromuconazole

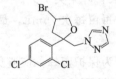

C₁₃H₁₂BrCl₂N₃O, 377.06

其他名称 糠菌唑。

主要剂型 15% 悬浮剂。

作用特点 属三唑类菌剂，是甾醇脱甲基化抑制剂，具有预防、治疗和内吸作用。

防治对象 防治禾谷类作物、葡萄、果树和蔬菜上的子囊菌纲、担子菌纲和半知菌类病原菌。另外，对链格孢属和镰孢属病原菌也有效。

使用方法 禾谷类上使用，药剂量为 200～300g（a.i）/hm²；苹果树上使用，药剂量为 4g（a.i）/hm²；葡萄树上使用，药剂量为 20～40g（a.i）/hm²。

克菌丹 captan

C₉H₈Cl₃NO₂S, 300.59

其他名称 盖普丹、卡丹、普丹、可菌丹。

主要剂型 50％悬浮剂，80％可湿性粉剂。

作用特点 属于有机硫类广谱低毒杀菌剂，以保护作用为主，兼有一定的治疗作用，对多种作物上的许多种真菌性病害均具有较好的预防效果，特别适用于对铜制剂敏感的作物。在水果上使用具有美容、去斑、促进果面光洁靓丽的作用。本品可渗透到病菌的细胞膜，即可干扰病菌的呼吸过程，又可干扰其细胞分裂，具有多个杀菌作用位点，连续多次使用极难诱导病菌产生抗药性。

防治对象 防治西红柿、马铃薯等蔬菜上的霜霉病、白粉病和炭疽病等蔬菜病害，苹果上的轮纹病、炭疽病、褐斑病、斑点落叶病、煤污病和黑星病等水果病害。

使用方法

（1）防治多种蔬菜的霜霉病、白粉病、炭疽病，西红柿和马铃薯早疫病、晚疫病，用50％悬浮剂500～800倍液喷雾，于发病初期开始每隔6～8天喷1次药，连续喷药2～3次。

（2）防治多种蔬菜的苗期立枯病、猝倒病，按每亩苗床用药粉0.5kg，兑干细土15～25kg制成药土，均匀与土壤表面上掺拌。

（3）防治菜豆和蚕豆炭疽病、立枯病、根腐病，用50％悬浮剂400～600倍液喷雾，于发病初期每隔7～8天喷1次药，连续喷2～3次药。

注意事项

（1）不能与碱性药剂混用。

（2）拌药的种子勿作饲料或食用。

（3）药剂放置于阴凉干燥处。

（4）对葡萄喷施有一定着色效果。高温干旱在鲜食葡萄特别是红提商用品种上可能会出现药害，应先试验后再用。

克瘟散 edifenphos

$C_{14}H_{15}O_2PS_2$, 310.37

其他名称 稻瘟光、敌瘟磷、西双散。

主要剂型 30％、40％乳油。

作用特点 中等毒性杀菌剂。一种广谱性有机磷杀菌剂，对水稻稻瘟病有良好的预防和治疗作用。其作用机理是对稻瘟病的病菌"几丁质"合成和脂质代谢起抑制作用，破坏细胞的结构，并间接影响细胞壁的形成。对其他作物的多种病菌都有良好的防治效果，对一些害虫也有防治作用。

防治对象 用于水稻的福瘟病如叶瘟、穗颈瘟、节稻瘟等的防治，同时对水稻纹枯病、胡麻叶斑病、谷子瘟病、玉米大斑病和小斑病、麦类赤霉病、小球菌核病、穗枯病等均有良好的防治效果。对飞虱、叶蝉及鳞翅目害虫兼有一定的防治作用。

使用方法 喷雾或浸种。喷雾防治稻瘟病，其效果优于稻瘟净和异稻瘟净。兑水 500~800 倍防治玉米大小斑病，兑水 1000 倍浸稻种 1h，能有效地防治苗瘟病。

注意事项 在中性液中稳定，在强酸、强碱溶液中水解，见光分解。

喹菌酮 oxolinic acid

$C_{13}H_{11}NO_5$, 261.23

其他名称 噁喹酸、奥索利酸、萘啶酸。

主要剂型 1%超微粉剂，20%可湿性粉剂。

作用特点 一种喹啉类杀菌剂，通过抑制细菌分裂时必不可少的 DNA 复制而发挥其抗菌活性，具有保护和治疗作用。

防治对象 用于水稻种子处理，防治极毛杆菌和欧氏植病杆菌，如水稻颖枯细菌病菌、内颖褐变病菌、叶鞘褐条病菌、软腐病菌、苗立枯细菌病菌，马铃薯黑胫病、软腐病、火疫病，苹果和梨的火疫病、软腐病，白菜软腐病。

使用方法

(1) 以 1g/L 浸种 24h，或以 10g/L 浸种 10min，或 20%可湿性粉剂以种子质量的 0.5%进行种子包衣，防效均在 97%以上。

(2) 与各种杀菌剂混配时，在稀释后 10 天内均有足够的防效。

(3) 以 300~600g（a.i.）/hm² 进行叶面喷雾，可有效防治苹果和梨的火疫病和软腐病。在抽穗期以 300~600g（a.i.）/hm² 进行叶面喷雾，可有效地防治水稻粒腐病。对大白菜软腐病也有很好的保护和治疗作用。

联苯三唑醇 bitertanol

$C_{20}H_{23}N_3O_2$, 337.42

其他名称 百柯、百科、双苯唑菌醇、双苯三唑醇。

主要剂型 25%可湿性粉剂，30%乳油。

作用特点　广谱、高效、内吸性杀菌剂，有保护、治疗和铲除作用。作用机制为抑制构成真菌所必需的成分麦角甾醇，使受害真菌体内出现甾醇中间体的积累，而麦角甾醇则逐渐下降并耗尽，从而干扰细胞膜的合成，使细胞变形、菌丝膨大、分枝畸形、生长受到抑制。

防治对象　用于防治果树黑星病、腐烂病，香蕉、花生叶斑病及各种作物的锈病、白粉病等。还可应用于桃疮痂病，麦叶穿孔病、梨锈病、黑星病以及菊花、石竹、天竺葵、蔷薇等观赏植物的锈病。

使用方法

(1) 防治花生锈病、叶斑病。病害发生前或发生初期，用 30% 乳油 1000～1250 倍液喷雾，每隔 10～15 天喷 1 次药，总共施用 2～3 次药。每次每亩喷药液 50～75kg。

(2) 防治苹果、梨黑星病。从病害发生初期开始，每隔 17～20 天用 30% 乳油 2400 倍液喷雾 1 次，共喷药 4 次。

(3) 防治水仙花大褐斑病。从病害发生初期开始，用 30% 乳油 2500 倍液喷雾，总共喷药 4 次，每次间隔 20 天。每次每亩喷药液 75kg。

(4) 防治水果的黑斑病，用药量 156～938g (a.i.)/hm²。防治观赏植物锈病和白粉病，用药量 125～500g (a.i.)/hm²。防治玫瑰叶斑病，用药量 125～750g (a.i.)/hm²。防治香蕉病害用药量 105～195g (a.i.)/hm²。

注意事项　本品属于有毒有害物质，使用时应注意防护，戴口罩、乳胶手套，避免吸入及直接与皮肤接触。

邻烯丙基苯酚 2-allylphenol

$C_9H_{10}O$, 134.18

其他名称　绿帝、2-(2-丙烯基) 苯酚、2-烯丙基酚。

主要剂型　10% 乳油和 20% 可湿性粉剂。

作用特点　邻烯丙基苯酚对病原菌菌丝中的一些细胞器有影响，具有促使菌丝向衰老方向发展的趋势。电镜观察发现，经邻烯丙基苯酚处理后，番茄灰霉病菌菌丝中液泡增多，番茄灰霉病菌和苹果腐烂病菌菌丝细胞壁明显增厚，小麦纹枯病菌菌丝中内质网处的泡囊数增多。

防治对象　对几乎所有的真菌病害都有效，尤其对番茄、草莓的灰霉、白粉病，果树的斑点落叶病、腐烂病、干腐病等病害防效显著，对蔬菜、小麦、园林、花卉和草坪的主要病害也有很好的防治效果。

使用方法

(1) 防治枣、苹果等果树的轮纹病、落叶病、锈病，梨黑星病等病害，在发病初期，用 600～1000 倍 20％可湿性粉剂喷洒树冠。

（2）防治枣、苹果等果树腐烂病，在病斑处用刀刮除病灶后，以 40～60 倍 20％可湿性粉剂涂抹病斑。

（3）防治蔬菜、草莓等作物的灰霉病、白粉病，用 600～1000 倍 20％可湿性粉剂喷雾，每 7～10 天 1 次，连续喷洒 2～3 次。

注意事项

（1）对黄瓜、花生、大豆有药害，不能使用。

（2）不宜作浸种、拌种用。

（3）配药时须先用少量水配制成母液，然后加水兑制，喷药时要细致、均匀、周到，防治效果更佳。

硫黄 sulphur

其他名称　硫块、粉末硫黄、磺粉、硫黄块、硫黄粉。

主要剂型　45％、50％悬浮剂，80％水分散粒剂，91％粉剂。

作用特点　硫黄粉是一种酸性化合物，在花草、林木、果树上使用，具有灭菌防腐、调节酸碱性、促进伤口愈合、防治病害的作用，还可供给植株养料，促进生长发育。

防治对象　在花草、林木和果树上使用。

使用方法

（1）防止伤流。容易产生伤流的植物，如无花果、葡萄、榕树、苏铁等的根、枝、叶，修剪后在伤口上涂上硫黄粉，可抑制伤流产生，防止伤口感染腐烂，促进愈合。

（2）防治烂根病。君子兰等盆栽花木，因渍水、病害产生烂根、黄叶现象，结合翻盆换土，剪除烂根，在伤口及根上喷撒硫黄粉，可控制烂根，促发新根，迅速恢复生长。大树出现烂根黄化时，刨开根土，剪切烂根后，在根部撒施硫黄粉，覆盖新鲜无菌土，可防止继续烂根，恢复正常生长。

（3）防插条、插花腐烂病。山茶、杜鹃及其他林果、花卉扦插育苗时，在插条基部蘸上硫黄粉后再扦插，能有效防止插条腐烂，大大提高成活率。在插花基部蘸上硫黄粉，能防止剪口腐烂，减小衰败速度，延长插花观赏期。

（4）防治白粉病。容易发生白粉病的花卉、林木、瓜果等植物，在叶片湿润或有露水时撒施硫黄粉，在干燥天气用硫黄粉悬浮液或石灰硫黄合剂喷洒，对防治白粉病有特效。

（5）防盐碱危害。在渍水、板结的盐碱土中，施入一定量的硫黄粉，可调节土壤 pH 值，降低盐碱度，促进林果花卉的正常生长。

注意事项　贮运时必须保持贮槽上主排气孔的畅通，以免引起硫化氢积聚而爆炸。硫黄粉切忌受潮。装卸时要轻拿轻放，防止因包装破损而受潮。

螺环菌胺 spiroxamine

$$C_{18}H_{35}NO_2, 297.48$$

其他名称　螺噁茂胺。

主要剂型　25%、50%、80%乳油。

作用特点　甾醇生物合成抑制剂，主要抑制 C-14 脱甲基化酶的合成。内吸性的叶面杀菌剂，对白粉病特别有效。作用速度快且持效期长，兼具保护治疗作用，既可以单独使用，又可以和其他杀菌剂混配以扩大杀菌谱。

防治对象　防治小麦白粉病和各种锈病，大麦云纹病和条纹病。

使用方法　使用剂量为 375～750g（a.i.）/hm^2。

络氨铜 copper sulfate-ammonia complex

$$[Cu(NH_3)_4]SO_4, 245.5$$

其他名称　硫酸四氨络合铜。

主要剂型　23%、25%水剂。

作用特点　主要通过铜离子发挥杀菌作用。铜离子与病原菌细胞膜表面上的 K^+、H^+ 等阳离子交换，使病原菌细胞膜上的蛋白质凝固，同时部分铜离子渗透入病原菌细胞内与某些酶结合影响其活性。能防治真菌、细菌和霉菌引起的多种病害，并能促进植物根深叶茂，增加叶绿素含量，增强光合作用及抗旱能力，有明显的增产作用。络氨铜对棉苗、西瓜等的生长具有一定的促进作用，起到一定的抗病和增产作用。

防治对象　防治黄瓜细菌性角斑病、叶枯病、缘枯病、软腐病、细菌性枯萎病和圆斑病，西葫芦绵腐病，冬瓜的疫病、细菌性角斑病，丝瓜疫病，番茄细菌性斑疹病、溃疡病、细菌性髓部坏死病、（匍柄霉）斑点病，茄子的绵疫病、（黑根霉）果腐病，甜（辣）椒的白星病、黑霉病、细菌性叶斑病、疮痂病、青枯病、软腐病、果实黑斑病，马铃薯软腐病，菜豆的根腐病、红斑病、细菌性疫病、细菌性晕疫病，大豆的褐斑病、灰斑病，洋葱的软腐病、黑斑病，莴苣和莴笋的细菌性叶缘坏死病、轮斑病，胡萝卜的细菌性软腐病、细菌性疫病，甘蓝类细菌性黑斑病，芥菜类软腐病，乌塌菜软腐病，蕹菜（柱盘孢）叶斑病，结球芥菜、芹菜和香芹菜的软腐病，白菜类的黑腐病、软腐病、细菌性角斑病、叶斑病等。

使用方法

（1）防治茄子、辣椒炭疽病、立枯病，每亩用水剂 30～40g，稀释成 50 倍液拌种，或在幼苗期、开花前喷洒 500～800 倍液，间隔 10 天左右重喷 1 次药。

（2）防治西瓜、黄瓜、菜豆枯萎病，用水剂 300～600 倍液灌根，每次每株灌 250～500g，连灌 2 次药。

（3）防治黄瓜霜霉病，西红柿早疫病、晚疫病，茄子黄叶病，用 400～600 倍液喷雾，于发病初期开始，每隔 10 天喷 1 次药，连喷 2～3 次药。

注意事项

（1）不能与酸性药剂混用。

（2）在蔬菜收获前 15 天停用。

（3）不宜在中午气温高时喷药，可在下午 4 点以后喷药。喷药后 6h 内遇雨，应补喷。

（4）若瓶中出现沉淀，需摇匀后使用，不影响药效。

（5）作叶面喷雾时，使用浓度不能低于 400 倍液，以免发生药害。

氯苯嘧啶醇 fenarimol

$C_{17}H_{12}Cl_2N_2O$, 331.20

其他名称 乐必耕、芬瑞莫、异嘧菌醇。

主要剂型 25%、50%、80%乳油。

作用特点 有预防、治疗作用的杀菌剂。通过干扰病原菌甾醇及麦角甾醇的形成，从而影响其正常生长发育。本品不能抑制病原菌的萌发，但是能抑制病原菌菌丝的生长、发育，致使不能侵染植物组织。氯苯嘧啶醇可以防治苹果白粉病、梨黑星病等多种病害，可与一些杀菌剂、杀虫剂、生长调节剂混合使用。

防治对象 适用于防治石榴、核果、板栗、梨、苹果、杧果、葡萄、草莓、葫芦、茄子、辣椒、番茄、甜菜、花生、玫瑰和其他园艺作物等的白粉病、黑星病、炭疽病、黑斑病、褐斑病、锈病等多种病害。

使用方法

（1）苹果黑星病、炭疽病，梨黑星病、锈病的防治。在发病初期，以 30～40mg/kg（即 100kg 水中加 6%可湿性粉剂 50～66.7g）进行叶面均匀喷雾，每隔 2 周左右喷 1 次药，共喷 3～4 次药。

（2）苹果、瓜类白粉病的防治。在发病初期以 15～30mg/kg（即 100kg 水中加 6%可湿性粉剂 25～50g）进行叶面喷雾。

（3）花生黑斑病、褐斑病、锈病的防治。每亩用 6%可湿性粉剂 30～50g，兑水喷雾，每隔 2 周喷 1 次药，共喷 3～4 次药。

注意事项

（1）避免药液直接接触身体，药液溅入眼睛应立即用清水冲洗。

（2）存放在远离火源的地方。在发病初期使用，要均匀喷洒。

氯硝胺 dicloran

C₆H₄Cl₂N₂O₂, 207.01

其他名称　阿丽散。

主要剂型　5％、50％可湿性粉剂，6％、8％、40％粉剂。

作用特点　脂质过氧化剂，保护性杀菌剂，能引起菌丝扭曲变形而致死。是防治菌核病的高效药剂，对灰霉病效果好。

防治对象　防治甘薯、洋麻、黄瓜、窝苣、棉花、烟草、草莓、马铃薯的灰霉病，防治油菜、葱、桑、大豆、番茄、甘薯菌核病，防治甘薯、棉花软腐病，防治马铃薯、番茄的晚疫病，防治桃、杏、苹果的枯萎病，防治小麦的黑穗病。

使用方法　每公顷使用0.8～3kg。

麦穗宁 fuberidazole

C₁₁H₈N₂O, 184.19

其他名称　麦穗灵。

主要剂型　干拌种剂、悬浮种衣剂。

作用特点　通过与β-微观蛋白结合抑制有丝分裂，内吸传导。

防治对象　用作拌种剂，可防治小麦黑穗病，大麦条纹病、白霉病，瓜类萎蔫病，也可用作塑料、橡胶制品的杀菌剂，胶片乳液防霉剂及牛羊驱虫剂。

使用方法　4.5g/100kg种。

咪鲜胺 prochloraz

C₁₅H₁₆Cl₃N₃O₂, 376.67

其他名称　施保克、施保功、扑霉灵、丙灭菌、咪鲜安、扑克拉、扑菌唑、扑霉唑。

主要剂型　25％、450g/L 水乳剂，250g/L 乳油，0.5％悬浮种衣剂，15％、25％、45％微乳剂，1.5％水乳种衣剂。

作用特点　广谱性杀菌剂，无内吸作用，有一定的传导作用。通过抑制甾醇的生物合成，使病菌细胞壁受到干扰。通过种子处理进入土壤的药剂，主要降解为易挥发的代谢产物，易被土壤颗粒吸附，不易被雨水冲刷。此药对土壤内其他生物低毒，但对某些土壤中的真菌有抑制作用。

防治对象　可用于防治禾谷类作物茎、叶、穗上的许多病害，如白粉病、叶斑病等；亦可用于果树、蔬菜、蘑菇、草皮和观赏植物的许多病原菌病害的防治。

使用方法

（1）防治禾谷类作物茎、叶、穗上的病害，种子处理使用浓度为 $200 \sim 400 mg$（a.i）/L，叶面喷洒为 $0.3 \sim 1.0 kg/hm^2$。

（2）用于防治果树、蔬菜、蘑菇、草皮和观赏植物的许多病原菌，果树和蔬菜在收获前喷洒，推荐浓度为 $20 \sim 50 g/100L$，收获后贮存浸渍用量为 $250 \sim 1000 mg/L$。

注意事项

（1）本品为环保型水悬浮剂，无公害产品，使用前应先摇匀再稀释，即配即用。施药时不可污染鱼塘、河道、水沟。

（2）可与多种农药混用，但不宜与强酸、强碱性农药混用。

（3）药物置于阴凉干燥避光处保存。

咪唑菌酮 fenamidone

$C_{17}H_{17}N_3OS$, 311.4

其他名称　N-(4-甲基-6-丙炔基嘧啶-2-基)苯胺。

主要剂型　50％悬浮剂。

作用特点　甲氧基丙烯酸甲酯类杀菌剂，通过抑制真菌线粒体的呼吸作用和细胞繁殖来杀灭真菌，与苯菌灵等苯并咪唑药剂有正交互抗药性。抗菌活性限于子囊菌、担子菌、半知菌，而对卵菌和接合菌无活性。具有内吸传导作用，根施时能向顶传导，但不能向基传导。

防治对象　适宜作物为各种蔬菜和水果如柑橘、香蕉、葡萄、杧果、苹果、梨、草莓、甘蓝、芹菜、芦笋、荷兰豆、马铃薯、花生、甜菜等。可防治柑橘青霉病、绿霉病、蒂腐病、花腐病、灰霉病，甘蓝灰霉病，芹菜斑枯病、菌核病，杧果炭疽病，苹果青霉病、炭疽病、灰霉病、黑星病等。

使用方法 使用剂量 75～150g（a.i.）/hm²，收获前 14 天喷洒。

注意事项

（1）为防止出现早期耐药性细菌，请避免过度连续施用本药剂。尽可能与作用性质不同的药剂配合轮流使用。

（2）因为本药剂对蚕有影响，所以在喷药时要注意不要溅到桑叶上。

（3）在使用本药剂时，请注意不要搞错使用量、使用时期与使用方法。特别是在初次使用时，最好是接受病虫害防治所等植保站的指导。

醚菌酯 kresoxim-methyl

C₁₈H₁₉NO₄, 313.35

其他名称 苯氧菌酯、苯氧菊酯。

主要剂型 30％、50％、60％水分散粒剂，30％可湿性粉剂，10％、30％、40％悬浮剂。

作用特点 β-甲氧基丙烯酸甲酯类杀菌剂。对病害具有预防和治疗作用，杀菌机制主要是破坏病菌细胞内线粒体呼吸链的电子传递，阻止能量 ATP 的形成，而导致病菌死亡。醚菌酯对半知菌、子囊菌、担子菌、卵菌纲等真菌引起的多种病害具有很好的活性。

防治对象 对半知菌、子囊菌、担子菌、卵菌纲等真菌引起的多种病害具有很好的活性，如葡萄白粉病、小麦锈病、马铃薯疫病、南瓜疫病、水稻稻瘟病等水果蔬菜病害，特别对草莓白粉病、甜瓜白粉病、黄瓜白粉病、梨黑星病有特效。

使用方法

（1）西瓜及甜瓜的炭疽病、白粉病。从病害发生初期或初见病斑时开始喷药，10 天左右喷 1 次药，与不同类型药剂交替使用，连喷 3～4 次药。一般使用 250g/L 悬浮剂 1000～1500 倍液，或 50％水分散粒剂 2000～3000 倍液均匀喷雾。

（2）黄瓜霜霉病、白粉病、黑星病、蔓枯病。以防治霜霉病为主，兼防白粉病、黑星病、蔓枯病。从定植后 3～5 天或初见病斑时开始喷药，7～10 天喷 1 次药，与不同类型药剂交替使用，连续喷药。一般每亩使用 250g/L 悬浮剂 60～90mL，或 50％水分散粒剂 30～45g，兑水 60～90kg 均匀喷雾。植株小时用药量适当降低。

（3）丝瓜霜霉病、白粉病、炭疽病。从病害发生初期开始喷药，10 天左右喷 1 次药，与不同类型药剂交替使用，连喷 2～4 次药。药剂使用量同"黄瓜霜霉病"。

（4）冬瓜霜霉病、疫病、炭疽病。从病害发生初期开始喷药，7～10 天喷

1次药，与不同类型药剂交替使用，连喷3～4次药。药剂使用量同"黄瓜霜霉病"。

(5) 番茄晚疫病、早疫病、叶霉病。前期以防治晚疫病为主，兼防早疫病，从初见病斑时开始喷药，7～10天喷1次药，与不同类型药剂交替使用，连喷3～5次药；后期以防治叶霉病为主，兼防晚疫病、早疫病，从初见病斑时开始喷药，10天左右喷1次药，连喷2～3次药，重点喷洒叶片背面。药剂使用量同"黄瓜霜霉病"。

(6) 辣椒炭疽病、疫病、白粉病。从病害发生初期或初见病斑时开始喷药，10天左右喷1次药，与不同类型药剂交替使用，连喷3～4次药。一般每亩使用250g/L悬浮剂50～70mg，或50％水分散粒剂25～35g，兑水60～75kg均匀喷雾。

(7) 十字花科蔬菜霜霉病、黑斑病。从病害发生初期开始喷药，10天左右喷1次药，连喷2次药。一般每亩使用250g/L悬浮剂40～60mL，或50％水分散粒剂20～30g，兑水45～60kg均匀喷雾。

(8) 花椰菜霜霉病。从初见病斑时开始喷药，7～10天喷1次药，连喷2次药。药剂使用量同"十字花科蔬菜霜霉病"。

(9) 芸豆、豌豆、豇豆等豆类蔬菜的白粉病、锈病。从病害发生初期开始喷药，10天左右喷1次药，与不同类型药剂交替使用，连喷2～4次药。一般使用250g/L悬浮剂1000～1200倍液，或50％水分散粒剂2000～2500倍液均匀喷雾。

(10) 菜用大豆锈病、霜霉病。从病害发生初期开始喷药，10天左右喷1次药，连喷1～2次药。一般每亩使用250g/L悬浮剂40～60mL，或50％水分散粒剂20～30g，兑水45～60kg均匀喷雾。

(11) 马铃薯晚疫病、早疫病、黑痣病。防治晚疫病、早疫病时，从初见病斑时开始喷药，10天左右喷1次药，与不同类型药剂交替使用，连喷4～7次药，一般每亩使用250g/L悬浮剂60～80mL，或50％水分散粒剂30～40g，兑水60～75kg均匀喷雾。防治黑痣病时，在播种时于播种沟内喷药，每亩使用250g/L悬浮剂40～60mL，或50％水分散粒剂20～30g，兑水30～45kg喷雾。

(12) 菜用花生叶斑病、锈病。从病害发生初期开始喷药，10天左右喷1次药，连喷2次药。一般每亩使用250g/L悬浮剂40～60mL，或50％水分散粒剂20～30mL，兑水30～45kg均匀喷雾。

注意事项

(1) 本品不可与强碱、强酸性的农药等物质混合使用。

(2) 产品安全间隔期为4天，作物每季度最多喷施3～4次。

(3) 苗期注意减少用量，以免对新叶产生危害。

(4) 使用本产品时应穿戴防护服、口罩、手套和护眼镜，施药期间不可进食和饮水，施药后应及时洗手和洗脸。

(5) 孕妇及哺乳妇女不宜接触。

(6) 干燥、通风远离火源储存。

嘧菌胺 mepanipyrim

C₁₄H₁₃N₃, 223.27

主要剂型 15％可湿性粉剂。

作用特点 抑制真菌水解酶分泌和蛋氨酸的生物合成。同三唑类、咪唑类、吗啉类、二羧酰亚胺类、苯基吡咯类等无交互抗性。另外，它对麦角甾醇生物合成抑制杀菌剂有抗性的单丝壳属的品系具有很高的效果。同常用的杀菌剂相似，它也显示良好的残余活性和抗雨水冲刷活性。

防治对象 适宜作物有观赏植物、蔬菜、果树、葡萄等，对灰霉病，白粉病，苹果黑星病，斑点落叶病，桃灰星病、黑星病等病害具有卓著效果。

使用方法

（1）防治苹果和梨黑星病，黄瓜、葡萄、草莓和番茄灰霉病，桃、梨等褐腐病等病害，使用剂量为 200～750g（a.i.）/hm²。

（2）防治黄瓜、玫瑰和草莓白粉病，使用剂量为 140～600g（a.i.）/hm²，茎叶喷雾。

嘧菌环胺 cyprodynil

C₁₄H₁₅N₃, 225.29

其他名称 环丙嘧菌胺。

主要剂型 50％可湿性粉剂，50％水分散粒剂。

作用特点 蛋氨酸生物合成抑制剂。嘧啶胺类内吸性杀菌剂，主要使用于病原真菌的侵入期和菌丝生长期，通过抑制蛋氨酸的生物合成和水解酶的生物活性，导致病菌死亡。嘧菌环胺可迅速被植物叶面吸收，具有较好的保护性和治疗活性，可防治多种作物的灰霉病。同三唑类、咪唑类、吗啉类和苯基吡咯类等无交互抗性。

防治对象 小麦、大麦、葡萄、草莓、果树、蔬菜和观赏植物等作物上的灰霉病、白粉病、黑星病、叶斑病、颖枯病以及小麦眼纹病等病害。

使用方法 嘧菌环胺具有保护、治疗、叶片穿透及根部内吸活性。叶面喷雾或种子处理，也可作大麦种衣剂用药。

嘧菌酯 azoxystrobin

$$C_{22}H_{17}N_3O_5, 403.39$$

其他名称　阿米西达、安灭达、腈嘧菌酯。

主要剂型　20％、50％、60％、80％水分散粒剂，20％、25％、30％悬浮剂，20％可湿性粉剂，10％微囊悬浮剂，10％悬浮种衣剂。

作用特点　β-甲氧基丙烯酸甲酯类杀菌剂，线粒体呼吸抑制剂，即通过抑制细胞色素 b 和 c 之间电子转移抑制线粒体的呼吸。新型高效杀菌剂，具有保护、治疗、铲除、渗透和内吸活性。可用于茎叶喷雾、种子处理；也可进行土壤处理。

防治对象　对水稻、花生、葡萄、马铃薯、蔬菜、咖啡、果树（柑橘、苹果、香蕉、桃、梨等）和草坪等上面的几乎所有真菌纲（子器菌纲、担子菌纲、卵菌纲和半知菌）类病害如白粉病、锈病、颖枯病、网斑病、黑星病、霜霉病、稻瘟病等数十种病害均有很好的活性。

使用方法

（1）在 25g（a.i.）/100L 剂量下，对葡萄霜霉病有很好的预防作用。

（2）在 12.5g（a.i.）/100L 剂量下，对葡萄白粉病有很好的防治效果。

（3）在 12.5g（a.i.）/100L 剂量下，对苹果黑星病有很好的防治效果，活性优于氟硅唑。

（4）在 200g（a.i.）/hm² 剂量下，对马铃薯疫病有预防作用。

注意事项　嘧菌酯不能与杀虫剂乳油，尤其是有机磷类乳油混用，也不能与有机硅类增效剂混用，由于渗透性和展着性过强容易引起药害。

嘧菌腙 ferimzone

$$C_{15}H_{18}N_4, 254.33$$

其他名称　布那生。

主要剂型　30％可湿性粉剂。

作用特点　线粒体呼吸抑制剂，即通过抑制细胞色素 b 和细胞色素 c 之间电子转移来抑制线粒体的呼吸。

防治对象　防治水稻上由稻尾声孢、稻长蠕孢和稻梨孢等病原菌引起的病害。

使用方法　使用剂量为 125g（a.i.）/hm²，茎叶喷雾。

嘧霉胺 pyrimethanil

$C_{12}H_{13}N_3, 199.25$

其他名称 甲基嘧啶胺、二甲嘧啶胺、施佳乐。

主要剂型 20%、30%、37%、400g/L悬浮剂，20%、25%、40%可湿性粉剂，40%、70%、80%水分散粒剂，25%乳油。

作用特点 苯胺基嘧啶类杀菌剂，作用机理是通过抑制病菌侵染酶的产生从而阻止病菌的侵染并杀死病菌。同时具有内吸传导和熏蒸作用，施药后迅速达到植株的花、幼果等喷雾无法达到的部位杀死病菌，尤其是加入卤族特效渗透剂后，可增加在叶片和果实上的附着时间和渗透速度，有利于吸收，使药效更快、更稳定。

防治对象 用于防治黄瓜、番茄、葡萄、草莓、豌豆和韭菜等作物灰霉病、枯萎病以及果树黑星病、斑点落叶病等病害。

使用方法

（1）防治黄瓜、番茄等灰霉病。在发病前或初期，每亩用40%嘧霉胺悬浮剂25～95g，兑水800～1200倍，亩用水量30～75kg，植株大，高药量高水量；植株小，低药量低水量，每隔7～10天用1次药，共喷2～3次药。一个生长季节防治需用药4次以上，应与其他杀菌剂轮换使用，避免产生抗性。露地菜用药应选早晚风小、低温进行。

（2）防治葡萄灰霉病，喷40%悬浮剂或可湿性粉剂1000～1500倍液，当一个生长季节需施药4次以上时，应与其他杀菌剂交替使用，避免产生耐药性。

注意事项

（1）贮存时不得与食物、种子、饮料混放。

（2）晴天上午8时至下午5时、空气相对湿度低于65%时使用；气温高于28℃时应停止施药。

灭粉霉素 mildiomycin

$C_{19}H_{30}N_8O_9, 514.49$

其他名称　米多霉素。

主要剂型　5%可湿性粉剂。

作用特点　一种具有 5-羟甲基嘧啶的新型核苷类抗生素。土壤放线菌（*Streptoverticillium rimofaciens*，B-98891 菌株）产生的抗生素。具有内吸性，抑制白粉病菌蛋白质的合成。通过抑制病菌菌丝的伸长，从而达到抑菌的效果。

防治对象　防治番茄、苹果等蔬菜和水果上的白粉病。

使用方法　在扬花期喷洒，可以消灭白粉病菌，并保护作物不再受白粉病菌侵袭。

注意事项　在中性介质中稳定，在 pH≥9 的碱性溶液和 pH≤2 的酸性溶液中不稳定。

灭菌丹 folpet

$C_9H_4Cl_3NO_2S$, 296.56

其他名称　法尔顿、福尔培、费尔顿。

主要剂型　50%可湿性粉剂、80%水分散粒剂。

作用特点　广谱有机硫保护性杀菌剂。作用机理是改变病原菌丙酮酸脱氢酶系中一种辅酶硫胺素，使丙酮酸大量积累，乙酰辅酶 A 生成减少，抑制三羧酸循环。对人畜低毒，对人的黏膜有刺激性，对鱼有毒，对植物生长发育有刺激作用。常温下遇水缓慢分解，遇碱或高温易分解。该品对多种蔬菜霜霉病、叶斑病等有良好的预防和保护作用。

防治对象　可防治瓜类及其他蔬菜霜霉病、白粉病，马铃薯和西红柿早疫病、晚疫病，豇豆白粉病、轮纹病。

使用方法

（1）防治瓜类及其他蔬菜霜霉病、白粉病，马铃薯和西红柿早疫病、晚疫病。用 50%可湿性粉剂 500～600 倍液喷雾。

（2）防治豇豆白粉病、轮纹病，用 50%可湿性粉剂 600～800 倍液喷雾。一般 1 周左右喷 1 次药，连续喷 2～3 次药。

注意事项

（1）不能与碱性及杀虫剂的乳油、油剂混用。

（2）对人的黏膜有刺激性，施药时应注意。

（3）西红柿使用浓度偏高时，易产生药害，配药时要慎重。

灭菌唑 triticonazole

$C_{17}H_{20}ClN_3O$, 317.81

其他名称 扑力猛。

主要剂型 25g/L悬浮种衣剂，300g/L悬浮种衣剂。

作用特点 甾醇生物合成中 C-14 脱甲基化酶抑制剂。主要用作种子处理剂、也可茎叶喷雾，持效期长达 4～6 周。

防治对象 禾谷类作物、豆科作物和果树上的镰孢（霉）属、柄锈菌属、麦类核腔菌属、黑粉菌属、腥黑粉菌属、白粉菌属、圆核腔菌属、壳针孢属和柱隔孢属等引起的病害如白粉病、锈病、黑腥病、网斑病等，对种传病害有特效。

使用方法 小麦种子防治散黑穗病，使用剂量 60g（a.i.）/hm² 及 2.5～5g/100kg 种子拌种。

灭瘟素 blasticidin S

$C_{17}H_{26}N_8O_5$, 422.44

其他名称 稻瘟散、布拉叶斯、杀稻菌素。

主要剂型 2%乳油，1%可湿性粉剂。

作用特点 灭瘟素是从灰色链霉菌（*Streptomyces griseochromogenes*）的代谢产物中分离出来的抗生素。能抑制酵母菌和霉菌的生长。是蛋白质合成抑制剂，具有保护、治疗和内吸活性。对细菌和真菌均有效，尤其是对真菌的选择毒力特别强。

防治对象 主要用于防治稻瘟病，包括苗稻瘟、叶瘟、穗颈瘟等病害，对水稻、胡麻叶斑病及小粒菌核病也有一定的防效，亦可降低水稻条纹病的感染率。

使用方法 用 1%可湿性粉剂 250～500 倍液喷雾，对作物无害。在秧苗发病之前至初见病斑时，用 2%乳油 500～1000 倍液茎叶喷雾 1～2 次，每次间隔 7 天左右。

注意事项

（1）不宜与波尔多液等强碱性农药混施。

（2）对皮肤有中等程度的刺激。稻米中最大允许残留量为 0.05mg/kg。

灭瘟唑 chlobenthiazone

C$_8$H$_6$ClNOS, 199.66

其他名称 4-氯-3-甲基-2(3H)-苯并噻唑烷酮。

主要剂型 10％可湿性粉剂，10％乳油，8％颗粒剂，2.5％粉剂。

作用特点 具有内吸传导作用和持效性，还具有显著的熏蒸作用，通过抑制病原真菌黑色素的形成，抑制附着孢上侵染丝的形成，从而杀死病原菌。

防治对象 防治由稻梨孢引起的水稻稻瘟病有效。

使用方法 用 2.4kg/hm^2（有效成分）和 3.2kg/hm^2（有效成分）可有效地防治叶瘟和穗颈瘟，用 2.5％粉剂叶面喷雾也有效。

灭锈胺 mepronil

C$_{17}$H$_{19}$NO$_2$, 269.34

其他名称 丙邻胺、灭普宁、纹达克、担菌宁。

主要剂型 3％粉剂，20％乳油，20％、25％、40％悬浮剂，75％可湿性粉剂。

作用特点 高效内吸性杀菌剂，能有效地防治担子菌亚门真菌引起的作物病害，可阻止病菌侵入寄主，起到预防和治疗作用。持效期长，无药害，可在水面、土壤中施用，也可用于种子处理。本品也是良好的木材防腐、防霉剂。

防治对象 适宜水稻、黄瓜、马铃薯、小麦、梨和棉花等作物，防治由担子菌引起的病害，如水稻、黄瓜和马铃薯的立枯病，小麦的赤锈病和雪腐病等。

使用方法 在水稻分蘖期和孕穗期（水稻纹枯病发病初期）各喷 1 次药，药量为每亩有效成分 40～55g。施药次数视发病情况而定，病情重的，可增加喷药次数。

注意事项 施药时必须间隔 7 天后再喷药，对作物安全。

尼可霉素 nikkomycins

C$_{20}$H$_{25}$N$_5$O$_{10}$, 495.44

其他名称 华光霉素。

主要剂型 2.5%可湿性粉剂。

作用特点 由 streptover ticiliumendae S-9 产生的代谢产物，其有效成分结构属核苷肽类。尼可霉素与几丁质合成酶的天然合成底物乙酰葡萄糖酰胺结构类似，所以尼可霉素作为几丁质合成酶的强烈竞争性抑制剂，可抑制真菌细胞壁主要成分几丁质的生物合成，实现对真菌生长的抑制作用。

防治对象 防治烟草赤星病，番茄灰霉病、叶霉病，黄瓜灰霉病、叶霉病、菌核病、苹果轮斑病和梨黑斑病等植物病害。

注意事项 本品严禁与碱性农药一起使用；避免在烈日下使用，以傍晚使用为宜；本品应现用现配，喷雾要均匀周到。

宁南霉素 ningnanmycin

$C_{16}H_{23}O_8N_7$, 441.4

其他名称 菌克毒克、翠美。

主要剂型 2%水剂、8%水剂、10%可溶性粉剂。

作用特点 低毒杀菌剂。一种胞嘧啶甘肽型广谱抗生素杀菌剂，可诱导植株对入侵病毒产生抗性和耐病性，对条纹叶枯病、黑条矮缩病等水稻病毒病具有保护作用和一定的治疗作用，可抑制病毒侵染，降低病毒浓度，缓解症状表现。

防治对象 适用作物为烟草、番茄、辣椒、黄瓜、甜瓜、西葫芦、菜豆、大豆、水稻、苹果等。可防治烟草花叶病毒病、番茄病毒病、辣椒病毒病、水稻立枯病、大豆根腐病、水稻条纹叶枯病、苹果斑点落叶病、黄瓜白粉病，此外也可防治油菜菌核病、荔枝霜疫霉病，其他作物病毒病、茎腐病、蔓枯病、白粉病等多种病害。

注意事项

(1) 不能与碱性物质混用，如有蚜虫发生则可与杀虫剂混用。

(2) 存放于阴凉干燥处，密封保管，注意保质期。

氰菌胺 fenoxani

$C_{15}H_{18}Cl_2N_2O_2$, 329.22

其他名称 稻瘟酰胺、氰酰胺。

主要剂型 1%粉剂，5%、7%、9%颗粒剂，20%、24%悬浮剂。

作用特点 属于黑色素生物合成抑制剂，内吸性杀菌剂，具有杰出的治疗、渗透作用和抑制孢子形成等特性，并系统地分布在非原生质体。在叶面和水下施用时防治稻瘟病效果极佳，且持效显著。可单用也可与保护性杀菌剂混配。对苯酰胺类杀菌剂的抗性品系和敏感品系均有活性。

防治对象 水稻稻瘟病，包括叶瘟和穗瘟。

使用方法 最佳施药时间应在发病前7～10天，或在抽穗前5～30天。灌施剂量通常为 2100～2800g（a.i.）/hm^2，茎叶处理，使用剂量为 200～400g（a.i.）/hm^2。

氰霜唑 cyazofamid

$C_{13}H_{13}ClN_4O_2S$, 324.79

其他名称 科佳、赛座灭、氰唑磺菌胺。

主要剂型 10%悬浮剂、40%颗粒剂。

作用特点 磺胺咪唑类杀菌剂。具有很好的保护活性和一定的内吸治疗活性，持效期长，耐雨水冲刷，使用安全、方便。对卵菌纲真菌如疫霉菌、霜霉菌、假霜霉菌、腐霉菌以及根肿菌纲的芸苔根肿菌具有很高的生物活性。该药属线粒体呼吸抑制剂，阻断卵菌纲病菌体内线粒体细胞色素 b-c1 复合体的电子传递来干扰能量的供应，其结合部位为酶的 Q1 中心，与其他杀菌剂无交互抗性。对病菌的所有生长阶段均有作用，防治对甲霜灵产生抗性或敏感的病菌均有活性。

防治对象 适用于马铃薯、番茄、辣椒、黄瓜、甜瓜、白菜、莴苣、洋葱、葡萄、荔枝等多种植物。用于防治卵菌类病害，如霜霉病、霜疫霉病、疫病、晚疫病等。

使用方法

（1）防治马铃薯及番茄、黄瓜、白菜等瓜果蔬菜病害时，一般每亩用100g/L悬浮剂53～66mL，兑水 30～45L 喷雾。

（2）防治葡萄、荔枝等果树病害时，一般使用 100g/L 悬浮剂 2000～2500 倍液喷雾。从病害发生前或发生初期开始喷药，7～10 天 1 次，与不同类型药剂交替使用。

注意事项 不能与碱性药剂混用。注意与不同类型杀菌剂交替使用，避免病菌产生抗药性。

噻氟菌胺 thifluzamide

$C_{13}H_6Br_2F_6N_2O_2S$, 528.06

其他名称 噻呋酰胺、噻氟酰胺。

主要剂型 25%可湿性粉剂，20%、24%、50%悬浮剂，50%可溶性粒剂，15%悬浮种衣剂。

作用特点 属于琥珀酸酯脱氢酶抑制剂，抑制病菌三羧酸循环中琥珀酸去氢酶，导致菌体死亡。对许多种真菌性病害均有很好的防治效果，特别是担子菌丝核菌属所引起的病害。它具有很强的内吸传导性能，很容易通过根部或植物表面吸收并在植物体内传导。可以通过叶面喷雾、种子处理、土壤处理等方式施用。

防治对象 广泛应用于水稻、麦类、花生、棉花、甜菜、咖啡、马铃薯、草坪等多种作物。生产上主要用于防治水稻和麦类的纹枯病。

使用方法

（1）防治纹枯病时，多采用叶面喷雾。孕穗期及以前是防治纹枯病的关键期，一般每亩使用240g/L悬浮剂20~25mL，兑水30~45L喷雾。

（2）由于它的持效期长，防治水稻纹枯病时，在水稻全生长期只需施药1次，即在水稻抽穗前30天，亩用24%悬浮剂15~25mL，兑水50~60kg喷雾。

（3）防治花生白绢病和冠腐病，在处理已被白绢病和冠腐病严重感染的花生时，噻氟菌胺表现出较好的治疗效果，效果可达50%~60%，并有明显的增产效果。一般施用量为每亩4.6g时产生防治效果，施用量达到每亩18.6g时，有较一致和稳定的防治效果和增产作用。早期施药1次可以抑制整个生育期的白绢病，晚期施药会因病害已经发生造成一定的产量的损失，需要多次施药才可奏效。噻氟菌胺在防治由立枯丝核菌引起的花生冠腐病时，要求比防治白绢病更高的剂量。一般播种后45天施用每亩3.7~4.0g，并在60天时同剂量再施用1次方才奏效。

（4）防治水稻纹枯病，噻氟菌胺对大田和直播田水稻纹枯病的防治可以采用两种方式施药。一是水面撒施颗粒剂，另一个是秧苗实行叶面处理。直播田在穗分化后7~14天叶面喷施每亩14~18g，1次用药就可取得良好效果。

（5）防治棉花立枯病，由立枯丝核菌与溃疡病菌共同引起的立枯病是棉花苗期的重要病害。噻氟菌胺的长残效和内吸性在这一病害上表现卓越。

注意事项

（1）不含有机溶剂，对作物很安全，在合适用量下，在水稻孕穗扬花期也可以使用。

（2）耐雨性强，施药后1h降雨不影响药效。

噻菌灵 thiabendazole

$$C_{10}H_7N_3S, 201.25$$

其他名称　特克多、涕灭灵、硫苯唑、腐绝。

主要剂型　45％悬浮剂，60％、90％可湿性粉剂，42％胶悬剂。

作用特点　内吸性杀菌剂，根施时能向顶端传导，但不能向基部传导。作用机制是抑制真菌线粒体的呼吸作用和细胞增殖，与苯菌灵等苯并咪唑药剂有正交互抗药性。

防治对象　能防治多种植物的真菌病害，用于处理收获后的水果和蔬菜，可防治贮存中发生的某些病害，如柑橘贮存期青霉病、绿霉病；香蕉贮存期冠腐病、炭疽病；苹果、梨、菠萝、葡萄、草莓、甘蓝、白菜、番茄、蘑菇、甜菜、甘蔗等贮存期病害。还可用于防治柑橘蒂腐病、花腐病，草莓白粉病、灰霉病，甘蓝灰霉病，芹菜斑枯病、菌核病，杜果炭疽病，苹果青霉病、炭疽病、灰霉病、黑星病、白粉病等。此外，还可用作涂料、合成树脂和纸制品的防霉剂，柑橘、香蕉的食品添加剂，动物用的驱虫药。

使用方法

（1）防治柑橘贮藏病害时，用45％悬浮剂1000～5000mg/kg浸果3～5min，低温下保存2～3个月，仍保持新鲜。

（2）用于香蕉防腐时，使用45％悬浮剂500～700mg/kg浸果3min，捞出晾干，低温保存，保鲜期1个多月。

（3）防治水稻恶苗病，每100kg稻种用有效成分含量180～300g可湿性粉剂拌种，如60％可湿性粉剂用300～500g，90％可湿性粉剂用200～300g。

（4）用于苹果和梨的青霉病、炭疽病、灰霉病、黑星病、白粉病等病害防治时，在收获前每亩含有效成分30～60g药液喷雾。

注意事项

（1）对鱼类有毒，不要污染池塘和水源。

（2）原药密封保存，远离儿童，空瓶应妥善处理。

噻酰菌胺 tiadinil

$$C_{11}H_{10}ClN_3OS, 267.73$$

其他名称 3'-氯-4,4'-二甲基-1,2,3-噻二唑-5-甲酰苯胺。

主要剂型 6%颗粒剂，12%噻酰菌胺·1%氟虫腈颗粒剂，12%噻酰菌胺·2%吡虫啉颗粒剂。

作用特点 作用机理主要是阻止病菌菌丝侵入邻近的健康细胞，并能诱导产生抗病基因。该药剂有很好的内吸性，可以通过根部吸收，并迅速传导到其他部位，持效期长。

防治对象 主要用于防治水稻稻瘟病，对水稻褐条病、白叶枯病以及芝麻叶枯病也有一定防效，此外，在其专利中还提到对水稻纹枯病、各种宿主上的白粉病、锈病、晚疫病或疫病、霜霉病以及假单细胞、黄单细胞和欧文菌引起的病害有效。

使用方法 对水稻稻瘟病防效较高，但是考虑到稻瘟病以外的其他病菌及环境等因素，在大田中使用剂量为1800mg/hm²。与氟虫腈、吡虫啉混配可防治稻瘟病，象鼻虫、叶蝉、飞虱等害虫。

注意事项

（1）对水生生物安全。

（2）持效期长，在整个生长期施药不能超过两次。

噻唑菌胺 ethaboxam

$$C_{14}H_{16}N_4OS_2, 320.43$$

其他名称 韩乐宁。

主要剂型 12.5%、20%、25%可湿性粉剂。

作用特点 噻唑菌胺对疫霉菌生活史中菌丝体生长和孢子的形成两个阶段有很高的抑制效果，但对疫霉菌孢子囊萌发、孢子囊的生长以及游动孢子几乎没有任何活性。对卵菌纲类病害如葡萄霜霉病、马铃薯晚疫病、瓜类霜霉病等具有良好的预防、治疗和内吸活性。

防治对象 适宜作物为葡萄、马铃薯、瓜类等，用于防治卵菌纲病原菌引起的病害如葡萄霜霉病、马铃薯晚疫病、瓜类霜霉病等。

使用方法

（1）0.1μg/mL时，对马铃薯晚疫病菌的菌丝生长抑制100%和抑制孢子囊形成98%。

（2）防治霜霉病的活性和效果与霜脲氰相似，防治马铃薯晚疫病与烯酰吗啉相似。根据使用作物、病害发病程度，其使用剂量通常为100～250g/hm²。

（3）20％噻唑菌胺可湿粉剂在大田使用时，施药时间间隔通常为 7～10 天，防治葡萄霜霉病、马铃薯晚疫病时推荐使用剂量为 200～250g/hm²。

注意事项

（1）本品对鱼类等水生动物毒性较高，防止污染水源。

（2）处理剩余农药及废弃容器时，谨防污染环境。

三环唑 tricyclazole

C₉H₇N₃S, 189.24

其他名称　比艳、三唑苯噻、克瘟灵、克瘟唑。

主要剂型　20％、40％、75％可湿性粉剂，30％悬浮剂，1％、4％粉剂，20％溶胶剂。

作用特点　具有较强的内吸性的保护性杀菌剂，是防治稻瘟病专用杀菌剂。作用机理主要是抑制附着孢黑色素的形成，从而抑制孢子萌发和附着孢形成，阻止病菌侵入和减少稻瘟病菌孢子的产生。能迅速被水稻各部位吸收，持效期长，药效稳定，用量低并且抗雨水冲刷。

防治对象　主要防治对象为水稻稻瘟病。

使用方法

（1）防治水稻叶瘟时，在秧苗 3～4 叶期，每亩用 20％可湿性粉剂 50～75g，兑水 40～50kg，常规喷洒。或用 0.1％有效成分药液浸种 48h 后再催芽拌种。

（2）防治水稻穗茎瘟时，在水稻孕穗末期或破口初期，用 20％可湿性粉剂 75～100g 均匀喷洒。

注意事项

（1）三环唑属保护性杀菌剂，防治穗颈瘟第 1 次喷药最迟不宜超过破口后 3 天。

（2）以 75％比艳可湿性粉剂为例，最大残留限量参考值（MRL），糙米中 2mg/kg；用药量常用量 20g；最高用量 30g；最多使用次数 2 次；最后 1 次施药距收获天数（安全间隔期）21 天。

（3）在使用过程中，如有药液溅到眼睛里和皮肤上，应用大量清水冲洗。在使用时如有不慎中毒者，应移至新鲜空气处；经口摄入者应催吐。无特效解毒药，应对症治疗。

（4）本品应贮存于干燥阴凉处，勿与食物、种子、饲料及其他农药混放。

（5）有一定的鱼毒性，在池塘附近施药要注意安全。

三唑醇 triadimenol

$$C_{14}H_{18}ClN_3O_2, 295.76$$

其他名称　百坦、粉锈宁。

主要剂型　10％、15％、25％干拌种剂，17％、25％湿拌种剂，25％胶悬拌种剂。

作用特点　内吸传导型杀菌剂，具有保护和治疗作用，主要是抑制麦角甾醇合成，因而抑制和干扰菌体的附着孢和吸器的生长发育。

防治对象　适用于防治小麦散黑穗病、网腥黑穗病、根腐病，大麦散黑穗病、锈病、叶条纹病、网斑病等，玉米、高粱丝黑穗病，春大麦的散黑穗病、顺条纹病、网斑病、根腐病和冬小麦的散黑穗病、网腥黑穗病、雪腐病及春燕麦的叶条纹病、散黑穗病等。

使用方法

（1）用于防治麦类锈病和白粉病时，每100kg种子用10％的干拌种剂300～375g拌种。

（2）用于麦类黑穗病的防治时，每100kg种子用25％的干拌种剂120～150g拌种。

（3）用于玉米丝黑穗病的防治时，每100kg种子用10％的干拌种剂60～90g拌种。

（4）用于高粱丝黑穗病的防治时，每100kg种子用25％的干拌种剂60～90g拌种。

注意事项

（1）拌种时必须使种子粘药均匀，必要时采用黏着剂，否则不易发挥药效。

（2）如误食应立即送医院，对症治疗，目前尚无特效解毒药。

（3）处理麦类种子有抑制幼苗生长的特点，抑制强弱与药剂的浓度有关，可在其中加入生长激素类如赤霉毒以减轻药害。

三唑酮 triadimefon

$$C_{14}H_{16}ClN_3O_2, 293.75$$

其他名称　百理通、粉锈宁、百菌酮。

主要剂型　5％、15％、25％可湿性粉剂，25％、20％、10％乳油，20％糊剂，25％胶悬剂，0.5％、1％、10％粉剂，15％烟雾剂等。

作用特点　一种高效、低毒、低残留、持效期长、内吸性强的三唑类杀菌剂。主要是抑制菌体麦角甾醇的生物合成，因而抑制或干扰菌体附着孢及吸器的发育，菌丝的生长和孢子的形成。对某些病菌在活体中活性很强，但离体效果很差。对菌丝的活性比对孢子强。

防治对象　对锈病、白粉病和黑穗病有特效，对玉米、高粱等黑穗病，玉米圆斑病，具有较好的防治效果。

使用方法

（1）防治麦类黑穗病，100kg 种子拌有效成分 30g 的药剂；对锈病、白粉病、云纹病可在病害初发时，每亩用有效成分 8.75g（25％乳油 35g），严重时可用有效成分 15g（若用 25％乳油，则需 60g）兑水 75～100kg 喷雾。

（2）防治玉米丝黑穗病，每 100kg 种子用 15％可湿性粉剂 533g 拌种。防治高粱丝黑穗病，每 100kg 种子用 15％可湿性粉剂 266～400g 拌种。

（3）用于防治瓜类白粉病时，大田用 25％可湿性粉剂 5000 倍液喷雾 1～2 次，温室用 25％可湿性粉剂 1000 倍液喷雾 1～2 次。

（4）防治菜豆类锈病，可在发病初期或再感染时，用 25％可湿性粉剂 2000 倍液喷 1～2 次。

注意事项

（1）可与碱性以及铜制剂以外的其他制剂混用。

（2）拌种可能使种子延迟 1～2 天出苗，但不影响出苗率及后期生长。

（3）药剂置于干燥通风处。无特效解毒药，只能对症治疗。

十三吗啉 tridemorph

$C_{19}H_{39}NO$, 297.52

其他名称　克啉菌、克力星。

主要剂型　75％、86％乳油。

作用特点　一种广谱性的内吸性杀菌剂，具有保护和治疗双重作用，可以通过植物的根、茎、叶吸收入植物体内，并在木质部向上移动，但在韧皮部只有轻微程度的转移，因此施药后仅略受气候因子影响，保持有较长的残效期。

防治对象　用于防治谷类白粉病和香蕉叶斑病，以及其他真菌病害，如橡胶树的白、红、褐根病、白粉病，咖啡眼斑病，茶树茶饼病，瓜类的白粉病及花木的白粉病等。

使用方法

（1）防治小麦白粉病时，在发病初期施药，每亩用75%乳油33mL喷雾，喷液量人工每亩20～30L，拖拉机每亩10L，飞机每亩1～2L。

（2）防治香蕉叶斑病时，在发病初期施药，每亩用75%乳油40mL，加水50～80L喷雾。

（3）防治茶树茶饼病时，在发病初期施药，每亩用75%乳油13～33mL，加水58～80L喷雾。

（4）防治橡胶树红根病和白根病在病树基部四周挖一条15～20cm深的环形沟，每一病株用75%乳油20～30mL兑水2000mL，先用1000mL药液均匀地淋灌在环形沟内，覆土后将剩下的1000mL药液均匀地淋灌在环形沟内。按以上方法，每6个月施药1次，共4次。

注意事项

（1）使用时应注意安全防护。

（2）处理剩余农药及废弃容器时，谨防污染环境。

（3）燃烧会产生有毒的氮氧化合物气体。

双胍辛胺 guazatine

$$\left[H_2N \underset{NH}{\overset{NH}{\|}} \cdots HN \cdots \overset{NH}{\underset{H}{\|}} NH_2 \right]_3 CH_3CO_2H$$

$C_{24}H_{53}N_7O_6$, 535.72

其他名称　百可得、培褚朗、派克定。

主要剂型　40%可湿性粉剂，25%水剂，3%糊剂。

作用特点　对真菌类脂化合物的生物合成和细胞膜机能起作用，抑制孢子萌发、芽管伸长、附着胞和菌丝的形成。是触杀和预防性杀菌剂。

防治对象　对大多数由子囊菌和半知菌引起的真菌病害有很好的效果。可有效防治灰霉病、白粉病、菌核病、茎枯病、蔓枯病、炭疽病、轮纹病、黑星病、叶斑病、斑点落叶病、果实软腐病、青霉病、绿霉病。还能十分有效地防治苹果花腐病和苹果腐烂病以及小麦雪腐病等。此外，还被推荐作为野兔、鼠类和鸟类的驱避剂。

使用方法

（1）防治番茄灰霉病时，在发病初期或开花初期开始喷药，每隔7～10天喷1次，连续喷3～4次，每次每亩用40%可湿性粉剂30～50g。

（2）防治苹果斑点落叶病时，在早期苹果春梢初见病斑时开始喷药，每隔10～15天喷1次，连续喷5～6次。每次用40%可湿性粉剂800～1000倍液。

（3）防治柑橘储藏病害时，挑选当日采摘无伤口和无病斑柑橘，用40%可湿性粉剂 1000～2000 倍液，浸果 1min，捞出后晾干，单果包装室温保存。能有效地防治柑橘青霉病和绿霉病的危害。

（4）防治芦笋茎枯病，在采笋结束后，留母茎笋田的嫩芽或新种植笋田的嫩芽长至 5～10cm 时，每 100L 水加 40％可湿性粉剂 100～125g，配制 800～1000 倍液（有效浓度 400～500mg/L）喷雾或涂茎。开始阶段由于母茎伸出地面的速度比较快，所以需 2～3 天施药 1 次。至芦笋嫩枝伸展和拟叶长成期，每 100L 水加 40％可湿性粉剂 100g，配制 1000 倍液喷雾，每隔 7 天喷 1 次。

注意事项

（1）本药对皮肤和眼睛有刺激作用，应避免药液接触皮肤和眼睛。若不慎将药液溅入眼中或皮肤上，应立即用清水冲洗。如误服，应催吐后静卧，并马上就医治疗。如患者伴有血压下降症状时，须采取适当措施对症治疗，此药剂无特效解毒剂。

（2）药剂应贮存在远离食物、饲料和儿童接触不到的地方。

（3）使用时应注意安全防护。

双氯氰菌胺 diclocymet

$C_{15}H_{18}Cl_2N_2O$, 313.22

其他名称 （RS）-2-氰基-N-[（R）-1-(2,4-二氯苯基)乙基]-3,3-二甲基丁酰胺。

主要剂型 3％颗粒剂，7.5％悬浮液。

作用特点 内吸性杀菌剂，黑色素生物合成抑制剂。

防治对象 稻瘟病。

使用方法 防治稻瘟病时，茎叶喷雾，在发病前至发病初期，用 7.5％悬浮剂 80～100mL/亩兑水 40～50kg 喷雾。

双炔酰菌胺 mandipropamid

$C_{23}H_{22}ClNO_4$, 411.88

其他名称 2-(4-氯-苯基)-N-[2-(3-甲氧基-4-(2-丙炔氧基))-苯基-乙烷基]-2-(2-丙炔氧基)-乙酰胺。

主要剂型 250g/L 悬浮剂。

作用特点 对抑制孢子的萌发具有较高活性。它同时也抑制菌丝体的生长与孢子的形成，对靶标病原体最好是用作预防性喷洒，但在潜伏期也可以提供治疗作用。双炔酰菌胺对植物表面的蜡质层具有很高的亲合力。当喷洒到植物表面且沉淀干燥后，大部分活性成分被蜡质层吸附，并且很难被雨水冲洗掉。一小部分活性成分渗透到植物组织中，由于其本身活性高，被吸收到植物组织中的这部分足以抑制菌丝体的成长，从而保护整个叶片不受病害侵染。这些性质保证它稳定高效，持效期长。

防治对象 对大多数卵菌纲病害防治效果稳定且非常有效，例如，葡萄霜霉病，马铃薯晚疫病，番茄晚疫病，黄瓜霜霉病等。同时对作物安全。

使用方法 用于荔枝霜疫霉病的防治，用 250g/L 悬浮剂 125~250mg/kg，于发病初期开始均匀喷雾，开花期、幼果期、中果期、转色期各喷药 1 次。

霜霉威 propamocarb

$$C_9H_{20}N_2O_2, 188.27$$

其他名称 普力克、普而富、扑霉特、扑霉净、免劳露、疫霜净。

主要剂型 35%、40%、66.5%、72.2%水剂等。

作用特点 一种具有局部内吸作用的低毒杀菌剂，属氨基甲酸酯类。对卵菌纲真菌有特效。杀菌机制主要是抑制病菌细胞膜成分的磷脂和脂肪酸的生物合成，进而抑制菌丝生长、孢子囊的形成和萌发。该药内吸传导性好，用作土壤处理时，能很快被根吸收并向上输送到整个植株；用作茎叶处理时，能很快被叶片吸收并分布在叶片中，在 30min 内就能起到保护作用。对作物的根、茎、叶有明显的促进生长作用。

防治对象 对番茄、辣椒、莴苣、马铃薯等蔬菜及烟草、草莓、草坪、花卉卵菌纲真菌病害具有很好的防治效果，如霜霉病、疫病、猝倒病、晚疫病、黑胫病等。

使用方法

(1) 喷雾 从病害发生前或发生初期开始喷药，7~10 天喷雾 1 次，与其他不同类型杀菌剂交替使用。一般使用 722g/L 水剂 600~800 倍液，或 66.5%水剂 500~700 倍液，或 40%水剂 300~400 倍液，或 35%水剂 300~400 倍液，均匀喷雾。

(2) 浇灌 主要用于防治苗床及苗期病害，播种前或播种后、移栽前或移栽后，每平方米使用 722g/L 水剂 5~7.5mL，或 66.5%水剂 5.5~8mL，或 40%水剂 9~13.5mL，或 35%水剂 10~15mL，兑水 2~3L 后浇灌。

注意事项

(1) 为预防和延缓病菌抗病性，注意应与其他农药交替使用，每季喷洒次数最多 3 次。配药时，按推荐药量加水后要搅拌均匀，若用于喷施，要确保药液量，保持土壤湿润。

（2）在碱性条件下易分解，不可与碱性物质混用，以免失效。

（3）使用本品时应穿戴防护服和手套，避免吸入药液。施药期间不可吃东西和饮水。施药后应及时洗手和洗脸。

（4）孕妇及哺乳期妇女应避免接触。

（5）与叶面肥及植物生长调节剂混用时需特别注意。建议在指导下进行。

霜脲氰 cymoxanil

$$C_7H_{10}N_4O_3, 198.18$$

其他名称 清菌脲、菌疫清、霜疫清。

主要剂型 15％可湿性粉剂，8％霜脲氰·64％代森锰锌，36％、72％霜脲氰·锰锌可湿性粉剂，5％霜脲氰·锰锌粉剂，36％霜脲氰·锰锌悬浮剂，20％霜脲氰·锰锌烟剂，18％霜脲氰·锰锌热雾剂。

作用特点 具有局部内吸作用，兼具保护和治疗作用，主要是阻止病原菌孢子萌发，对侵入寄主内的病菌也有杀伤作用。单独使用时药效期短，通常与代森锰锌、铜制剂、灭菌丹或其他保护性杀菌剂混用。

防治对象 能有效防治番茄、黄瓜、马铃薯等作物上的霜霉病和晚疫病。

使用方法

（1）防治马铃薯晚疫病和葡萄霜霉病时，推荐剂量 $0.9\sim1.2g/100m^2$。

（2）防治枣树、苹果、梨等果树的叶斑病、锈病、黑星病、霜霉病、炭疽病、轮纹病等，于发病初期喷洒 800 倍 72％霜脲氰·锰锌可湿性粉剂，每 10～15 天喷施 1 次，连续喷洒 2～3 次。注意与波尔多液交替使用。

（3）防治黄瓜霜霉病、疫病，在发病初期，每亩每次用 72％霜脲氰·锰锌可湿性粉剂 130～170g，加水 100kg，或用 600～750 倍霜脲氰·锰锌，均匀叶面喷雾，间隔 7～14 天喷 1 次，注意与普立克等农药交替使用，喷洒 2～4 次。

（4）防治番茄早晚疫病，用 72％可湿性粉剂，每亩每次用 130～180g，加水 70kg，或用 500～700 倍霜脲氰·锰锌，于发病初期开始喷洒，每 7～14 天喷施 1 次，与其他农药交替使用，连续喷药 3～4 次。

（5）防治辣椒及西瓜疫病，在发生前或初发生时，用 72％可湿性粉剂 100～166.7g/亩，兑水 50～60L 进行叶面喷雾。

（6）防治荔枝疫霉病时，在发生前或初发生时，用 72％可湿性粉剂 500～700 倍液进行叶面喷雾。

注意事项

（1）不宜与碱性农药、肥料混合使用。

（2）严格按照农药安全规范使用此药，喷药时戴好口罩、手套，穿上工作服。

水合霉素 oxytetracyclinine hydrochloride

$C_{22}H_{25}CIN_2O_9$, 496.89

其他名称　地霉素、氧四环素、土霉素碱。

主要剂型　88%可溶粉剂。

作用特点　广谱，其作用机制在于药物能特异性地与核糖体30s亚基的A位置结合，阻止氨基酰-tRNA在该位置上的联结，从而抑制肽链的增长和影响细菌或其他病原微生物的蛋白质合成。

防治对象　防治番茄溃疡病、青枯病，茄子褐纹病，豇豆枯萎病，大葱软腐病，大蒜紫斑病，白菜软腐病、细菌性角斑病、细菌性叶斑病，甘蓝类细菌性黑斑病等。

使用方法　在发病前或发病初期，用1000倍液，即一袋（15g）兑水15L，均匀喷洒，间隔7～10天喷1次。根据病情确定喷药次数，连喷2～3次。

注意事项

（1）可燃，燃烧产生氮氧化合物辛辣刺激性烟雾。

（2）土霉素可透过血-胎盘屏障进入胎儿体内，沉积在牙齿和骨的钙质区中，引起胎儿牙齿变色、牙釉质再生不良以及抑制胎儿骨骼生长。因此，妊娠期和哺乳期妇女不宜接触。

水杨酸 salicylic acid

$C_7H_6O_3$, 138.12

其他名称　邻羟基苯甲酸。

主要剂型　99%原药。

作用特点　一种酚类激素，可调节植物的生长发育，对植物的光合作用、蒸腾作用与离子的吸收与运输也有调节作用，促进植物优质高产。水杨酸同时也可以诱导植物细胞的分化与叶绿体的生成。水杨酸还作为内生信号参与植物对病原体的抵御，通过诱导组织产生病程相关蛋白，当植物的一部分受到病原体感染时在其他部分产生抗性。

防治对象　作用于水稻、玉米、小麦、油菜、番茄、菜豆、黄瓜、大蒜、大豆、甜菜和烟草等，诱导这些作物对某些病害产生抗性，例如，水稻稻瘟病、白叶枯病等。对提高作物的抗盐、抗旱、抗寒等有一定作用。

使用方法

（1）5～50μg/mL 水杨酸诱导水稻幼苗产生对抗白叶枯病的抗性，维持诱导抗性 15～20 天。

（2）0.01～0.1mmol/L 水杨酸诱导产生对抗水稻稻瘟病的抗性，抗性持久期为 15 天，经 0.01mmol/L 水杨酸诱导处理后再用同浓度水杨酸进行一次强化处理，可增强抗性效果，延长抗性持久期。

（3）0.2％水杨酸处理水稻种子，在 2％ NaCl 胁迫下能正常发芽且出苗一致，表明水杨酸能提高水稻种子萌发后幼苗的抗盐性。

（4）外源水杨酸能够降低低温胁迫对水稻的伤害，在 4℃冷害条件下。低浓度（<0.8mol/L）可提高其对低温胁迫的适应性，提高发芽率、发芽指数和活性指数，外源水杨酸的最适浓度为 0.05g/L，高浓度（>15mol/L）时抑制发芽。水杨酸溶液可提高黄瓜四叶期的幼苗对高温胁迫的抗性，50mmol/L 的效果最优，浓度升高，则对高温胁迫的缓解作用减小。

（5）喷施水杨酸可以减少黄瓜雄花的数目，诱导雌花形成。

注意事项

（1）粉尘对呼吸道有刺激性，吸入后引起咳嗽和胸部不适。对眼有刺激性，长时间接触可致眼损害。长时间或反复皮肤接触可引起皮炎，甚至发生灼伤。摄入发生胃肠道刺激、耳鸣及肾损害。所以在施用时应注意防护工作。

（2）对环境有危害，对水体和大气可造成污染，应远离水源。

（3）可燃，具有刺激性。

松脂酸铜 copper abietate

$C_{40}H_{54}CuO_4$, 662.40

其他名称　百康、得铜安、盖波、冠绿、去氢枞酸铜。

主要剂型　12％、16％、20％、30％乳油，45％粉剂，20％水乳剂，20％可湿性粉剂。

作用特点　一种有机铜低毒杀菌剂。通过释放铜离子而起到杀菌作用。其杀菌机制是通过铜离子与病菌细胞膜表面上的阳离子（K⁺、H⁺）等交换，使细胞膜上的蛋白质凝固，同时部分铜离子渗透进入病原菌细胞内与某些酶结合，进而影响酶的活性，最终导致细菌死亡。松脂酸铜可与多种杀虫剂、农药杀菌剂、调节剂现混现用，且能相互增效。

防治对象　对柑橘溃疡病，水稻细菌性条斑病、白叶枯病、稻瘟病，瓜类霜霉病、疫病、黑星病、炭疽病、细菌性角斑病，茄子立枯病，番茄晚疫病等多种病害有较好防效。

使用方法

（1）防治水稻细菌性条斑病、白叶枯病、稻瘟病，瓜类细菌性角斑病、斑点病、叶枯病、缘枯病、黄叶病、霜霉病，白菜和柑橘软腐病、溃疡病、白腐病、黑斑病、白粉病，西红柿青枯病，荔枝、香蕉、芒果的炭疽病及细菌性病害等时，用20％乳油1000～1200倍液喷雾。

（2）防治根或根茎部病害时，用20％乳油1000倍液于发病初期灌根，每株灌药液0.25～0.3kg，每7～10天灌1次，视病情灌2～3次。

（3）防治棉花、小麦、大豆、烟草、龙眼及油橙等的细菌性病害、白粉病、锈病等病害时，用20％微乳油1200～1500倍液喷雾。

注意事项

（1）不能与强酸、碱性农药和化肥混用。

（2）对铜离子敏感作物要慎用。

萎锈灵 carboxin

$C_{12}H_{13}NO_2S$, 235.30

其他名称　卫福。

主要剂型　20％乳油，50％、75％可湿性粉剂，50％颗粒剂。

作用特点　一种选择性较强的内吸性杀菌剂。可以抑制病菌的呼吸作用，对作物生长有刺激作用。

防治对象　主要用于防治由锈菌和黑粉菌在多种作物上引起的锈病和黑粉（穗）病，对棉花立枯病、黄萎病也有效，如高粱散黑穗病、丝黑穗病，玉米丝黑穗病，麦类黑穗病、锈病，谷子黑穗病以及棉花苗期病害。

使用方法

（1）防治高粱散黑穗病、丝黑穗病，玉米丝黑穗病，每100kg种子用20％萎锈灵乳油500～1000mL拌种。

（2）防治麦类黑穗病，每100kg种子用20％萎锈灵乳油500mL拌种。

（3）防治麦类锈病，每100kg种子用20％萎锈灵乳油187.5～375mL兑水喷雾，每隔10～15天施用1次，共喷两次。

（4）防治谷子黑穗病，每100kg种子用20%萎锈灵乳油800～1250mL拌种或闷种。

（5）防治棉花苗期病害，每100kg种子用20%萎锈灵乳油875mL拌种。防治棉花黄萎病可用萎锈灵250mg/L灌根，每株灌药液约500mL。

注意事项

（1）本品不能与强碱、酸性药剂混用。

（2）100倍液对麦类可能有轻微药害。

（3）药剂处理过的种子不可食用或作饲料。

（4）避免阳光直射本品或经拌种后的种子，否则药效会降低。

（5）对鱼类中等毒性。

肟菌酯 trifloxystrobin

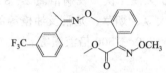

$C_{20}H_{19}F_3N_2O_4$, 408.37

其他名称　肟草酯、三氟敏。

主要剂型　7.5%、12.5%乳油，45%干悬浮剂，50%、45%可湿性粉剂，50%水分散粒剂。

作用特点　线粒体呼吸抑制剂，与吗啉类、三唑类、苯氨基嘧啶类、苯基吡咯类、苯基酰胺类如甲霜灵无交互抗性。具有广谱杀菌性、渗透性、快速吸收分布，作物吸收快，加之其具有向上的内吸性，故耐雨水冲刷性能好、持效期长，因此被认为是第2代甲氧基丙烯酸酯类杀菌剂。

防治对象　对白粉病、叶斑病有特效，对锈病、霜霉病、立枯病、苹果黑腥病亦有很好的活性。

使用方法　肟菌酯主要用于茎叶处理，根据不同作物、不同的病害类型，使用剂量也不尽相同。通常使用剂量为13.3g（a.i.）/亩。6.7～12.5g（a.i.）/亩即可有效地防治麦类病害如白粉病、锈病等；3.3～9.3g（a.i.）/亩即可有效地防治果树、蔬菜各类病害；还可与多种杀菌剂混用如与霜脲氰以12.5g＋12g（a.i.）/100L剂量混配，可有效地防治霜霉病。

（1）防治黄瓜霜霉病，发病初期，用25%悬浮剂30～50mL/亩，兑水40～50kg喷雾。

（2）防治麦类白粉病、锈病，发病初期，用25%悬浮剂26.8～50g/亩，兑水40～50kg喷雾。

注意事项

（1）肟菌酯对鱼类等水生生物高毒，高风险。

（2）对鸟类、蜜蜂、家蚕、蚯蚓均为低毒。

（3）在配药和施药时，应注意切勿使该药剂污染水源，禁止在河塘等水体中清洗施药器械。

肟醚菌胺 orysastrobin

$C_{18}H_{25}N_5O_5$, 391.4

其他名称　安格。

主要剂型　3.3%、7.0%、44.5%水分散粒剂。

作用特点　通过抑制病原菌细胞微粒体中呼吸途径之一的电子传递系统内的细胞色素的作用而致效。急性毒性温和，无皮肤、眼睛不适或皮肤过敏反应。在植物体内、土壤和水中能很快降解，具有保护、治疗、铲除和渗透作用等特点。

防治对象　有效防治水稻稻瘟病和纹枯病，控制发病茎株的增加，对一些其他杀菌剂产生抗性的菌株有效，且持效性好。

使用方法

（1）使用肟醚菌酯育苗箱用颗粒剂时，可从播种至移栽当天施用，在播种时覆土前施用及在播种前苗床混土时施用，由于温度偏低会抑制发芽和生长，故必须注意温度管理。特别在水池育苗，在 1 叶期以前入水，由于低温会抑制生长，故宜在 1 叶期后入水。

（2）使用肟醚菌酯颗粒剂时，从叶瘟发病前 10 天至出穗前 5 天使用，可根据各地区稻瘟病发生情况和防治体系而定。

注意事项

（1）使用肟醚菌酯育苗箱用颗粒剂时，要谨防药剂从育苗箱中漏出，被以后栽培的作物吸收。

（2）肟醚菌酯颗粒剂因土质、土壤性状和渗水等因素会影响药效，在渗水严重的田块会明显影响药效。

戊菌隆 pencycuron

$C_{19}H_{21}ClN_2O$, 328.84

其他名称　戊环隆、万菌灵、禾穗宁。

主要剂型　5%悬浮种衣剂，1.5%粉剂，12.5%干拌种剂。

作用特点　戊菌隆属于保护性杀菌剂，无内吸活性，对立枯丝核菌属有特效，尤其对水稻纹枯病有特效，能有效地控制马铃薯立枯病和观赏作物的立枯丝核病。戊菌隆对其他土壤真菌如腐霉属真菌和镰刀属真菌引起的病害防治效果不佳，为了同时兼治土传病害，应与能防治土传病害的杀菌剂混用。

防治对象　主要防治立枯丝核菌引起的病害，防治水稻纹枯病效果卓越。

使用方法　茎叶处理、种子处理、土壤处理。

（1）戊菌隆可通过直接撒布到土壤上或用不同剂型进行灌溉、喷雾等处理。若仔细将药剂施入土壤中，则效果不佳。在蔬菜、棉花、甜菜和观赏植物中，为兼治镰刀菌属、腐霉菌属、疫霉菌属等土壤病原菌，建议与克菌丹混用，戊菌隆还可以与敌磺钠、福美双、倍硫磷、敌瘟磷混用。

（2）作拌种使用时，马铃薯、水稻、棉花、甜菜均为 15～25g（a.i.）/100kg（种子）。

（3）防治水稻纹枯病，茎叶处理用药量 10～16.7g（a.i.）/亩。

（4）在纹枯病发生早期，喷第 1 次药，20 天后再喷第 2 次。

（5）用 1.5%无漂移粉剂以 500g/100kg 处理马铃薯，可以有效地防治马铃薯黑胫病。

注意事项

（1）严格按照农药安全使用规定使用此药，避免药液或药粉直接接触身体，如果药液不小心溅入眼睛，应立即用清水冲洗干净并携带此药标签去医院就医。

（2）此药应储存在阴凉和儿童接触不到的地方。

（3）如果误服要立即送往医院治疗。

（4）施药后各种工具要认真清洗，污水和剩余药液要妥善处理保存，不得任意倾倒，以免污染鱼塘、水源及土壤。

（5）搬运时应注意轻拿轻放，以免破损污染环境，运输和存储时应有专门的车皮和仓库，不得与食物和日用品一起运输，应储存在干燥和通风良好的仓库中。

戊菌唑 penconazole

$C_{13}H_{15}Cl_2N_3$, 284.19

其他名称　托扑死、配那唑、果壮、笔菌唑。

主要剂型　20%水乳剂，10%乳油。

作用特点　属内吸性杀菌剂，具有治疗、保护和铲除作用。是甾醇脱甲基化抑制剂，破坏和抑制麦角甾醇生物合成，导致细胞膜不能形成，使病菌死亡。戊菌唑可迅速地被植物吸收，并在内部传导。

防治对象　能有效地防治子囊菌、担子菌和半知菌所致病害，尤其对白粉病。在推荐剂量下使用对作物和环境安全。

使用方法　茎叶喷雾，使用剂量通常为 1.7～5g（a.i.）/亩或 10％乳油 10～30mL/亩兑水 40～50kg 喷雾。

注意事项　尽可能在早晨使用，以免对作物产生不可逆危害，加重病害。

戊唑醇 tebuconazole

C$_{16}$H$_{22}$ClN$_3$O, 307.82

其他名称　立克秀、科胜、菌立克、富力库、普果、奥宁。

主要剂型　43％悬浮剂、25％可湿性粉剂、60g/L悬浮种衣剂。

作用特点　属高效广谱内吸性杀菌剂，有内吸活性、保护和治疗作用。是麦角甾醇生物合成抑制剂，能迅速被植物有生长力的部分吸收并主要向顶部转移。不仅具有杀菌活性，还可促进作物生长，使根系发达、叶色浓绿、植株健壮、有效分蘖增加、从而提高产量。

防治对象　可以防治白粉菌属、柄锈菌属、喙孢属、核腔菌属和壳针孢属菌引起的病害，如小麦白粉病、散黑穗病、纹枯病、雪腐病、全蚀病、腥黑穗病，大麦云纹病、散黑穗病、纹枯病，玉米丝黑穗病，高粱丝黑穗病，大豆锈病等。

使用方法

（1）2％戊唑醇（立克秀）湿拌种剂，一般发病情况下，用药剂 10g/10kg 小麦种子，30g/10kg 玉米或高粱种子；病害大发生情况下或土传病害严重的地区，用药剂 15g/10kg 小麦种子，用药剂 60g/10kg 玉米或高粱种子。

（2）戊唑醇主要用于重要经济作物的种子处理或叶面喷雾。以 16.7～25g（a.i.）/亩进行叶面喷雾，可用于防治禾谷类作物锈病、白粉病、网斑病、根腐病及麦类赤霉病等；若进行种子处理，可防治腥黑粉菌属和黑粉菌属引起的病害，如彻底防治大麦散黑穗病、燕麦散黑穗病，小麦网腥黑穗病，光腥黑穗病以及种传的轮斑病等；用 8.3g（a.i.）/亩喷雾，可防治花生褐斑病和轮斑病；用 6.7～16.7g（a.i.）/亩喷雾，可防治葡萄灰霉病、白粉病，香蕉叶斑病和茶树茶饼病。

注意事项　严格按照农药使用防护规则做好个人防护。拌种处理过的种子播种深度以 2～5cm 为宜。避免处理过的种子与粮食、饲料混放，药剂对水生生物有害，避免污染水源。

烯丙苯噻唑 probenazole

$C_{10}H_9NO_3S$, 223.2

其他名称　烯丙异噻唑、噻菌烯。

主要剂型　8％颗粒剂。

作用特点　属杂环类内吸性杀菌剂，水杨酸免疫系统促进剂。通过激发植物本身对病害的免疫（抗性）反应来实现防病效果，通过根部吸收，并较迅速地渗透传导至植物各部分。

防治对象　稻瘟病、白叶枯病。

使用方法　通常在移植前以粒剂［160～213.3g（a.i.）/亩］施于水稻或者［1.6～2.4g（a.i.）/亩］育苗箱（30cm×60cm×3cm）。如以50g（a.i.）/亩防治水稻稻瘟病，其防效可达97％。

（1）防治水稻稻瘟病，发病前用8％颗粒剂1.65～2kg/亩均匀撒施。

（2）防治水稻白叶枯病，发病初期用8％颗粒剂2～2.65kg/亩均匀撒施。

注意事项　处理水稻，促进根系吸收，保护作物不受稻瘟病菌和白叶枯病菌侵染。施药稻田要保持水深不低于3cm，并要保水4～5天，有鱼的稻田勿用此药，禁止与敌稗除草剂混用。

烯肟菌酯 enestroburin

$C_{22}H_{22}ClNO_4$, 399.87

其他名称　佳斯奇。

主要剂型　25％乳油。

作用特点　杀菌谱广，杀菌活性高，是第一类能同时防治白粉病和霜霉疫病的药剂。烯肟菌脂为甲氧基丙烯酸酯类杀菌剂，具有新颖的化学结构和独特的作用机制。同时还对黑腥病、炭疽病、斑点落叶病等具有非常好的防效。毒性低、对环境具有良好的相容性。与现有的杀菌剂无交互抗性。具有显著的促进植物生长、提高产量、改善作物品质的作用。

防治对象　对黄瓜、葡萄霜霉病、小麦白粉病等有良好的防治效果。

使用方法　25％烯肟菌酯乳油对黄瓜霜霉病防治效果较好，6.7～15g（a.i.）/

亩，于发病前或发病初期喷雾，用药3～4次，间隔7天左右喷1次药，对黄瓜生长无不良影响，无药害发生。

注意事项　为延缓病菌抗药性的产生，建议使用含有烯肟菌脂的混合制剂或与不同作用机制的杀菌剂交替使用。

烯酰吗啉 dimethomorph

$C_{21}H_{22}ClNO_4, 387.6$

其他名称　霜安、安克、雄克、安玛、绿捷、瓜隆、灵品、世耘、霜爽、霜电、雪疫、拔萃。

主要剂型　10％、20％、40％、50％悬浮剂，10％、15％水乳剂，25％、30％、50％可湿性粉剂，40％、50％、80％水分散粒剂，25％微乳剂。

作用特点　烯酰吗啉是一种内吸性杀菌剂，具有保护和抑制孢子萌发活性，通过破坏卵菌细胞壁的形成而起作用。在卵菌生活史的各个阶段都发挥作用，在孢子囊梗和卵孢子的形成阶段尤为敏感，烯酰吗啉与苯酰胺类杀菌剂如瑞毒霉、甲霜灵、霜脲氰等没有交互抗性，可以迅速杀死对这些杀菌剂产生抗性的病菌，保证药效的稳定发挥。

防治对象　马铃薯晚疫病、葡萄霜霉病、烟草黑胫病、辣椒疫病、黄瓜霜霉病、甜瓜霜霉病、十字花科蔬菜的霜霉病、水稻霜霉病、芋头疫病等。

使用方法

（1）防治黄瓜等的霜霉病，在发病初期，用50％可湿性粉剂2500倍液喷雾，间隔7～10天喷1次，连续喷4次能控制住病害。

（2）防治烟草黑胫病，发病初期，用50％可湿性粉剂30～40g（a.i.）/亩，兑水40～50kg喷雾。

（3）防治辣椒疫病，发病初期，用50％可湿性粉剂40～60g（a.i.）/亩，兑水40～50kg喷雾。

（4）防治番茄晚疫病，用50％可湿性粉剂30～40g（a.i.）/亩，兑水40～50kg喷雾。

（5）防治葡萄霜霉病，发病早期，用50％可湿性粉剂2000～3000倍液喷雾。

注意事项

（1）当黄瓜、辣椒、十字花科蔬菜等幼小时，喷液量和药量用低量。喷药要使药液均匀覆盖叶片。

（2）施药时穿戴好防护衣物，避免药剂直接与身体各部位接触。

（3）如药剂沾染皮肤，用肥皂和清水冲洗。如溅入眼中，迅速用清水冲洗。如有误服，千万不要引吐，尽快送医院治疗。该药没有解毒剂，需对症治疗。

（4）该药应贮存在阴凉、干燥和远离饲料、儿童的地方。

烯唑醇 diniconazole

$C_{15}H_{17}Cl_2N_3O$, 326.22

其他名称　速保利、壮麦灵、特普唑、特灭唑、达克利、灭黑灵。

主要剂型　12.5％可湿性粉剂、12.5％乳油、25％乳油。

作用特点　属广谱内吸性杀菌剂，具有保护、治疗和铲除作用。烯唑醇抗菌谱广，具有较高的杀菌活性和内吸性，植物种子、根、叶片均能内吸，并具有较强的向顶传导性能，残效期长，对病原菌孢子的萌发抑制作用小，但能明显抑制萌芽后芽管的伸长、吸器的形成、菌体在植物体内的发育、新孢子的形成等。可防治子囊菌、担子菌和半知菌引起的许多真菌病害。不宜长时间、单一使用该药，宜使病原菌产生耐药性，对藻状菌纲病菌引起的病害无效。

防治对象　烯唑醇对子囊菌和担子菌有特效，适用于防治麦类散黑穗病、腥黑穗病、坚黑穗病、白粉病、条锈病、叶锈病、秆锈病、云纹病、叶枯病，玉米、高粱丝黑穗病，花生褐斑病、黑斑病，苹果白粉病、锈病，梨黑星病，黑穗醋栗白粉病以及咖啡、蔬菜等的白粉病、锈病等病害。

使用方法

（1）防治小麦黑穗病，用12.5％可湿性粉剂160～240g/100kg种子拌种，湿拌和干拌均可。

（2）防治小麦白粉病、条锈病，用12.5％可湿性粉剂120～160g/100kg种子拌种。

（3）防治玉米丝黑穗病，用12.5％可湿性粉剂240～640g/100kg种子拌种。

（4）防治小麦白粉病、条锈病、叶锈病、秆锈病、云纹病、叶枯病，感病前或发病初期用12.5％可湿性粉剂12～32g/亩，兑水50～70kg喷雾。

（5）防治黑穗醋栗白粉病，感病前或发病初期用12.5％可湿性粉剂1700～2500倍液喷雾。

（6）防治苹果白粉病、锈病，感病初期用12.5％可湿性粉剂3000～6000倍液喷雾。

注意事项　烯唑醇不可与碱性农药混用。药品存放在阴暗处，避免药液吸入或沾染皮肤，不宜做地面喷洒使用，与作用机制不同的其他杀菌剂轮换使用。

缬霉威 iprovalicarb

$C_{18}H_{28}N_2O_3$, 320.4

其他名称 异丙菌胺。

主要剂型 66.8%可湿性粉剂。

作用特点 低毒杀菌剂。属氨基酸酯类衍生物，具有独特的全新仿生结构。作用机理区别于其他防治卵菌纲的杀菌剂，作用于真菌细胞壁和蛋白质的合成，能抑制孢子的侵染和萌发，同时能抑制菌丝体的生长，导致其变形、死亡。针对霜霉科和疫霉属真菌引起的病害具有很好的治疗和铲除作用。既可用于茎叶处理，也可用于土壤处理（防治土传病害）。

防治对象 适宜作物如葡萄、马铃薯、番茄、黄瓜、柑橘、烟草等。可有效防治黄瓜、葡萄等作物上的霜霉病。

使用方法 缬霉威可用于茎叶喷洒，也可用于土壤处理防治土传病害，一般用药量为每亩6.7～20g（有效成分）。

注意事项 本品极易引起病原菌产生抗性，建议与其他保护性杀菌剂混用。

亚胺唑 imibenconazole

$C_{17}H_{13}Cl_3N_4S$, 411.7

其他名称 酰胺唑、霉能灵。

主要剂型 5%、15%可湿性粉剂。

作用特点 属广谱内吸性杀菌剂，具有保护和治疗作用，是甾醇合成抑制剂，重要作用是破坏和阻止麦角甾醇的生物合成。从而破坏细胞膜的形成，导致病菌死亡。喷到作物上后能快速渗透到植物体内，耐雨水冲刷，土壤施药不能被根吸收。

防治对象 能有效地防治子囊菌、担子菌和半知菌所致病害，如桃、日本杏、柑橘树疮痂病，梨黑星病，苹果黑星病、锈病，白茅、紫薇白粉病，花生褐斑病，茶炭疽病，玫瑰黑斑病，菊、草坪锈病等。尤其对柑橘疮痂病、葡萄黑痘病、梨黑星病具有显著的防治效果。对藻菌真菌无效。

使用方法 以 2.5～7.5g（a.i.）/100L 能有效防治苹果黑星病；以 7.5g

(a. i.)/100L 能有效防治葡萄白粉病；以 15g（a. i.）/100kg 处理小麦种子，能防治小麦网腥黑穗病；在 120g/100kg 种子剂量下对作物仍无药害。每亩喷药液量一般为 100～300L，可视作物大小而定，以喷至作物叶片湿透为止。

（1）防治柑橘疮痂病　用 5％可湿性粉剂 600～900 倍液或每 100L 水加 5％可湿性粉剂 111～167g，喷药适期第一次喷药在春芽刚开始萌发时进行；第二次喷药在花落 2/3 时进行，以后每隔 10 天喷药 1 次，共喷 3～4 次（5、6 月份多雨和气温不很高的年份要适当增加喷药次数）。

（2）防治葡萄黑痘病　用 5％可湿性粉剂 800～1000 倍液或每 100L 水加 5％可湿性粉剂 100～125g，于春季新梢生长达 10cm 时喷第一次（发病严重地区可适当提早喷药），以后每隔 10～15 天喷药 1 次，共喷 4～5 次。遇雨水较多时，要适当缩短喷药间隔期和增加喷药次数。

（3）防治梨黑星病　用 5％可湿性粉剂 1000～2000 倍液或每 100L 水加 5％可湿性粉剂 83～100g，于发病初期开始喷药，每隔 7～10 天喷药一次，连续喷 5～6 次，不可超过 6 次。

注意事项　不能与酸性和碱性农药混用，施用前建议先进行小范围试验，避免产生药害。不宜在鸭梨上使用，喷药时注意防护。柑橘收获前 30 天，梨、葡萄收获前 21 天停止使用。

氧化萎锈灵 oxycarboxin

$C_{12}H_{13}NO_4S$, 267.30

其他名称　莠锈散。

主要剂型　50％、75％可湿性粉剂。

作用特点　内吸性杀菌剂。

防治对象　用于防治谷物和蔬菜锈病。

使用方法　叶面喷雾。防治谷物和蔬菜锈病，用 75％可湿性粉剂 50～100g/亩兑水 40～50kg 喷雾，每隔 10～15 天喷 1 次，共喷 2 次。

叶菌唑 metconazole

$C_{17}H_{22}ClN_3O$, 319.83

其他名称 羟菌唑。

主要剂型 60g/L 水乳剂。

作用特点 麦角甾醇生物合成中 C-14 脱甲基化酶抑制剂。虽然作用机理与其他三唑类杀菌剂一样，但活性谱差别较大。两种异构体都有杀菌活性，但顺式活性高于反式。叶菌唑的杀真菌谱非常广泛，且活性极佳。叶菌唑田间施用对谷类作物壳针孢、镰孢霉和柄锈菌植病有卓越效果。叶菌唑同传统杀菌剂相比，剂量极低而防治谷类植病范围却很广。

防治对象 主要用于防治小麦壳针孢、穗镰刀菌、叶锈病、条锈病、白粉病、颖枯病，大麦矮形锈病、白粉病、喙孢属，黑麦喙孢属、叶锈病、燕麦冠锈病，小黑麦（小麦与黑麦杂交）叶锈病、壳针孢。对壳针孢属和锈病活性优异。

使用方法 既可作茎叶处理又可作种子处理。茎叶处理，使用剂量为 $30\sim90$g（a. i.）/hm^2，持效期 $5\sim6$ 周。种子处理，使用剂量为 $2.5\sim7.5$g（a. i.）/100kg 种子。

乙基硫菌灵 thiophenate-ethyl

$C_{14}H_{18}N_4O_4S_2$, 370.44

其他名称 乙基托布津。

主要剂型 50%、70%可湿性粉剂。

作用特点 一种高效、低毒、广谱的取代苯类杀菌剂。具有内吸杀菌作用，兼有保护和治疗作用。对人畜低毒。

防治对象 可防治稻、麦、甘薯、果树、蔬菜及棉花等多种作物上的白粉病、菌核病、灰霉病、炭疽病等。

使用方法

（1）防治黄瓜枯萎病，于黄瓜 $7\sim8$ 片叶期，亩用 50%可湿性粉剂 200g，兑水灌秧。

（2）防治西瓜枯萎病，在苗期、团棵期各施药 1 次，每次用 50%可湿性粉剂 $250\sim400$g/亩，兑水 $50\sim75$kg，叶面喷雾或灌根。

注意事项

（1）除碱性及铜制剂外，可与多种杀菌剂、杀虫剂混用。

（2）对皮肤黏膜有刺激性，使用时应注意保护。

乙菌利 chlozolinate

$C_{13}H_{11}Cl_2NO_5$, 332.14

其他名称　克氯得。

主要剂型　20％、50％可湿性粉剂，30％悬浮剂。

作用特点　用于防治灰葡萄孢和核盘菌属菌以及观赏植物的某些病害。可防治禾谷类叶部病害和种传病害，如小麦腥黑穗病、大麦和燕麦的散黑穗病，也可防治苹果黑星病和玫瑰白粉病等。

防治对象　苹果黑星病、玫瑰白粉病、葡萄灰霉病、草莓灰霉病、蔬菜上的灰霉病、小麦腥黑穗病、大麦和燕麦的散黑穗病等。

使用方法　茎叶处理和种子处理。防治葡萄、草莓的灰霉病、核果和仁果类桃褐病、核盘菌和果产核盘菌、蔬菜上的灰葡萄孢和核盘菌，使用剂量为 $0.75\sim$ $1.0\,kg$ (a.i.)/hm^2。

注意事项

(1) 严格按照农药安全规定使用此药，喷药时戴好保护衣物。

(2) 喷药时不能吃东西喝水，避免药物直接接触。

(3) 此药应储藏在阴凉和儿童接触不到的地方。

(4) 贮藏运输时，轻拿轻放，以免包装破损，不得与食物和日用品放在一起。

乙膦铝 fosetyl-aluminium

$C_6H_{18}AlO_9P_3$, 354.10

其他名称　三乙膦酸铝、疫霜灵、疫霉灵、霉菌灵。

主要剂型　40％、80％可湿粉剂，30％胶悬剂，90％可溶性粉剂。

作用特点　有机磷类高效、广谱、内吸性杀菌剂，具有治疗和保护作用。作用机理是抑制病原菌的孢子萌发，阻止菌丝体的生长。内吸性杀菌剂，具有双向传导功能。通过根部和基部茎叶吸收后向上输导，也能从上部叶片吸收向基部叶片输导。该药水溶性好，内吸渗透性强，持效期长，使用安全。

防治对象　适用于黄瓜、甜瓜、西瓜、西葫芦、苦瓜、冬瓜、番茄、辣椒、茄子、芹菜、芦笋、芸豆、菜豆、豌豆、绿豆、马铃薯、十字花科蔬菜、烟草、棉花、苹果、葡萄、梨、草莓、荔枝、水稻、胡椒、橡胶及花卉植物等。对霜霉病、疫病、晚疫病、立枯病、枯萎病、溃疡病、褐斑病、稻瘟病、纹枯病等多种真菌性病害均具有良好的防治效果。可用于防治黄瓜霜霉病、啤酒花霜霉病、白菜霜霉病、烟草黑胫病、橡胶割面条溃疡病、棉花疫病等。

使用方法

（1）防治各种蔬菜霜霉病，用 40％可湿性粉剂 200～300 倍液喷雾，于发病初期开始，每隔 10 天左右喷 1 次，共喷 2～5 次。

（2）防治番茄晚疫病、轮纹病，黄瓜疫病，茄子绵疫病，用 40％可湿性粉剂 200～300 倍液喷雾，于发病初期每隔 7 天喷 1 次，连喷 3 次。

注意事项

（1）不能与强酸、强碱性药剂混用。

（2）连续长期使用容易产生抗药性，可与代森猛锌、克菌丹、灭菌丹等混合使用，或与其他杀菌剂轮换使用。

（3）本品易吸潮结块，贮存时应封严，并保持干燥。

（4）黄瓜、白菜在使用浓度偏高时，易产生药害；病害产生抗药性时，对上述蔬菜不应随意增加使用浓度。

乙霉威 diethofencarb

$C_{14}H_{21}NO_4, 267.32$

其他名称　保灭灵、硫菌霉威、抑菌灵、抑菌威、万霉灵。

主要剂型　50％、65％可湿性粉剂，6.5％粉剂。

作用特点　属于氨基甲酸酯类化合物，防病性能与霜霉威不同，主要特点是防治对多菌灵、腐霉利等杀菌剂产生抗性的菌类有高的活性。杀菌机理是进入菌体细胞后与菌体细胞内的微管蛋白结合，从而影响细胞的分裂。与多菌灵有负交互抗性。本品一般不作单剂使用，而与多菌灵、甲基托布津、或速克灵等药剂混用防治灰霉病。

防治对象　适宜作物如黄瓜、番茄、洋葱、莴笋、甜菜、草莓、葡萄等。可防治黄瓜灰霉病、茎腐病，甜菜叶斑病，番茄灰霉病等，也可用于水果保鲜防治苹果青霉病。

使用方法

（1）防治黄瓜、番茄灰霉病，用 65％硫菌霉威可湿性粉剂 1200～1875g/hm²，兑水 750kg 喷雾，每隔 10 天 1 次，或 6.5％粉剂直接喷粉，每公顷 11.25～22.5kg。

（2）防治甜菜褐斑病，用 50％多霉威可湿性粉剂 1800～2400g/hm²，兑水 750kg 喷雾。

（3）用于水果保鲜，防治苹果灰霉病时，加入 500mg/L 硫酸链霉素和展着剂浸泡 1min，用量为 500～1000mg/L。

（4）茎叶喷雾，剂量通常为 16.7～33.3g（a. i.）/亩。

注意事项

（1）本剂只适用于对多菌灵产生抗性的灰霉病发生田块。使用次数不宜过多，否则也会出现对多菌灵和乙霉威均具有抗性的双抗菌株。

（2）不能与铜制剂及酸碱性较强的农药混用。

（3）储存时不得与食物和饲料混放，要保持通风良好。

（4）喷药时做好防护，避免药液沾污皮肤，一旦沾染请用清水反复清洗，并到医院对症治疗。

乙嘧酚 ethirimol

$C_{11}H_{19}N_3O$, 209.29

其他名称　灭霉定、胺嘧啶、乙嘧醇、乙菌定、乙氨哒酮。

主要剂型　25％悬浮剂。

作用特点　乙嘧酚对菌丝体、分生孢子、受精丝等都有极强的杀灭效果，并能强力抑制孢子的形成，阻断孢子再侵染来源，杀菌效果全面彻底。对于已经发病的作物，乙嘧酚能够起很好地治疗作用，能够铲除已经侵入植物体内的病菌，能够明显抑制病菌的扩展。

防治对象　禾谷类作物白粉病。主要用于防治大麦、小麦、燕麦等禾谷类作物白粉病，也可防治葫芦科作物白粉病。作拌种处理时经根部吸收保护整株作物；茎叶喷雾处理时茎叶部吸收传导，防止病害蔓延到新叶。

使用方法

（1）防治瓜类白粉病。选用25％乙嘧酚悬浮剂1000倍液，在发病初期及时喷药，每隔7～10天1次，连续防治2～3次。

（2）防治豆类白粉病。发病初期选用25％乙嘧酚悬浮剂1000倍液喷雾，每隔5～7天喷1次，连续防治2～3次。

（3）防治茄子白粉病。发病初期及时用药，每隔7～10天1次，连续防治2～3次，具体视病情发展而定，选用25％乙嘧酚悬浮剂1000倍液喷雾防治效果好。

乙嘧酚磺酸酯 bupirimate

$C_{13}H_{24}N_4O_3S$, 316.42

其他名称　乙嘧酚磺胺酯、白特粉、布瑞莫。

主要剂型　15％、25％乳油，25％微乳剂。

作用特点　嘧啶类杀菌剂，具有内吸性，属于高效、环境相容性好的腺嘌呤核苷脱氨酶抑制剂，可被植物的根、茎、叶迅速吸收，并在植物体内运转到各个部位，具有保护和治疗作用。

防治对象　主要用于小麦、黄瓜等禾本科、葫芦科作物白粉病的防治。对草莓、玉米、瓜类、葫芦科、茄科白粉病有特效。

使用方法

（1）黄瓜白粉病。白粉病发病初期，使用 225～300g（a.i.）/hm²，叶面喷雾，每季使用 2～3 次，连续使用的间隔时间为 7 天。

（2）苹果、瓜类（不包括西瓜）、花卉类。白粉病发病初期，使用 150～300g（a.i.）/hm²，叶面喷雾，每季使用 2～3 次，连续使用的间隔时间为 7 天。

注意事项　在稀酸中易水解，在 37℃以上长期储存不稳定。连续使用时的间隔时间为 7 天。

乙蒜素 ethylicin

$C_4H_{10}O_2S_2$, 154.25

其他名称　抗菌剂 401、抗菌剂 402、四零二。

主要剂型　15％可湿性粉剂，20％、30％、41％、80％乳油。

作用特点　大蒜素的同系物，一种广谱性杀菌剂。杀菌机制是其分子结构中的基团（S—SO₂）与菌体分子中含—SH 的物质反应，从而抑制菌体正常代谢。对植物生长具有刺激作用，经它处理过的种子出苗快，幼苗生长健壮。

防治对象　活性高，用量少，经测定在 50～260mg/kg 浓度范围内，可有效抑制棉花立枯病、枯萎病、黄萎病，水稻稻瘟病、白叶枯病、恶苗病、烂秧病、纹枯病，玉米大小斑病、黄叶，小麦赤霉病、条纹病、腥黑穗病，西瓜蔓枯病、苗期病害，黄瓜苗期绵疫病、枯萎病、灰霉病、黑星病、霜霉病，白菜软腐病，姜瘟病，番茄灰霉病、青枯病，辣椒疫病及草莓、白术、人参、香蕉、苹果、葡萄、梨、茶叶、马蹄、花卉、花生、大豆、芝麻等作物上的多种病害，效果显著。

使用方法

（1）种子处理。防治水稻烂秧病、水稻恶苗病、稻瘟病、棉花苗前病害、苜炭瘟病和茎斑病，通常用 80％乳油 5000～8000 倍液浸种；防治大麦条纹病和甘薯黑斑病用 80％乳油 2000～2500 倍液浸种薯。

（2）防治苹果叶斑病、棉花苗期病害和油菜霜霉病，用 80％乳油 1000～2 000 倍液喷洒。

注意事项

（1）不能与碱性农药混用。

（2）经处理过的种子不能食用或作饲料，棉籽不能用于榨油。

（3）浸过药液的种子不得与草木灰一起播种，以免影响药效。

乙烯菌核利 vinclozolin

$C_{12}H_9Cl_2NO_3$, 286.11

其他名称　农利灵、烯菌酮、免克宁。

主要剂型　50％可湿性粉剂。

作用特点　二甲酰亚胺类触杀性杀菌剂，主要干扰细菌核功能，并对细胞膜和细胞壁有影响，改变膜的渗透性，使细胞破裂。

防治对象　防治白菜黑斑病、黄瓜灰霉病、大豆菌核病、茄子灰霉病、油菜菌核病、番茄灰霉病，对果树、蔬菜类作物的灰霉病、褐斑病、菌核病有较好的防治效果，还可在葡萄、果树、啤酒花和观赏植物上使用。

使用方法

（1）防治油菜菌核、白粉黑斑病、花卉、茄子、黄瓜灰霉病，在发病初期，每次每亩用50％可湿性粉剂75～100g，兑水喷雾，间隔7～10天喷1次，共喷3～4次。

（2）防治油菜菌核病、茄子灰霉病、大白菜黑斑病、花卉黑霉病等，发病初期喷药，用50％可湿性粉剂50～100g/亩，兑水40～50kg喷雾。

（3）防治黄瓜灰霉病，刚开始发病时，用50％可湿性粉剂50～100g/亩，兑水40～50kg喷雾，间隔10天喷1次，共喷施3～4次。

（4）防治葡萄灰霉病，葡萄开花前10天至开花末期，对花穗喷施50％干悬浮剂750～1200倍液，共喷3次。

注意事项

（1）不慎溅入眼睛应迅速用大量清水冲洗，误服中毒应立即服用医用活性炭。

（2）可与多种杀虫、杀菌剂混用。

（3）施药植物要在4～6片叶以后，移栽苗要在缓苗以后才能使用。低湿、干旱时要慎用。

异稻瘟净 iprobenfos

$C_{13}H_{21}O_3PS$, 288.34

其他名称 丙基喜乐松、Kitazin P、probenfos。

主要剂型 40%、50%乳油，20%粉剂，17%颗粒剂。

作用特点 内吸杀菌剂，主要干扰细胞膜透性，使几丁质合成受阻，从而使菌体不能正常发育，残效期较长，具有抗倒伏及兼治飞虱、叶蝉的功效。属有机磷杀菌剂。主要干扰细胞膜透性，阻止某些亲脂几丁质前体通过细胞质膜，使几丁质的合成受阻碍，细胞壁不能生长，抑制菌体的正常发育。

防治对象 具有良好的内吸传导杀菌作用，对稻叶叶瘟病、穗颈瘟防治效果优良，可兼治稻飞虱、水稻稻瘟病、水稻纹枯病，小球菌核病，玉米大、小斑病。

使用方法

(1) 稻叶瘟的防治。在病害发生初期，每亩用40%乳油150mL，兑水50~75kg，常规喷雾。如病情继续发展，可在1周后再喷1次。

(2) 稻穗颈瘟的防治。在水稻破口及齐穗期各喷1次，每亩用40%乳油150~200mg，兑水40~50kg常规喷雾。如果前期叶瘟较重，后期肥料过多，稻苗生长嫩绿及易感病品种，可在抽穗期再喷1次。

注意事项

(1) 不能与碱性农药、高毒有机磷农药、五氯酚钠、敌稗混用，施药前后10天内不能施敌稗。

(2) 安全间隔期为20天，否则稻米具有异臭味。本品易燃，不能接近火源，以免引起火灾。稻田使用时，喷撒不匀会产生褐色药斑。

异菌脲 lprodione

$$C_{13}H_{13}Cl_2N_3O_3, 330.17$$

其他名称 扑海因、桑迪恩。

主要剂型 50%可湿性粉剂，50%悬浮剂，5%、25%油悬浮剂。

作用特点 异菌脲是二甲酰亚胺类高效广谱、触杀型杀菌剂，能抑制蛋白激酶，控制许多细胞功能的细胞内信号，包括碳水化合物结合进入真菌细胞组分的干扰作用。因此，它可抑制真菌孢子的萌发及产生，也可抑制菌丝生长。即对病原菌生活史中的各发育阶段均有影响。

防治对象 适用于防治多种果树、蔬菜、瓜果类等作物早期落叶病、灰霉病、早疫病等病害。

使用方法

(1) 防治草莓灰霉病。于草莓发病初期开始喷药，每隔8天施药1次，收获前2~3星期停止施药。每次每亩用50%异菌脲悬浮剂或可湿性粉剂100mL (g)，兑水喷雾。

（2）防治果树花腐病、灰星病、灰霉病。花腐病于果树始花期和盛花期各喷1次药。灰星病于果实收获前3～4星期和1～2星期各喷1次药。灰霉病则于收获前视病情施1～2次药。每次每亩用50％异菌脲悬浮剂或可湿性粉剂66～100mL（g），兑水喷雾。

（3）防治番茄灰霉病、早疫病、菌核病和黄瓜灰霉病、菌核病。发病初期开始喷药，全生育期施药1～3次，施药间隔期7～10天。每次每亩用50％异菌脲悬浮剂或可湿性粉剂50～100mL（g），兑水喷雾。

（4）防治大白菜、菜豆、甘蓝、西瓜、甜瓜、芦笋等蔬菜灰霉病、菌核病、黑斑病、斑点病、茎枯病等。发病初期开始施药，施药间隔期，叶部病害7～10天，根茎部病害10～15天，每次每亩用50％异菌脲悬浮剂或可湿性粉剂66～100mL（g），兑水喷雾。

（5）防治观赏作物叶斑病、灰霉病、菌核病、根腐病。可于发病初期开始喷药，施药间隔7～14天，每次每亩用50％异菌脲悬浮剂或可湿性粉剂75.4～100mL（g），兑水喷雾，也可采用浸泡插条的方法，即在50％异菌脲悬浮剂或可湿性粉剂125～500倍液中浸泡15min。

（6）防治苹果轮斑病、褐斑病及落叶病，春梢生长期初发病时，喷50％异菌脲可湿性粉剂1000～1500倍液，以后每隔10～15天喷1次。

（7）防治花生冠腐病，每100kg种子用50％异菌脲可湿性粉剂100～300g拌种。

（8）防治玉米小斑病，在玉米小斑病初发时开始喷药，用50％异菌脲可湿性粉剂200～400g兑水喷雾，隔2周再喷1次。

（9）防治黄瓜灰霉病和黄瓜菌核病，在发病初期，每亩用50％异菌脲可湿性粉剂75～100g，分别兑水50kg和80～100kg喷雾。间隔7～10天喷洒1次，共喷1～3次。

（10）防治蚕豆赤斑病、韭菜灰霉病，每亩用50％可湿性粉剂50g，兑水50～75kg喷雾，7～10天喷1次，连喷2～3次。

（11）防治莴苣灰霉病，用50％异菌脲可湿性粉剂25g，兑水50kg，于发病初期每隔10～15天喷1次，连喷2～3次。

（12）防治温室葫芦科蔬菜、胡椒、茄子等的灰霉病、早疫病、斑点病，发病初期开始施药，每隔7天施1次药，连续施2～3次，每次每亩用50％异菌脲悬浮剂或可湿性粉剂50～100mL（g），兑水喷雾。

注意事项

（1）不能与腐霉利（速克灵）、乙烯菌核利（农利灵）等作用方式相同的杀菌剂混用或轮用。

（2）不能与强碱性或强酸性的药剂混用。

（3）为预防抗性菌株的产生，作物全生育期异菌脲的施用次数要控制在3次以内，在病害发生初期和高峰前使用，可获得最佳效果。

抑霉唑 imazalil

$$C_{14}H_{14}Cl_2N_2O, 297.18$$

其他名称 烯菌灵。

主要剂型 22.5％、50％乳油，0.1％涂抹剂。

作用特点 具有内吸、治疗、保护多种作用，广泛用于果品采后的防腐保鲜处理。杀菌机制主要是影响病菌细胞膜的渗透性、生理功能和脂类合成代谢，从而破坏病菌的细胞膜，同时抑制病菌孢子的形成。对抗多菌灵、噻菌灵等苯并咪唑类的青、绿霉菌有特效。

防治对象 用于防治柑橘、杧果、香蕉、苹果、瓜类等作物病害，也可用于防治谷类作物病害。

使用方法

（1）防治柑橘贮藏期的青霉病、绿霉病，采收当天用浓度 50～500mg/L 药液（相当于 50％乳油 1000～2000 倍液或 22.5％乳油 500～1000 倍液）浸果 1～2min，捞起晾干，装箱贮藏或运输。单果包装，效果更佳。柑橘果实也可用 0.1％涂抹剂原液涂抹。果实用清水清洗，并擦干或晾干，再用毛巾或海绵蘸药液涂抹，晾干。尽量涂薄些，一般每吨果品用 0.1％涂抹剂 2～3L。

（2）防治香蕉轴腐病，用 50％乳油 1000～1500 倍液浸果 1min，捞出晾干，贮藏。

（3）防治苹果、梨贮藏期青霉病、绿霉病，采后用 50％乳油 100 倍液浸果 30s，捞出晾干后装箱，入贮。

（4）防治谷物病害，每 100kg 种子用 50％乳油 8～10g，加少量水拌种。

注意事项

（1）严格按照农药安全规定使用此药，喷药时戴好保护衣物。

（2）喷药时不能吃东西喝水，避免药物直接接触。

（3）此药应储藏在阴凉和儿童接触不到的地方。

（4）贮藏运输时，轻拿轻放，以免包装破损，不得与食物和日用品放在一起。

吲唑磺菌胺 amisulbrom

$$C_{13}H_{13}BrFN_5O_4S_2, 466.31$$

其他名称 无。

主要剂型 17.7%可湿性粉剂。

作用特点 对疫病及霜霉病具有很高的杀菌活性，特别对病菌游离孢子活性甚高，是一个以预防为主的药剂。该药剂通过间接抑制游离孢子发芽，且有相当的持效期。药剂处理后经调查发现，1天后有五成左右浸透表皮，8天后达八成，由此赋予它良好的持效性和耐雨性。最近还发现，在感染病菌后喷洒，可使罹病叶片不能形成健全孢子，从而抑制其他部位致病，避免作物二次感染病菌。

防治对象 用于防治卵菌纲病菌引起的马铃薯、大豆、番茄、黄瓜、甜瓜、葡萄等作物上的霜霉病和疫病。

使用方法

(1) 防治马铃薯、番茄的疫病，发病初期采用17.7%可湿性粉剂2000倍液稀释喷洒，茎叶处理，收获前7天停止用药，生长期内用药不超过4次。

(2) 防治大豆、黄瓜、甜瓜、葡萄的霜霉病，发病早期采用17.7%可湿性粉剂2000～4000倍液稀释喷雾，收获前1天（葡萄14天）停止用药，生长期内用药不超过3次。

注意事项

(1) 使用时振摇容器，不能与石硫合剂及波尔多液等碱性农药混用。

(2) 喷洒量根据作物的生长阶段、栽培形态及喷洒方法予以调节。

(3) 在用于甜瓜时，避免于高温时使用，以免产生药害。另外，加用展开剂会增加药害，极需注意。

(4) 本剂以预防为主，宜在发病前夕及发病初期喷施。

(5) 本剂对眼睛有刺激，使用时务必小心。一旦不慎溅入眼中，应立即用水冲洗并请医诊治。

(6) 药剂应贮于低温、阴凉的地方。使用时按规定穿戴防护用品。

种菌唑 ipconazole

$C_{18}H_{24}ClN_3O$, 333.86

主要剂型 2.5%悬浮种衣剂，4.23%水乳剂。

作用特点 属于内吸性广谱三唑类杀菌剂。种菌唑是麦角甾醇生物合成抑制剂。杀菌谱较广，兼具内吸、保护及治疗作用；广泛用于控制水稻和其他作物的种子病害，对水稻恶苗病、胡麻斑病和稻瘟病有较好的防治效果。

防治对象 用于防治小麦壳针孢、穗镰刀菌、叶锈病、条锈病、白粉病、颖枯病；大麦矮型锈病、白粉病；黑麦叶锈病；燕麦冠锈病等。

使用方法　种子处理使用剂量为 3～6g（a.i.）/100kg 种子。

（1）防治小麦散黑穗病，发病初期用 2.5% 悬浮种衣剂 3～5g/100kg 种子。

（2）防治棉花立枯病，采用 4.32% 甲霜·种菌唑微乳剂 13.5～18g/100kg 进行拌种处理。

（3）防治玉米茎基腐病，采用 4.32% 甲霜·种菌唑微乳剂 3.375～5.4g/100kg 进行种子包衣处理，玉米丝黑穗病采用 4.32% 甲霜·种菌唑微乳剂 9～18g/100kg 进行种子包衣处理。

注意事项

（1）严格按照农药安全规定使用此药，喷药时戴好保护衣物。

（2）喷药时不能吃东西喝水，避免药物直接接触。

（3）此药应储藏在阴凉和儿童接触不到的地方。

（4）贮藏运输时，轻拿轻放，以免包装破损，不得与食物和日用品放在一起。

唑嘧菌胺 ametoctradin

$$C_7H_{15}$$

$$C_{15}H_{25}N_5, 275.39$$

其他名称　辛唑嘧菌胺。

主要剂型　20% 乳油。

作用特点　作用于呼吸链复合体Ⅲ，可作用于孢子萌发、孢子囊萌发和孢子释放等阶段，是保护性的杀菌剂。唑嘧菌胺是一种高选择性的杀菌剂，可高效灵活地防治霜霉病和晚疫病。该产品耐雨水冲刷，能在叶片中重新分布，保护作物健康成长，充分发挥生长潜力。

防治对象　对黄瓜和葡萄霜霉病、马铃薯晚疫病具有较好的防治效果。

使用方法　喷雾，每季作物最多使用 3 次，安全间隔期 7 天。

（1）防治黄瓜、葡萄霜霉病，用量为 262.5～525g（a.i.）/hm²。

（2）防治马铃薯晚疫病，用量为 315～472.5g（a.i.）/hm²。

第四章
除草剂

2,4-滴 2,4-D acid

$$C_8H_6Cl_2O_3, 221.03$$

其他名称 2,4-D 酸、2,4-D、2,4-二氯苯氧基乙酸、2,4-滴酸。

主要剂型 2%钠盐、720g/L 二甲胺盐水剂，85%可溶性粉剂。

作用特点 低剂量使用时调节植物生长，高剂量可除草。它能促进番茄坐果，防止落花，加速幼果发育。内吸性强。可从根、茎、叶进入植物体内，降解缓慢，故可积累一定浓度，从而干扰植物体内激素平衡，破坏核酸与蛋白质代谢，促进或抑制某些器官生长，使杂草茎叶扭曲、茎基变粗、肿裂等。

防治对象 在 500mg/kg 以上浓度时用于茎叶处理，可在麦、稻、玉米、甘蔗等作物田中防除藜、苋等阔叶杂草及萌芽期禾本科杂草。禾本科作物在其 4~5 叶期具有较强耐性，是喷药的适期。

使用方法

（1）保花 用 2% 2,4-滴钠盐水剂 10~20mg，兑水 1kg，用毛笔蘸药液，涂抹正开花的花柄。注意不能涂花蕾和幼果；兑水量随气温变化有所不同，在推荐浓度的范围内，如果气温较低，使用较高浓度；气温较高，使用较低浓度。每季施用一次。

（2）春小麦 春小麦 4 叶至分蘖末期，每亩用 85% 2,4-滴可溶性粉剂 85~125g，兑水 20~30kg，均匀喷雾。

（3）冬小麦 春小麦 3~4 叶期，每亩用 720g/L 2,4-滴二甲胺盐水剂 50~70mL，兑水 40~50kg，均匀喷雾。

（4）柑橘园 杂草始盛期，每亩用 720g/L 2,4-滴二甲胺盐水剂 200~250mL，兑水 40～50kg，均匀喷雾，防除阔叶杂草。草龄低的阔叶杂草使用低剂量，草龄高的阔叶杂草使用高剂量。

注意事项

（1）该药在高浓度下为除草剂，低浓度下则为植物生长调节剂，因此必须在规定的浓度范围内使用，以免造成药害而减产。在没有使用过的地区，应通过小面积作物试验，取得经验后再扩大施用。

（2）留作种子用的农田禁用本品，以免造成植物生长变态。

（3）在番茄上不能采用全株喷施的方法使用，药液滴落在叶片上，产生卷叶；勿将药液喷到或漂移到其他作物上，防止产生药害；在有风的天气条件下禁止用药，以免药液漂移造成药害。

（4）盛药的器具在使用完毕后应彻底洗净，洗液不能乱倒，要妥善处理，禁止在河塘等水体中清洗施药器具。使用后的空包装袋要深埋，不能移作他用。

2,4-滴丁酯 2,4-D butylate

C$_{12}$H$_{14}$Cl$_2$O$_3$, 277.14

其他名称　2,4-二氯苯氧基乙酸正丁酯。

主要剂型　57%、72%乳油。

作用特点　苯氧乙酸类激素型选择性除草剂。具有较强的内吸传导性。主要用于苗后茎叶处理，穿过角质层和细胞膜，最后传导到各部分。在不同部位对核酸和蛋白质的合成产生不同影响，在植物顶端抑制核酸代谢和蛋白质的合成，使生长点停止生长，幼嫩叶片不能伸展，抑制光合作用的正常进行，传导到植株下部的药剂，使植物茎部组织的核酸和蛋白质的合成增加，促进细胞异常分裂，根尖膨大，丧失吸收能力，造成茎秆扭曲、畸形，筛管堵塞，韧皮部破坏，有机物运输受阻，从而破坏植物正常的生活能力，最终导致植物死亡。

防治对象　防除小麦、大麦、青稞、玉米、谷子、高粱等禾本科作物田及禾本科杂草地阔叶杂草，如播娘蒿、藜、蓼、芥菜、离子草等，对禾本科杂草无效。

使用方法

（1）小麦　冬小麦在分蘖末期至拔节初期，春小麦在 4～5 叶至分蘖盛期，每亩用 57% 2,4-滴丁酯乳油 49mL，兑水 20～30kg，茎叶喷雾。

（2）水稻　水稻分蘖末期，每亩用 57% 2,4-滴丁酯乳油 49mL，兑水 20～30kg，茎叶喷雾。

（3）玉米　播后苗前，每亩用 57% 2,4-滴丁酯乳油 97mL，兑水 20～30kg，施药一次，土壤封闭。苗后喷雾，每亩用 57% 2,4-滴丁酯乳油 42～49mL，兑水

20～30kg，茎叶处理。

注意事项

（1）施药时注意风向，防止药剂漂移到邻近阔叶作物、蔬菜、果树上，以防产生药害，要与敏感作物如棉花、油菜、瓜类、向日葵有一定距离。

（2）大麦、小麦、水稻在 4 叶前和拔节后对 2,4-滴丁酯敏感，施药会发生药害。在无风或微风（风力不大于 2 级）、温度在 15～28℃的晴天使用，以免产生药害或影响药效。施药前后，土壤应保持湿润，适当的土壤水分是发挥药效的重要因素。

（3）不可与呈碱性的农药等物质混合使用。

（4）对鱼类有毒，远离水产养殖区施药，禁止在河塘等水体中清洗施药器具，避免药液进入地表水体；养鱼稻田禁用，施药后的田水不得直接排入河塘等水域。

（5）喷施药械最好专用。用过的容器应妥善处理，不可做他用，也不可随意丢弃。

2,4-滴乙基己酯 2,4-D-ethylhexyl ester

$C_{16}H_{22}Cl_2O_3$, 333.25

其他名称 2,4-二氯苯氧基乙酸乙基己酯。

主要剂型 77%、86%、87.5%乳油。

作用特点 苯氧乙酸类激素型选择性苗后茎叶处理触杀型除草剂。具有较强的内吸传导性。主要用于苗后茎叶处理，穿过角质层和细胞膜，最后传导到各部分。

防治对象 春小麦、春玉米、春大豆田防除一年生阔叶杂草。正常使用条件下，对一年生阔叶杂草如龙葵、藜、苍耳、苘麻等有较好的防效。

使用方法

（1）春小麦 春小麦在 4～5 叶期，杂草 3～4 叶期，每亩用 86% 2,4-滴乙基己酯乳油 41～52mL，兑水 30～40kg，茎叶处理。

（2）春大豆 春大豆播后苗前，每亩用 77% 2,4-滴乙基己酯乳油 50～58mL，兑水 40～50kg，土壤喷雾。

（3）春玉米 春玉米播后苗前，每亩用 87.5% 2,4-滴乙基己酯乳油 36～54mL，兑水 45～60kg，均匀喷雾，土壤封闭。

注意事项

（1）每季作物只能使用本品一次。

（2）禾本科对本品的耐性较大，但在其幼苗、幼芽和幼穗分化期较为敏感。用药过早、过晚或用量大都可能造成药害，因此应严格掌握用药量和用药时期。

（3）棉花、大豆、向日葵、甜菜、蔬菜、中草药、果树和林木等对本品敏感，配药和喷施过程中应注意方向，以免药雾漂移到上述作物上造成药害。

（4）低洼积水地不宜使用本品，容易造成药害。

2甲4氯 MCPA

$$C_9H_9ClO_3, 200.62$$

其他名称 农多斯。

主要剂型 13％钠盐水剂，56％、85％钠盐可溶性粉剂。

作用特点 苯氧乙酸类选择性激素型除草剂。其作用方式选择性与 2,4-滴相同。但其挥发性、作用速度较 2,4-滴丁酯慢，因而在寒地稻区使用比 2,4-滴安全。禾本科植物幼苗期很敏感，3～4 叶期后抗性逐渐增强，分蘖末期最强，到幼穗分化敏感性又上升，因此宜在水稻分蘖末期施药。

防治对象 水稻、小麦及其他旱地作物防除三棱草、鸭舌草、泽泻、野慈姑及其他阔叶杂草。

使用方法

（1）水稻 移栽后 30 天至拔节前，每亩用 13％ 2 甲 4 氯钠盐水剂 231～462mL，兑水 50～60kg，茎叶喷雾，用药前一天傍晚排干田水，喷药后 24 小时后灌水。

（2）冬小麦 拔节以前，每亩用 13％ 2 甲 4 氯钠盐水剂 308～462mL，兑水 100kg，茎叶喷雾；晴天用药，喷药 12h 内如下雨应重喷。

（3）玉米田 玉米 4～5 叶期，杂草 2～4 叶期进行茎叶喷雾，每亩用 56％ 2 甲 4 氯钠盐可溶性粉剂 100～150g，兑水 20～40kg，茎叶喷雾。

（4）甘蔗 甘蔗幼苗 4～6 叶期，杂草幼苗期，每亩用 56％ 2 甲 4 氯钠盐可溶性粉剂 90～100g，兑水 30～50kg，茎叶喷雾，防除蔗田一年生阔叶杂草。

注意事项

（1）该药与喷雾机接触部分的结合力很强，最好喷雾机专用，否则需彻底清洗干净。

（2）该药漂移物对双子叶作物威胁极大，应在无风天气避开双子叶地块施药。

氨氟乐灵 prodiamine

$$C_{13}H_{17}F_3N_4O_4, 350.30$$

其他名称 茄科宁、拔绿。

主要剂型 65％水分散粒剂。

作用特点 二硝基苯胺类芽前封闭除草剂，通过抑制新萌芽的杂草种子的生长发育来控制敏感杂草。

防治对象 防除草坪上多种禾本科杂草和阔叶杂草，如一年生早熟禾、稗草、马唐、一年生狗尾草、繁缕、龙爪茅、反枝苋、马齿苋等。

使用方法

（1）冷季型草坪　在杂草萌芽前，每亩用65％氨氟乐灵水分散粒剂80～120g，兑水30～40kg，土壤均匀喷雾，保持土壤湿润，一年中可多次使用，但制剂总量不能超过1800g/hm²。

（2）热季型草坪　在杂草萌芽前，每亩用65％氨氟乐灵水分散粒剂80～120g，兑水30～40kg，土壤均匀喷雾，保持土壤湿润。一年中可多次使用，但制剂总量不能超过1800g/hm²。

注意事项

（1）施用本品后的草坪请勿种植除草坪草以外的任何其他作物，在过渡地区暖季型草坪上交播冷季型草坪草（黑麦草）时应保证至少在交播前60天停止使用本品。

（2）为避免药害，在新植草坪成坪前，请勿使用本品。请勿在草坪处于干旱、缺肥、虫害等胁迫情况下使用。

（3）勿将本品用于准备播植马蹄金、细弱剪股颖、普通剪股颖的草地。

（4）请勿用于高尔夫球场的果岭。

（5）勿使用飞机喷药或灌溉系统施药。

氨氯吡啶酸 picloram

$C_6H_3Cl_3N_2O_2$, 241.45

其他名称 毒莠定101、毒莠定。

主要剂型 21％、24％水剂。

作用特点 作用于核酸代谢，并且使叶绿体结构及其他细胞器发育畸形，干扰蛋白质合成，最后导致植物死亡。防除一年生和多年生阔叶杂草及木本植物，防除谱广，持效期长。

防治对象 用于侧柏和樟子松等常绿针叶树种林地、造林前清场、开辟集材道、伐区贮木场、防火线、林区道路两侧、森铁路基等不需要植物生长的地方。主要防除对象有野豌豆、柳叶菊、铁线莲、黄花蒿、青蒿、兔儿伞、百合花、唐松草、毛茛、地榆、白崛菜、委陵菜、紫菀、牛蒡、苣荬菜、刺儿菜、苍耳、葎草、田旋花、反枝苋、刺苋、铁苋菜、水蓼、藜、繁缕、一年蓬、悬浮花、野枸杞、酸枣、黄荆、茅莓、胡枝子、紫穗槐、忍冬、叶底珠、胡桃楸、南蛇藤、山葡萄、蒙古栎、平榛、黄榆、紫椴、黄檗等。

使用方法

（1）森林　阔叶杂草苗期至生长旺盛期、灌木展叶后至生长旺盛期，每亩用21％氨氯吡啶酸水剂 333～500mL（阔叶杂草）或 333～1000mL（灌木），兑水 30～50kg，茎叶喷雾。

（2）非耕地　紫茎泽兰营养生长旺盛期、灌木展叶后至生长旺盛期，每亩用24％氨氯吡啶酸水剂 300～600mL（紫茎泽兰）或 300～400mL（灌木），兑水30～40kg，茎叶喷雾。若非耕地杂草高低参差不齐，应适当加大水量，亩用 40～50kg，并喷雾均匀。

注意事项

（1）豆类、葡萄、蔬菜、棉花、果树、烟草、向日葵、甜菜、花卉等对氨氯吡啶酸敏感，在轮作倒茬时应考虑残留氨氯吡啶酸对这些作物的影响。

氨氯吡啶酸药液漂移物都会对这些作物造成危害，故在靠近这些作物地块的地方不宜用氨氯吡啶酸进行弥雾处理，尤其在有风的情况下。也不宜在泾流严重的地块施药。

（2）氨氯吡啶酸生物活性高，且在喷雾器（尤其是金属材料）壁上的残存物极难清洗干净。在对大豆、烟草、向日葵等阔叶作物地除草继续使用这种喷雾器时，常常会产生药害，故应将喷雾器专用。

胺苯磺隆 ethametsulfuron-methyl

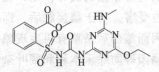

$C_{15}H_{18}N_6O_6S$, 410.41

其他名称　金星、油磺隆、菜王星。

主要剂型　5％、20％可湿性粉剂，20％可溶性粉剂。

作用特点　磺酰脲类除草剂，属于支链氨基酸合成抑制剂，抑制乙酰乳酸合成酶。通过植物的叶和根吸收，施药后杂草立即停止生长，1～3周后出现坏死现象。

防治对象　油菜田防除一年生阔叶杂草，如母菊、野芝麻、春蓼、野芥菜、苋菜、繁缕、猪殃殃、碎米荠、大巢菜、雀舌草、看麦娘、泥胡菜等。

使用方法

（1）冬油菜　冬油菜移栽活棵后至移栽后 7～10 天，杂草苗前或苗后早期，每亩用 5％胺苯磺隆可湿性粉剂 30～40g，兑水 30～40kg，茎叶喷雾。

（2）春油菜　油菜移栽后 7～10 天或直播油菜 4.5～6 叶期，每亩用 20％胺苯磺隆可溶性粉剂 7.5～10g，兑水 30～40kg，茎叶喷雾。

注意事项

（1）应注意油菜品种对该药的耐性差异，适用于甘蓝型油菜，白菜型油菜慎用，禁用于芥菜型油菜。

（2）油菜秧田 1～2 叶期，茎叶处理有药害，为危险期；4～5 叶期为安全期。

（3）该药在土壤中残效长不可超量使用，否则会危害后茬作物。对后茬作物为水稻秧田或棉花、玉米、瓜豆等旱作物田的安全性差，禁用。

（4）油菜 3 叶期以前用药或用药量过高时，对油菜有明显的抑制作用；用药量过高时，对后茬水稻有明显药害，对水稻产量有影响。

（5）使用过本品的田块，不可作直播田或秧田用。

百草枯 paraquat

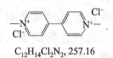

$C_{12}H_{14}Cl_2N_2$, 257.16

其他名称　克芜踪、对草快、巴拉刈。

主要剂型　200g/L、250g/L 水剂。

作用特点　速效触杀型灭生性除草剂，联吡啶阳离子迅速被植物叶子吸收后，在绿色组织中通过光合和呼吸作用被还原成联吡啶游离基，又经自氧化作用使叶组织中的水和氧形成过氧化氢和过氧游离基，这类物质对叶绿体层膜破坏力极强，使光合作用和叶绿素合成很快终止，叶片着药后 2～3h 即开始受害变色，百草枯对单子叶、双子叶植物的绿色组织均有很强的破坏作用，但无传导作用，不能穿透栓质化后的树皮，只能使着药部位受害。与土壤接触后，即被吸附钝化。不能损坏植物根部和土壤内潜藏的种子，因而施药后杂草有再生现象。

防治对象　非耕地、柑橘园等防除禾本科和阔叶杂草。

使用方法

（1）非耕地　杂草生长旺期，每亩用 200g/L 百草枯水剂 200～300g，兑水 30～40kg，茎叶喷雾。

（2）柑橘园　杂草生长旺期（3～5 叶），每亩用 200g/L 百草枯水剂 200～300g，兑水 30～40kg，定向茎叶喷雾。

（3）玉米、甘蔗、大豆　杂草生长旺期（3～5 叶），每亩用 200g/L 百草枯水剂 100～300g，兑水 30～40kg，行间定向茎叶喷雾。

注意事项

（1）百草枯为灭生性除草剂，在幼树和作物行间作定向喷雾时，切勿将药液飞溅到叶子和绿色部分，否则会产生药害。

（2）光照可加速百草枯药效发挥，庇荫或阴天虽然延缓药剂速效，但不会降低除草效果，施药后 30min 遇雨时能基本保证药效。

（3）本品毒性大，对消化道腐蚀严重，严禁误服。

苯磺隆 tribenuron-methyl

C$_{15}$H$_{17}$N$_5$O$_6$S, 395.39

其他名称　阔叶净、巨星、麦磺隆。

主要剂型　10%可湿性粉剂，75%水分散粒剂。

作用特点　磺酰脲类内吸传导型芽后选择性除草剂。茎叶处理后可被杂草茎叶、根吸收。并在体内传导，通过抑制乙酰乳酸合成酶，使缬氨酸、异亮氨酸的生物合成受阻，阻止细胞分裂，致使杂草死亡。

防治对象　防除小麦田一年生阔叶杂草，如播娘蒿、麦瓶草、芥菜、繁缕、大巢菜、地肤、苍耳、野油菜等。

使用方法　小麦 2 叶至拔节前，一年生阔叶杂草出齐达 3～5 叶期，每亩用 75%苯磺隆水分散粒剂 1～2g，兑水 20～30kg，茎叶处理。在气温 10℃以上，土壤水分充足时用药。遇干旱时，加入 1%植物油型助剂，可提高药效。

注意事项

（1）该药活性高，用药量低，施用药量应准确。

（2）喷洒时注意防止药剂漂移到敏感的阔叶作物上。勿在间套或混种阔叶作物的麦田或周围种植敏感作物田的麦田使用。

（3）药后 60 天不可种阔叶作物。

（4）避免在低温（10℃以下）条件下施药，以免影响药效；风速超过 5m/s，空气相对湿度低于 65%，气温高于 28℃时应停止施药。

苯嘧磺草胺 saflufenacil

C$_{17}$H$_{17}$ClF$_4$N$_4$O$_5$S, 500.85

其他名称　巴佰金。

主要剂型　70%水分散粒剂。

作用特点　原卟啉原氧化酶（PPO）抑制剂。PPO 是植物叶绿素生物合成中必不可少的酶，PPO抑制剂类除草剂在PPO的催化位置上或附近与原卟啉原Ⅸ竞争结合区域，使酶催化的氧化反应受到抑制，同时将导致原卟啉原Ⅸ过量积累，原卟啉原Ⅸ在有氧和光照条件下，可以激发产生高活性的单线态氧，作用于细胞膜，发生过氧化反应，生成的副产物导致细胞坏死，进而植物死亡。

防治对象 防除马齿苋、反枝苋、藜、苍耳、龙葵、黄花蒿、苣荬菜、牵牛花、铁苋菜、小飞蓬、蒲公英、加拿大一枝黄花、鸭跖草、葎草等杂草。

使用方法

（1）非耕地 阔叶杂草的株高或茎长达10～15cm，每亩用70％苯嘧磺草胺水分散粒剂5～7.5g，兑水20～30kg，茎叶喷雾。

（2）柑橘园 阔叶杂草的株高或茎长达10～15cm，每亩用70％苯嘧磺草胺水分散粒剂5～7.5g，兑水20～30kg，定向茎叶喷雾。

注意事项

（1）施药时避免药液接触水源。

（2）避免药剂接触皮肤和眼睛，避免吸入蒸汽及雾液。

（3）加入增效剂可提高药剂对杂草的防效，或降低使用剂量。

（4）施药应均匀周到，避免重喷、漏喷或超过推荐剂量用量。

苯嗪草酮 metamitron

$$C_{10}H_{10}N_4O, 202.22$$

其他名称 苯嗪草、苯甲嗪。

主要剂型 70％水分散粒剂。

作用特点 三嗪酮类选择性芽前除草剂，主要通过植物根部吸收，在输送到叶子内。通过抑制光合作用的希尔反应而起到杀草作用。

防治对象 甜菜田防除一年生阔叶杂草，如藜、苦荞麦、香薷、蓼、苘麻、苍耳、龙葵等。

使用方法 甜菜播后苗前，每亩用70％苯嗪草酮水分散粒剂400～476g，兑水30～40kg，土壤喷雾。

注意事项

（1）施药后降大雨等不良气候条件下，可能会使作物产生轻微药害，作物在1～2周内可恢复正常生长。

（2）土壤处理时，整地要平整避免有大土块及植物残渣。

（3）喷药后表土干燥，土壤湿度较低时，应酌情加大兑水量，以保证药剂的除草效果。

苯噻酰草胺 mefenacet

$C_{16}H_{14}N_2O_2S$, 298.36

其他名称　环草胺。

主要剂型　50％、53％可湿性粉剂，960g/L乳油。

作用特点　选择性内吸传导型除草剂。主要通过芽鞘和根吸收，经木质部和韧皮部传导至杂草的幼芽和嫩叶，阻止杂草生长点细胞分裂伸长，最终造成植株死亡。对移栽水稻选择性强，由于在水中溶解度低，所以在保水条件下，施药除草活性最高，土壤对本品吸附力很强，施药后药量大部分被吸附于土壤表层，并在土壤表层1cm以内形成处理层，这样能避免水稻生长点与该药剂的接触，使其产生较高的安全性，而对生长点处在土壤表层的稗草等杂草有较强的阻止生育和杀死能力，并对表层的种子繁殖的多年生杂草也有抑制作用，对深层杂草效果低。

防治对象　防除水稻田的禾本科杂草和异型莎草。

使用方法

（1）水稻移栽田　水稻移栽后5～7天（北方）或4～6天（南方），每亩用50％苯噻酰草胺可湿性粉剂60～80g（北方）或50～60g（南方），拌细土20kg，均匀撒施，防除稗草和异型莎草。

（2）水稻抛秧田　水稻抛秧后5～7天，每亩用50％苯噻酰草胺可湿性粉剂60～70g，拌细土20kg，均匀撒施，防除稗草和异型莎草。

注意事项

（1）田应耙平，露水地段、沙质土、漏水田使用效果差。

（2）稗草基数大的田块用推荐剂量上限，基数小的用下限。为扩大杀草谱，应与农得时或草克星等混用。

（3）施药后保持3～5cm水层5～7天，如缺水可缓慢补水，不能排水，水层淹过水稻心叶、漂移易产生药害。

（4）首次使用本品，应在农业技术部门指导下进行。

苯唑草酮 topramezone

$C_{16}H_{17}N_3O_5S$, 363.39

其他名称 苞卫。

主要剂型 30%悬浮剂。

作用特点 属三酮类苗后茎叶处理除草剂，通过根和幼苗、叶吸收，在植物中向顶、向基传导到分生组织，抑制 4-HPPD，使类胡萝卜素、叶绿素的生物合成受到抑制，导致发芽的敏感杂草在处理 2~5 天内出现漂白症状，14 天内植株死亡。玉米耐 BAS670011 是基于对除草剂靶标酶敏感性较低，吸收、传导缓慢，迅速代谢为无活性物而具选择性。当用添加剂、浓缩植物油提高 BAS67001H 被叶吸收和分布，提高防除效果。

防治对象 玉米田防除一年生禾本科杂草和阔叶杂草，如马唐、稗草、牛筋草、狗尾草、藜、蓼、苘麻、豚草、马齿苋、苍耳、龙葵、一点红等。

使用方法 玉米苗后 2~4 叶期，一年生杂草 2~4 叶期，每亩用 30%苯唑草酮悬浮剂 5~6mL，兑水 20~30kg，茎叶喷雾。

注意事项

(1) 间套或混种有其他作物的玉米田，不能使用本品。

(2) 后茬种植苜蓿、棉花、花生、马铃薯、高粱、大豆、向日葵、菜豆、豌豆、甜菜、油菜等作物需先进行小面积试验，然后种植。

(3) 幼小和旺盛生长的杂草对苯唑草酮更敏感，低温和干旱的天气，杂草生长变慢，从而影响到杂草对苯唑草酮的吸收，杂草死亡的时间变长。

(4) 对各种品种的玉米（大田玉米、甜玉米、爆花玉米）显示出较好的安全性，正常使用情况下，对作物安全。

吡草醚 pyraflufen-ethyl

$C_{15}H_{13}Cl_2F_3N_2O_4$, 413.17

其他名称 速草灵、丹妙药。

主要剂型 2%悬浮剂、2%微乳剂。

作用特点 触杀性的新型苯基吡唑类苗后除草剂，其作用机制是抑制植物体内的原卟啉原氧化酶（PPO），并利用小麦及杂草对药吸收和沉积的差异所产生不同活性的代谢物，达到选择性地防治小麦地杂草的效果。

防治对象 小麦田防除阔叶杂草，如猪殃殃、播娘蒿、荠菜以及棉花脱叶使用。

使用方法

(1) 冬小麦 冬前或春后杂草 2~4 叶期，每亩用 2%吡草醚悬浮剂 30~40g，兑水 40~50kg，茎叶喷雾。

(2) 棉花 棉花吐絮达 61%~75%时，每亩用 2%吡草醚微乳剂 15~20g，兑水

40～50kg，茎叶喷雾，棉花脱叶。

注意事项

（1）本剂可有效防治 2～4 叶期杂草，但其效果可能因杂草的生长而有所降低，故应在施药期内施用。

（2）切勿误喷对象作物周围的农作物或有用植物，以免产生药害。

（3）请勿与尚未确诊效果及药害问题的药剂（特别是乳油剂型、展着剂以及叶面肥）进行混用。不能与有机磷系列药剂（乳油）以及 2,4-D 或二甲四氯（乳油）混用。

（4）使用本品后，小麦叶片会出现轻微白色小斑点，但对小麦的生长发育及产量没有影响，对后茬作物棉花、大豆、瓜类、玉米等安全性较好。

（5）请勿重复喷药，小麦拔节开始后要避免使用本剂。

吡氟禾草灵 fluazifop-butyl

$C_{19}H_{20}F_3NO_4$，383.13

其他名称 稳杀得、氟草除、氟吡醚。

主要剂型 35％乳油。

作用特点 内吸传导型茎叶处理除草剂，有良好的选择性。对禾本科杂草有很强的杀伤作用，对阔叶作物安全。杂草吸收药剂的部位主要是茎和叶，但施入土壤中的药剂通过也能被根吸收。进入植物体的药剂水解成酸的形态，经筛管和导管传导到生长点及节间分生组织，干扰植物的 ATP（三磷酸腺苷）的产生和传递，破坏光合作用和抑制禾本科植物的茎节和根、茎、芽的细胞分裂，阻止其生长。由于它的吸收传导性强，可达地下茎，因此对多年生禾本科杂草也有较好的防除作用。

防治对象 阔叶作物田防除稗草、马唐、狗尾草、牛筋草、千金子、看麦娘、野燕麦等一年生禾本科杂草及芦苇、狗牙根、双穗雀稗等多年生禾本科杂草。

使用方法

（1）大豆 大豆 2～4 叶期，一年生禾本科杂草 3～5 叶期，每亩用 35％吡氟禾草灵乳油 50～100mL，兑水 30～40kg，茎叶喷雾。

（2）花生 花生 2～3 叶期，一年生禾本科杂草 3～5 叶期，每亩用 35％吡氟禾草灵乳油 50～100mL，兑水 30～40kg，茎叶喷雾。

（3）棉花、甜菜 一年生禾本科杂草 3～5 叶期，每亩用 35％吡氟禾草灵乳油 50～100mL，兑水 30～50kg，茎叶喷雾。

注意事项

（1）阔叶作物田防除禾本科杂草时，应防止药液漂移到禾本科作物上，以免发生药害。同时，使用过的器具应彻底清洗干净方可用于禾本科作物。

（2）空气湿度和土地湿度较高时，有利于杂草对药剂的吸收、输导，药效容易发挥。高温干旱条件下施药，杂草茎叶不能充分吸收药剂，药效会受到一定程度的影响，此时应增加用药量。

（3）该药仅能防除禾本科杂草，对阔叶杂草无效。

（4）可与虎威混用，但不能与对草快混用，与杂草焚混用应慎用。

（5）本品为易燃性液体，运输时应避开火源。

吡氟酰草胺 diflufenican

$C_{19}H_{11}F_5N_2O_2$, 394.30

其他名称　天宁、旗化。

主要剂型　50％可湿性粉剂，50％水分散粒剂，500g/L悬浮剂。

作用特点　抑制类胡萝卜素生物合成，吸收药剂的杂草植株中类胡萝卜素含量下降，导致叶绿素被破坏，细胞膜破裂，杂草则表现为幼芽脱色或白色，最后整株萎蔫死亡。

防治对象　小麦、水稻、某些豆科作物（如白羽扁豆及春播豌豆）、胡萝卜、向日葵等防除大部分阔叶杂草。

使用方法　小麦2～5叶期，阔叶杂草2～4叶期，每亩用50％吡氟酰草胺水分散粒剂13.5～16mL，兑水30～40kg，茎叶均匀喷雾，防除一年生阔叶杂草。

注意事项

（1）大风时不要施药，以免漂移伤及邻近敏感作物。

（2）本品对水生藻类有毒，清洗喷药器械或弃置废料时，切忌污染水源。用过的容器应妥善处理，不可挪作他用，也不可随意丢弃。清洗容器及喷雾器的洗涤水不可流入鱼塘、河道，禁止在河塘等水体中清洗施药器具。

（3）使用本品时应穿戴好防护用品，严禁吸烟和饮食，不得迎风施药，避免直接接触药液，防止通过口鼻吸入，施药后应清洗手、脸及身体被污染部分和衣服。

吡嘧磺隆 pyrazosulfuron-ethyl

$C_{14}H_{18}N_6O_7S$, 414.39

其他名称　草克星、水星。

主要剂型　10%可湿性粉剂。

作用特点　磺酰脲类选择性水田除草剂。有效成分可在水中迅速扩散，被杂草的根部吸收后传导到植株体内，阻碍氨基酸的合成。迅速地抑制杂草茎叶部的生长和根部的伸展，然后完全枯死，对水稻安全。

防治对象　水稻田防除一年生和多年生阔叶草、莎草（三棱草等）和幼龄稗草，如野慈姑（驴耳菜）、眼子菜（水上漂）、四叶萍、狼巴草、母草、节节菜、鸭舌草、雨久花（兰花菜）、萤蔺（水葱）、牛毛毡、泽泻（水白菜）、水莎草、异型莎草、三棱草和稗草等。

使用方法　在水稻移栽、抛秧后 3～8 天，直播田及秧田在水稻播种后 3～10天，每亩用 10%吡嘧磺隆可湿性粉剂 10～20g，兑水 30～45kg，茎叶处理或拌细潮土 15～20kg，撒施。防除三棱草：在第一次用药后仍有三棱草时，可在第一次用药后 15～20 天（在三棱草露出水面以前），每亩用 10%吡嘧磺隆可湿性粉剂10～15g 补施一次，用毒土（砂）或喷雾处理。防除稗草时，在稗草 1.5 叶期以前施药，并使用高剂量。施药时水层为 3～5cm，保持 5～7 天，期间不宜排水，以免影响药效，以后正常管理。

注意事项

（1）秧田或直播田施药，应保证田块湿润或有薄层水，移栽田施药应保水 5 天以上，才能取得理想的效果。

（2）该药对水稻较安全，但不同品种的水稻对吡嘧磺隆的耐药性有较大差异，早稻品种安全性好，晚稻品种相对敏感，应尽量避免在晚稻芽期使用。

（3）阔叶作物对吡嘧磺隆敏感，施药时请勿与阔叶作物接触。

（4）吡嘧磺隆对 1.5 叶前稗草有抑制作用，稗草大于 2 叶期可与除稗剂混用扩大杀草谱。

（5）对插秧早、杂草发生晚及东北地区莎草科杂草严重地，可在第一次用药后15～25 天第二次施药。

吡喃草酮 tepraloxydim

$C_{17}H_{24}ClNO_4$, 341.83

其他名称　快捕净、醌草酮、醌肟草酮。

主要剂型　10%乳油。

作用特点　抑制对羟基苯基丙酮酸氧化酶（HPPD）的活性，HPPD 可将酪氨酸转化为质体醌。质体醌是八氢番茄红素去饱和酶的辅因子，是类胡萝卜素生物合成的关键酶。

防治对象 阔叶作物如大豆、棉花、油菜田防除一年生及多年生禾本科杂草，如旱熟禾、阿拉伯高粱、狗牙根等。

使用方法

(1) 春大豆 大豆1～3叶期，禾本科杂草2～4叶期，每亩用10%吡喃草酮乳油 30mL，兑水 15～30kg，茎叶喷雾。

(2) 冬油菜 禾本科杂草2～5叶期，每亩用10%吡喃草酮乳油 20～25mL，兑水 15～30kg，茎叶喷雾。

(3) 棉花 禾本科杂草2～5叶期，每亩用10%吡喃草酮乳油 34～50mL，兑水 15～30kg，茎叶喷雾。

注意事项

(1) 油菜抽薹前花芽分化期对吡喃草酮敏感，使用容易造成开花少，不结荚。

(2) 配药和施药时，应穿戴防护服和手套，避免吸入药液；施药期间不可吃东西、饮水等；施药后应及时洗手和洗脸。

(3) 风速大于 4m/s 时应停止施药。

吡唑草胺 metazachlor

$C_{14}H_{16}ClN_3O$, 277.75

其他名称 吡草胺。

主要剂型 500g/L 悬浮剂。

作用特点 属氯乙酰苯胺类芽前低毒除草剂。主要通过阻碍蛋白质的合成而抑制细胞的生长，即通过杂草幼芽和根部吸收抑制体内蛋白质合成，阻止其进一步生长。对防除一年生禾本科和部分阔叶杂草效果突出。

防治对象 可防除风草、鼠尾看麦娘、野燕麦、马唐、稗草、早熟禾、狗尾草等一年生禾本翻新杂草及苋、母菊、蓼、芥、茄、繁缕、荨麻、婆婆纳等阔叶杂草。用于防除油菜、大豆、马铃薯、烟草和移植甘蓝田中禾本科杂草和双子叶杂草。

使用方法 冬油菜移栽前1～3天，每亩用500g/L吡唑草胺悬浮剂 80～100mL，兑水 40～50kg，土壤喷雾，防除一年生杂草。

注意事项

(1) 在暴雨前不要施药。

(2) 本品对鱼中等毒性，药液不可进入池塘，施药器械不可在池塘中洗涤。

苄草隆 cumyluron

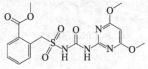

C₁₇H₁₉ClN₂O, 302.80

其他名称　可灭隆。

主要剂型　45％、495g/L悬浮剂。

作用特点　光合作用电子传递的抑制剂，属于取代脲类除草剂，为细胞分裂、细胞生长抑制剂。

防治对象　本特草、蓝骨草草坪防除一年生早熟禾。

使用方法　成草草坪（本特草、蓝骨草）生长期或新植该种草坪播种后出苗前，每百平方米用495g/L苄草隆悬浮剂150～300g，兑水30～40kg，茎叶喷雾，对本特草、蓝骨草的成草草坪安全，防除一年生早熟禾。

注意事项

（1）不可在本特草、蓝肯播种前后使用。

（2）一年生早熟禾发芽前使用该药剂。

（3）使用次数2次以内。

苄嘧磺隆 bensulfuron-methyl

C₁₆H₁₈N₄O₇S, 410.40

其他名称　农得时、便磺隆、稻无草。

主要剂型　10％、30％可湿性粉剂，1.1％水面扩散剂，60％水分散粒剂。

作用特点　选择性内吸传导型除草剂。有效成分可在水中迅速扩散，为杂草根部和叶片吸收转移到杂草各部，阻碍支链氨基酸的生物合成，阻止细胞的分裂和生长。敏感杂草生长机能受阻，幼嫩组织过早发黄抑制叶部生长，阻碍根部生长而坏死。使用方法灵活，可用毒土、毒砂、喷雾、泼浇等方法。在土壤中移动性小，温度、土质对其除草效果影响小。

防治对象　水稻和小麦田防除三棱草、雨久花、眼子菜、野慈姑、鸭舌草、泽泻、狼巴草、牛毛毡、萤蔺、节节菜、播娘蒿、麦瓶草、泽漆、繁缕、麦家公、荠菜、大巢菜等一年生及多年生阔叶杂草及异型莎草、碎米莎草等莎草科杂草。

使用方法

（1）水稻移栽田　水稻移栽后7～10天，每亩用1.1％苄嘧磺隆水面扩散剂

120～200g（南方地区），不用拌土撒施及兑水喷雾，直接均匀滴于稻田，防除一年生阔叶及莎草科杂草。施药时要求田间平整，水层 3～5cm，药后田间保水 5～7 天，水不足时可缓慢续灌，防止排水、放水影响药效。注意：使用时，要注意在推荐剂量内用药，不能随意扩大用药量，以防产生药害。

（2）水稻移栽田　水稻移栽后 7～10 天，杂草萌发初期，每亩用 30％苄嘧磺隆可湿性粉剂 10～12g，拌沙土 7～15kg，撒施，防除一年生阔叶及莎草科杂草。三棱草发生严重地块建议加大用量或采用两次用药法，效果更佳（即正常使用苄嘧磺隆后间隔 10～15 天再施一次苄嘧磺隆，每次每亩 10g）。

（3）冬小麦　杂草基本出齐后，一年生阔叶杂草 2～4 叶期，每亩用 10％苄嘧磺隆可湿性粉剂 40～50g，兑水 30～40kg，茎叶处理，对播娘蒿、麦瓶草、泽漆、繁缕、麦家公、荠菜、大巢菜等杂草有很好的防效。

注意事项

（1）施药时稻田内必须有水层 3～5cm，使药剂均匀分布。施药后 7 天不排水、串水，以免降低药效。

（2）该药用量少，必须称量准确。

（3）视田间草情，适用于阔叶杂草和禾草优势地块和稗草少的地块。

丙草胺 pretilachlor

$C_{17}H_{26}ClNO_2$, 311.85

其他名称　扫弗特。

主要剂型　50％水乳剂，30％、50％、52％、500g/L 乳油。

作用特点　选择性芽前处理剂，可通过植物下胚轴、中胚轴和胚芽鞘吸收，根部略有吸收，直接干扰杂草体内蛋白质合成，并对光合及呼吸作用有间接影响。受害杂草幼苗扭曲，初生叶难伸出，叶色变深绿，生长停止，直至死亡。水稻对丙草胺有较强的分解能力，从而具有一定的选择性。但是稻芽对丙草胺的耐药力并不强，为了早期施药的安全，在丙草胺中加入安全剂 CGA123407，通过水稻根部吸收而发挥作用，可改善制剂对水稻芽及幼苗的安全性。

防治对象　稻田防除稗、千金子、异型莎草及鸭舌草等大部分一年生禾本科、莎草科及部分阔叶杂草。

使用方法

（1）水稻抛秧田　抛秧后 3～5 天，水稻秧龄在 3.5 叶以上，待抛秧立苗后，每亩用 500g/L 丙草胺乳油 40～60mL，拌细潮土 10～20kg，撒施，防除一年生杂草。施药后，田间应保持浅水层 3～5 天，水层深度不能淹没稻苗心叶。施药后遇雨应及时排水；漏水田勿用本品。

（2）水稻移栽田　移栽后 3~5 天，每亩用 500g/L 丙草胺乳油 60~70mL，拌细潮土 10~20kg，撒施，防除一年生禾本科、阔叶杂草及莎草。

（3）水稻直播田　催芽播种后 1~4 天待幼根下扎后，每亩用 30% 丙草胺乳油 100~150mL，兑水 40~50kg，播后苗前土壤喷雾，防除一年生禾本科杂草。种子必须先经催芽，并在整地达到标准后随即播种，药后田间保持湿润。施药时土表呈湿润状态，均匀喷雾，药后 5 天保持田间湿润。

（4）水稻育秧田　催芽播种后 1~4 天待幼根下扎后，每亩用 30% 丙草胺乳油 100~117mL，兑水 40~50kg，播后苗前土壤喷雾，防除一年生禾本科杂草。

注意事项

（1）在北方水稻直播田和秧田使用时，应先试验，取得经验后再推广。

（2）请按照农药安全使用准则使用本品。避免药液接触皮肤、眼睛和污染衣物，避免吸入雾滴。切勿在施药时抽烟或饮水、进食等。

（3）清洗器具的废水不能排入河流、池塘等水源；废弃物要妥善处理，不能乱丢乱放，也不能作他用。

（4）芽前除草剂，用药不宜太迟。杂草过大（1.5 叶期以上）时，耐药性会增强，从而影响药效发挥。

丙嗪嘧磺隆 propyrisulfuron

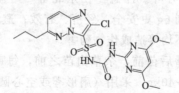

$C_{16}H_{18}ClN_7O_5S$, 455.87

其他名称　jumbo。

主要剂型　9.5% 悬浮剂。

作用特点　乙酰乳酸合成酶（ALS）抑制剂。选择性广谱除草剂，具有残效作用，对耐磺酰脲类除草剂的杂草具有较好的防除效果。

防治对象　水稻田防除一年生和多年生杂草，包括稗草、莎草和阔叶杂草。

使用方法　水稻田稗草 2~3 叶期，每亩用 9.5% 丙嗪醚磺隆悬浮剂 35~45mL，兑水 30~40kg，茎叶喷雾，施药前不需要排水，如田间水少施药后 24h 内需补水，用药后需保持 3~5cm 水层至少 4 天。

注意事项

（1）鱼或虾蟹套养稻田禁用，施药后的田水不得直接排入养殖区水中。

（2）不可与强酸、强碱或强氧化剂混用。

（3）每季最多施药次数为 1 次。

丙炔噁草酮 oxadiargyl

$C_{15}H_{14}Cl_2N_2O_3$, 341.19

其他名称　稻思达。

主要剂型　10％、25％可分散油悬浮剂，80％可湿性粉剂。

作用特点　水旱田两用选择性苗前土壤处理除草剂。施用后，其有效成分可在土壤表层形成药膜，从而将靶标杂草消灭在萌芽状态。

防治对象　水稻田防除稗草、千金子、水绵、小茨藻、异型莎草、碎米莎草、牛毛毡、鸭舌草、节节菜、陌上菜等水田杂草，以及马铃薯田中的牛筋草、马齿苋、反枝苋、藜等旱田杂草。

使用方法

(1) 水稻移栽田　水稻移栽前3～7天，稗草1叶期前，稻田灌水整平后呈泥水或清水状时，每亩用80％丙炔噁草酮可湿性粉剂6g倒入甩施瓶中，加水500～600mL，用力摇瓶至本剂彻底溶解后，均匀甩施到5～7cm水层的稻田中（甩施幅度4m宽，步速0.7～0.8m/s）。施药后2天内不排水，插秧后保持3～5cm水层10天以上，避免淹没稻苗心叶。注意：在东北等"一年一作"地区，每亩施用80％丙炔噁草酮可湿性粉剂6g更安全、经济、有效；避免使用高剂量，以免因稻田高低不平、缺水或施用不均等造成作物药害。

(2) 马铃薯田　作物播后苗前、杂草出苗之前，每亩用80％丙炔噁草酮可湿性粉剂15～18g，兑水20～40kg，采用（扇形雾或空心圆锥雾）细雾滴喷头，进行土壤封闭喷雾处理。施药前后要求田间土壤湿润，否则应灌水增墒后使用。

注意事项

(1) 严格按推荐的使用技术均匀施用，不得超范围使用。不推荐用于抛秧和直播水稻及盐碱地水稻田。

(2) 水稻田采用喷雾器甩喷施用时，应于水稻移栽前3～7天，每亩兑水5kg以上，甩喷施的药滴间距应少于0.5m。秸秆还田（旋耕整地、打浆）的稻田，也必须于水稻移栽前3～7天趁清水或浑水施药，且秸秆要打碎并彻底与耕层土壤混匀，以免因秸秆集中腐烂造成水稻根际缺氧引起稻苗受害。

(3) 本剂为触杀型土壤处理剂，插秧时勿将稻苗淹没在施用本剂的稻田水中，水稻移栽后4天内应减量与其他药剂桶混作土壤处理或5～7天期间全量采用"毒土法"撒施，以保药效，避免药害。

(4) 东北地区水稻移栽前后两次用药防除稗草（稻稗）、三棱草、慈姑、泽泻等恶性或抗性杂草时，可按说明先于栽前施用本剂，再于水稻栽后15～18天使用其他杀稗剂和阔叶除草剂，两次使用杀稗剂的间隔期应在 20 天以上。

（5）用于露地马铃薯田时，建议于作物播后苗前将本剂半量与其他苗前土壤处理的禾本科除草剂混用，既避免诱导杂草产生抗药性，又保证药效。用于地膜马铃薯田时，应酌情降低使用剂量。

（6）本剂对水生藻类高毒，使用时应注意避免其污染江河、鱼塘等水域。

丙炔氟草胺 flumioxazin

$C_{19}H_{15}FN_2O_4$, 354.34

其他名称　速收、司米梢芽。

主要剂型　50％可湿性粉剂。

作用特点　属于原卟啉原氧化酶抑制剂，高效、广谱、触杀型酰酰亚胺类除草剂。杀草谱很广的接触褐变型土壤处理除草剂，在播种后出苗前进行土壤处理。由幼芽和叶片吸收除草剂，做土壤处理可有效防除 1 年生阔叶杂草和部分禾本科杂草，在环境中易降解，对后茬作物安全。大豆、花生对其有很好的耐药性。

防治对象　大豆、花生、柑橘园等防除一年生阔叶杂草和部分禾本科杂草，如苍耳、马齿苋、马唐、牛筋草、蓼等。

使用方法

（1）花生　播后苗前，每亩用 50％丙炔氟草胺可湿性粉剂 5.3～8g 或 6g＋乙草胺 25～38g（a.i.），兑水 30～40kg，土壤喷雾。施药后趟蒙头土或浅混土。

（2）柑橘　杂草生长始盛期，每亩用 50％丙炔氟草胺可湿性粉剂 53～80g，兑水 30～40kg，定向茎叶处理。

（3）大豆　播后苗前（不超过 3 天），每亩用 50％丙炔氟草胺可湿性粉剂 5.3～8g 或 6g＋乙草胺 25～38g（a.i.），兑水 30～40kg，土壤喷雾。施药后趟蒙头土或浅混土。

（4）春大豆　苗后杂草 2～3 叶期，大豆未发芽前，每亩用 50％丙炔氟草胺可湿性粉剂 3～4g（东北地区），兑水 30～40kg，苗后早期土壤喷雾。

（5）夏大豆　苗后杂草 2～3 叶期，大豆未发芽前，每亩用 50％丙炔氟草胺可湿性粉剂 3～3.5g 或 6g＋乙草胺 25～38g（a.i.），兑水 30～40kg，苗后早期土壤喷雾。

注意事项

（1）不要过量使用，大豆拱土或出苗期不能施药，柑橘园施药应定向喷雾在杂草上，避免喷施到柑橘树的叶片及嫩枝上。

（2）禾本科杂草较多的田块，在技术人员指导下，和防禾本科杂草的除草剂混用。避免药液漂移到敏感作物田。

（3）大豆发芽后施药易产生药害，所以必须在苗前施药。

丙酯草醚 pyribambenz-propyl

$$C_{23}H_{25}N_3O_5,\ 423.47$$

其他名称　ZJ0273。

主要剂型　10％乳油。

作用特点　嘧啶类的新型除草剂，由根、芽、茎、叶吸收并在植物体内传导，以根、茎吸收和向上传导为主。具有高效、低毒、对后茬作物安全、环境相容性好、杀草谱较广和成本较低等特点。

防治对象　冬油菜移栽田防除一年生杂草，如看麦娘、繁缕等。

使用方法　冬油菜移栽田在油菜移栽活棵后，杂草4叶期前，每亩用10％丙酯草醚乳油40～50g，兑水30～40kg，茎叶喷雾。

注意事项

（1）喷药时要做到喷匀、喷细，要将杂草全株喷到，利于杂草吸收。

（2）建议在大面积推广应用以前，应针对不同油菜品种开展田间小试。

（3）不宜与酸性或碱性农药混用，以免分解失效。

草铵膦 glufosinate-ammonium

$$C_5H_{15}N_2O_4P,\ 198.16$$

其他名称　草丁膦。

主要剂型　18％可溶液剂，200g/L水剂，30％水剂。

作用特点　灭生性触杀型除草剂，兼具内吸作用，仅限于叶片基部向叶片顶端传导，是谷氨酰胺合成抑制剂。施药后短时间内，植物体内氮代谢陷于紊乱，细胞毒剂铵离子在植物体内累积，与此同时，光合作用被严重抑制，达到除草目的。

防治对象　非耕地防除一年生和多年生杂草。

使用方法

（1）香蕉园、木瓜园、茶园　杂草出齐后，每亩用18％草铵膦可溶液剂200～300mL，兑水30～50kg，于树行间或树下进行杂草茎叶定向喷雾。

（2）蔬菜园（清园）上茬蔬菜采收后、下茬蔬菜栽种前，每亩用18％草铵膦可溶液剂150～250mL，兑水30～50kg，对残余作物和杂草进行茎叶喷雾，灭茬清园。

（3）柑橘园　杂草生长始盛期，每亩用200g/L草铵膦水剂350～550mL，兑水30～50kg，于树行间或树下进行杂草茎叶定向喷雾。

（4）非耕地　杂草生长始盛期，每亩用200g/L草铵膦水剂450～630mL，兑水30～50kg，茎叶喷雾。

注意事项

（1）本品对赤眼蜂有风险性，施药期间应避免对周围天敌的影响，天敌放飞区附近禁用。

（2）远离水产养殖区施药，禁止在河塘等水体中清洗施药器具，清洗施药器具的水也不能排入河塘等水体。

（3）严格按推荐的使用技术均匀施用。用于矮小的果树和蔬菜（行距≥75cm）行间定向喷雾处理时，应在喷头上加装保护罩，避免将雾滴喷到或漂移到作物植株的绿色部位上，以免药害。

（4）干旱及杂草密度、蒸发量和喷头流量较大或防除大龄杂草及多年生恶性杂草时，采用较高的推荐制剂用量和兑水量。本剂以杂草茎叶吸收发挥除草活性，无土壤活性，应避免漏喷，确保杂草叶片充分均匀着药（30～50雾滴/cm²）。一般在杂草出齐后10～20cm高时，采用扇形喷头均匀喷施，最高效、经济。选无风、湿润的晴天施用，避免在连续霜冻和严重干旱时施用，以免药效降低。施用后6h后下雨不影响药效。

草除灵 benazolin-ethyl

$C_{11}H_{10}ClNO_3S$, 271.72

其他名称　高特克乙酯。

主要剂型　15％乳油，30％、40％、50％、500g/L悬浮剂。

作用特点　选择性芽后茎叶处理剂。施药后植物通过叶片吸收，输导到整个植物体，作用方式与二甲四氯丙酸相似，只是药效发挥缓慢，敏感植物受药后生长停滞，叶片僵绿、增厚反卷，新生叶扭曲，节间缩短，最后死亡，与激素类除草剂症状相似。在耐药性植物体内降解成无活性物质，对油菜、麦类、苜蓿等作物安全。

气温高作用快，气温低作用慢。在土壤中转化成游离酸并很快降解成无活性物质，对后茬作物无影响。

防治对象　油菜、麦类、苜蓿等防除一年生阔叶杂草、繁缕、牛繁缕、雀舌草、苋、猪殃殃等。以猪殃殃为主的阔叶杂草，应适当提高用药剂量。

使用方法　直播油菜4～6叶期，移栽油菜栽后返青缓苗后，阔叶杂草2～4叶期、刚出齐苗时，每亩用500g/L草除灵悬浮剂26.7～30mL（繁缕、牛繁缕、雀舌草等阔叶杂草）或30～40mL（猪殃殃），背负式喷雾器每亩兑水25～30kg，或拖拉机喷雾器每亩兑水7～20kg，对全田茎叶均匀喷雾处理。干旱或喷头流量及杂草密度较大时，应采用较高的推荐用药量和兑水量。

注意事项

(1) 芥菜型油菜对本药剂高度敏感，不能使用。对白菜型油菜有轻度药害，应适当推迟施药期。

(2) 本药为芽后阔叶杂草除草剂，在阔叶杂草基本出齐后使用效果最好。可与常见的禾本科杂草除草剂混用作一次性除草。

草甘膦 glyphosate

$$HO-\underset{\underset{OH}{\|}}{\overset{O}{P}}-\underset{\overset{H}{N}}{}-\underset{\underset{}{}}{CH_2}-\overset{O}{\underset{}{C}}-OH$$

C₃H₈NO₅P, 169.07

其他名称　农达、镇草宁。

主要剂型　30％异丙胺盐水剂，41％钾盐水剂，68％铵盐可溶粒剂。

作用特点　内吸传导型广谱灭生性除草剂，对天敌及有益生物较安全。主要通过抑制植物体内5-烯醇丙酮酰莽草酸-3-磷酸合成酶，从而抑制芳香氨基酸的合成，使蛋白质的合成受到干扰，导致植物死亡。草甘膦以内吸传导性强而著称，它不仅能通过茎叶传导到地下部分，而且在同一植株的不同分蘖间也能进行传导，对多年生深根杂草的地下组织破坏力很强，能达到一般农业机械无法达到的深度。

防治对象　草甘膦杀草谱很广，对40多科的植物均有防除作用，包括单子叶和双子叶、一年生和多年生、草本和灌木等植物。

使用方法

(1) 柑橘园　杂草生长旺盛期，每亩用68％草甘膦铵盐可溶粒剂100g（防除一年生杂草）或150～200g（防除多年生杂草），兑水30～40kg，定向茎叶处理。

(2) 茶园　杂草生长旺盛期，每亩用49％草甘膦钾盐水剂180～270mL，兑水30～40kg，定向茎叶处理。防除多年生难除杂草，用量取上限。

(3) 桑园　杂草生长旺盛期，每亩用30％草甘膦异丙胺盐水剂150～400mL，兑水30～40kg，定向茎叶处理。

(4) 棉花　杂草生长旺盛期，每亩用30％草甘膦异丙胺盐水剂150～250mL

（免耕棉花）或 150～200mL（棉花行间），兑水 30～40kg，定向茎叶处理。棉田行间喷施时，应加防护罩。

（5）水稻田埂　杂草生长旺盛期，每亩用 30％草甘膦异丙胺盐水剂 200～400mL，兑水 30～40kg，定向茎叶处理。水稻田埂喷施时，应加防护罩。

（6）橡胶园　杂草生长旺盛期，每亩用 30％草甘膦异丙胺盐水剂 300～500mL，兑水 30～40kg，定向茎叶处理。

注意事项

（1）草甘膦为非选择性除草剂，因此施药时应防止药液漂移到作物茎叶上，以免产生药害。

（2）用药量应根据作物对药剂的敏感程度确定。

（3）草甘膦与土壤接触立即失去活性，宜作茎叶处理。

（4）使用时可加入适量的洗衣粉、柴油等表面活性剂，可提高除草效果。

（5）温暖晴天用药效果优于低温天气。

（6）草甘膦对金属制成的镀锌容器有腐化作用，易引起火灾。

（7）低温贮存时会有结晶析出，用时应充分摇动容器，使结晶溶解，以保证药效。

单嘧磺隆 monosulfuron

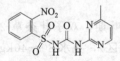

$C_{12}H_{11}N_5O_5S, 337.31$

其他名称　麦谷宁。

主要剂型　10％可湿性粉剂。

作用特点　新型磺酰脲类除草剂。药剂由植物初生根及幼嫩茎叶吸收，通过抑制乙酰乳酸合成酶来阻止支链氨基酸的合成，导致杂草死亡。具有用量少、毒性低等优点。

防治对象　冬小麦田防除播娘蒿、荠菜等一年生阔叶杂草。

使用方法　冬小麦 11 月中下旬杂草第一次出苗高峰期，春季杂草出苗高峰期（作为补救药剂），每亩用 10％单嘧磺酯可湿性粉剂 30～40g，兑水 30～40kg，茎叶喷雾。

注意事项

（1）该药使用时应根据不同地区的土质情况确定使用剂量，施药量要准确，不重喷、不漏喷，用药后仔细清洗喷雾器。冬小麦浇过返青水后用药，除草效果最好。不同品种小麦敏感性有差异。小麦收获后，下茬敏感作物为油菜、棉花、大豆等阔叶作物。喷雾时注意避免漂移到附近敏感作物上。

（2）小麦一个生长季内最多施用 1 次，请勿随意增加使用量或使用次数。

（3）使用本品后，后茬可以种植玉米、谷子等作物。后茬严禁种植油菜等十字花科作物，慎种旱稻、苋菜、高粱等作物，如果种植该类作物，建议来年再种。

单嘧磺酯 monosulfuron ester

$C_{14}H_{14}N_4O_5S, 350.35$

其他名称 N-[$2'$-($4'$-甲基）嘧啶基]-2-甲酸甲酯基苯磺酰脲。

主要剂型 10％可湿性粉剂。

作用特点 新型内吸、传导型磺酰脲类除草剂，作用靶标是乙酰乳酸合成酶（ALS），使植物因蛋白质合成受阻而停止生长。单嘧磺酯具有超高效性、微毒、用量少、药效稳定、对环境友好等特点。

防治对象 小麦田防除播娘蒿、荠菜、藜、萹蓄、荞麦蔓等一年生阔叶杂草。

使用方法

（1）冬小麦 11 月中下旬杂草第一次出苗高峰期，春季杂草出苗高峰期（作为补救药剂），每亩用 10％单嘧磺酯可湿性粉剂 12～15g，兑水 30～40kg，茎叶喷雾。

（2）春小麦 春小麦 3～5 叶期，双子叶杂草 2～4 叶期，每亩用 10％单嘧磺酯可湿性粉剂 15～20g（西北地区），兑水 30～40kg，茎叶喷雾。

注意事项

（1）小麦一个生长季内最多施用 1 次，请勿随意增加使用量或使用次数。

（2）使用本品后，后茬可以种植玉米、谷子等作物。后茬严禁种植油菜、棉花、大豆等阔叶作物，慎种旱稻、苋、高粱等作物，如果种植该类作物，建议来年再种。

敌稗 propanil

$C_9H_9Cl_2NO, 218.08$

其他名称 斯达姆。

主要剂型 16％、34％、480g/L 乳油，80％水分散粒剂。

作用特点 高选择性触杀型除草剂，在水稻体内被芳基羧基酰胺酶水解成3,4-二氯苯胺和丙酸而解毒，稗草由于缺乏此种解毒机能，细胞膜最先遭到破坏，导致水分代谢失调，很快失水枯死。

防治对象 水稻田防除稗草，以 2 叶期稗草最为敏感，敌稗遇土壤后分解失效，仅作茎叶处理剂。

使用方法　水稻移栽田插秧后稗草一叶一心期，每亩用34%敌稗乳油550～830mL，兑水40～50kg，茎叶处理。喷药前2天排干田水，施药后1～2天不可灌水，晒田后再灌水淹没稗心（不能淹没秧苗心叶）两天，保水7天，可提高除稗效果。稗草3叶期也可施药，但应加大药量。

注意事项

（1）由于氨基甲酸酯类、有机磷类杀虫剂能抑制水稻体内敌稗解毒酶的活力，因此水稻在喷敌稗前后10天之内不能使用这类农药。敌稗更不能与这类农药混合施用，以免水稻发生药害。

（2）敌稗与2,4-滴丁酯混用，即使混入不到1‰ 2,4-滴丁酯也会引起水稻药害。

（3）应避免敌稗同液体肥料一起施用。

（4）应选晴天、无风天气喷药，气温高除草效果好，并可适当降低用药量。杂草叶面潮湿会降低除草效果，要待露水干后再施用，避免雨前喷药。

（5）盐碱较重的秧田，由于晒田引起泛盐，也会伤害水稻，可在保浅水或秧根湿润情况下施药，施药后不等泛碱及时灌水淹稗和洗碱，以免产生碱害。

敌草胺 napropamide

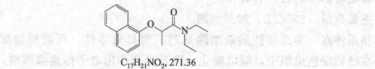

C₁₇H₂₁NO₂, 271.36

其他名称　大惠利、萘丙酰草胺、草萘胺、萘丙胺、萘氧丙草胺。

主要剂型　50%水分散粒剂，50%可湿性粉剂。

作用特点　选择性芽前土壤处理剂，药剂随雨水或灌水淋入土层内，杂草根和芽鞘能吸收药液进入种子，其杀草机理尚未完全了解，能抑制某些酶类的形成，使根芽不能生长并死亡。

防治对象　茄科、十字花科、葫芦科、豆科、石蒜科以及果桑茶园防除单子叶杂草，如稗草、马唐、狗尾、野燕麦、千金子、看麦娘、早熟禾等，及双子叶杂草，如藜、猪殃殃等。对由地下茎发生的多年生单子叶杂草无效，因而还可以用于绿化草地。

使用方法

（1）西瓜　西瓜播后苗前，杂草1叶期前，每亩用50%敌草胺可湿性粉剂150～200g，兑水30～40kg，土壤处理。对已经出土的杂草效果差，故施药适期应掌握在杂草出苗前，最迟不超过杂草1叶期。

（2）烟草　烟草播后苗前，杂草1叶期前，每亩用50%敌草胺可湿性粉剂200～266g，兑水30～40kg，土壤处理。

（3）油菜　移栽油菜在移栽前，直播油菜在播后杂草出土前，每亩用50%敌草胺可湿性粉剂 250～300g，兑水 40～50kg，土壤处理。

注意事项

（1）敌草胺对芹菜、茴香等有药害，不宜使用。

（2）在西北地区的油菜田，敌草胺在推荐剂量下，对后茬小麦出苗及幼苗生长无不良影响，但对青稞出苗和幼根生长有一定的抑制作用。因此，使用过敌草胺的田块要选择好后茬作物；用量过高时，其残留物会对下茬水稻、大麦、小麦、高粱、玉米等禾本科作物产生药害。亩用量在 150g 以下，当作物生长期超过 90 天以上时，一般不会对后茬作物产生药害。

（3）敌草胺对已出土的杂草效果差，故应早施药。对已出土的杂草事先予以清除，若土壤湿度大，利于提高防治效果。

敌草快 diquat

C$_{12}$H$_{12}$Br$_2$N$_2$, 344.05

其他名称　利农、利收谷。

主要剂型　200g/L、20％水剂。

作用特点　非选择性触杀型除草剂。稍具传导性，可被植物绿色组织迅速吸收。在植物绿色组织中，联吡啶化合物是光合作用电子传递抑制剂，还原状态的联吡啶化合物在光诱导下，有氧存在时很快被氧化，形成过氧化氢，这种物质的积累使植物细胞膜被破坏，使受药部位枯黄。但是，该产品不能穿透成熟的树皮，对地下根茎基本无破坏作用。

防治对象　适用于阔叶杂草占优势的地块除草，还可作为种子植物的干燥剂，也可用作马铃薯、棉花、大豆、亚麻、向日葵、玉米、高粱等作物催枯剂。当处理成熟作物时，残余的绿色部分和杂草迅速枯干，可以提早收割，种子损失较少。而且收获的种子更清洁、更干，减少收割后的清理和干燥费用。

使用方法

（1）水稻　水稻成熟后期，收割前 5～7 天，每亩用 200g/L 敌草快水剂 150～200mL，兑水 25～50kg，茎叶喷雾，用于水稻催枯和干燥。

（2）马铃薯　马铃薯收获前 10～15 天，每亩用 200g/L 敌草快水剂 200～250mL，兑水 25～50kg，茎叶喷雾，用于马铃薯枯叶。

（3）冬油菜（免耕）免耕冬油菜移栽前 1～3 天，杂草 2～5 叶期，每亩用 200g/L 敌草快水剂 150～200mL，兑水 30～50kg，茎叶喷雾，防除一年生杂草。

（4）非耕地　杂草出齐后，生长旺盛期，每亩用 20％敌草快水剂 300～350mL，兑水 25～30kg，定向茎叶喷雾。

注意事项

（1）敌草快是非选择性除草剂，切勿对作物幼苗进行直接喷雾。否则接触作物部分会产生严重药害。

（2）勿与碱性黄酸盐湿润剂、激素型除草剂的碱金属盐类等化合物混用。

敌草隆 diuron

$$C_9H_{10}Cl_2N_2O, 233.09$$

其他名称　达有龙、地草净、敌芜伦。

主要剂型　20％、80％可湿性粉剂，80％水分散粒剂。

作用特点　可被植物的根叶吸收，以根系吸收为主。杂草根系吸收药剂后，传到地上叶片中，并沿着叶脉向周围传播。抑制光合作用中的希尔反应，该药杀死植物需光照。使受害杂草从叶尖和边缘开始褪色，终至全叶枯萎，不能制造养分，饥饿而死。

防治对象　棉花、大豆、甘蔗、果园等防除马唐、牛筋草、狗尾草、旱稗、藜、苋、蓼、莎草等杂草。

使用方法

（1）甘蔗　甘蔗播后苗前或甘蔗苗后，每亩用80％敌草隆可湿性粉剂100～200g，兑水40～50kg，土壤喷雾或苗后定向茎叶处理，防除一年生禾本科和阔叶杂草。

（2）非耕地　杂草生长旺盛时期，每亩用80％敌草隆可湿性粉剂376～667g，兑水40～50kg，定向茎叶喷雾。

注意事项

（1）敌草隆在麦田禁用，在茶、桑、果园宜采用毒土法，以免药害。

（2）在棉田用必须施于土表，棉苗出土后不宜使用。

（3）沙性土壤用药量应比黏土适当减少，漏水稻田不宜用。

（4）本品对蔬菜、果树、花卉的叶片的杀伤力较大，施药时应防止药液漂移到上述作物上，以免产生药害。桃树对该药敏感，使用时应注意。

（5）用过药的器械必须清洗干净，并处理好洗涮水，不能污染池塘和水源。

丁草胺 butachlor

$$C_{17}H_{26}ClNO_2, 311.85$$

其他名称 马歇特、灭草特、去草胺、丁草锁。

主要剂型 600g/L水乳剂，50%、60%、80%乳油。

作用特点 酰胺类选择性芽前除草剂。主要通过杂草幼芽和幼小的次生根吸收，抑制杂草体内蛋白质合成，使杂草幼株肿大、畸形，色深绿，最终导致死亡。只有少量丁草胺能被稻苗吸收，而且在体内迅速完全分解代谢，因而稻苗有较大的耐药力。丁草胺在土壤中稳定性小，对光稳定，能被土壤微生物分解。持效期为30～40天，对下茬作物安全。

防治对象 水田和旱地防除以种子萌发的禾本科杂草、一年生莎草及部分一年生阔叶杂草，如稗草、千金子、异型莎草、碎米莎草、牛毛毡、鸭舌草、节节草、尖瓣花和萤蔺等。

使用方法 水稻移栽田施用。北方移栽后5～7天，南方移栽后3～6天，每亩用60%丁草胺乳油83～141mL，拌细潮土10～20kg，撒施，药后保水2～3cm，5～7天后恢复正常田间管理，防除禾本科杂草、一年生莎草及部分一年生阔叶杂草。

注意事项

（1）在稻田和直播稻田使用，60%丁草胺乳油每亩用量不得超过150mL，切忌田面淹水。一般南方用量采用下限。早稻秧田若气温低于15℃时施药会有不同程度药害。

（2）丁草胺对3叶期以上的稗草效果差，因此必须掌握在杂草1叶期以前，3叶期使用，水不要淹没秧心。

（3）丁草胺对鱼毒性较强，不能用于养鱼的稻田，稻田用药后的田水也不能排入鱼塘。

丁噻隆 tebuthiuron

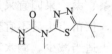

C$_9$H$_{16}$N$_4$OS, 228.31

其他名称 特丁噻草隆。

主要剂型 46%、500g/L悬浮剂。

作用特点 防除草本和木本植物的广谱除草剂，属于灭生性脲类除草剂。通过植物的根系吸收，并有叶面触杀作用，是植物光合作用电子传递抑制剂。施药后3天杂草表现出中毒症状，干扰和破坏杂草的光合作用，影响叶绿素的形成，叶片绿色减退，叶尖和叶心相继变黄，植株逐渐干枯死亡，对多种禾本科及阔叶杂草有效。

防治对象 防除非耕地杂草、牧场区的灌木、甘蔗田中的禾本科和阔叶杂草。

在大麦、小麦、棉花、甘蔗、胡萝卜田中防除藜、猪殃殃、鼠尾看麦娘、莴苣和稗草等。

使用方法

（1）甘蔗　播种苗前，每亩用 46% 丁噻隆悬浮剂 123～174mL，兑水 30～40kg，土壤喷雾，防除一年生杂草禾本科和阔叶杂草，持效期可达 30 天。

（2）森林防火道　每亩用 500g/L 丁噻隆悬浮剂 85～125mL，兑水 30～40kg，茎叶处理，防除一年生杂草。

注意事项　丁噻隆对后茬苗期菠菜、菜心的生长有一定抑制作用，但后期可恢复；对荷兰豆无影响。

啶磺草胺 pyroxsulam

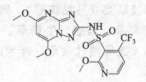

$C_{14}H_{13}F_3N_6O_5S$, 434.35

其他名称　甲氧磺草胺、磺草胺唑、磺草唑胺。

主要剂型　7.5% 水分散粒剂，4% 可分散油悬浮剂。

作用特点　内吸传导性冬小麦苗后除草剂。通过杂草叶片、叶鞘、茎部吸收，并在木质部和韧皮内传导，在生长点积累，抑制乙酰羟酸合成酶，影响缬氨酸、亮氨酸、异亮氨酸的生物合成，破坏蛋白质，使植物生长受到抑制而死亡。

防治对象　冬小麦田防除看麦娘、硬草、雀麦、野燕麦、婆婆纳、播娘蒿、荠菜、繁缕、米瓦罐、稻搓菜、早熟禾、猪殃殃、泽漆等杂草。

使用方法　冬小麦田冬前或早春，麦苗 3～6 叶期，一年生禾本科杂草 2.5～5 叶期，每亩用 7.5% 啶磺草胺水分散粒剂 9.4～12.5g，兑水 15～30kg，茎叶喷雾处理。小麦拔节后不得施用。

注意事项

（1）不宜在霜冻低温（最低气温低于 2℃）等恶劣天气前后施药，不宜在涝害、冻害、盐害、病害及营养不良的麦田施用本剂，施用前后 2 天内也不可大水漫灌麦田。

（2）在冬麦区建议，啶磺草胺冬前茎叶处理使用正常用量（187.5g/hm²）3 个月后可种植小麦、大麦、燕麦、玉米、大豆、水稻、棉花、花生等作物；6 个月后可种植西红柿、小白菜、油菜、甜菜、马铃薯、苜蓿、三叶草等作物。

（3）施药后麦苗有时会出现临时性黄化或蹲苗现象，正常使用条件下小麦返青后黄化消失，一般不影响产量。

啶嘧磺隆 flazasulfuron

$$C_{13}H_{12}F_3N_5O_5S, 407.32$$

其他名称 草坪清、绿坊、金百秀、秀百宫。

主要剂型 25％水分散粒剂。

作用特点 选择性内吸传导型除草剂。杂草根部和叶片吸收转移到杂草各部，阻碍支链氨基酸的生物合成，阻止细胞的分裂和生长。敏感杂草生长机能受阻，幼嫩组织过早发黄抑制叶部生长，阻碍根部生长而坏死。

防治对象 暖季型草坪结缕草类（马尼拉等）、狗牙根类（百慕大等）防除禾本科、阔叶及莎草科杂草，如稗草、马唐、牛筋、早熟禾、看麦娘等禾本科杂草，空心莲子草、天胡荽、小飞蓬等阔叶杂草，碎米莎草等一年生莎草，水蜈蚣、香附子等多年生莎草科杂草。

使用方法 暖季型草坪芽后，杂草3～4片叶期，每亩用25％啶嘧磺隆水分散粒剂10～20g，兑水40～50kg，茎叶处理。

注意事项

（1）施药后4～7天杂草逐渐失绿，然后枯死，部分杂草在施药20～40天后完全枯死，勿重新施药。

（2）本剂除草活性高，严格掌握用药量，称量准确。喷水量要足，注意喷药均匀，使杂草能充分接触到药液，勿重复施药，该药用量少。

（3）本剂对暖季型草坪结缕草类（马尼拉等）、狗牙根类（百慕大等）安全性高；高羊茅、黑麦草、早熟禾等冷季型草坪对该药高度敏感，不能使用本剂。

毒草胺 propachlor

$$C_{11}H_{14}ClNO, 211.69$$

其他名称 扑草胺、天宁。

主要剂型 10％、50％可湿性粉剂。

作用特点 毒草胺是一种广谱、低毒、选择性、触杀型的旱地和水田除草剂，是一种苗前及苗后早期施用的除草剂。通过抑制蛋白质的合成，使根部受抑制变畸形，心叶卷曲而死。

防治对象 用于水稻、大豆、玉米、花生、甘蔗、棉花、高粱、十字花科蔬菜、洋葱、菜豆、豌豆、番茄、菠菜等作物，防除一年生禾本科杂草和某些阔叶杂草，如稗草、马唐、狗尾草、野燕麦、苋、藜、马齿苋、牛毛草等。对多年生杂草无效，对稻田稗草效果显著，使用安全，不易发生要害。

使用方法 水稻移栽田在水稻移栽后 3～6 天，每亩用 50% 毒草胺可湿性粉剂 200～300g，拌细潮土 10～20kg，拌细土撒施，药后保水 2～3cm，5～7 天后恢复正常田间管理，防除一年生杂草。

注意事项 接触本品应穿戴防护衣服和手套、防毒口罩，避免吸入药剂。工作期间不可吃东西和饮水。工作结束后用肥皂和清水洗脸、手和裸露部分。

噁嗪草酮 oxaziclomefone

$C_{20}H_{19}Cl_2NO_2$, 376.28

其他名称 去稗安、RYH-105。

主要剂型 1%、30% 悬浮剂。

作用特点 属于有机杂环类内吸传导型水稻田除草剂。除草机理主要是通过杂草的根和茎叶基部吸收，阻碍植株内生 GA3 激素的形成，使杂草茎叶失绿，生长受抑制，直至枯死。杀草保苗主要是药剂在水稻与杂草中的吸收传导及代谢速度的差异所致。对土壤吸附力极强，漏水田、药后下雨等均不影响药效。

防治对象 水稻田防除稗草、沟繁缕、千金子、异型莎草等多种杂草。

使用方法

（1）水稻移栽田 水稻移植后 5～7 天，每亩用 1% 噁嗪草酮悬浮剂 267～333mL，兑水 30～45kg，茎叶喷雾；或直接用瓶甩施药，防治稗草、沟繁缕、千金子、异型莎草等多种杂草。施药时，田间有水层 3～5cm，保水 5～7 天。此期间只能补水，不能排水，水深不能淹没水稻心叶。

（2）水稻秧田及直播田 水稻播种前 1 天或水稻 1 叶 1 心期，每亩用 1% 噁嗪草酮悬浮剂 267～333mL，兑水 30～45kg，茎叶喷雾；或直接用瓶甩施药，防治稗草、沟繁缕、千金子、异型莎草等多种杂草。施药后 15 天内保持田面湿润，不能有积水。水稻出苗后需灌水时，水深不能淹没水稻心叶。

注意事项

（1）水稻秧田的稗草在二叶期前喷雾。

（2）水稻直播田仅限水直播田。

（3）本品扩散性较好、除草作业省力，可以从瓶中直接甩施。

噁唑禾草灵 fenoxaprop-ethyl

$C_{18}H_{16}ClNO_5$, 361.78

其他名称 噁唑灵。

主要剂型 10％乳油。

作用特点 芳氧基苯氧基丙酸类内吸性苗后广谱禾本科杂草除草剂，是脂肪酸合成抑制剂。选择性强、活性高、用量低。抗雨水冲刷，对人、畜、作物安全。

防治对象 防除大豆、甜菜、棉花、马铃薯、亚麻、花生和蔬菜等作物地一年生和多年生禾本科杂草，如看麦娘、鼠尾看麦娘、野燕麦、自生燕麦、不结籽燕麦、稗草、黍、宿根高粱、狗尾草等。

使用方法

(1) 夏大豆 大豆2～4叶期，一年生禾本科杂草3～5叶期，每亩用10％噁唑禾草灵乳油80～100mL，兑水30～40kg，茎叶喷雾。

(2) 小麦 一年生禾本科杂草3～5叶期，每亩用10％噁唑禾草灵乳油100～120mL，兑水30～40kg，茎叶喷雾。

注意事项

(1) 不能用于大麦、燕麦、玉米、高粱田除草，不能防治一年生早熟禾本科和阔叶杂草。

(2) 不能与苯达松、百草敌、甲羧除草醚等混用。

(3) 长期干旱会降低药效。

(4) 噁唑禾草灵制剂中如不含安全剂，严禁用于麦田。

噁唑酰草胺 metamifop

$C_{23}H_{18}ClFN_2O_4$, 440.86

其他名称 韩秋好。

主要剂型 10％乳油、10％可湿性粉剂。

作用特点 芳氧苯氧丙酸类（AOPP）内吸传导型除草剂，防除一年生禾本科杂草，其作用机制为乙酰辅酶A羧化酶（ACCase）抑制剂，能抑制植物脂肪酸的合成。本品经茎叶吸收，通过维管束传导至生长点，达到除草效果。

防治对象 水稻田茎叶处理防除稗草、千金子等多种禾本科杂草。

使用方法 水稻田（直播）禾本科杂草齐苗后，在马唐、稗草、千金子3～4叶期，每亩用10％噁唑酰草胺可湿性粉剂80～120g，兑水30～45kg，茎叶喷雾。

注意事项

（1）本品对鱼类等水生生物有毒，远离水产养殖区施药。鱼或虾蟹套养稻田禁用，施药后的田水不得直接排入水体。药后及时彻底清洗药械，废弃物切勿污染水源或水体。

（2）每季作物最多使用1次，安全间隔期90天。

（3）施药前排干田水，均匀喷雾，药后1天覆水，保持水层一周。

二甲戊灵 pendimethalin

$C_{13}H_{19}N_3O_4$, 281.31

其他名称 除草通、二甲戊乐灵、施田补、胺硝草。

主要剂型 450g/L微胶囊悬浮剂，33％、330g/L、500g/L乳油。

作用特点 二甲戊灵为选择性芽前、芽后旱田土壤处理除草剂。杂草通过正在萌发的幼芽吸收药剂，进入植物体内的药剂与微管蛋白结合，抑制植物细胞的有丝分裂，从而造成杂草死亡。双子叶植物吸收部位为下胚轴，单子叶植物为幼芽，其受害症状是幼芽和次生根被抑制。

防治对象 棉花、玉米、直播旱稻、大豆、花生、马铃薯、大蒜、甘蓝、白菜、韭菜、葱、姜等多种旱田及水稻旱育秧田防除一年生禾本科杂草、部分阔叶杂草和莎草，如稗草、马唐、狗尾草、千金子、牛筋草、马齿苋、苋、藜、苘麻、龙葵、碎米莎草、异型莎草等。对禾本科杂草的防除效果优于阔叶杂草。

使用方法

（1）棉花 杂草萌芽前，每亩用330g/L二甲戊灵乳油150～200mL，兑水30～40kg，土壤均匀喷雾。注意：棉花播后苗前用药，覆膜棉田在覆膜前用药。

（2）韭菜 老茬韭菜收割后出苗前，每亩用330g/L二甲戊灵乳油100～150mL，兑水30～40kg，土壤喷雾。注意：当年直播韭菜要慎用。

（3）大蒜 大蒜播后至立针期，每亩用330g/L二甲戊灵乳油130～150mL，兑水40～60kg，土壤喷雾。注意：大蒜立针期以后禁用。

（4）玉米 玉米播后苗前，田间杂草未出土前施药，每亩用33％二甲戊灵乳油150～200mL（夏玉米）或200～300mL（春玉米），兑水30～40kg，当杂草为害较重时使用高剂量，有机质含量低的沙壤土，使用低剂量；土壤黏重或有机质含量超过2％，使用推荐用量的高剂量；土壤处理时，整地要平整，避免有大土块或土壤残渣。

（5）花生　花生播后苗前，在播种后 1～2 天内，每亩用 33％二甲戊灵乳油 125～150mL，兑水 30～40kg，土壤均匀喷雾。

（6）甘蓝　甘蓝移栽前，杂草未出苗前，每亩用 33％二甲戊灵乳油 150～200mL，兑水 40～60kg，土壤均匀喷雾。

（7）生姜　姜田播后苗前，每亩用 33％二甲戊灵乳油 130～150mL，兑水 40～60kg，土壤均匀喷雾。

（8）烟草　在全田烟株 50％以上中心花开放，顶叶长度在 20cm 以上开始打顶（摘心），同时抹去超过 2cm 的腋芽，并扶直倾斜的烟株，打顶后 24h 内，每亩用 33％二甲戊灵乳油 10～12mL 加入 1kg 水中搅拌均匀，以"杯淋法"将稀释后的药液从烟草茎顶部淋下，使药液和所有腋芽接触，每株用药液量 20mL，从而抑制烟草腋芽的发生，降低养分的消耗，减少传染病害的发生，能够增加烟草的产量，改善烟叶品质。

（9）马铃薯　马铃薯播后苗前，每亩用 33％二甲戊灵乳油 200～350mL，兑水 40～60kg，土壤均匀喷雾。

注意事项

（1）对鱼及水生生物高毒，对蜜蜂和鸟类毒性较低，施药期间应避免对周围蜂群的影响，蜜源作物花期禁用。远离水产养殖区施药，禁止在河塘等水体中清洗施药器具。

（2）防除单子叶杂草比双子叶杂草效果好，在双子叶杂草多的田，应与其他除草剂混用。

（3）有机质含量低的沙质土壤，不宜苗前处理。

（4）只能做土壤处理，不能做茎叶处理。

二氯吡啶酸 clopyralid

$C_6H_3Cl_2NO_2$，192.00

其他名称　毕克草。

主要剂型　30％水剂，75％可溶粒剂。

作用特点　对杂草施药后，由叶片或根部吸收，在植物体中上下移动，迅速传到整个植株，其杀草的作用机制为促进植物核酸的形成，产生过量的核糖核酸，致使根部生长过量，茎及叶生长畸形，养分消耗，维管束输导功能受阻，导致杂草死亡。

防治对象　春小麦田、春油菜田防除部分阔叶杂草，如刺儿菜、苣荬菜、稻槎菜、鬼针菜、大巢菜等。

使用方法

（1）冬油菜　阔叶杂草 2～6 叶期，每亩用 75％二氯吡啶酸可溶粒剂 6～10g，兑水 15～30kg，茎叶喷雾。

（2）春油菜　阔叶杂草 2～6 叶期，每亩用 75％二氯吡啶酸可溶粒剂 8.9～16g，兑水 15～30kg，茎叶喷雾。

（3）玉米　阔叶杂草 2～5 叶期，每亩用 75％二氯吡啶酸可溶粒剂 18～21g，兑水 15～30kg，茎叶喷雾。

（4）春小麦　阔叶杂草 3～6 叶期，每亩用 30％二氯吡啶酸水剂 45～60g，兑水 15～30kg，茎叶喷雾。

（4）非耕地　阔叶杂草始发期，植株低于 15cm 时，每亩用 30％二氯吡啶酸水剂 80～110g，兑水 15～30kg，茎叶喷雾。

注意事项

（1）本品主要通过微生物分解，降解速度受环境影响较大。正常推荐剂量下后茬可以安全种植小麦、大麦、燕麦、玉米、油菜、甜菜、亚麻、十字花科蔬菜；后茬如果种植大豆、花生等作物需间隔 1 年；如果种植棉花、向日葵、西瓜、番茄、红豆、绿豆、甘薯需间隔 18 个月；如果种植其他后茬作物，须咨询当地植保部门或经过试验安全后方可种植。

（2）二氯吡啶酸对甘蓝型、白菜型油菜安全；不能在芥菜型油菜上使用本品。

（3）本品使用后喷雾器应仔细彻底清洗，避免残液和废液污染耕地和水源。

二氯喹啉酸 quinclorac

$C_{10}H_5Cl_2NO_2$，242.06

其他名称　快杀稗、杀稗灵、神锄。

主要剂型　25％泡腾粒剂，50％、75％可湿性粉剂，50％可溶粉剂。

作用特点　防治稻田稗草的特效选择性除草剂，对 4～7 叶期稗草效果突出。该化合物能被萌发的种子、根及叶部吸收，具有激素型除草剂的特点，与生长素类物质的作用症状相似。受害稗草嫩叶出现轻微失绿现象，叶片出现纵向条纹并弯曲。夹心稗受害后叶子失绿变为紫褐色至枯死；水稻的根部能将有效成分分解，因而对水稻安全。该化合物在土壤中有较大的移动性，能被土壤微生物分解。

防治对象　水稻田防除稗草，并对雨久花、鸭舌草、水芹等杂草有一定抑制作用。

使用方法

（1）水稻移栽田　水稻插秧后 5～20 天，每亩用 50％二氯喹啉酸可湿性粉剂

26.7～40g，兑水 40～50kg，茎叶喷雾。

（2）水稻直播田　水稻 2 叶期后，稗草 2～5 叶期，每亩用 50％二氯喹啉酸可湿性粉剂 40～50g，兑水 40～50kg，茎叶喷雾。施药前 1 天撤水，施药后 1～2 天灌水入田，保持 3～5cm 的水层 5～7 天。浸种和露芽种子对该剂敏感，避免在水稻播种早期胚根暴露在外时使用。

（3）水稻秧田　水稻 2 叶期后，稗草 2～5 叶期，每亩用 50％二氯喹啉酸可湿性粉剂 20～30g，兑水 40～50kg，茎叶喷雾。

注意事项

（1）该产品对稗草特效。在防治移栽田混生莎草及其他双子叶杂草时，可与苄嘧磺隆（农得时）、苯达松、酰替苯胺类、吡唑类以及激素型除草剂混用，直播田可与苯达松、敌稗等混用。

（2）浸种和露芽种子对该化合物敏感，故不能在此时期施药。不同水稻品种的敏感性差异不大。

（3）在移栽田按推荐剂量用药，不受水稻品种及秧龄大小的影响，机插有浮苗现象且施药又早时，会发生暂时性伤害。遇高温天气也会加重对水稻的药害。

（4）二氯喹啉酸对伞形花科作物，如胡萝卜、芹菜和香菜等相当敏感，药液漂移物对相邻田块的这些作物易产生药害，施药时应注意。

砜嘧磺隆 rimsulfuron

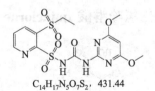

$C_{14}H_{17}N_5O_7S_2$，431.44

其他名称　宝成、玉嘧磺隆、巧成、薯标。

主要剂型　25％水分散粒剂。

作用特点　通过抑制必需的支链氨基酸的生物合成从而使细胞分化和植物生长停止。由根叶吸收，很快传导至分生组织。该药可有效防除玉米田中大多数一年生和多年生杂草，也可用于土豆和西红柿田中。

防治对象　玉米田、烟草田、马铃薯田防除一年生禾本科及阔叶杂草，如自生麦苗、马唐、稗草、狗尾草、野燕麦、野高粱、蓼、鸭跖草、荠菜、马齿苋、反枝苋、野油菜、莎草等。

使用方法

（1）夏玉米　杂草 2～4 叶期，每亩用 25％砜嘧磺隆水分散粒剂 5～6g 或 3～4g＋莠去津 40～48g（a.i.），兑水 30～40kg，每亩按喷液量的 0.2％在药液中加入洗衣粉 60g，定向喷雾。配药时，先将本品用清水在小杯内充分溶解后，倒入已盛水半满的喷雾器药桶中，加足水，充分搅拌，再加入洗衣粉液，搅拌均匀即可。在喷药时，应控制喷头高度，使药液正好覆盖在作物行间，沿行间均匀喷施。

（2）春玉米　杂草 2～4 叶期，每亩用 25％砜嘧磺隆水分散粒剂 5～6g 或 4～5g＋莠去津 40～48g（a.i.）＋0.2％非离子表面活性剂（东北地区），兑水 30～40kg，每亩按喷液量的 0.2％在药液中加入洗衣粉 60g，定向喷雾。

（3）烟草　杂草 2～4 叶期，每亩用 25％砜嘧磺隆水分散粒剂 5～6g，兑水 30～40kg，每亩按喷液量的 0.2％在药液中加入洗衣粉 60g，定向喷雾。

（4）马铃薯　杂草 2～4 叶期，每亩用 25％砜嘧磺隆水分散粒剂 5.5～6g，兑水 30～40kg，每亩按喷液量的 0.2％在药液中加入洗衣粉 60g，茎叶处理。

注意事项

（1）严禁使用弥雾机施药。

（2）严禁将药液直接喷到烟叶上及玉米的喇叭口内。使用本品前后 7 天内，禁止使用有机磷杀虫剂，避免产生药害。

（3）每季作物最多施用一次，在上述推荐剂量下，对后茬作物安全。

（4）甜玉米、爆玉米、黏玉米及制种玉米田不宜使用。切记，因本品对个别玉米品种敏感，必须在技术人员指导下，方可在玉米田使用砜嘧磺隆。

氟吡磺隆 flucetosulfuron

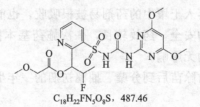

C$_{18}$H$_{22}$FN$_5$O$_8$S，487.46

其他名称　韩乐盛。

主要剂型　10％可湿性粉剂。

作用特点　磺酰脲类除草剂，是乙酰乳酸合成酶（ALS 酶）的抑制剂，即通过抑制植物的 ALS 酶，阻止支链氨基酸如缬氨酸、异亮氨酸、亮氨酸的生物合成，最终破坏蛋白质的合成，干扰 DNA 的合成及细胞分裂与生长。它可以通过植物的根、茎和叶吸收，通过叶片的传输速度比草甘膦快。药害症状包括生长停止、失绿、顶端分生组织死亡，植株在 2～3 周后死亡。

防治对象　水稻田防除一年生阔叶杂草、禾本科杂草和莎草。

使用方法

（1）水稻直播田　稗草 2～5 叶期，每亩用 10％氟吡磺隆可湿性粉剂 13～20g，兑水 30～50kg，茎叶处理。

（2）水稻移栽田　杂草苗前，每亩用 10％氟吡磺隆可湿性粉剂 13～20g，混土 30～50kg 或拌化肥撒施；杂草 2～4 叶期，每亩用 10％氟吡磺隆可湿性粉剂 20～26g，混土 30～50kg 或拌化肥撒施。

注意事项

（1）本品在水稻移栽田使用时，杂草苗前或杂草 2～4 叶期采用毒土法处理 1 次；在水稻直播田使用时，杂草 2～5 叶期兑水喷雾，施药前排干田间积水。每季作物最多使用一次。

（2）后茬仅可种植水稻、油菜、小麦、大蒜、胡萝卜、萝卜、菠菜、移栽黄瓜、甜瓜、辣椒、西红柿、草莓、莴苣。

（3）药后 1～2 天覆水，并保水 3～5 天。

氟吡甲禾灵 haloxyfop

$C_{15}H_{11}ClF_3NO_4$，361.70

其他名称　盖草能（酸）。

主要剂型　108g/L 乳油。

作用特点　氟吡甲禾灵是一种苗后选择性除草剂，具有内吸传导性，茎叶处理后很快被杂草叶吸收输导到整个植株，因抑制茎和根的分生组织而导致杂草死亡。其药效发挥较快，喷洒落入土壤中的药剂易被根吸收，也能起杀草作用。对阔叶草和莎草无效，对阔叶作物安全，药效较长，一次施药基本控制全生育期杂草危害。在土壤中降解快，对作物无影响。

防治对象　大豆田防除苗后到分蘖、抽穗初期的一年生和多年生禾本科杂草。

使用方法

（1）春大豆　大豆 1～3 片复叶，一年生杂草 2～5 叶期，每亩用 108g/L 氟吡甲禾灵乳油 30～35mL，兑水 30～40kg，茎叶喷雾。

（2）夏大豆　大豆 1～3 片复叶，一年生杂草 2～5 叶期，每亩用 108g/L 氟吡甲禾灵乳油 26～30mL，兑水 30～40kg，茎叶喷雾。

注意事项

（1）施药后杂草吸收快，一般下雨前 1～2h 施药不影响除草效果。

（2）视田间杂草种类敏感程度、杂草密度、生长状况，选择最佳经济有效剂量，以禾草为主地块，采用单用结合中耕一次施药一次，控制全生育期杂草。单、双子叶杂草混生可采用与防除阔叶及莎草的除草剂混用。

（3）人体每日允许摄入量（ADI）为 0.03mg/kg，美国规定在大豆中的最大残留允许量为 0.5mg/kg，棉籽油中为 3mg/kg。

（4）避免药剂溅入眼睛和皮肤、衣服上，如溅入眼中，立即用大量清水冲洗至少 15min，如触及皮肤，立刻用肥皂和大量清水冲洗。如误服，送医诊治。不要引吐，不要给失去知觉者喂食任何东西。

（5）该药为易燃物品，不要放置于高温或者接近火源处，勿让儿童接近，不要与食物、水、种子、饮料放在一起。

氟磺胺草醚 fomesafen

$C_{15}H_{10}ClF_3N_2O_6S$，438.76

其他名称　虎威、北极星、氟磺草、除豆莠。

主要剂型　25％、250g/L 水剂，20％ 乳油。

作用特点　选择性触杀型除草剂。苗前、苗后使用很快被叶部吸收，破坏杂草的光合作用，叶片黄化，迅速枯萎死亡。喷药后 4～6h 内降雨亦不降低其除草效果。药液在土壤里被根部吸收也能发挥杀草作用，而大豆吸收药剂后能迅速降解。

防治对象　大豆田防除一年生阔叶杂草，如苘麻、苋、藜、苍耳、铁苋、鸭跖草、龙葵、马齿苋等。

使用方法

（1）春大豆　大豆 1～3 片复叶，一年生阔叶杂草 2～4 叶期，大多数杂草出齐时，每亩用 250g/L 氟磺胺草醚水剂 100～140mL，兑水 40～50kg，茎叶喷雾。

（2）夏大豆　大豆 1～3 片复叶，一年生阔叶杂草 2～4 叶期，大多数杂草出齐时，每亩用 250g/L 氟磺胺草醚水剂 60～100mL，兑水 40～50kg，茎叶喷雾。

注意事项

（1）本剂在土壤中的残效期较长。用药量不宜过大，否则会对后茬敏感作物如白菜、谷子、高粱、甜菜、玉米、小麦、亚麻等，均有不同程度药害。

（2）大豆田中套种敏感作物不能用此药。

（3）在单、双子叶杂草混生的大豆田可与相应的除草剂，如稳杀得、拿捕净等混用。

（4）喷药时应注意风向。应选择早晚无风或微风、气温低时施药，防止药液漂移到邻近敏感作物田。

（5）高温或低洼地排水不良、低温高湿、田间长期积水等条件下施用本品，易对大豆造成药害，但在 1 周后可恢复。

氟乐灵 trifluralin

$C_{13}H_{16}F_3N_3O_4$，335.28

其他名称 特福力、氟特力、氟利克。

主要剂型 45.5%、48%、480g/L乳油。

作用特点 苯胺类芽前除草剂，是在杂草种子发芽生长穿过土层的过程中被吸收的。主要被禾本科植物的幼芽和阔叶植物的下胚轴吸收，子叶和幼根也能吸收，但出苗后的茎、叶不能吸收。造成植物药害的典型症状是抑制生长，根尖与胚轴组织细胞体积显著膨大。受害后的植物细胞停止分裂，根尖分生组织细胞变小，厚而扁，皮层薄壁组织中的细胞增大，细胞壁变厚。由于细胞中的液胞增大，使细胞丧失极性，产生畸形，呈现"鹅头"状的根茎。氟乐灵施入土壤后，由于挥发、光解、微生物和化学作用而逐渐分解消失，其中挥发和光分解是分解的主要因素。施到土表的氟乐灵最初几小时内的损失最快，潮湿和高温会加快它的分解速度。

防治对象 棉花、大豆、辣椒田防除一年生禾本科杂草和部分阔叶杂草，如马唐、稗草、狗尾草、牛筋草、苋、藜、繁缕等。

使用方法

(1) 棉花 杂草萌芽前，每亩用480g/L氟乐灵乳油150～200mL，兑水30～40kg，土壤喷雾。

(2) 大豆 播前5～7天或者播后苗前，每亩用480g/L氟乐灵乳油125～175mL，兑水30～40kg，土壤喷雾。

(3) 辣椒、花生 播前5～7天，每亩用480g/L氟乐灵乳油100～150mL，兑水30～40kg，土壤喷雾。

注意事项

(1) 严格控制药剂量，喷药后到播种的时间间距、全田喷洒混土必须达到6～7天后播种，否则可能产生药害。本品易挥发光解，施药后立即混土，否则会影响药效。

(2) 低温干旱地区，持效期较长，下茬不宜种高粱、谷子等敏感作物。

(3) 药效受温度、土壤湿度及有机质含量的影响较大，沙质土、有机质含量低的地块，用推荐剂量下限；有机质含量超过2%的地块，用推荐剂量上限；地膜覆盖田应按实际施药面积计算用药量。

氟硫草定 dithiopyr

$C_{15}H_{16}F_5NO_2S_2$, 401.41

其他名称 Dictran。

主要剂型 32%乳油。

作用特点 吡啶羧酸类除草剂，是有丝分裂抑制剂。通过茎叶和根吸收，阻断纺锤体微管的形成，造成微管短化，不能形成正常的纺锤丝，使细胞无法进行有丝分裂，造成杂草生长停止、死亡。

防治对象 高羊茅和早熟禾草坪防除一年生禾本科杂草和一些阔叶杂草，如马唐、稗草、牛筋草、狗尾草、宝盖草、鸭舌草、节节菜、鬼针草等。

使用方法 高羊茅和早熟禾草坪，建植草坪杂草发芽前，每亩用 32%氟硫草定乳油 75~100g，兑水 30~50kg，芽前喷雾。

注意事项

（1）避免将施药后修剪下来的草坪污染作物田造成药害。

（2）对鱼等水生生物有毒，远离河塘等水域施药，禁止在河塘等水体中清洗施药器具。

氟烯草酸 flumiclorac-pentyl

$C_{21}H_{23}ClFNO_5$, 423.87

其他名称 利收、阔氟胺。

主要剂型 100g/L 乳油。

作用特点 原卟啉原氧化酶抑制剂。药剂被敏感杂草叶面吸收后，迅速作用于植株组织，引起原卟啉积累，使细胞膜脂质过氧化作用增强，从而导致敏感杂草的细胞结构和细胞功能不可逆损害。

防治对象 大豆田苗后防除一年生阔叶杂草，如苍耳、豚草、藜、苋、黄花稔、曼陀罗、苘麻等。

使用方法 大豆三出复叶前，阔叶杂草 2~4 叶期，每亩用 100g/L 氟烯草酸乳油 30~45mL，兑水 15~30kg，土壤喷雾处理。

注意事项

（1）药剂稀释后应立即使用，要遵守规定的剂量，避免过量使用。

（2）氟烯草酸只对阔叶杂草有效，与防除禾本科杂草的除草剂混合使用，可降低用量，扩大杀草谱。

（3）要在无风时施药。

（4）喷药时要注意安全防护。

氟唑磺隆 flucarbazone-sodium

$C_{12}H_{10}F_3N_4NaO_6S$, 418.28

其他名称 彪虎、氟酮磺、锄宁。

主要剂型 70%水分散粒剂。

作用特点 磺酰脲类内吸传导选择性除草剂，适用于春小麦和冬小麦苗后茎叶喷雾，可被杂草的根和茎叶吸收，对春、冬小麦安全性较好，持效期长。

防治对象 小麦田防除野燕麦、雀麦、狗尾草、看麦娘等禾本科杂草及多种阔叶杂草。

使用方法

（1）春小麦 春小麦2～3叶期，杂草1～3叶期，每亩用75%氟唑磺隆水分散粒剂2～3g，兑水30～45kg，茎叶处理。

（2）冬小麦 冬小麦3叶至返青期，杂草2～4叶期，每亩用75%氟唑磺隆水分散粒剂3～4g，兑水30～45kg，茎叶处理。

注意事项

（1）勿在低温、8℃以下及干旱等不良气候条件下施药。

（2）勿在套种或间作大麦、燕麦、十字花科作物及豆类及其他作物的小麦田使用。

（3）本品使用9个月后，可以轮作萝卜、大麦、红花、油菜、大豆、菜豆、向日葵、亚麻和马铃薯；11个月后可种植豌豆；24个月后可种植小扁豆。后茬不能轮作本标签标注的其他作物；施药时避免药液漂移到邻近作物上。

高效氟吡甲禾灵 haloxyfop-P-methyl

$C_{16}H_{13}ClF_3NO_4$，375.73

其他名称 精盖草能、高效盖草能。

主要剂型 108g/L乳油。

作用特点 苗后选择性除草剂。茎叶处理后能很快被禾本科杂草的叶子吸收，传导至整个植株，抑制植物分生组织而杀死禾草。喷洒落入土壤中的药剂易被根部吸收，也能起杀草作用，在土壤中半衰期平均55天。与盖草能相比，高效盖草能在结构上以甲基取代盖草能中的乙氧乙基；并由于盖草能结构中丙酸的α-碳为不对称碳原子，故存在R和S两种光学异构体，其中S体没有除草活性，高效盖草能是除去了非活性部分（S体）的精制品（R体）。同等剂量下它比盖草能活性高，药效稳定，受低温、雨水等不利环境条件影响小。药后一小时后降雨对药效影响很小。

防治对象 阔叶作物田防除苗后到分蘖、抽穗初期的一年生、多年生禾本科杂草，如马唐、稗草、千金子、看麦娘、狗尾草、牛筋草、早熟禾、野燕麦、芦苇、白茅、狗牙根等，尤其对芦苇、白茅、狗牙根等多年生顽固禾本科杂草具有卓越的防除效果。对阔叶草和莎草无效。

使用方法

（1）油菜、棉花　一年生禾本科杂草 2～4 叶期，每亩用 108g/L 高效氟吡甲禾灵乳油 25～30mL，兑水 30～40kg，茎叶喷雾。

（2）大豆　一年生禾本科杂草 3～5 叶期，每亩用 108g/L 高效氟吡甲禾灵乳油 27.8～32.4mL，兑水 30～40kg，茎叶喷雾。

（3）西瓜田　一年生禾本科杂草 3～5 叶期，每亩用 108g/L 高效氟吡甲禾灵乳油 35～50mL，兑水 15～30kg，茎叶喷雾。

（4）花生　一年生禾本科杂草 3～5 叶期，每亩用 108g/L 高效氟吡甲禾灵乳油 20～30mL，兑水 30～40kg，茎叶喷雾。

（5）甘蓝　一年生禾本科杂草 3～5 叶期，每亩用 108g/L 高效氟吡甲禾灵乳油 30～40mL，兑水 30～40kg，茎叶喷雾。

（6）马铃薯　一年生禾本科杂草 3～5 叶期，每亩用 108g/L 高效氟吡甲禾灵乳油 35～50mL，兑水 30～40kg，茎叶喷雾。

注意事项

（1）本品使用时加入有机硅助剂可以显著提高药效。

（2）禾本科作物对本品敏感，施药时应避免药液漂移到玉米、小麦、水稻等禾本科作物上，以防产生药害。

禾草丹 thiobencarb

$C_{12}H_{16}ClNOS$, 257.78

其他名称　杀草丹、灭草丹、稻草完。

主要剂型　50%、90%乳油，40%可湿性粉剂。

作用特点　氨基甲酸酯类选择性内吸传导型土壤处理除草剂，可被杂草的根部和幼芽吸收，特别是幼芽吸收后转移到植物体内，对生长点有很强的抑制作用。禾草丹阻碍 α-淀粉酶和蛋白质合成，对植物细胞的有丝分裂也有强烈抑制作用，因而导致萌发的杂草种子和萌发初期的杂草枯死。稗草吸收传导禾草丹的速度比水稻要快，而在体内降解禾草丹的速度比水稻要慢，这是形成选择性的生理基础。此类除草剂能迅速被土壤吸附，因而随水分的淋溶性小，一般分布在土层 2cm 处。土壤的吸附作用减少了由蒸发和光解造成的损失。在土壤中半衰期，通气良好条件下为 2～3 周，厌氧条件下则为 6～8 月。能被土壤微生物降解，厌氧条件下被土壤微生物降解形成的脱氯禾草丹，能强烈地抑制水稻生长。

防治对象　水稻田防除牛毛草、稗草、鸭舌草、瓜皮草、水马齿、小碱草、莎草、马唐、旱稗、蟋蟀草、看麦娘、野燕麦等一年生杂草，对水稻、小麦、油菜、花生、大豆、棉花、玉米、甘蔗等作物安全。

使用方法

（1）水稻秧田　播前或水稻立针期，每亩用50％禾草丹乳油150～250mL，拌细潮土15～20kg，用毒土法撒施。保持水层2～3cm，保水5～7天。温度高或地膜覆盖田的使用量酌减。

（2）水稻直播田　水稻直播田播前或播后水稻2～3叶期，每亩用50％禾草丹乳油200～300mL，兑水30～40kg，喷雾。施药时保持水层3～5cm，保水5～7天。与敌稗混用效果更好。

（3）水稻插秧田　水稻移栽后3～7天，稗草处于萌动高峰至2叶期前，每亩用50％禾草丹乳油200～250mL，兑水30～40kg，茎叶喷雾或混细潮土20kg，撒施。

（4）麦田　小麦播后苗前，每亩用50％禾草丹乳油300mL，兑水35kg，土壤喷雾，均匀喷布土表。

注意事项

（1）插秧田、水直播田及秧田，施药后应注意保持水层，水稻出苗至立针期不宜使用，否则会产生药害。

（2）稻草还田的移栽稻田，不宜使用杀草丹。

（3）杀草丹对三叶期稗草效果差。

（4）晚稻秧田播前使用，与呋喃丹混用能控制虫、草危害，与二甲四氯、苄嘧黄隆、西草净混用，在移栽田可并除瓜皮草等阔叶杂草。

（5）不能与2,4-滴混用，否则会降低除草效果。

禾草敌 molinate

C$_9$H$_{17}$NOS，187.30

其他名称　禾大壮、禾草特、草达灭、环草丹、杀克尔。

主要剂型　90.9％乳油。

作用特点　防除稻田稗草的选择性除草剂，土壤处理兼茎叶处理，施于田中后，由于密度大于水，而沉降在水与泥的界面，形成高浓度的药层，杂草通过药层时，能迅速被初生根、尤其被芽鞘吸收，并积累在生长点的分生组织，阻止蛋白质合成，使增殖的细胞缺乏蛋白质及原生质而形成空脆。禾草特还能抑制α-淀粉酶活性，阻止或减弱淀粉的水解，使蛋白质合成及细胞分裂失去能量供给，受害的细胞膨大，生长点扭曲而死亡。经过催芽的稻种播于药层之上，稻根向下穿过药层吸收药量少，芽鞘向上生长不通过药层，因而不会受害。

防治对象 水稻田防除1～4叶期的各种生态型稗草，用药早时对牛毛毡、碎米莎草也有效，但对阔叶草无效。适用于以稗草为主的水稻秧田、直播田及插秧田本田。

使用方法

(1) 北方水稻直播田　水稻立针期后，稗草2～3叶期，田间灌水3～5cm（勿淹没秧苗心叶），每亩用90.9%禾草敌乳油160～220mL，拌细潮土10kg，均匀撒施，施药后保水5～7天。

(2) 南方水稻直播田　水稻2～3叶期，稗草2～3叶期，田间灌水3～5cm（勿淹没秧苗心叶），每亩用90.9%禾草敌乳油160～220mL，拌细潮土10kg，均匀撒施，施药后保水5～7天。

(3) 水稻移栽田　水稻移栽定植后，稗草2～3叶期，田间灌水5～7cm（勿淹没秧苗心叶），每亩用90.9%禾草敌乳油160～220mL，拌细潮土10kg，均匀撒施，施药后保水5～7天。

(4) 水稻秧田　水稻2叶期，稗草2～3叶期，田间灌水5～7cm（勿淹没秧苗心叶），每亩用90.9%禾草敌乳油160～220mL，拌细潮土10kg，均匀撒施，施药后保水5～7天。

注意事项

(1) 禾草敌挥发性很强，因此拌药要均匀并与土、沙、肥随拌随施，施药后应用塑料布严密覆盖。一定要按要求保持水层，漏水田或整地不平的田块，均会降低效果。

(2) 剩余的药剂应密封保存在阴凉干燥，远离食品、饲料、种子、火源及儿童接触不到的地方，施药时应注意安全防护措施，避免污染皮肤和眼睛。

(3) 由于禾草敌杀草谱窄，连续使用会使稻田杂草发生明显改变，注意与其他除草剂合理混用。

禾草灵 diclofop-methyl

$C_{16}H_{14}Cl_2O_4$，341.18

其他名称　伊洛克桑、禾草除。

主要剂型　28%、36%、360g/L乳油。

作用特点　选择性叶面处理剂，有局部内吸作用，传导性差。作用于分生组织，表现为植物激素拮抗剂，破坏细胞膜及叶绿素，抑制光合作用及同化物的运输。在单双子叶植物间有良好的选择性，如对小麦和野燕麦间的选择性。

防治对象　小麦、大麦、大豆、油菜、花生、向日葵、甜菜、马铃薯、亚麻等作物地防除稗草、马唐、毒麦、野燕麦、看麦娘、早熟禾、狗尾草、画眉草、千金子、牛筋等一年生禾本科杂草。对多年生禾本科杂草及阔叶杂草无效。

使用方法

（1）甜菜　一年生禾本科杂草 3～5 叶期，每亩用 360g/L 禾草灵乳油 130～185mL，兑水 30～40kg，茎叶喷雾。

（2）春小麦　春小麦 3～5 叶期，禾本科杂草 2～3 叶期，每亩用 36％禾草灵乳油 180～200mL，兑水 35～40kg，茎叶喷雾。

（3）冬小麦　一年生禾本科杂草 3～5 叶期茎叶喷雾，每亩用 36％禾草灵乳油 150～180mL，兑水 35～40kg，茎叶喷雾。

注意事项

（1）不宜在玉米、高粱、谷子、棉花田使用。

（2）土地湿度高时有利于药效发挥，宜在施药后 1～2 天内灌水。

（3）该药不能与 2,4-滴丁酯，二甲四氯等苯氧乙酸类及麦草畏、苯达松混用，也不宜与氮肥混用。

（4）本剂无土壤除草活性，宜采用扇形喷头均匀喷施，避免漏喷，用前摇匀。使用时将本剂及其包装内冲洗液完全倒入装有少量清水的喷雾器内，补足剩余水量混匀后喷雾。

环丙嘧磺隆 cyclosulfamuron

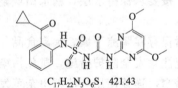

$C_{17}H_{22}N_5O_6S$，421.43

其他名称　金秋。

主要剂型　10％可湿性粉剂。

作用特点　能被杂草根系和叶面吸收，在植株体内传导，其作用机制是通过抑制杂草体内乙酰乳酸合成酶（ALS）的活性，从而阻碍亮氨酸、异亮氨酸、缬氨酸等支链氨基酸的合成，使细胞停止分裂，导致杂草死亡。茎叶处理后，敏感杂草停止生长，叶色退绿，根据不同的环境条件，经过几个星期后才能使杂草完全枯死。在高剂量下对稗草有较好的抑制作用，对多年生难防杂草扁杆䕸草也有较强的抑制效果。

防治对象　水稻、小麦田防除一年生和多年生杂草。可防除稻田杂草：雨久花、眼子菜、异型莎草、鸭舌草、野慈姑、碎米莎草、节节菜、茨藻、萤蔺、母草、牛毛毡等，及麦田杂草：猪殃殃、泽泻和繁缕等。

使用方法

（1）北方水稻移栽田　水稻移栽后 7～10 天，阔叶杂草 2 叶期前，每亩用 10％环丙嘧磺隆可湿性粉剂 20～26.7g，兑水 30～40kg 茎叶喷雾或拌 10～15kg 细土或细沙混合，然后均匀撒施于稻田中。当稻田中有多年生的阔叶杂草及莎草科主要杂草时使用高剂量。

（2）南方水稻移栽田　水稻移栽后 3～6 天，阔叶杂草 2 叶期前，每亩用 10％环丙嘧磺隆可湿性粉剂 10～20g，兑水 30～40kg 茎叶喷雾或拌 10～15kg 细土或细沙混合，然后均匀撒施于稻田中。当稻田中有多年生的阔叶杂草及莎草科主要杂草时使用高剂量。

（3）水北方稻直播田　水稻播种后 10～15 天，阔叶杂草 2 叶期前，每亩用 10％环丙嘧磺隆可湿性粉剂 20～26.7g，兑水 30～40kg 茎叶喷雾或拌 10～15kg 细土或细沙混合，然后均匀撒施于稻田中。当稻田中有多年生的阔叶杂草及莎草科主要杂草时使用高剂量。直播稻田防除杂草，在使用本品时，稻必须保持潮湿或泥浆状态，施药后引水入田，保持水层对发挥药效十分重要，一般要保持 2～4cm 水层 5～7 天。

（4）南方水稻直播田　水稻播种后 2～7 天，阔叶杂草 2 叶期前，每亩用 10％环丙嘧磺隆可湿性粉剂 10～20g，兑水 30～40kg 茎叶喷雾或拌 10～15kg 细土或细沙混合，然后用手均匀撒施于稻田中。当稻田中有多年生的阔叶杂草及莎草科主要杂草时使用高剂量。直播稻田防除杂草，在使用本品时，稻田必须保持潮湿或泥浆状态，施药后引水入田，保持水层对发挥药效十分重要，一般要保持 2～4cm 水层 5～7 天。

（5）小麦秋施　阔叶杂草 1～2 叶期，禾本科杂草 1～2 叶期；或小麦冬施：阔叶杂草 3～5 叶期，禾本科杂草 3～5 叶期，每亩单用 10％环丙嘧磺隆可湿性粉剂 10～20g 或者 10％环丙嘧磺隆可湿性粉剂 10g 与 33％二甲戊灵乳油 150mL 混用，兑水 30～40kg，茎叶喷雾，防除小麦田阔叶杂草。

注意事项

（1）水稻移栽或播种后 2～15 天内均可施药，杂草 1.5～2.5 叶期最敏感，超出 3 叶期无效。施药后引水入田，一般保持 4～6cm 水层 3～5 天。

（2）每季作物最多使用 1 次。

（3）施药应掌握在水稻秧苗扎根成活后，不然可能会引起根系生长萎缩，若出现这一情况，追施氮肥即可使秧苗恢复生长，产量不受影响。

环庚草醚 cinmethylin

$C_{18}H_{26}O_2$，274.40

其他名称　艾割、恶庚草烷、仙治。
主要剂型　10％乳油。

作用特点　选择性内吸传导型芽前土壤处理剂，可被敏感植物的根吸收，抑制分生组织的生长。水稻、棉花、花生等对该药的耐药力强，进入作物体内被代谢成羟基衍生物，并与植物体内的糖苷结合成共轭化合物而失去毒性。在无水层情况下，易被蒸发和光解，并能被土壤微生物分解。有水层情况下，分解速度减慢。

防治对象　水稻田防除稗草、异型莎草和鸭舌草等杂草。

使用方法　水稻插秧后 5～7 天，稗草 2 叶期前，每亩用 10％环庚草醚乳油 13.3～20mL，拌细土 15～20kg，撒施。施药时应有 3～5cm 水层，水不能没过水稻心叶，保持水层 5～7 天，只灌不排。注意插秧要标准，要使水稻根不外露；沙质田、漏水田或施药后短期缺水，水源无保证的稻田不要用艾割。

注意事项

(1) 宜在一年生杂草为主的地区使用，持效期短，杂草处于幼苗或幼嫩期为除草最佳期。

(2) 在水稻移栽稻田施用量很低，因此称量要准，拌药土及撒施应尽量均匀。

(3) 南方稻区亩施用剂量超过 2.67g（有效成分），水稻出现滞生矮化现象。

环酯草醚 pyriftalid

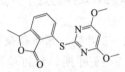

$C_{15}H_{14}N_2O_4S$，318.35

其他名称　CGA279233。

主要剂型　24.3％悬浮剂。

作用特点　芽后除草剂，其化学结构与嘧啶羟苯甲酸相近，抑制乙酰乳酸合成酶（ALS）的合成。以根部吸收为主，药剂被吸收后迅速传导到植株其他部位。药后几天即可看到效果，杂草会在 10～21 天内死亡。

防治对象　水稻田苗后早期除草剂，防除一年生禾本科杂草、莎草及部分阔叶杂草。

使用方法　在水稻移栽田中使用，南方水稻移栽后 5～7 天，杂草 2～3 叶期（稗草 2 叶期前，以稗草叶龄为主），每亩用 24.3％环酯草醚悬浮剂 50～80mL，兑水 15～30kg，茎叶喷雾，施药前一天排干田水，均匀喷雾，施药后 1～2 天覆水 3～5cm，保持 5～7 天，防除水稻移栽田一年生禾本科、莎草科及部分阔叶杂草。

注意事项

(1) 环酯草醚可与磺酰磺隆、丙草胺混合以扩大防治谱。

(2) 请按照农药安全使用准则使用本品。施药时穿长衣长裤、靴子、戴眼镜、手套等，避免药液接触皮肤、眼睛和污染衣物，避免吸入雾滴。切勿在施药现场抽烟、饮食、饮水等；施药后洗干净手、脸等。

（3）使用过的空包装，用清水冲洗三次后妥善处理，切勿重复使用或改作其他用途。所有施药器具，用后应立即用清水或适当的洗涤剂清洗。

磺草酮 sulcotrione

$C_{14}H_{13}ClO_5S$，328.76

其他名称 玉草施。

主要剂型 15%水剂，26%悬浮剂。

作用特点 对羟基苯基丙酮酸双氧化酶（HPPD）抑制剂，杂草通过根吸收传导而起作用，敏感杂草吸收磺草酮后，抑制 HPPD 的合成，导致酪氨酸的积累，使质体醌和生育酚合成受阻，进而影响到类胡萝卜素的合成，杂草出现白花后死亡。

防治对象 玉米田防除阔叶杂草及部分单子叶杂草，如稗草、马唐、牛筋草、反枝苋、苘麻、藜、蓼、鸭跖草等。

使用方法

（1）春玉米 玉米 3～6 叶期，禾本科杂草 2～4 叶期，阔叶杂草 2～6 叶期，每亩用 15%磺草酮水剂 400～500mL，兑水 20～25kg，茎叶喷雾。

（2）夏玉米 玉米 3～6 叶期，禾本科杂草 2～4 叶期，阔叶杂草 2～6 叶期，每亩用 15%磺草酮水剂 300～400mL，兑水 20～25kg，茎叶喷雾。

注意事项

（1）施药后玉米叶片可能会出现轻微触杀性药害斑点，属正常情况，一般一周后可恢复生长，不影响玉米生长。

（2）本品兼有土壤和茎叶处理活性，杂草叶片及根系均可吸收，土壤湿度大有利于药效的充分发挥。

（3）远离水产养殖区施药，禁止在河塘等水体中清洗施药器具。

（4）在无风或风较小时喷雾，并尽量避免在正午高温时用药。

甲草胺 alachlor

$C_{14}H_{20}ClNO_2$，269.77

其他名称　拉索、澳特拉索、草不绿、杂草锁。

主要剂型　43%、480g/L乳油。

作用特点　选择性芽前除草剂，可被植物幼芽（单子叶植物为胚芽鞘、双子叶植物为下胚轴）吸收，吸收后向上传导；种子和根也吸收传导，但吸收量较少，传导速度慢。出苗后主要靠根吸收向上传导。甲草胺进入植物体内抑制蛋白酶活动，使蛋白质无法合成，造成芽和根停止生长，使不定根无法形成。如果土壤水分适宜，杂草幼芽期不出土即被杀死。症状为芽鞘紧包生长点，鞘变粗，胚根细而弯曲，无须根，生长点逐渐变褐色至黑色烂掉。如土壤水分少，杂草出土后随着雨水、土壤湿度增加，杂草吸收药剂后，禾本科杂草心叶卷曲至整株枯死；阔叶杂草叶皱缩变黄，整株逐渐枯死。

防治对象　大豆、棉花、花生田防除稗草、马唐、蟋蟀草、狗尾草、马齿苋、轮生粟米草、藜、蓼等一年生禾本科杂草和部分阔叶杂草。

使用方法

（1）春大豆　播种前或播种后杂草出土前，每亩用480g/L甲草胺乳油350～400mL（不覆膜）或250～300mL（覆膜），兑水45～60kg，播后芽前或播前土壤处理。施药前精细平整土地，喷施前后保持土壤湿润，以确保药效。土壤有机质含量高、黏壤土或干旱情况需用推荐剂量高限。土壤有机质含量低、沙质土则减少剂量。

（2）夏大豆　播种前或播种后杂草出土前，每亩用480g/L甲草胺乳油250～300mL（不覆膜）或150～200mL（覆膜），兑水45～60kg，播后芽前或播前土壤处理。

（3）花生　播种前或播种后杂草出土前，每亩用480g/L甲草胺乳油250～300mL（不覆膜）或150～200mL（覆膜），兑水45～60kg，播后芽前或播前土壤处理。

（4）棉花　播种前或播种后杂草出土前，每亩用480g/L甲草胺乳油250～300mL（不覆膜、华北地区）、150～200mL（覆膜、华北地区）、200～250mL（不覆膜、长江流域）、125～150mL（覆膜、长江流域）、兑水45～60kg，播后芽前或播前土壤处理。

注意事项

（1）使用该药半月后若无降雨，应进行浇水或浅混土，以保证药效，但土壤积水会发生药害。

（2）高粱、谷子、水稻、小麦、黄瓜、瓜类、胡萝卜、韭菜、菠菜不宜使用甲草胺。

（3）低于0℃贮存会出现结晶，已出现结晶在15～20℃条件下可复原，不影响药效。

（4）甲草胺乳油能溶解聚氯乙烯、丙烯腈、丁二烯、苯二烯的塑料和其他塑料制品，不腐蚀金属容器，可用金属制品贮存。

甲磺草胺 sulfentrazone

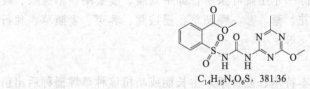

$C_{11}H_{10}Cl_2F_2N_4O_3S$，387.18

其他名称　广灭净、磺酰三唑酮、磺酰唑草酮。

主要剂型　40％悬浮剂。

作用特点　属三唑啉酮类除草剂，原卟啉原氧化酶抑制剂。磺酰唑草酮通过抑制叶绿素生物合成过程中的原卟啉原氧化酶而破坏细胞膜，使叶片迅速干枯死亡。

防治对象　适用于大豆、玉米及高粱、花生、向日葵等作物田内一年生阔叶杂草、禾本科杂草和莎草，如牵牛、反枝苋、铁苋菜、藜、曼陀罗、宾洲蓼、马唐、狗尾草、苍耳、牛筋草、油莎草、香附子等；对目前较难防治的牵牛、藜、苍草、香附子等杂草有卓效。

使用方法　非耕地杂草萌发前，每亩用 40％甲磺草胺悬浮剂 90～180mL，兑水 20～30kg，土壤喷雾处理。

注意事项

（1）本品对蜂、鸟、鱼和蚕均为低毒。

（2）本品不适用于沙质土壤，不能用飞机喷洒，也不能用于任何灌溉系统中，药后应及时彻底清洗，药械的废水不能排入河流、池塘等。

（3）本品为非耕地除草剂，不能用于农作物田除草，避免漂移到其他作物上，产生药害。

（4）本品持效期长，药后 90 天不得种植作物。

甲磺隆 metsulfuron-methyl

$C_{14}H_{15}N_5O_6S$，381.36

其他名称　合力。

主要剂型　10％、20％、60％可湿性粉剂，20％、60％水分散粒剂。

作用特点　高活性、广谱、具有选择性的内吸传导型麦田除草剂。被杂草根部和叶片吸收后，在植株体内传导很快，可向顶和向基部传导，在数小时内迅速抑制植物根和新梢顶端的生长，3～14 天植株枯死。被麦苗吸收进入植株内后，被麦株内的酶转化，迅速降解，所以小麦对本品有较大的耐受能力。本剂的使用量小，在水中的溶解度很大，可被土壤吸附，在土壤中的降解速度很慢，特别在碱性土壤中，降解更慢。

防治对象　小麦田防除一年生杂草，如看麦娘、婆婆纳、繁缕、巢菜、荠菜、播娘蒿、藜、蓼、稻槎草、水花生。

使用方法　长江流域及其以南酸性土壤（pH≤7）、长江流域及以南稻麦轮作区，看麦娘立针期至 2 叶期，小麦 2 叶期，每亩用 60％甲磺隆可湿性粉剂 0.8g，兑水 50～60kg，茎叶均匀喷雾；开春后小麦返青期，婆婆纳、繁缕等阔叶杂草 2～3 叶期，每亩用 10％甲磺隆可湿性粉剂 5g，兑水 50～60kg，茎叶均匀喷雾。

注意事项

（1）施药要特别注意用药量准确，做到均匀喷洒。

（2）该药残留期长，不应在麦套玉米、棉花、烟草等敏感作物田使用。

（3）中性土壤小麦田用药 120 天后播种油菜、棉花、大豆、黄瓜等会产生药害，碱性土壤药害更重。因此限在长江流域中下游麦稻轮作麦田，pH≤7 的中性或碱性土壤中使用。

甲基碘磺隆钠盐 iodosulfuron-methyl-sodium

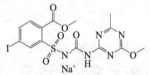

$C_{14}H_{13}IN_5NaO_6S$，529.24

其他名称　使阔得。

主要剂型　10％水分散粒剂。

作用特点　通过植物的茎叶吸收，经韧皮部和木质部传导，少量通过土壤吸收，抑制敏感植物体内的乙酰乳酸合成酶的活性，导致支链氨基酸的合成受阻，从而抑制细胞分裂，导致敏感植物死亡。

防治对象　小麦田苗后防除一年生阔叶杂草，如牛繁缕、婆婆纳、稻搓菜、碎米荠、刺儿菜、苣荬菜、田旋花、藜、蓼、鸭跖草、播娘蒿、荠菜、麦瓶草、独行菜、荸草、酸模、泽漆、泥胡菜等。

使用方法

（1）草坪　对成草草坪（本特草、蓝肯草）生长期或新植该种草坪播种后出苗前，每百平方米用 10％甲基碘磺隆钠盐水分散粒剂 1.05～1.5g，兑水 30～40kg，茎叶喷雾，对本特草、蓝骨草的成草草坪安全，防除一年生早熟禾。

（2）冬小麦　小麦苗后 2～6 叶期，杂草 3～5 叶期、2～5cm 高时，每亩用 3.6％甲基碘磺隆钠盐/甲基二磺隆（0.6％甲基碘磺隆钠盐＋3％甲基二磺隆）水分散性粒剂 15～25g，兑水 25～30kg，茎叶喷雾。

注意事项

（1）本品对藻类有毒，其废弃物和包装等污染物宜作焚烧处理，禁止他用，避免其污染地表水、鱼塘和沟渠。

（2）本品对眼睛有刺激和严重伤害风险，误用可能损害健康，应避免眼睛和身体直接接触。施用时应戴防护镜、口罩和手套，穿防护服，并禁止饮食和吸烟；使用后应用肥皂和清水彻底清洗暴露在外的皮肤。

甲基二磺隆 mesosulfuron-methyl

$C_{17}H_{21}N_5O_9S_2$，503.50

其他名称　世玛。

主要剂型　30g/L可分散油悬浮剂。

作用特点　通过植物的茎叶吸收，经韧皮部和木质部传导，少量通过土壤吸收，抑制敏感植物体内的乙酰乳酸合成酶的活性，导致支链氨基酸的合成受阻，从而抑制细胞分裂，导致敏感植物死亡。一般情况下，施药2～4h后，敏感杂草的吸收量达到高峰，2天后停止生长，4～7天后叶片开始黄化，随后出现枯斑，2～4周后死亡。本品中含有的安全剂，能促进其在作物体内迅速分解，而不影响其在靶标杂草体内的降解，从而达到杀死杂草、保护作物的目的。

防治对象　小麦田苗后防除禾本科杂草和部分阔叶杂草的内吸选择性茎叶除草剂，可防除硬草、早熟禾、碱茅、棒头草、看麦娘、蔄草、毒麦、多花黑麦草、野燕麦、蜡烛草、牛繁缕、荠菜等麦田多数一年生禾本科杂草和部分阔叶草，对雀麦（野麦子）、节节麦、偃麦草等极恶性禾本科杂草也有较好的控制效果。

使用方法　小麦3～6叶期，禾本科杂草出齐苗（2.5～5叶期），每亩用30g/L甲基二磺隆可分散油悬浮剂20～35mL，背负式喷雾器每亩兑水25～30kg，或拖拉机喷雾器每亩兑水7～15kg，对全田茎叶均匀喷雾。

注意事项

（1）严格按推荐的施用剂量、时期和方法均匀喷施，不可超量、超范围使用。

（2）在遭受冻、涝、盐、病害的小麦田中不得使用。

（3）小麦拔节或株高达13cm后不得使用本剂。

甲基磺草酮 mesotrione

$C_{14}H_{13}NO_7S$，339.32

其他名称 米斯通、硝磺草酮。

主要剂型 15%、25%、40%悬浮剂，10%可分散油悬浮剂，75%水分散粒剂。

作用特点 抑制对羟基丙酮酸双氧化酶（HPPD）的活性，HPPD可将酪氨酸转化为质体醌。质体醌是八氢番茄红素去饱和酶的辅因子，是类胡萝卜素生物合成的关键酶。具有弱酸性，在大多数酸性土壤中，能紧紧吸附在有机物质上；在中性或碱性土壤中，以不易被吸收的阴离子形式存在。使用甲基磺草酮3～5天内植物分生组织出现黄化症状，随之引起枯斑，两星期后遍及整株植物。

防治对象 玉米田苗后茎叶处理除草剂，用于防除玉米田阔叶杂草及部分禾本科杂草，如反枝苋、马齿苋、藜、蓼、鸭跖草、铁苋菜、龙葵、青葙、小蓟、苍耳、马唐、稗草、狗尾草等。

使用方法

（1）春玉米 玉米3～5叶期，杂草2～5叶期，每亩用10%甲基磺草酮可分散油悬浮剂150～200mL，兑水15～30kg，茎叶喷雾。

（2）夏玉米 玉米3～5叶期，杂草2～5叶期，每亩用10%甲基磺草酮可分散油悬浮剂100～130mL，兑水15～30kg，茎叶喷雾。

（3）草坪 早熟禾、狗牙根草坪防除反枝苋、藜等杂草时，每亩用40%甲基磺草酮悬浮剂24～40mL，兑水15～30kg，茎叶喷雾。

注意事项

（1）某些制种玉米田慎用或小试后再用。

（2）风速大于4m/s时应停止施药。

（3）配药和施药时，应穿戴防护服和手套，避免吸入药液；施药期间不可吃东西、饮水等；施药后应及时洗手和洗脸。

（4）本品对鱼类等水生生物有毒，远离水产养殖区施药，禁止在河塘等水体中清洗施药器具。

甲咪唑烟酸 imazapic

$C_{14}H_{17}N_3O_3$，275.31

其他名称 百垄通、高原、甲基咪草烟。

主要剂型 240g/L水剂。

作用特点 选择性除草剂。通过根、叶吸收，并在木质部和韧皮内传导，积累于植物分生组织内，阻止乙酰羟酸合成酶的作用，影响缬氨酸、亮氨酸、异亮氨酸的生物合成，破坏蛋白质，使植物生长受到抑制而死亡。

防治对象　花生、甘蔗田防除一年生杂草，如稗草、狗尾草、牛筋草、马唐、千金子、莎草、碎米莎草、香附子及苋、藜、蓼、龙葵、苍耳、空心链子草、胜红蓟、打碗花等阔叶杂草。

使用方法

（1）花生田　播后芽前或苗后早期，禾本科杂草 2.5～5 叶期，阔叶杂草 5～8cm 高，花生 1.5～2.0 复叶期，每亩用 240g/L 甲咪唑烟酸水剂 20～30mL，兑水45～60kg，土壤喷雾。

（2）甘蔗田　播后苗前或苗后，每亩用 240g/L 甲咪唑烟酸水剂 30～40mL（芽前土壤喷雾）或 20～30mL（苗后定向喷雾），兑水 45～60kg，土壤喷雾。

注意事项

（1）本品仅限于花生和小麦及甘蔗、花生轮作区使用。

（2）该药在土壤中的残效期较长，按推荐剂量使用后，合理安排后茬作物，间隔 4 个月可播种小麦；9 个月后可播种玉米、大豆、烟草；18 个月后可播种甜玉米、棉花、大麦；24 个月后可播种黄瓜、油菜、菠菜；36 个月后可播种香蕉、番薯。

（3）甘蔗苗后行间定向喷雾需使用保护罩，并在无风天谨慎施药。如不使用保护罩，大风等致使喷雾雾滴漂移到甘蔗苗，可能会产生药害。果蔗田慎用，或请教技术人员使用。

（4）偶尔，本品会引起花生或蔗苗轻微的褪绿或生长暂时受到抑制，但这些现象是暂时的，作物很快恢复正常生长，不会影响作物产量。

甲嘧磺隆 sulfometuron-methyl

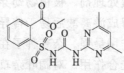

$C_{15}H_{16}N_4O_5S$，364.38

其他名称　森草净、傲杀、嘧磺隆。

主要剂型　10%、75%可湿性粉剂，75%水分散粒剂。

作用特点　内吸性除草剂，能抑制植物和根部生长端的细胞分裂，从而阻止植物生长，植物外表呈现显著的红紫色、失绿、坏死、叶脉失色和端芽死亡。

防治对象　针叶苗圃、非耕地及林地防除大多数一年生和多年生阔叶杂草、禾本科杂草及灌木。

使用方法

（1）针叶苗圃　杂草萌发后至整个生育期，每亩用 10%甲嘧磺隆可湿性粉剂70～140g，兑水 50～60kg，茎叶均匀喷雾。

（2）林地、非耕地、防火隔离带　杂草萌发后至整个生育期，每亩用10％甲嘧磺隆可湿性粉剂250～500g，兑水50～60kg，茎叶均匀喷雾。

（3）林地、非耕地、防火隔离带　灌木整个生育期，每亩用10％甲嘧磺隆可湿性粉剂700～2000g，兑水50～60kg，茎叶均匀喷雾。

注意事项

（1）用于非耕地一年生、多年生禾本科杂草与阔叶杂草，用于林业除草，不得用于农田除草。

（2）该药对门氏黄松、美国黄松等有药害，不能使用。

（3）不可直接用于湖泊、溪流和池塘。

（4）非耕地除草剂，农田禁用。不得以任何形式污染农田及水源。不可在临近雨季的时间用药，以免因连续降雨而将药剂冲刷到附近农田里而造成药害。杉木和落叶松对本品比较敏感，请谨慎使用，施药时应避免药液漂移到其他作物上，以免发生药害。

（5）采用专用喷雾器具及配药容器，施药后药械器具应充分清洗，洗涤废水及包装袋不得随意乱丢，用过的包装袋应及时集中处理。

甲羧除草醚 bifenox

$C_{14}H_9Cl_2NO_5$, 342.13

其他名称　茅毒、治草醚。

主要剂型　20％、24％、240g/L乳油，35％悬浮剂。

作用特点　触杀型芽前土壤处理剂。被植物幼芽吸收，根吸收很少。药剂在体内很难传导，但在植物体内水解成游离酸后易于传导。本药剂需光活化后才能发挥除草作用，对杂草幼芽的毒害作用最强。杂草种子在药层中或药层下发芽时接触药剂，其表皮组织遭破坏，抑制光合作用。对阔叶杂草的作用比禾本科杂草大。甲羧除草醚的选择性与其在植物体内的吸收、代谢差异有关。播后苗前处理后，药在玉米、大豆中只存在于接触土层的部位，很少传导；但敏感杂草的整个茎、叶和子叶中均有分布。此外，水稻降解甲羧除草醚的速度快，而稗草慢，这也是形成选择性的原因之一。

防治对象　姜、蒜、水稻、夏大豆、花生、苹果园中防除苍耳、龙葵、铁苋菜、狗尾草、野西瓜苗、反枝苋、马齿苋、鸭跖草、藜类等多种一年生杂草。

使用方法

（1）甘蔗　甘蔗芽前和芽后早期，每亩用240g/L甲羧除草醚乳油40～50mL，兑水30～40kg，土壤喷雾。

（2）生姜　生姜芽前，每亩用 240g/L 甲羧除草醚乳油 40～50mL，兑水 30～40kg，播后苗前土壤喷雾。

（3）大蒜　大蒜芽前，每亩用 240g/L 甲羧除草醚乳油 40～50mL，兑水 30～40kg，播后苗前土壤喷雾。沙质土用低剂量，壤质土、黏质土用较高剂量。地膜大蒜先播种，浅灌水，水干后施药再覆膜。

（4）水稻移栽田　水稻移栽后 5～7 天（东北地区水稻移栽后 3～5 天），水稻缓苗后，稗草 1 叶 1 心期前施药，每亩用 240g/L 甲羧除草醚乳油 15～20mL，拌细潮土 10～15kg，撒施，勿喷雾。药后保证水层在 3～4cm，需至少维持 5～6 天。特别注意：严禁大水淹没水稻心叶，水位切勿高过心叶部位。

（5）花生、棉花、夏大豆　播后苗前，每亩用 24％甲羧除草醚乳油 40～60mL，兑水 30～40kg，播后苗前土壤喷雾。

注意事项

（1）在大豆播前或播后苗前作土壤处理。

（2）此产品为触杀型，施药应均匀。

甲酰氨基嘧磺隆 foramsulfuron

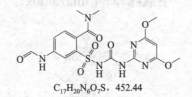

$C_{17}H_{20}N_6O_7S$，452.44

其他名称　康施它。

主要剂型　35％水分散粒剂。

作用特点　通过植物的茎叶吸收，经韧皮部和木质部传导，少量通过土壤吸收，抑制敏感植物体内的乙酰乳酸合成酶的活性，导致支链氨基酸的合成受阻，从而抑制细胞分裂，导致敏感植物死亡。

防治对象　玉米田苗后防除禾本科杂草和阔叶杂草，如稗草、马唐、狗尾草、谷莠子、金狗尾草、牛筋草、画眉草、黍、千金子、苋、藜、鸭跖草、刺儿菜、苣荬菜、龙葵、苍耳、苘麻、马齿苋、铁苋菜、葎草、田旋花、鲤肠、鬼针草、莲子草、牛膝菊、豨莶、莎草、自生麦苗、自生油菜等。

使用方法

（1）春玉米　玉米苗后 3～6 叶期，杂草 2～5 叶期间，刚出齐苗时，每亩用 35％甲酰氨基嘧磺隆水分散粒剂 9.5～11.4g，背负式喷雾器每亩对水 25～30kg，或拖拉机喷雾器每亩对水 7～20kg，对全田茎叶均匀喷雾处理。

（2）夏玉米　玉米苗后 3～6 叶期，杂草 2～5 叶期间，刚出齐苗时，每亩用 35％甲酰氨基嘧磺隆水分散粒剂 7.6～9.4g，背负式喷雾器每亩兑水 25～30kg，或拖拉机喷雾器每亩兑水 7～20kg，对全田茎叶均匀喷雾处理。

注意事项

（1）玉米整个生育期最多使用1次。

（2）严格按推荐的使用技术均匀施用，不得超范围使用。本剂仅限于在普通杂交玉米，即硬粒型、粉质型、马齿型和半马齿型杂交玉米上使用。施用后玉米幼苗可能出现暂时性白化和矮化现象，但一般1～3周左右消失，最终不影响产量。禁止在爆玉米、糯玉米（蜡质型）及各种类型的玉米自交系上使用；本剂对甜玉米敏感，施用后玉米幼苗会出现严重白化、扭曲和矮化，故不推荐使用。

（3）本剂无土壤除草活性，建议采用扇形喷头喷施，田间喷药量要均匀一致，严禁"草多处多喷"、重喷和漏喷。在推荐的施用时期内，杂草出齐苗后用药越早越好。

（4）本品对鱼等水生生物为中等毒性，应避免其污染地表水、鱼塘和沟渠等，其包装等污染物宜作焚烧处理，禁止他用。

（5）本品刺激皮肤和眼睛，应避免皮肤、眼睛和身体直接接触。施用时应戴防护镜、口罩和手套，穿防护服，并禁止饮食和吸烟；施用后应用肥皂和清水彻底清洗暴露在外的皮肤。

甲氧咪草烟 imazamox

$C_{15}H_{19}N_3O_4$，305.33

其他名称　金豆。

主要剂型　4%水剂。

作用特点　甲氧咪草烟为咪唑啉酮类除草剂品种，通过叶片吸收、传导并积累于分生组织，抑制AHAS的活性，导致支链氨基酸——缬氨酸、亮氨酸与异亮氨酸生物合成停止，干扰DNA合成及细胞有丝分裂与植物生长，最终造成植株死亡。

防治对象　大豆田防除多种禾本科及阔叶杂草，如野燕麦、稗草、狗尾草、马唐、碎米莎草、苋、藜、蓼、龙葵、苍耳、苘麻、荠菜、鸭跖草、豚草等。

使用方法　大豆田大豆播后早期，大豆真叶展开至复叶展开，稗草为2～4叶期，阔叶杂草为2～7cm高，每亩用4%甲氧咪草烟水剂75～83mL，兑水15～30kg，茎叶喷雾。

注意事项

（1）每季作物使用该药不超过一次；使用时加入2%硫酸铵或其他液体化肥效果更好；喷雾应均匀，避免重复喷药或超推荐剂量用药，勿与其他除草剂混配使用。

（2）该药在土壤中的残效期较长，按推荐剂量使用后合理安排后茬作物，间隔 4 个月可播种冬小麦、春小麦、大麦；12 个月后可播种玉米、棉花、谷子、向日葵、烟草、西瓜、马铃薯、移栽稻；18 个月后可播种甜菜、油菜（土壤 pH ≥ 6.2）。

精吡氟禾草灵 fluazifop-P-butyl

$C_{19}H_{20}F_3NO_4$，383.37

其他名称　精稳杀得。

主要剂型　15%、150g/L 乳油。

作用特点　稳杀得结构中丙酸的 α-碳原子为不对称碳原子，所以有 R-体和 S-体结构型两种光学异构体，其中 S-体没有除草活性。精稳杀得是除去了非活性部分的精制品（即 R-体）。用精稳杀得 15% 乳油和稳杀得 35% 乳油相同商品量时，其除草效果一致。

防治对象　阔叶作物田防除稗草、马唐、狗尾草、牛筋草、千金子、看麦娘、野燕麦等一年生禾本科杂草及芦苇、狗牙根、双穗雀稗等多年生禾本科杂草有很好效果。

使用方法

（1）大豆　大豆 2～4 叶期，一年生或者多年生禾本科杂草 3～5 叶期，每亩用 150g/L 精吡氟禾草灵乳油 50～67mL，兑水 30～40kg，茎叶喷雾。

（2）花生　花生 2～3 叶期，一年生或者多年生禾本科杂草 3～5 叶期，每亩用 150g/L 精吡氟禾草灵乳油 50～67mL，兑水 30～40kg，茎叶喷雾。

（3）棉花　一年生或者多年生禾本科杂草 3～5 叶期，每亩用 150g/L 精吡氟禾草灵乳油 33.3～67mL，兑水 30 ～ 50kg，茎叶喷雾。

（4）甜菜　一年生或者多年生禾本科杂草 3～5 叶期，每亩用 150g/L 精吡氟禾草灵乳油 50～67mL，兑水 30 ～ 50kg，茎叶喷雾。

（5）冬油菜　一年生禾本科杂草 3～5 叶期，每亩用 150g/L 精吡氟禾草灵乳油 40～67mL，兑水 30～50kg，茎叶喷雾。

注意事项

（1）在土地湿度较高时，除草效果较好，在高温干旱条件下施药，杂草茎叶未能充分吸收药剂，此时要用剂量的高限。

（2）单子叶草与阔叶杂草、莎草混生地块，应与阔叶杂草除草剂混用或先后使用；空气湿度和土地湿度较高时，有利于杂草对药剂的吸收、输导，药效容易发挥。高温干旱条件下施药，杂草茎叶不能充分吸收药剂，药效会受到一定程度的影响，此时应增加用药量。

（3）施药时应注意安全防护，以避免污染皮肤和眼睛，工作完毕后应洗澡和洗净污染的衣服。防除阔叶作物田禾本科杂草时，应防止药液漂移到禾本科作物上，以免发生药害。同时，使用过的器具应彻底清洗干净后，方可用于禾本科作物。该药仅能防除禾本科杂草，对阔叶杂草无效。

精噁唑禾草灵 fenoxaprop-P-ethyl

$C_{18}H_{16}ClNO_5$，361.78

其他名称　骠马、威霸灵。

主要剂型　6.9%、69g/L 水乳剂，100g/L 乳油。

作用特点　芳氧基苯氧基丙酸类除草剂，是脂肪酸合成抑制剂。通过植物的叶片吸收后输导到叶基、茎、根部，在禾本科植物体内抑制脂肪酸的生物合成，使植物生长点的生长受到阻碍，叶片内叶绿素含量降低，茎、叶组织中游离氨基酸及可溶性糖增加，植物正常的新陈代谢受到破坏，最终导致敏感植物死亡。在阔叶作物或阔叶杂草体内，很快被代谢。在土壤中很快被分解，对后茬作物无影响。

防治对象　双子叶作物如大豆、花生、油菜、棉花、甜菜、亚麻、马铃薯、蔬菜田及桑果园等田防除单子叶杂草。加入安全剂 Hoe070542 后适于小麦田防除禾本科杂草。

使用方法

（1）春小麦　春小麦起身拔节期前，一年生禾本科杂草，如野燕麦等 2 叶至分蘖末期，每亩用 69g/L 精噁唑禾草灵水乳剂 60～70mL，背负式喷雾器每亩兑水 25～30kg，或机械喷雾器每亩兑水 7～20kg，全田茎叶均匀喷雾。

（2）冬小麦　冬小麦起身拔节期前，一年生禾本科杂草，如看麦娘等杂草 2 叶至分蘖末期，每亩用 69g/L 精噁唑禾草灵水乳剂 50～60mL，背负式喷雾器每亩兑水 25～30kg，或机械喷雾器每亩兑水 7～20kg，全田茎叶均匀喷雾。

（3）大麦　大麦 3 叶至起身拔节始期，一年生禾本科杂草 2.5～6 叶期，每亩用 69g/L 精噁唑禾草灵水乳剂 50～60mL，背负式喷雾器每亩兑水 25～30kg，或机械喷雾器每亩兑水 7～20kg，全田茎叶均匀喷雾。

（4）大豆　大豆 2～3 片复叶，一年生禾本科杂草 3～5 叶期，每亩用 69g/L 精噁唑禾草灵水乳剂 50～70mL，背负式喷雾器每亩兑水 30～45kg，茎叶喷雾。

（5）棉花　棉花 3～5 片复叶期，一年生禾本科杂草 3～5 叶期，每亩用 69g/L 精噁唑禾草灵水乳剂 50～60mL，背负式喷雾器每亩兑水 30～45kg，茎叶喷雾。

（6）花生　一年生禾本科杂草 2～3 叶期，每亩用 100g/L 精噁唑禾草灵乳油 40～50mL，背负式喷雾器每亩兑水 20～30kg，茎叶喷雾。

注意事项

（1）威霸不含安全剂，不能用于麦田；骠马不能用于大麦或其他禾本科作物田。

（2）某些品种小麦入冬后使用骠马会出现叶片短时间叶色变淡现象。

（3）2,4-滴、二甲四氯对本剂有一定拮抗作用。低温、干旱时施用，杀草速度慢，但一般不影响最终防效。本制剂储藏后，常有分层现象，使用前用力摇匀后配制药液，不影响药效。使用时将本剂及其包装内冲洗液完全倒入装有少量清水的喷雾器内，混匀后，补足剩余水量后喷施。

（4）本剂无土壤除草活性，宜采用配有雾化性好的（扇形雾）细雾滴喷头的喷雾器恒速均匀喷雾，严禁"草多处多喷"，避免重喷或漏喷。

精喹禾灵 quizalofop-P-ethyl

$C_{19}H_{17}ClN_2O_4$，372.81

其他名称　精禾草克、盖草灵。

主要剂型　5％、8.8％、10％乳油。

作用特点　精喹禾灵是在合成禾草克的过程中去除了非活性的光学异构体（L-体）后的精制品。其作用机制、杀草谱与禾草克相似，通过杂草茎叶吸收，在植物体内向上和向下双向传导，积累在顶端及居间分生组织，抑制细胞脂肪酸合成，使杂草坏死。精喹禾灵是高选择性的新型旱田茎叶处理剂，在禾本科杂草和双子叶作物间有高度的选择性，对阔叶作物上的禾本科杂草有很好的防效。精禾草克与禾草克相比，提高了被植物吸收性和在植株内的移动性，所以作用速度更快，药效更加稳定，不易受雨水、气温及湿度等环境条件的影响，同时用药量减少，药效增加，对环境安全。

防治对象　大豆、棉花、油菜、甜菜、亚麻、番茄、甘蓝、苹果、葡萄及多种阔叶蔬菜作物地防治单子叶杂草，如稗草、牛筋草、马唐、狗尾草、看麦娘、画眉草等。

使用方法

（1）冬油菜、夏大豆　一年生禾本科杂草3～5叶期，每亩用5％精喹禾灵乳油60～70mL，兑水30～40kg，茎叶喷雾。

（2）春大豆　一年生禾本科杂草3～5叶期，每亩用5％精喹禾灵乳油70～100mL，兑水15～30kg，茎叶喷雾。

（3）西瓜、大白菜　一年生禾本科杂草3～5叶期，每亩用50g/L精喹禾灵乳油40～60mL，兑水15～30kg，茎叶喷雾。

（4）花生、棉花　一年生禾本科杂草 3～5 叶期，每亩用 50g/L 精喹禾灵乳油 50～80mL，兑水 15～30kg，茎叶喷雾。

（5）芝麻　一年生禾本科杂草 3～5 叶期，每亩用 50g/L 精喹禾灵乳油 50～60mL，兑水 15～30kg，茎叶喷雾。

注意事项

（1）最佳施药条件宜选择土壤墒性好，温度适宜（15～30℃），杂草生长旺盛期。温度 5℃时，或降雪条件下难以保证药效。

（2）不能用于小麦、玉米、水稻等禾本科作物田。用药时防止药液漂移到上述作物田。

（3）施药后，植株发黄，停止生长，施药后 5～7 天，嫩叶和节上初生组织变枯，最后植株枯死。

（4）在高温、干燥等异常气候条件下，有时在作物叶面会在局部出现接触性药斑，但以后长出的新叶发育正常，所以不影响后期生长。

精异丙甲草胺 S-metolachlor

$C_{15}H_{22}ClNO_2$，283.80

其他名称　甲氧毒草胺、莫多草、屠莠胺、稻乐思、毒禾草、都阿、杜耳、都尔、金都尔。

主要剂型　40%微胶囊悬浮剂，960g/L 乳油。

作用特点　一种广谱、低毒除草剂，主要通过植物的幼芽即单子叶植物的胚芽鞘、双子叶植物的下胚轴吸收向上传导，种子和根也吸收传导，但吸收量较小，传导速度慢。出苗后主要靠根吸收向上传导，抑制幼芽与根的生长。敏感杂草在发芽后出土前或刚刚出土即中毒死亡，表现为芽鞘紧包着生长点，稍变粗，胚根细而弯曲，无须根，生长点逐渐变褐色、黑色烂掉。如果土壤墒情好，杂草被杀死在幼苗期；如果土壤水分少，杂草出土后随着降雨土壤湿度增加，杂草吸收异丙甲草胺，禾本科草心叶扭曲、萎缩，其他叶皱缩后整株枯死。阔叶杂草叶皱缩变黄整株枯死。因此施药应在杂草发芽前进行。作用机制为通过阻碍蛋白质的合成而抑制细胞生长。

防治对象　适用于作物播后苗前或移栽前土壤处理，可防除一年生禾本科杂草、部分双子叶杂草和一年生莎草科杂草，如稗草、马唐、臂形草、牛筋草、狗尾草、异型莎草、碎米莎草、荠菜、苋、鸭跖草及蓼等。

使用方法

（1）菜豆　菜豆播后苗前，每亩用 960g/L 精异丙甲草胺乳油 65～85mL（东北地区）或 50～65mL（其他地区），兑水 40～50kg，土壤喷雾，防除一年生禾本科杂草和部分阔叶杂草。

（2）大豆　大豆播后苗前，每亩用 960g/L 精异丙甲草胺乳油 80～120mL（春大豆）或 60～85mL（夏大豆），兑水 40～50kg，土壤喷雾，防除一年生禾本科草和部分阔叶杂草。

（3）玉米　玉米播后苗前，每亩用 960g/L 精异丙甲草胺乳油 150～180mL（春玉米）或 60～85mL（夏玉米），兑水 40～50kg，土壤喷雾，防除一年生禾本科杂草和部分阔叶杂草。

（4）大蒜　大蒜播后苗前，每亩用 960g/L 精异丙甲草胺乳油 50～65mL，兑水 40～50kg，土壤喷雾，防除一年生禾本科杂草和部分阔叶杂草。

（5）冬油菜　冬油菜移栽前，每亩用 960g/L 精异丙甲草胺乳油 45～60mL，兑水 40～50kg，土壤喷雾，防除一年生禾本科杂草和部分阔叶杂草。

（6）番茄　番茄移栽前，每亩用 960g/L 精异丙甲草胺乳油 65～85mL（东北地区）或 50～65mL（其他地区），兑水 40～50kg，土壤喷雾，防除一年生禾本科杂草和部分阔叶杂草。

（7）甘蓝　甘蓝移栽前，每亩用 960g/L 精异丙甲草胺乳油 45～55mL，兑水 40～50kg，土壤喷雾，防除一年生禾本科杂草和部分阔叶杂草。

（8）马铃薯　马铃薯播后苗前，每亩用 960g/L 精异丙甲草胺乳油 100～130mL（东北地区）或 50～65mL（其他地区），兑水 40～50kg，土壤喷雾，防除一年生禾本科杂草和部分阔叶杂草。

（9）棉花　棉花播后苗前，每亩用 960g/L 精异丙甲草胺乳油 60～100mL，兑水 40～50kg，土壤喷雾，防除一年生禾本科杂草和部分阔叶杂草。

（10）甜菜　甜菜播后苗前，每亩用 960g/L 精异丙甲草胺乳油 75～90mL，兑水 40～50kg，土壤喷雾，防除一年生禾本科杂草和部分阔叶杂草。

（11）西瓜　西瓜移栽前，每亩用 960g/L 精异丙甲草胺乳油 45～65mL，兑水 40～50kg，土壤喷雾，防除一年生禾本科杂草和部分阔叶杂草。

（12）向日葵　向日葵播后苗前，每亩用 960g/L 精异丙甲草胺乳油 100～130mL，兑水 40～50kg，土壤喷雾，防除一年生禾本科杂草和部分阔叶杂草。

（13）烟草　烟草移栽前，每亩用 960g/L 精异丙甲草胺乳油 40～75mL，兑水 40～50kg，土壤喷雾，防除一年生禾本科杂草和部分阔叶杂草。

（14）芝麻　芝麻播后苗前，每亩用 960g/L 精异丙甲草胺乳油 50～65mL，兑水 40～50kg，土壤喷雾，防除一年生禾本科杂草和部分阔叶杂草。

注意事项

（1）在质地黏重的土壤上施用时，使用高剂量；在疏松的土壤上施用时，使用低剂量。

（2）该药剂在低洼地或沙壤土使用时，如遇雨，容易发生淋溶药害，需慎用。

（3）请勿在水旱轮作栽培的西瓜田和小拱棚使用本品。

（4）不得用于水稻秧田和直播田，不得随意加大用药量。

（5）请按照农药安全使用准则用药，避免药液接触皮肤、眼睛和污染衣物，避免吸入雾滴。切勿在施药现场吸烟或饮食。在饮水、进食或抽烟前，应先洗手、洗脸。

（6）本品对鱼、藻类和水蚤有毒，应避免污染水源。禁止在河塘等水体清洗施药器具，远离水产养殖区、河塘等水体施药。

克草胺 ethachlor

C$_{13}$H$_{18}$ClNO$_2$，255.74

其他名称　*N*-（2-乙基）苯基-*N*-（乙氧基甲基)-2-氯乙酰胺。

主要剂型　47%乳油。

作用特点　选择性芽前土壤处理除草剂，通过萌发杂草的芽鞘、幼芽吸收而发挥杀草作用。

防治对象　用于水稻插秧田防除稗草、鸭舌草、牛毛草等，对某些莎草有一定抑制作用，也可用于覆膜或有灌溉条件的花生、棉花、芝麻、玉米、大豆、油菜、马铃薯及十字花科、茄科、豆科、菊科、伞形花科多种蔬菜，防除稗草、马唐、狗尾草、普通苋、马齿苋、灰菜等一年生单子叶和部分阔叶杂草。

使用方法

（1）水稻移栽田　北方移栽后5～7天，南方移栽后3～6天，每亩用47%克草胺乳油75～100g（东北地区）或50～75mL（其他地区），拌细潮土10～20kg，撒施，防除一年生禾本科杂草和部分阔叶杂草。药后保水2～3cm，5～7天后恢复正常田间管理。

（2）玉米　玉米播后苗前，47%克草胺乳油200～300g（春玉米，东北地区）或120～150g（夏玉米，其他地区），兑水40～60kg，土壤喷雾，防除一年生禾本科杂草和部分阔叶杂草。

注意事项

（1）本品在玉米田封闭处理时除草效果与杂草出土前后土壤湿度相关，土壤干旱时应适当加大兑水量。

（2）水稻田应严格掌握适期和药量，施药时要撒施均匀，药后如遇大雨水层增高，淹没心叶易产生药害，要注意排水。

（3）不宜在水稻秧田、直播田及小苗弱苗和漏水移栽田使用。

（4）克草胺在水稻田降解，降解速度较快，半衰期为1天左右，在土壤中半衰期为10天左右，属易降解型农药，无茬残留影响。

喹禾灵 quizalofop-ethyl

$C_{19}H_{17}ClN_2O_4$，372.81

其他名称　禾草克。

主要剂型　5％高渗乳油、10％乳油。

作用特点　选择性内吸传导型茎叶处理剂。在禾本科杂草与双子叶作物间有高度选择性，茎叶可在几个小时内完成对药剂的吸收作用，向植物体内上部和下部移动。一年生杂草在24h内药剂可传遍全株，主要积累在顶端及居间分生组织中，使其坏死。一年生杂草受药后，2～3天新叶变黄，生长停止，4～7天茎叶呈坏死状，10天内整株枯死；多年生杂草受药后能迅速向地下根茎组织传导，使其节间和生长点受到破坏，失去再生能力。

防治对象　大豆、棉花、油菜、甜菜、亚麻、番茄、甘蓝、苹果、葡萄及多种阔叶蔬菜作物地防除单子叶杂草，如稗草、牛筋草、马唐、狗尾草、看麦娘、画眉草等。

使用方法

（1）夏大豆　一年生禾本科杂草3～5叶期，每亩用10％喹禾灵乳油67～100mL，兑水30～40kg，茎叶喷雾。

（2）棉花、油菜　一年生禾本科杂草3～5叶期，每亩用10％喹禾灵乳油60～100mL，兑水30～50kg，茎叶喷雾。

注意事项

（1）在干旱条件下使用，某些作物如大豆会出现轻微药害，干旱及杂草生长缓慢情况下，应适当提高用药量。

（2）禾草克抗雨淋性能好，施药后1～2h内下雨，对药效影响较小。

利谷隆 linuron

$C_9H_{10}Cl_2N_2O_2$，249.09

其他名称　1-甲氧基-1-甲基-3-(3,4-二氯苯基) 脲、直西龙。

主要剂型　50％可湿性粉剂。

作用特点　利谷隆为取代脲类光合作用除草剂，具有内吸传导和触杀作用。选择性芽前、芽后除草剂。遇酸、碱、在潮湿土壤中或在高温下都会分解。主要通过杂草的根部吸收，也可被叶片吸收。

防治对象　玉米田防除一年生杂草，如马唐、狗尾草、稗草、野燕麦、藜、苋、苍耳、马齿苋、苘麻、猪殃殃、蓼等。

使用方法

（1）春玉米　播后苗前，每亩用50％利谷隆可湿性粉剂200～250g，兑水40～60kg，土壤均匀喷雾，防除一年生杂草。

（2）夏玉米　播后苗前，每亩用50％利谷隆可湿性粉剂150～225g，兑水40～60kg，土壤均匀喷雾，防除一年生杂草。

注意事项

（1）土壤有机质含量低于1％或高于5％的田块不宜使用该药，沙性重、雨水多的地区不宜使用。

（2）药后15天内不下雨，应进行浅混土，混土深度为1～2cm，以保证药效。

（3）利谷隆对甜菜、向日葵、黄瓜、甜瓜、南瓜、甘蓝、莴苣、萝卜、茄子、辣椒、烟草等敏感，在这些作物田不能使用，喷药时禁止药液漂移到这些作物上。

绿麦隆 chlortoluron

$C_{10}H_{13}ClN_2O$, 212.68

其他名称　3-对-异丙苯基-1,1-二甲基脲。

主要剂型　25％可湿性粉剂。

作用特点　通过植物的根系吸收，并有叶面触杀作用，属于植物光合作用电子传递抑制剂。施药后3天杂草表现出中毒症状，干扰和破坏杂草的光合作用，影响叶绿素的形成，叶片绿色减退，叶尖和叶心相继变黄，植株逐渐干枯死亡，对多种禾本科及阔叶杂草有效。

防治对象　小麦田、大麦田、玉米田防除一年生杂草，但对田旋花、问荆、锦葵等杂草无效。

使用方法

（1）小麦　播种后出苗前或者小麦苗后2～3叶期前，每亩用25％绿麦隆可湿性粉剂160～400g（南方）或400～800g（北方），兑水50～60kg，播后苗前或苗期喷雾，防除一年生杂草。

（2）大麦　播种后出苗前或者大麦苗后2～3叶期前，每亩用25％绿麦隆可湿性粉剂160～400g（南方）或400～800g（北方），兑水50～60kg，播后苗前或苗期喷雾，防除一年生杂草。

（3）玉米　播种后出苗前或者玉米苗后2～3叶期前，每亩用25％绿麦隆可湿性粉剂160～400g（南方）或400～800g（北方），兑水50～60kg，播后苗前或苗期喷雾，防除一年生杂草。

注意事项

（1）绿麦隆的用量应根据土质要求，以每亩用 25％绿麦隆可湿性粉剂 150～300g 为宜，不超过 300g，防止残留对后茬作物造成药害。

（2）绿麦隆的药效与气温及土壤湿度关系密切，干旱及气温在 10℃以下不利于药效的发挥。土壤湿润可提高防效，干旱时可灌水造墒或抢在雨前雨后施药。

（3）水稻田禁止使用绿麦隆。对小麦、大麦、青稞基本安全。油菜、蚕豆、豌豆、红花、苜蓿等作物敏感不能使用。

氯氨吡啶酸 aminopyralid

$C_6H_4Cl_2N_2O_2$，207.01

其他名称　迈士通。

主要剂型　21％水剂。

作用特点　合成激素型除草剂（植物生长调节剂），通过植物叶和根迅速吸收，在敏感植物体内诱导产生偏上性（如刺激细胞伸长和衰老，尤其在分生组织区表现明显），最终引起植物生长停滞并迅速死亡。

防治对象　草原和草场防除橐吾、乌头、棘豆属及蓟属等有毒有害阔叶杂草。

使用方法　草原牧场（禾本科）阔叶杂草出苗后至生长旺盛期，每亩用 21％氯氨吡啶酸水剂 25～35mL，兑水 30～40kg，茎叶处理。

注意事项

（1）严格按推荐剂量、时期和方法施用，喷雾时应恒速、均匀，避免超范围施用。

（2）在推荐的施用时期范围内，原则上阔叶杂草出齐后至生长旺盛期均可用药，杂草出齐后，用药越早，效果越好。如草场混生牛羊等牲畜喜食的阔叶草，如三叶草及苜蓿等，建议对有害杂草进行点喷。

（3）不得直接施用于或漂移至邻近阔叶作物，避免产生药害。

（4）用过的药械应清洗干净，避免残留药剂对其他敏感作物产生药害。

（5）牛羊取食氯氨吡啶酸处理过的牧草或干草后，氯氨吡啶酸会被牛羊通过粪便中排出体外。这些粪便由于含有未降解的氯氨吡啶酸，不可以用作敏感阔叶作物的肥料，否则会产生药害。也不可以收集后用作销售，以防止通过其他途径流入阔叶作物田。应该把牛羊粪便留在牧场上自然降解或者用作禾本科牧草和小麦、玉米等禾本科作物的肥料。氯氨吡啶酸处理过的牧草干草，不可用于覆盖种植阔叶作物的农田或者花园，不可作为阔叶作物的栽培基质。

（6）用氯氨吡啶酸喷雾处理后的草场，牧草叶片药液干后即可放牧。

（7）氯氨吡啶酸对垂穗披碱草、高山蒿草、线叶蒿草等有轻微药害。对蒲公英、风毛菊、冷蒿有中等药害。阔叶牧草为主的草原牧草区域慎用。

氯吡嘧磺隆 halosulfuron-methyl

$C_{13}H_{15}ClN_6O_7S$，434.81

其他名称　草枯星。

主要剂型　75%水分散粒剂。

作用特点　磺酰脲类除草剂，选择性内吸传导型除草剂。有效成分可在水中迅速扩散，被杂草根部和叶片吸收转移到杂草各部分，抑制支链氨基酸的生物合成，阻止细胞的分裂和生长。敏感杂草生长机能受阻，幼嫩组织过早发黄抑制叶部生长，阻碍根部生长而坏死。

防治对象　番茄、玉米田防除阔叶杂草及莎草科杂草。

使用方法

（1）番茄　番茄移栽前1天，杂草2～4叶期，每亩用75%氯吡嘧磺隆水分散粒剂6～8g，兑水30～45kg，对土壤进行均匀喷雾。

（2）夏玉米　玉米苗后3～5叶期，杂草的3～5叶期，最佳时期4～5叶期，每亩用75%氯吡嘧磺隆水分散粒剂3～4g，兑水30～45kg。对玉米田部分常见阔叶杂草及香附子等莎草科杂草有较高的除草活性，并对大部分玉米品种安全。作为玉米田除草剂应同解毒剂MON13900一起使用。

注意事项

（1）施药时注意药量准确，做到均匀喷洒，尽量在无风无雨时施药，避免雾滴漂移，危害周围作物。

（2）包装容器不可挪作他用或随便丢弃。施药后药械应彻底清洗，剩余的药液和洗刷施药用具的水，不要倒入田间、河流。

（3）在玉米田使用，不推荐苗后与2,4-滴、二甲四氯等除草剂混用。

（4）氯吡嘧磺隆见效时间比较慢，至少要20天以上杂草地上部分才能完全干枯死亡。

氯氟吡氧乙酸 fluroxypyr

$C_7H_5Cl_2FN_2O_3$，255.03

其他名称 使它隆、氟草定。

主要剂型 200g/L、288g/L异辛酯乳油。

作用特点 内吸传导型苗后除草剂。药后很快被植物吸收，使敏感植物出现典型激素类除草剂的反应，植株畸形、扭曲。在耐药性植物如小麦体内，氯氟吡氧乙酸可结合成轭合物失去毒性，从而具有选择性。温度对其除草的最终效果无影响，但影响其药效发挥的速度。一般在温度低时药效发挥较慢，可使植物中毒后停止生长，但不立即死亡；气温升高后植物很快死亡。在土壤中淋溶不显著，大部分分布在0～10cm表土层中，有氧的条件下，在土壤微生物的作用下很快降解成2-吡啶醇等无毒物，在土壤中半衰期较短，不会对下茬阔叶作物产生影响。

防治对象 小麦、大麦、玉米、葡萄、果园、牧场、林地、草坪等防除阔叶杂草，如猪殃殃、卷茎蓼、马齿苋、龙葵、田旋花、蓼、苋等，对禾本科杂草无效。

使用方法

（1）冬小麦 小麦3叶期至拔节期前，阔叶杂草2～4叶期，每亩用200g/L氯氟吡氧乙酸乳油42～49mL，兑水30～40kg，茎叶喷雾。

（2）水稻畦畔 每亩用288g/L氯氟吡氧乙酸异辛酯乳油50～60mL，兑水30～40kg，茎叶喷雾，防除空心莲子草（水花生）。

（3）玉米田 阔叶杂草2～5叶期，每亩用288g/L氯氟吡氧乙酸异辛酯乳油50～70mL，兑水30～40kg，茎叶喷雾。

注意事项

（1）果园和葡萄园施药时，应避免将药液直接喷到树叶上，尽量采用低压喷雾，在葡萄园施药可用保护罩进行定向喷雾。

（2）使用过的喷雾器，应清洗干净，方可用于阔叶作物喷其他的农药。

（3）施药时应注意安全防护。

（4）本品对鱼类有害。

（5）本品为易燃品，应放在远离火源的地方。

氯磺隆 chlorsulfuron

$C_{12}H_{12}ClN_5O_4S$, 357.77

其他名称 绿磺隆、嗪磺隆。

主要剂型 25％可湿性粉剂，75％水分散粒剂。

作用特点 选择性内吸除草剂，通过叶面和根部吸收并迅速传导到顶端和基部，抑制敏感植物根基部和顶芽细胞的分化和生长，阻碍支链氨基酸的合成，在非敏感植物体内迅速代谢为无活性物质。

防治对象 小麦田防除阔叶草和部分一年生禾本科杂草,可在播前、苗前、苗后单独使用。对甘蔗、啤酒花敏感。

使用方法 麦稻轮作区,在中性或酸性的农田,入冬前,小麦播后苗前或苗后早期、杂草2～3叶期,每亩用25%甲磺隆可湿性粉剂2～2.4g,兑水50～60kg,茎叶均匀喷雾。

注意事项

(1) 限于长江流域麦稻轮作区,土壤为中性、酸性的麦田使用。旱地应慎用,碱性土壤禁用。

(2) 该药活性高,对后茬作物大豆、棉花有影响;对甜菜、玉米、油菜、菜豆、豌豆、芹菜、洋葱、棉花、辣椒、胡萝卜、苜蓿作物有药害。该药残留期长,不应在麦套玉米、棉花、烟草等敏感作物田使用。

(3) 为了减少残留累计药害,在推荐剂量下,提倡与适量绿麦隆、骠马、2,4-D丁酯、异丙隆、野燕枯等除草剂混用。药剂混合时一定要均匀,现混现用。

(4) 后茬只能种植移栽水稻,不能种植其他作物。

氯嘧磺隆 chlorimuron-ethyl

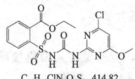

C₁₅H₁₅ClN₄O₆S, 414.82

其他名称 豆磺隆、豆威、氯嗪磺隆、乙氯隆。

主要剂型 25%可湿性粉剂、25%水分散粒剂。

作用特点 选择性芽前、芽后除草剂,可被植物根、茎、叶吸收,在植物体内进行上下传导,在生长旺盛的分生组织细胞发挥除草作用。具有高活性、广谱、高效、用药量低,对人畜安全等特点。

防治对象 旱地大豆田防除反枝苋、铁苋菜、马齿苋、鲤肠等阔叶杂草和碎米莎草、香附子等莎草科杂草。

使用方法 大豆1～3片复叶完全展开时,杂草3叶期前,每亩用25%氯嘧磺隆可湿性粉剂3～5g,兑水30kg,茎叶均匀喷雾;大豆播后苗前,杂草3叶期前,每亩用25%氯嘧磺隆可湿性粉剂5～7.5g,兑水30～40kg,土壤喷雾。

注意事项

(1) 氯嘧磺隆仅适用于旱地大豆田,不同大豆品种使用前要进行试验。

(2) 施药后不要翻土压泥,以免破坏药层。

(3) 用药后后茬作物不宜种植麦类、高粱、玉米、棉花、水稻、苜蓿。不可直接用于湖泊、溪流和池塘。

(4) 低洼易涝、盐碱地、土壤pH>7的田块不能使用该药,土壤有机质超过

6%不宜进行土壤处理，多雨或持续低温（10℃以下）、持续高温（30℃以上）不宜使用该药。

氯酰草膦 clacyfos

$C_{12}H_{15}Cl_2O_6P$，357.12

其他名称 HW-02。

主要剂型 30%乳油。

作用特点 丙酮酸脱氢酶系抑制剂，选择性激素型除草剂，具有较强的内吸传导性。对禾本科作物安全，对阔叶杂草防效优异。在玉米和土壤中消解速度快，易降解，在土壤中和鲜植株中的半衰期均小于 0.4 天；在收获期玉米籽粒和土壤中的残留量均低于检出极限，对后茬作物无影响。

防治对象 草坪防除反枝苋、铁苋菜、苘麻、藜、蓼、马齿苋、繁缕、苦荬菜、苍耳等一年生阔叶杂草。

使用方法 在草坪（高羊茅）上使用，阔叶杂草 2～6 叶期，每亩用 30%氯酰草膦乳油 90～120g，兑水 30～40kg，茎叶处理。

注意事项

（1）严格按施药方法用药，应在无风天施药，避免药液漂移到阔叶作物、树木上造成药害。

（2）杂草草龄大及干旱气候条件下，用推荐剂量上限。

（3）使用本药剂的喷雾器及其他器具必须专用，不能在棉花等敏感作物施药用。

氯酯磺草胺 cloransulam-methyl

$C_{15}H_{13}ClFN_5O_5S$，429.81

其他名称 豆杰。

主要剂型 84%水分散粒剂。

作用特点 选择性磺酰胺类除草剂。通过根、叶吸收，并在木质部和韧皮内传导，积累于植物分生组织内，阻止乙酰羟酸合成酶的作用，影响缬氨酸、亮氨酸、异亮氨酸的生物合成，破坏蛋白质，使植物生长受到抑制而死亡。

防治对象 春大豆田防除鸭跖草、红蓼、本氏蓼、苍耳、苘麻、豚草、苣荬菜、刺儿菜等阔叶杂草。

使用方法 春大豆田在春大豆第一片三出复叶后，鸭跖草3~5叶期，每亩用84％氯酯磺草胺水分散粒剂2~2.5g，兑水15~30kg，茎叶喷雾。

注意事项

（1）本品仅限于黑龙江、内蒙古地区一年一茬的春大豆使用，正常推荐剂量下第二年可以安全种植小麦、水稻、玉米（甜玉米除外）、杂豆、马铃薯。

（2）用药后所有药械必须彻底洗净，以免对其他敏感作物产生药害。

（3）施药后大豆叶片可能出现暂时轻微褪色，很快恢复正常，不影响产量。对甜菜、向日葵、马铃薯（12个月）敏感，后茬种植此类敏感作物需慎重。种植油菜、亚麻、甜菜、向日葵、烟草等十字花科蔬菜等，安全间隔期需24个月以上。

咪唑喹啉酸 imazaquin

$C_{17}H_{17}N_3O_3$，311.34

其他名称 灭草喹。

主要剂型 5％、10％水剂。

作用特点 属咪唑啉酮类化合物，内吸传导型选择性芽前及早期苗后除草剂。通过根、叶吸收，并在木质部和韧皮内传导，积累于植物分生组织内，阻止乙酰羟酸合成酶的作用，影响缬氨酸、亮氨酸、异亮氨酸的生物合成，破坏蛋白质，使植物生长受抑制而死亡。

防治对象 防治大田中的阔叶杂草，如苘麻、刺苞菊、苋菜、藜、猩猩草、春蓼、马齿苋、黄花稔、苍耳等，禾本科杂草，如臂形草、马唐、野黍、狗尾草、止血马唐、西米稗、蟋蟀草等，以及其他杂草如鸭跖草、铁荸荠。

使用方法 春大豆田在大豆1~2复叶，杂草2~3叶期，每亩用10％咪唑喹啉酸水剂75~100mL，兑水30~50kg，茎叶喷雾处理。

注意事项

（1）施药喷洒要均匀周到，不宜飞机喷洒，地面喷药应注意风向、风速，以免药液漂移对敏感作物造成危害。

（2）土壤墒情好有利于药效的发挥，不能在杂草四叶期后施用。

（3）为保证安全，应先试验，后推广，在当地农技部门指导下使用。

（4）本品在土壤中的残效期较长，使用本品三年内不能种植以下作物：白菜、油菜、黄瓜、马铃薯、茄子、辣椒、番茄、甜菜、西瓜、高粱、水稻等。

咪唑烟酸 imazapyr

$$C_{13}H_{15}N_3O_3, \quad 261.28$$

其他名称 阿森呐。

主要剂型 25％水剂，70％可溶粉剂，70％可湿性粉剂。

作用特点 灭生性除草剂。通过根、叶吸收，并在木质部和韧皮内传导，积累于植物分生组织内，阻止乙酰羟酸合成酶的作用，影响缬氨酸、亮氨酸、异亮氨酸的生物合成，破坏蛋白质，使植物生长受到抑制而死亡。

防治对象 在非耕地，如铁路、公路、高速公路、管道、木材场、露天储油罐、露天仓库、泵站、围栏、水渠、森地、军事基地、港湾、海、河岸及其他地区防除一年生和多年生禾本科杂草、阔叶杂草、莎草等。

使用方法 在非耕地杂草出苗后或杂草萌芽期，每亩用 25％咪唑烟酸水剂 200～400mL，兑水 50～60kg，土壤喷雾或茎叶处理。当杂草密度较高或需达到长持效处理结果时，使用高剂量。

注意事项

（1）施药、倒灌及冲洗施药器械的废水不能排入河流、池塘等水源及其他场所。

（2）不要在雨雾或大风气候田间下施药，不要用此药剂处理作物旁边的垄沟等区域，防止药剂漂移到敏感植物上。

（3）不要施药于作为灌溉水的水渠，操作时避免污染水源、溪流、水渠等。不要施药于那些有可能流入农田的水体，以避免引起药害。

咪唑乙烟酸 imazethapyr

$$C_{15}H_{19}N_3O_3, \quad 289.34$$

其他名称 普杀特、咪草烟、普施特。

主要剂型 50g/L、5％、10％、15％、20％水剂，70％可溶粉剂，70％可湿性粉剂。

作用特点 选择性芽前及早期苗后除草剂。通过根、叶吸收，并在木质部和韧皮内传导，积累于植物分生组织内，抑制乙酰羟酸合成酶的作用，影响缬氨酸、亮氨酸、异亮氨酸的生物合成，破坏蛋白质，使植物生长受到抑制而死亡。

防治对象　大豆、苜蓿田防除一年生杂草，如稗草、狗尾草、马唐、千金子、莎草、碎米莎草、异型莎草及苋、藜、蓼、龙葵、苍耳、苘麻、野西瓜苗、豚草等阔叶杂草。

使用方法　大豆田在播前混土、播后苗前及苗后早期，每亩用 50g/L 咪唑乙烟酸水剂 100～134mL，兑水 15～30kg，土壤喷雾。

注意事项

（1）本药施药初期对大豆生长有明显抑制作用，但能很快恢复。

（2）低洼田块、酸性土壤慎用，该药在土壤中的残效期较长，对药敏感的作物如白菜、油菜、黄瓜、马铃薯、茄子、辣椒、番茄、甜菜、西瓜、高粱等均不能在施用咪唑乙烟酸三年内种植。如按推荐剂量处理，后茬可种春小麦、大豆或玉米。

（3）咪唑乙烟酸适用于所有种植苜蓿的地区及东北三省、内蒙古种植大豆的地区。

（4）播前混土：大豆播种前施药，药后混土 3～5cm 或秋施，秋施前应整地精细，施药均匀周到，之后混土要彻底。苗后早期：大部分杂草在 3 叶期以前或植株小于 5cm 时施药，宜早不宜晚。播后苗前：施药前整平土地，不要有土块及残株，大豆播后出苗前施药。

醚苯磺隆 triasulfuron

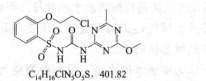

$C_{14}H_{16}ClN_5O_5S$, 401.82

其他名称　琥珀、琥珀色。

主要剂型　10％可湿性粉剂、75％水分散粒剂。

作用特点　醚苯磺隆是磺酰脲类除草剂，属于内吸性除草剂，通过杂草的根、叶吸收，迅速传导到分生组织，抑制侧链氨基酸的生物合成，发挥杀草作用。在小麦播后芽前土壤处理或小麦生长前期茎叶喷雾，而芽后茎叶喷雾的除草效果更好。

防治对象　小麦田防除一年生阔叶杂草，如猪殃殃、荠菜、苋菜、苣荬菜独行菜等，对猪殃殃有特效。

使用方法　小麦播后苗前，杂草 2～5 叶期，每亩用 75％醚苯磺隆水分散粒剂 1.5～2g，兑水 30～40kg，茎叶处理。

注意事项

（1）禾谷类作物如小麦、大麦和燕麦等，因醚苯磺隆在体内迅速代谢为无害物，故对禾谷类作物安全，对后茬作物如玉米安全。

（2）对水生生物有极高毒性，可能对水体环境产生长期不良影响。

醚磺隆 cinosulfuron

$$C_{15}H_{19}N_5O_7S, \ 413.41$$

其他名称 莎多伏、甲醚磺隆。

主要剂型 10%可湿性粉剂。

作用特点 通过根部和茎部吸收，由输导组织传送到分生组织，抑制支链氨基酸（如丝氨酸、异亮氨酸）的生物合成。用药后杂草不会立即死亡，但停止生长，5～10天后植株开始黄化，枯萎死亡。在水稻体内，水稻能通过脲桥断裂、甲氧基水解、脱氨甲基及苯酚水解后与蔗糖轭合等途径，最后代谢成无毒物，在水稻根中半衰期小于1天，在水稻叶子中半衰期为3天，所以对水稻安全。

防治对象 水稻移栽田防除一年生阔叶杂草及莎草科杂草，如泽泻、莎草、苹、眼子菜、慈姑、鸭舌草等，对稗草和千金子等无效。

使用方法 水稻移栽田 水稻移栽后4～10天内，每亩用10%醚磺隆可湿性粉剂12～20g，拌细土7～15kg，撒施。施药前后田间应保持2～4cm的浅水层，药后保水5～7天。

注意事项

（1）主要用于水稻芽前、早期芽后除草，适用于插秧田、直播田。

（2）由于醚磺隆水溶性大（3.7g/L水），在漏水田中，可能会随水集中到水稻根区从而对水稻造成药害。

嘧苯胺磺隆 orthosulfamuron

$$C_{16}H_{20}N_6O_6S, \ 424.43$$

其他名称 意莎得、科聚亚。

主要剂型 50%水分散粒剂。

作用特点 胺磺酰脲类除草剂，不同于磺酰脲类除草剂，通过抑制杂草乙酸乳酸合成酶，造成杂草细胞分裂停止，随后杂草整株枯死。

防治对象 水稻田防除大多数一年生和多年生阔叶杂草、莎草及低龄稗草。

使用方法 水稻插秧后5～7天，每亩用50%嘧苯胺磺隆水分散粒剂8～10g，兑水25～30kg，茎叶喷雾；或用少量水溶解后，混拌7～15kg干沙土，然后均匀撒施到待施药区的本田水层中，药后保持 3～5cm 水层 5～7 天。

注意事项

（1）本品对低龄杂草防治效果明显，在水稻生长前期使用。每季作物最多使用 1 次。

（2）在南方稻田使用存在一定程度抑制和失绿，两周后可恢复。

（3）使用时沿包装切口撕开倒入盛有一定水的容器中分散，然后拌干土或细沙撒施，或兑水喷雾。用过的包装物直接焚烧或深埋。不要将剩余的药剂或洗涤药械的水放到池塘、河流等水体中。

（4）施药期间注意防止田间漏水或大水漫灌。作物在长势较弱或长期处在逆境条件下避免施药。

嘧草硫醚 pyrithiobac-sodium

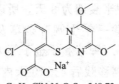

$C_{13}H_{10}ClN_2NaO_4S$，348.73

其他名称 嘧硫草醚。

主要剂型 10% 水剂。

作用特点 乙酰乳酸合成酶（ALS）抑制剂，阻碍支链氨基酸的生物合成，抑制植物分生组织生长，从而杀死杂草。

防治对象 棉花田防除一年生、多年生禾本科杂草和大多数阔叶杂草，对难除杂草如牵牛、苍耳、刺黄花稔、天菁、苘麻、阿拉伯高粱等有很好的防除效果。

使用方法 棉花播后出苗前，杂草 2～4 叶期，每亩用 10% 嘧草硫醚水剂 50～70g，兑水 30～40kg，土壤喷雾。棉花 1～2 复叶期，杂草 2～4 叶期，每亩用 10% 嘧草硫醚水剂 10～20g，兑水 30～40kg，茎叶喷雾。

注意事项 嘧草硫醚土壤处理对棉花的安全性与土质有关，沙土地棉花的病害株率增加，但是对棉花产量没有影响；茎叶处理对棉花有触杀性药害，药后 90 天，药害症状不明显，对产量没有影响。

嘧草醚 pyriminobac-methyl

$C_{17}H_{19}N_3O_6$，361.35

其他名称　必利必能。

主要剂型　10％可湿性粉剂。

作用特点　嘧啶类内吸传导选择性除草剂，通过抑制乙酰乳酸合成酶的合成阻碍支链氨基酸的生物合成，使植物细胞停止分裂直至死亡，持效期可达 45 天。

防治对象　水稻田防除稗草（苗前至 4 叶期的稗草）。

使用方法

（1）水稻直播田　水稻直播后稗草 1～4 叶期，最好是有水状态下稗草 3 叶前，每亩用 10％嘧草醚可湿性粉剂 20～30g，拌细土 15～20kg，撒施。施药后保水 5～7 天。

（2）水稻移栽田　水稻移栽后稗草 1～4 叶期，最好是有水状态下稗草 3 叶前，每亩用 10％嘧草醚可湿性粉剂 20～30g，拌细土 15～20kg，撒施。施药后保水 5～7 天。

注意事项

（1）本品只适用于水稻，禁止在其他作物上使用。

（2）使用本品时推荐与阔叶除草剂同时混用，以扩大防效。

嘧啶肟草醚 pyribenzoxim

$C_{32}H_{27}N_5O_8$，609.60

其他名称　嘧啶草醚。

主要剂型　5％乳油。

作用特点　新颖的肟酯类化合物，广谱选择性芽后除草剂，本品通过根叶吸收抑制乙酰乳酸（ALS）合成而阻碍支链氨基酸的生物合成，抑制植物分生组织生长，从而杀死杂草。药剂除草速度较慢，施药后能抑制杂草生长，但在 2 周后枯死。

防治对象　广谱性除草剂，对水稻移栽田、直播田的稗草、一年生莎草及阔叶杂草有较好的防除效果。可以防除稗草、野慈姑、雨久花、谷精草、母草、狼把草、萤蔺、日本鹭草、眼子菜、四叶萍、鸭舌草、节节菜、泽泻、牛毛毡、异型莎草、水莎草、千金子等。

使用方法

（1）南方水稻直播田　水稻直播后杂草 2～4 叶期，每亩用 5％嘧啶肟草醚乳油 40～50mL，兑水 15～20kg，茎叶喷雾。施药前排浅水，使杂草露出水面，充分接触药剂，施药后 1～2 天覆水，并保水 3～5 天。

（2）北方水稻直播田　水稻直播后杂草 2～4 叶期，每亩用 5％嘧啶肟草醚乳油 50～60mL，兑水 15～20kg，茎叶喷雾。施药前排浅水，使杂草露出水面，充分接触药剂，施药后 1～2 天覆水，并保水 3～5 天。

注意事项

（1）后茬仅可种植水稻、油菜、小麦、大蒜、胡萝卜、萝卜、菠菜、移栽黄瓜、甜瓜、辣椒、西红柿、草莓、莴苣。

（2）每亩用量 60mL 以上有时会引起秧苗黄化，但后期表现正常，对水稻产量无明显影响。

（3）本品只适用于水稻，禁止在其他作物上使用。

灭草松 bentazone

$C_{10}H_{12}N_2O_3S$，240.28

其他名称　排草丹、苯达松、噻草平、百草克。

主要剂型　25％、480g/L 水剂，480g/L 可溶液剂，80％可溶粉剂。

作用特点　触杀型具有选择性的苗后除草剂，用于苗期茎叶处理，通过叶片接触而起作用。旱田使用，先通过叶面渗透传导到叶绿体内抑制光合作用。水田使用既能通过叶面渗透又能通过根部吸收传导到茎叶，强烈阻碍杂草光合作用和水分代谢，造成营养饥饿，使生理机能失调而致死。有效成分在耐性作物体内向活性弱的糖轭合物代谢而解毒，对作物安全，施药后 6～18 周灭草松在土壤中可被微生物分解。

防治对象　大豆、花生、水稻、小麦及马铃薯田等防除恶性莎草科（三棱草）及一年生阔叶杂草。

使用方法

（1）水稻和旱稻田　杂草 2～4 叶期，每亩用 480g/L 灭草松水剂 133～200mL，兑水 15～30kg，茎叶处理，防除一年生阔叶杂草和莎草。施药前将水排干，药后 24h，再将水位恢复正常。

（2）花生田　杂草 3～4 叶期，每亩用 480g/L 灭草松水剂 150～200mL，兑水 15～30kg，茎叶处理。

（3）大豆田　杂草 3～4 叶期，每亩用 480g/L 灭草松水剂 104～208mL，兑水 15～30kg，茎叶处理。

（4）马铃薯　马铃薯 5～10cm 高，杂草 2～5 叶期（藜 2 叶期），每亩用 480g/L 灭草松水剂 150～200mL，兑水 15～30kg，茎叶处理。

（5）冬小麦　阔叶杂草出齐幼苗，每亩用25％灭草松水剂200～250mL，兑水30～40kg，茎叶处理。

注意事项

（1）旱田使用灭草松应在阔叶杂草出齐时施药，喷洒均匀，使杂草茎叶充分接触药剂。稻田防治三棱草、阔叶杂草一定要杂草出齐，排水后喷雾，均匀喷洒在杂草茎叶上，两天后灌水，效果显著。

（2）灭草松在高温晴天活性高，除草效果好，施药后8h内应无雨。在极其干旱或水涝的田间不宜使用，以防发生药害。

（3）本品对鱼、蜜蜂、家蚕有毒，施药期间远离水产养殖区，禁止在河塘等水体中清洗施药器具，鱼和虾蟹套养稻田禁用。

哌草丹 dimepiperate

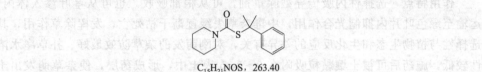

C₁₅H₂₁NOS，263.40

$C_{15}H_{21}NOS$，263.40

其他名称　优克稗、哌啶酯。

主要剂型　50％乳油。

作用特点　植物内源生长素的拮抗剂。内吸传导型稻田选择性除草剂，防治2叶期以前的稗草有效，对水稻安全。本剂适于水稻秧田，插秧田，水、旱直播田防除稗草及牛毛草，对水田其他杂草无效。施于田中的药剂，大部分分布在土壤表面1cm以内，在土壤中移动性小，对不同栽培型水稻安全。

防治对象　水稻秧田、移栽田、水和旱直播田防除稗草和牛毛草，对2叶期以前的稗草效果突出。

使用方法

（1）水稻育秧田　播前2天或芽谷覆土后当日施药。每亩用50％哌草丹乳油90～170mL，旱育秧田和湿润育秧田，兑水25～30kg喷雾；水育秧田拌细土10～15kg，撒施。

（2）水稻直播田　播后2～3天，每亩用50％哌草丹乳油90～170mL，拌细土10～20kg，撒施，药后保持3～5cm水层1周。

（3）水稻插秧田　移栽后3～7天秧苗返青后、稗草1.5叶期前，每亩用50％哌草丹乳油90～170mL，兑水25～30kg喷雾或拌细土10～15kg，撒施。

注意事项

（1）本药适用于以稗草为主的秧（稻）田，当稻田草相当复杂时，应与其他除草剂混用。

（2）对1.5叶期以前的稗草防效好，应注意不要错过施药适期。

（3）剩余的药剂应密封保存在阴凉干燥处，远离食品、饲料、种子、火源及儿童接触到的地方，施药时应注意安全防护措施，避免污染皮肤和眼睛。

（4）低温储存有结晶析出时，用前注意充分搅动，使晶体完全溶解后再用。

扑草净 prometryn

$$C_{10}H_{19}N_5S，241.36$$

其他名称 扑蔓尽、割草佳、扑灭通。

主要剂型 25％、50％、80％可湿性粉剂，25％泡腾颗粒剂，50％悬浮剂。

作用特点 选择性内吸传导型除草剂，可从根部吸收，也可从茎叶渗入体内，运输至绿色叶片内抑制光合作用，中毒杂草失绿逐渐干枯死亡，发挥除草作用，其选择性与植物生态和生化反应的差异有关，对刚萌发的杂草防效最好。扑草净水溶性较低，施药后可被土壤黏粒吸附在0～5cm表土中，形成药层，使杂草萌发出土时接触药剂，持效期20～70天，旱地较水田长，黏土中更长。

防治对象 小麦、水稻、棉花、大蒜、谷子和花生田防除阔叶杂草。

使用方法

（1）水稻 水稻分蘖盛期或末期，插秧后25～30天，大部分眼子菜叶片由红转绿时，每亩用25％扑草净可湿性粉剂50～150g，拌细潮土15～20kg，混匀闷一宿，施药前堵住出水口，做毒土撒施，施药后保持3～5cm药水层，不灌不排，转入正常管理。

（2）小麦 小麦2～3叶期，每亩用25％扑草净可湿性粉剂100～150g，兑水30～50kg，茎叶喷雾。

（3）棉花 棉花播后苗前，每亩用25％扑草净可湿性粉剂100～150g，兑水45～60kg，土壤喷雾。

（4）大蒜 播后苗前，每亩用50％扑草净悬浮剂80～120mL，兑水30～40kg，土壤喷雾。

（5）谷子、花生 播后苗前，每亩用50％扑草净可湿性粉剂100～150g，兑水30～40kg，土壤喷雾。

注意事项

（1）有机质含量低的沙质土不宜使用。

（2）称量应准确，撒施要均匀，可先将称好的药剂与少量细土混匀，均匀撒施，否则易产生药害。

（3）适当的土壤水分是发挥药效的重要因素。

（4）用药时温度应在30℃以下，超过30℃易产生药害。

嗪草酸甲酯 fluthiacet-methyl

$$C_{15}H_{15}ClFN_3O_3S_2, 403.87$$

其他名称　阔草特。

主要剂型　5％乳油。

作用特点　通过抑制敏感植物叶绿体合成中的原卟啉原氧化酶，造成原卟啉IX的积累，导致细胞膜坏死而植株枯死。此类药物作用需要光和氧的存在。

防治对象　选择性苗后除草剂，用于大豆、玉米田防除一年生阔叶杂草，尤其对苘麻特效。

使用方法

（1）玉米　玉米 2～4 叶期，大部分一年生阔叶杂草出齐 2～4 叶期，每亩用 5％嗪草酸甲酯乳油 10～15mL（东北地区）或 8～12mL（其他地区），兑水 20～30kg，对全田茎叶均匀喷雾。对部分难防杂草如鸭跖草，宜在 2 叶前用药。

（2）大豆　大豆 1～2 片复叶，大部分一年生阔叶杂草 2～4 叶期，每亩用 5％嗪草酸甲酯乳油 10～15mL（东北地区）或 8～12mL（其他地区，兑水 20～30kg），对全田茎叶均匀喷雾。对部分难防杂草如鸭跖草，宜在 2 叶前用药。

注意事项

（1）本品只对阔叶草有效，请和防除单子叶杂草的除草剂一起使用。

（2）施药后大豆会产生轻微灼伤斑，一周可恢复正常生长，对大豆产量无不良影响。

（3）尽量在早晨或者傍晚施药，高温下（大于 28℃）用药量酌减。

（4）本品为茎叶处理除草剂，不可用作土壤处理。

（5）嗪草酸甲酯降解速度较快，无后茬残留影响。间套或混种有敏感阔叶作物的田块，不能使用本品。

嗪草酮 metribuzin

$$C_8H_{14}N_4OS, 214.29$$

其他名称　赛克、立克除、甲草嗪。

主要剂型　44％、480g/L 悬浮剂，75％水分散粒剂，70％可湿性粉剂。

作用特点 内吸选择性除草剂，有效成分被杂草根系吸收随蒸腾流向上部传导，也可被叶片吸收在体内做有限的传导。主要通过抑制敏感植物的光合作用发挥杀草活性，施药后各敏感杂草萌发出苗不受影响，出苗后叶片褪绿，最后营养枯竭而死。

防治对象 大豆田防除一年生阔叶杂草，如藜、蓼、苋、马齿苋、铁苋菜、龙葵、鬼针草、香薷等。

使用方法 大豆播后苗前，每亩用70％嗪草酮可湿性粉剂60～70g，兑水30～40kg，土壤喷雾。

注意事项

（1）施药量过高或施药不均匀，施药后有较大降水或大水漫灌，会使大豆根部吸收药剂而发生药害，使用时要根据不同情况灵活用药。沙质土、有机质含量在2％以下的大豆田不能施药。土壤pH值在7.5以上的碱性土壤和降雨多、气温高的地区要适当减少用药量。

（2）药效受土壤水分影响较大，当春季土壤墒情好或施药后有一定量降雨时，则药效易发挥；当施药前后持续干旱，药效差，可采取两次施药法浅混土。

（3）由于大豆苗期的耐药性差，大豆只能苗前处理，大豆播种深度至少3.5～4cm，播种过浅也易发生药害。

（4）在土壤中，嗪草酮的持效性视气候条件及土壤类型而不同，一般条件下半衰期为28天左右，对后茬作物不会产生药害。

氰草津 cyanazine

$C_9H_{13}ClN_6$，240.70

其他名称 草净津、百得斯。

主要剂型 50％可湿性粉剂，40％悬浮剂。

作用特点 选择性内吸传导型除草剂，被根部、叶部吸收后通过抑制光合作用而使杂草枯萎而死亡。它对玉米安全，药后2～3个月对后茬种植小麦无影响。其除草活性与土壤类型密切相关，在土壤中可被土壤微生物分解。

防治对象 玉米田防除由种子繁殖的一年生杂草，对许多禾本科杂草也有较好的防效。

使用方法 夏玉米播后苗前，每亩用40％氰草津悬浮剂250～300g，兑水40～60kg，土壤喷雾，防除一年生杂草。

注意事项

（1）施药后遇雨或灌溉可提高防效。80％可湿性粉剂适用在雨露条件较好的夏玉米田除草。春玉米田宜做芽后施药处理，而芽前处理因干旱防效差，则必须浅混土，使药剂与土壤充分混合以保证防效。40％液剂在干旱条件下做芽后处理除草效果优于80％可湿性粉剂，但用药量不可过高，否则玉米发生药害。

（2）温度低、空气湿度大时对玉米不安全。施药后即下中至大雨时玉米易发生药害，尤其积水的玉米田，药害更为严重，所以在雨前1～2天内施药对玉米不安全。

（3）华北地区麦套玉米应在麦收前10～15天套种，麦收后玉米3～4叶期，为氰草津安全施药期。

氰氟草酯 cyhalofop-butyl

$C_{20}H_{20}FNO_4$，357.38

其他名称　千金。

主要剂型　10％、100g/L、20％乳油。

作用特点　芳氧苯氧丙酸类传导型禾本科杂草除草剂。由叶片、茎秆和根系吸收，抑制乙酰辅酶A羧化酶，造成脂肪酸合成受阻，使细胞生长分裂停止、细胞膜含脂结构被破坏，导致杂草死亡。推荐剂量下使用，对水稻安全。

防治对象　籼稻、粳稻等水稻田中防除千金子、稗草、双穗雀稗等杂草。

使用方法

（1）水稻直播田　水稻3～5叶期、稗草和千金子2～3叶期，每亩用100g/L氰氟草酯乳油50～70mL，兑水20～30kg，茎叶喷雾。施药前排水，使杂草茎叶2/3以上露出水面，施药后24～72h内灌水，保持3～5cm水层5～7天。

（2）水稻移栽田　杂草2～4叶期，每亩用20％氰氟草酯乳油30～35mL，兑水30～40kg，茎叶喷雾。土表水层小于1cm或土壤含水饱和时，施药效果最好。

（3）水稻秧田　水稻秧苗2叶1心期以上，杂草1.5～2.5叶期，每亩用10％氰氟草酯乳油60～70mL，兑水30～40kg，茎叶喷雾。

注意事项

（1）每季最多使用1次。

（2）不推荐与阔叶杂草除草剂混用。与部分阔叶除草剂混用时可能出现拮抗作用，表现为本品药效降低，请合理选择混用药剂。如需防治阔叶草及莎草科杂草，最好使用本品后7天再施用防阔叶和防莎草除草剂。

（3）赤眼蜂等天敌放飞区禁用。

（4）高温、干旱等恶劣天气会降低药效，应避开中午高温时施药，田间干旱需适当补水和加大兑水量。

（5）远离水产养殖区、河塘等水体施药。禁止在河塘等水体中清洗施药器具。鱼或虾蟹套养稻田禁用。施药后的田水不得直接排入水体。

炔苯酰草胺 propyzamide

$C_{12}H_{11}Cl_2NO$，256.13

其他名称　拿草特。

主要剂型　50％可湿性粉剂，80％水分散粒剂。

作用特点　内吸传导型酰胺类除草剂，通过根系吸收传导，干扰杂草细胞的有丝分裂。

防治对象　莴苣、生姜田选择性防除一年生禾本科杂草，如马唐、看麦娘、早熟禾等杂草及部分阔叶杂草。

使用方法

（1）莴苣田　移栽莴苣定植前或直播莴苣播种后 1～3 天，每亩用 50％炔苯酰草胺可湿性粉剂 200～267g，兑水 30～40kg，土壤喷雾。

（2）姜田　生姜种植后 1～3 天，每亩用 80％炔苯酰草胺水分散粒剂 100～140g，兑水 30～40kg，土壤喷雾。

注意事项　接触本品应穿戴防护衣服和手套、防毒口罩，避免吸入药剂。工作期间不可吃东西和饮水。工作结束后用肥皂和清水洗脸、手和裸露部分。

炔草酯 clodinafop-propargyl

$C_{17}H_{13}ClFNO_4$，349.74

其他名称　麦极。

主要剂型　15％可湿性粉剂、8％水乳剂。

作用特点　内吸传导型选择性芳氧苯氧丙酸酯类除草剂，用于苗后茎叶处理的小麦田除草剂。茎叶处理后能很快被禾本科杂草的叶子吸收，传导至整个植株，抑制植物分生组织而杀死禾本科杂草。具有耐低温，耐雨水冲刷，使用适期宽，且对小麦和后茬作物安全等特点。

防治对象　用于苗后茎叶处理的高效麦田除草剂，防除野燕麦、看麦娘、硬草、菌草、棒头草等大多数重要的一年生禾本科杂草。

使用方法

（1）春小麦 春小麦苗后 3～5 叶期，一年生禾本科杂草 2～5 叶期，每亩用 15% 炔草酯可湿性粉剂 16.7～20g，兑水 15～30kg，茎叶喷雾。

（2）冬小麦 冬小麦返青期，一年生禾本科杂草 2～5 叶期，每亩用 15% 炔草酯可湿性粉剂 25～30g，兑水 15～30kg，茎叶喷雾。

注意事项

（1）大麦或燕麦田不能使用本品。

（2）本品在土壤中迅速降解，在土壤中基本无活性，对后茬作物无影响。禾本科作物对本品敏感，施药时应避免药液漂移到玉米、小麦、水稻等禾本科作物上，以防产生药害。

（3）本品对鱼类和藻类有毒，对水蚤基本无毒。对鸟类、蜂和蚯蚓无毒。勿将制剂及其废液弃于池塘、沟渠、河、溪和湖泊等，以免污染水源。

乳氟禾草灵 lactofen

$$C_{19}H_{15}ClF_3NO_7, \ 461.77$$

其他名称 克阔乐。

主要剂型 240g/L、24% 乳油。

作用特点 选择性苗后茎叶处理除草剂，通过植物茎叶吸收，在体内进行有限的传导，通过破坏细胞膜的完整性而导致细胞内含物的流失，最后使草叶干枯而致死。在充足光照条件下，施药后 2～3 天，敏感的阔叶杂草叶片出现灼伤斑，并逐渐扩大，整个叶片变枯，最后全株死亡。本品施入土壤易被微生物分解。

防治对象 大豆田、花生田防除苍耳、龙葵、铁苋菜、狗尾草、野西瓜苗、反枝苋、马齿苋、鸭跖草、藜类等多种一年生阔叶杂草。

使用方法

（1）春大豆 春大豆 1～2 片复叶，一年生阔叶杂草 2～4 叶期，大多数杂草出齐时，每亩用 240g/L 乳氟禾草灵乳油 30～45mL，兑水 20～30kg，茎叶喷雾。

（2）夏大豆 夏大豆 1～2 片复叶，一年生阔叶杂草 2～4 叶期，大多数杂草出齐时，每亩用 240g/L 乳氟禾草灵乳油 15～30mL，兑水 20～30kg，茎叶喷雾。

（3）花生 花生 1～2 片复叶，一年生阔叶杂草 2～4 叶期，大多数杂草出齐时，每亩用 240g/L 乳氟禾草灵乳油 15～30mL，兑水 20～30kg，茎叶喷雾。

注意事项

（1）乳氟禾草灵安全性较差，故施药时应尽可能保证药液均匀，做到不重喷、不漏喷，且严格限制用药量。

（2）乳氟禾草灵对 4 叶期以前生长旺盛的杂草活性高。低温、干旱不利于药效的发挥。

（3）大豆对乳氟禾草灵有耐药性，但在不利于大豆生长发育的环境条件下，如高温、低洼地排水不良、低温、高湿、病虫危害等，易造成药害，症状为叶片皱缩，有灼伤斑点，一般 1 周后大豆恢复正常生长。

（4）使用本品后，大豆茎叶可能出现枯斑或黄化现象，但不影响新叶生长，1～2 周后恢复正常，不影响产量。

噻吩磺隆 thifensulfuron-methyl

$C_{12}H_{13}N_5O_6S_2$，387.39

其他名称　阔叶散、噻磺隆。

主要剂型　15％、20％、25％可湿性粉剂，75％水分散粒剂。

作用特点　高活性磺酰脲类除草剂，可以被杂草根、茎、叶吸收，并迅速传导至生长点，施药后杂草生长很快停滞，4～7 天生长点部位即现黄化、萎缩，根系退化失去吸收肥水能力。视杂草大小不同，一般于施药后 7～20 天逐渐死亡。该药在土壤中持效期 40～60 天。

防治对象　防除播娘蒿、荠菜、猪殃殃、小花糖芥、牛繁缕、大巢菜、米瓦罐、佛座、卷茎蓼等多种阔叶杂草，对泽漆、婆婆纳等也有较强的抑制作用。

使用方法

（1）大豆　夏大豆苗后，阔叶杂草 2～4 叶期，每亩用 75％噻吩磺隆水分散粒剂 1.3～2.2g，兑水 30～40kg，茎叶处理。

（2）夏玉米　玉米苗后，阔叶杂草 2～4 叶期，每亩用 75％噻吩磺隆水分散粒剂 1.8～2.2g，兑水 30～40kg，茎叶处理。

（3）花生　花生播后苗前，每亩用 15％噻吩磺隆可湿性粉剂 8～12g，兑水 30～40kg，土壤处理。

（4）冬小麦　小麦 2 叶期至拔节前，每亩用 15％噻吩磺隆可湿性粉剂 10～15g，兑水 30～40kg，茎叶处理。要掌握施药适期，在小麦 2 叶期至拔节前施用，以杂草 2～4 叶期，阔叶杂草株高不超过 5cm 时药效最好。

注意事项

（1）用药量以不超过 32.5g（a.i.）/hm² 为宜。

（2）当作物处于不良环境时（如干旱、严寒、土壤水分过饱和及病虫害为害等），不宜施药。

（3）剩余的药液和洗刷施药用具的水，不要倒入田间。

（4）本品施药时遇干旱，茎叶喷雾时可在药液中加入1‰植物油型助剂；土壤喷雾时应混土。

三氟啶磺隆钠盐 trifloxysulfuron-sodium

$C_{14}H_{13}F_3N_5NaO_6S$，459.33

其他名称 英飞特、抹绿。

主要剂型 11‰可分散油悬浮剂，75‰水分散粒剂。

作用特点 磺酰脲类除草剂，可抑制杂草中乙酰乳酸合成酶（ALS）的生物活性从而杀死杂草。杂草植株在中毒后表现为停止生长、萎黄、顶点分裂组织死亡，根据杂草种类和生长条件的不同，一般在2～4周后，杂草完全死亡。

防治对象 甘蔗田、狗牙根草坪防除香附子、马唐、阔叶草等杂草。

使用方法

（1）甘蔗 甘蔗苗后、杂草2～4叶期（香附子出齐后至4～6叶期），每亩用75‰三氟啶磺隆钠盐水分散粒剂1～2g，兑水30～45kg，茎叶处理，防除稗草、莎草及阔叶杂草。

（2）暖季型草坪 狗牙根、结缕草类成坪后，根系达5cm，每亩用11‰三氟啶磺隆钠盐可分散油悬浮剂20～30mL，兑水30～45kg，茎叶处理，防除部分禾本科杂草、阔叶杂草和莎草。注意：本品仅限于我国长江流域及以南地区的狗牙根类和结缕草类的暖季型草坪草使用，不能在海滨雀稗等其他草坪草及早熟禾、黑麦草、匍匐剪股颖、高羊茅等冷季型草坪草上使用。

注意事项

（1）施药时穿长衣长裤、戴手套、眼镜等；施药期间不能吸烟、饮水等；施药后洗干净手脸等。

（2）使用过的空包装，用清水冲洗三次后妥善处理，切勿重复使用或改作其他用途。所有施药器具，用后应立即用清水或适当的洗涤剂清洗。

（3）勿将药液或空包装弃于水中或在河塘中洗涤喷雾器械，避免污染水源。

（4）不能用于甘蔗种苗田，施药时请避免直接喷到甘蔗心叶上。

（5）请勿将本品用于果岭及新播种、新铺植或新近用匍匐茎栽植的草坪。

（6）施用本品后请勿播植除草坪草以外的任何作物，在秋冬季暖季型草坪上交播冷季型草坪草（黑麦草）时应保证至少在交播前60天停止使用本品。

（7）草坪生长不旺盛或处于如干旱等胁迫条件下时勿施用本品。

三氟羧草醚 acifluorfen

$$C_{14}H_6ClF_3NNaO_5，383.64$$

其他名称　杂草焚、达克尔、达克果。

主要剂型　14.8％、21.4％、28％水剂。

作用特点　触杀型选择性除草剂。苗后早期处理，被杂草吸收，作用方式为触杀，能促使气孔关闭，借助于光发挥除草活性，增高植物体温度引起坏死，并抑制线粒体电子的传导，以引起呼吸系统和能量生产系统的停滞，抑制细胞分裂，使杂草致死。但进入大豆体内，被迅速代谢，因此能选择性防除阔叶杂草。在普通土壤中，不会渗透进入深土层，能被土壤中微生物和日光降解成二氧化碳。

防治对象　苗后触杀型除草剂，能有效地防除大豆田一年生阔叶杂草。

使用方法　大豆2～3片复叶，一年生阔叶杂草2～4叶期，每亩用21.4％三氟羧草醚水剂112～150mL，兑水20～30kg，茎叶喷雾。

注意事项

（1）对阔叶杂草的使用时期不能超过6叶期，否则防效较差。

（2）天气恶劣时或大豆受其他除草剂伤害时不要使用。

（3）施药时注意风向，不要使雾滴飘入棉花、甜菜、向日葵、观赏植物与敏感作物中。

（4）使用后，部分大豆叶片有一定程度的接触性灼伤，一般一周内可以恢复，不影响大豆的生长和最终产量。

（5）存放在阴凉、干燥、通风和远离食物和饲料的地方。

三甲苯草酮 tralkoxydim

$$C_{20}H_{27}NO_3，329.44$$

其他名称　肟草酮。

主要剂型　40％水分散粒剂。

作用特点　属于环己烯酮类除草剂，作用于乙酰辅酶A羧化酶（ACCase），叶面施药后迅速被植物吸收，在韧皮部转移到生长点，在此抑制新的生长。杂草失去绿色，后变色枯死，一般3～4周内完全枯死。

防治对象 小麦田防除硬草、看麦娘、野燕麦、狗尾草、马唐、稗草等禾本科杂草。

使用方法 小麦田一年生禾本科杂草2～5叶期，每亩用40%三甲苯草酮水分散粒剂60～80mL，兑水40～50kg，茎叶喷雾。

注意事项

（1）施药后药械应彻底清洗，剩余的药液和洗刷施药用具的水，不要倒入田间、河流、池塘等水域。

（2）施药时注意药量准确，做到均匀喷洒，应在无风无雨时施药，避免雾滴漂移，危害周围作物。

三氯吡氧乙酸 triclopyr

$C_7H_4Cl_3NO_3$，256.46

其他名称 绿草定、乙氯草定、盖灌能、盖灌林、定草酯。

主要剂型 480g/L乙酯乳油。

作用特点 内吸传导型选择性除草剂，能迅速被叶和根吸收，并在植物体内传导。作用于核酸代谢，使植物产生过量的核酸，使一些组织转变成分生组织，造成叶片、茎和根生长畸形，贮藏物质耗尽，维管束组织被栓塞或破裂，植株逐渐死亡。用来防治针叶树幼林地中的阔叶杂草和灌木，在土壤中能迅速被土壤微生物分解，半衰期为46天。

防治对象 针叶树幼林地中防除阔叶杂草和灌木，如走马芹、胡枝子、榛材、山刺玫、萌条桦、山杨、柳、蒙古柞、铁线莲、山丁子、稠李、山梨、红丁香、柳叶乡菊、婆婆纳、唐松草、蕨、蚊子草等灌木、小乔木和阔叶杂草，尤其对木苓属、栎属及其他根萌芽的木本植物具有特效，对禾本科和莎草科杂草无效。

使用方法

（1）防火线及造林 每亩用480g/L三氯吡氧乙酸乙酯乳油278～417mL，柴油稀释50倍，喷洒于灌木及幼树基部，防除幼小灌木。

（2）非目的树种防除及林分改造 每亩用480g/L三氯吡氧乙酸乙酯乳油278～417mL，柴油稀释50倍，在离地面70～90cm喷洒。桦、柞、椴、杨胸径在10～20cm之间，每株用药液70～90mL。

（3）幼林抚育及非耕地 每亩用480g/L三氯吡氧乙酸乙酯乳油50～100mL，清水稀释100倍，低容量定向喷雾，使目标防除植物充分着药，防除幼小灌木、藤木和阔叶草本植物。避免药液喷及敏感目的树种。

注意事项

（1）三氯吡氧乙酸用药后 2h 内无雨才能有效。

（2）要维护一个单一树种的环境条件，必须多次用药才能做到，尤其灌木除去后，应与草甘膦混用清除各种杂草。

（3）在灌木密集处可以用超低容量，浓度为 1.5％左右为宜。

（4）盛药的器具在使用完毕后应彻底洗净，洗液不能乱倒，要妥善处理，禁止在河塘等水体中清洗施药器具。使用后的空包装袋要深埋，不能移作他用。

杀草胺 ethaprochlor

$C_{13}H_{18}ClNO$，239.74

其他名称　杀草丹。

主要剂型　50％乳油。

作用特点　选择性萌芽前土壤处理剂，可杀死萌芽前期的杂草。药剂主要通过杂草幼芽吸收，其次是根吸收。作用原理是抑制蛋白质的合成，使根部受到强烈抑制而产生瘤状畸形，最后枯死。杀草胺不易挥发，不易光解，在土壤中主要被微生物降解，持效期 20 天左右。杀草胺的除草效果与土壤含水量有关，因此该药若在旱田使用，适于在地膜覆盖栽培田、有灌溉条件的田块以及夏季作物及南方的旱田应用。

防治对象　水稻田防除一年生禾本科杂草和某些阔叶杂草，如稗草、鸭舌草、异型莎草、马唐、狗尾草、马齿苋、牛毛草等。

使用方法　南方水稻移栽后 3～6 天，每亩用 50％杀草胺乳油 250～300g，兑水 40～50kg，茎叶处理，防除一年生杂草。

注意事项

（1）水稻的幼芽对杀草丹比较敏感，不宜在水稻秧田中使用。

（2）只能杀死萌芽的杂草，应掌握在杂草出土前施药。

（3）对鱼类有毒，应防止污染河水及鱼塘。

杀草隆 daimuron

$C_{17}H_{20}N_2O$，268.36

其他名称 莎扑隆。

主要剂型 40％可湿性粉剂。

作用特点 属选择性土壤处理剂，对莎草科杂草具有特效，对其他杂草基本无效。主要是通过杂草的根部吸收，抑制根部和地下茎的伸长，从而控制地上部分的生长，对已出土的莎草科杂草基本无效。

防治对象 水稻田防除莎草科杂草。

使用方法 水稻移栽田的水稻移栽后5～8天，每亩用40％杀草隆可湿性粉剂400～500g，拌细土20～30kg，撒施。

注意事项

（1）该药只能混土处理，茎叶处理无效。

（2）该药对莎草科杂草有特效，对其他杂草基本无效，如需兼除，需在当地农科、植保部门指导下与其他除草剂混用。

（3）使用量与混土深度应根据种子与地下茎、鳞茎在土壤的深浅而定，一般浅根性的用量低，混土浅，反之用量就高，混土也深。

（4）表土施药无效。

莎稗磷 anilofos

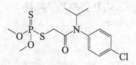

$C_{13}H_{19}ClNO_3PS_2$，367.84

其他名称 阿罗津。

主要剂型 30％、40％、45％乳油，300g/L乳油。

作用特点 内吸传导选择性除草剂。药剂主要通过植物的幼芽和茎吸收，抑制细胞分裂与伸长。对正萌发的杂草效果最好，对已长大的杂草效果较差。杂草受害后生长停止，叶片深绿，有时脱色，叶片变短而厚，极易折断，心叶不易抽出，最后整株枯死。对水稻安全，药剂的持效期为30天左右。

防治对象 莎稗磷可在水稻移栽田使用，防除三叶期前的稗草、千金子、一年生莎草、牛毛草等，但对扁秆藨草无效。莎稗磷可以用于棉花、大豆、油菜田除草，可以防除的杂草有：稗草、马唐、狗尾草、牛筋草、野燕麦、异型莎草、碎米莎草等；对阔叶杂草效果差。

使用方法 水稻移栽后5～8天，稗草出苗后至2叶期，每亩用30％莎稗磷乳油60～70mL，拌细潮土15～20kg，撒施，防除稗草和莎草。施药后保持3～5cm水层5天，勿使水层淹没稻苗心叶。水稻移栽后4～8天，禾本科杂草2叶1心期前，每亩用40％莎稗磷乳油37.5～45g（南方地区）或45～52.5g（北方地区），拌细潮土15～20kg，撒施，防除稗草和千金等禾本科杂草。

注意事项

（1）远离水产养殖区施药，禁止在河塘等水体中清洗施药器具。鱼或虾蟹套养稻田禁用，施药后的田水不得直接排入水体；蚕室及桑园附近禁用；赤眼蜂等天敌放飞区域禁用。

（2）稗草 2 叶期用药时宜采用推荐的高剂量；排盐良好的盐碱地，应采用推荐的低用量，药后 5 天可换水排盐。

（3）采用喷雾器甩喷施用时，应于水稻移栽前 3～7 天，每亩兑水 5kg 以上，甩喷施的药滴间距应少于 0.5m。秸秆还田（旋耕整地、打浆）的稻田，也必须于水稻移栽前 3～7 天趁清水或浑水施药，且秸秆要打碎并彻底与耕层土壤混匀，以免因秸秆集中腐烂造成水稻根际缺氧引起稻苗受害。东北地区移栽前后两次用药间隔 20 天以防除稗草（稻稗）、三棱草、慈姑、泽泻等恶性或抗性杂草时，可按说明先于栽前施用本剂。

双丙氨膦 bialaphos-sodium

$C_{11}H_{22}N_3O_6P$, 323.29

其他名称 好必思。

主要剂型 20%可溶粉剂。

作用特点 该产品是一种新型生物广谱除草剂，是 bialaphos 菌种的发酵产物。主要作用机制为抑制植物氮代谢的活动，使植物正常活动发生严重障碍导致植物枯萎坏死。对阔叶类、稻科类杂草具有较强的灭生性。它只能从植物的叶部吸收，对树木的根部不会造成危害。在土壤中能迅速分解，不残留，对环境不会造成污染，具有较高的安全性。

防治对象 葡萄、苹果、柑橘园中防除多种一年生及多年生的单子叶和双子叶杂草，以及免耕地、非耕地灭生性除草。

使用方法

（1）柑橘园 杂草生长旺盛期，每亩用 20%双丙氨膦可溶粉剂 330～660g，兑水 30～40kg，定向茎叶处理。

（2）橡胶园 杂草生长旺盛期，每亩用 20%双丙氨膦可溶粉剂 330～660g，兑水 30～40kg，定向茎叶处理。

注意事项

（1）双丙氨膦为非选择性除草剂，因此施药时应防止药液漂移到作物茎叶上，以免产生药害。

（2）双丙氨膦与土壤接触立即失去活性，宜作茎叶处理。

双草醚 bispyribac-sodium

$C_{19}H_{17}N_4NaO_8$，452.35

其他名称 一奇、水杨酸双嘧啶、农美利。

主要剂型 10％可湿性粉剂，10％可分散油悬浮剂，100g/L、40％悬浮剂。

作用特点 苯甲酸类选择性除草剂，通过根叶吸收抑制乙酰乳酸（ALS）合成从而阻碍支链氨基酸的生物合成，抑制植物分生组织生长，从而杀死杂草。在水稻直播田中使用，除草谱广。

防治对象 直播水稻田防除一年生阔叶杂草如苘麻、苋、藜、苍耳、铁苋、鸭跖草、龙葵、马齿苋等和莎草、稗。

使用方法

（1）南方水稻直播田 水稻直播后阔叶杂草 2～6 叶期，每亩用 100g/L 双草醚悬浮剂 15～20mL 和 0.03％～0.1％展着剂，兑水 40～50kg，茎叶喷雾。施药1～2天后，覆水 3～5cm 或保持湿润状态。

（2）北方水稻直播田 水稻直播后阔叶杂草 2～6 叶期，每亩用 100g/L 双草醚悬浮剂 20～25mL 和 0.03％～0.1％展着剂，兑水 40～50kg，茎叶喷雾。施药1～2天后，覆水 3～5cm 或保持湿润状态。

注意事项

（1）禁止在赤眼蜂等天敌放飞区使用。

（2）本品可与阔叶草除草剂及禾本科杂草除草剂混用。

（3）本品只适用于水稻，禁止使用在其他作物上。

（4）远离水产养殖区施药，禁止在河塘等水体中清洗施药器具。药液及其废液不得污染各类水域、土壤等环境。

双氟磺草胺 florasulam

$C_{12}H_8F_3N_5O_3S$，359.28

其他名称 麦喜为、麦施达。

主要剂型 50g/L悬浮剂，10％可湿性粉剂。

作用特点 双氟磺草胺是三唑并嘧啶磺酰胺类超高效除草剂，是内吸传导型除草剂，可以传导至杂草全株，因而杀草彻底，不会复发。在低温下药效稳定，即使是在 2℃时仍能保证稳定药效，这一点是其他除草剂无法比拟的。

防治对象　主要用于冬小麦田防除阔叶杂草，如猪殃殃、繁缕、蓼属杂草、菊科杂草等。也可有效防除花生、烟草、苜蓿和其他饲料作物中的一年生禾本科杂草及阔叶杂草。

使用方法　冬小麦田阔叶杂草 3～6 叶期，每亩用 50g/L 双氟磺草胺悬浮剂5～6mL，兑水 15～30kg，茎叶喷雾。

注意事项

(1) 施药后药械应彻底清洗，剩余的药液和洗刷施药用具的水，禁止倒入河流、池塘。用过的容器应妥善处理，不可作他用，也不可随意丢弃。

(2) 每季最多使用 1 次。

四唑嘧磺隆 azimsulfuron

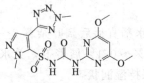

$C_{13}H_{16}N_{10}O_5S$, 424.40

其他名称　康宁。

主要剂型　50％水分散粒剂。

作用特点　磺酰脲类选择性水田除草剂。有效成分可在水中迅速扩散，被杂草的根部吸收后传导到植株体内，阻碍氨基酸的合成。通过杂草根和叶吸收，在植株体内传导，杂草即停止生长、叶色褪绿，而后枯死。

防治对象　水稻田防除阔叶和莎草科杂草，如鸭舌草、节节菜、水苋菜、眼子菜、泽泻、萤蔺、异型莎草等。

使用方法　水稻插秧后 4～8 天，秧苗已返青，每亩用 50％四唑嘧磺隆水分散粒剂 1.4～2.7g，拌细潮土 10～15kg，撒施。

注意事项　施药后药械应彻底清洗，剩余的药液和洗刷施药用具的水，禁止倒入河流、池塘。用过的容器应妥善处理，不可作他用，也不可随意丢弃。

四唑酰草胺 fentrazamide

$C_{16}H_{20}ClN_5O_2$, 349.82

其他名称　四唑草胺、拜田净。

主要剂型　50％可湿性粉剂。

作用特点　酰胺类选择性芽前除草剂。主要通过杂草幼芽和幼小的次生根吸收，抑制体内蛋白质合成，使杂草幼株肿大、畸形，色深绿，最终导致死亡。

防治对象　水稻田防除稗草、异型莎草和千金子等杂草。

使用方法

（1）水稻移栽田　水稻移栽后 3～6 天，每亩用 50％四唑酰草胺可湿性粉剂 16～20g（东北地区）或 13～16g（长江流域），拌细潮土 10～20kg，撒施，药后保水 2～3cm，5～7 天后恢复正常田间管理，防除一年生稗草、千金子、异型莎草和部分阔叶杂草。

（2）水稻直播田　水稻直播后 3～6 天，每亩用 50％四唑酰草胺可湿性粉剂 20～24g（东北地区）或 13～20g（长江流域），拌细潮土 10～20kg，撒施，药后保水 2～3cm，5～7 天后恢复正常田间管理，防除一年生稗草、千金子、异型莎草和部分阔叶杂草。

注意事项

（1）由于水稻直播田田间管理的多样性以及不同地区土壤质地的差异，请咨询当地植保农技推广部门以获得充分技术支持。

（2）早稻由于田间稗草基数大，发生期长，建议适当加大用量。

甜菜安 desmedipham

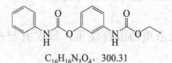

C$_{16}$H$_{16}$N$_2$O$_4$，300.31

其他名称　甜草灵。

主要剂型　16％、160g/L 乳油。

作用特点　选择内吸性除草剂，通过叶面吸收，光合作用抑制剂。用在甜菜地苗后防除阔叶杂草如苋菜，可与甜菜宁混用。甜菜安只能通过叶子吸收，正常生长条件下土壤和湿度对其药效无影响，杂草生长期最适宜用药。对甜菜安全。

防治对象　甜菜地防除阔叶杂草，如繁缕、藜、荠菜、野荞麦、野芝麻、野萝卜、芥菜、牛舌草、鼬瓣花、牛藤菊等，对禾本科杂草和未萌发的杂草无效。

使用方法　甜菜田阔叶杂草 2～4 叶期，每亩用 160g/L 甜菜宁乳油 400～600mL，兑水 40～50kg，茎叶喷雾。喷药前后天气应晴朗、温暖。

注意事项

（1）喷药时间由杂草的发育阶段来决定，杂草不多于 2～4 片叶时防效最佳。

（2）误服，催吐洗胃对症治疗。重症可用阿托品解毒。

甜菜宁 phenmedipham

$$C_{16}H_{16}N_2O_4, \ 300.31$$

其他名称　凯米丰、苯敌草。

主要剂型　160g/L 乳油。

作用特点　选择性苗后茎叶处理剂，对甜菜田大多数阔叶杂草有良好的防治效果，对甜菜高度安全，杂草通过茎叶吸收，传导到各部分，其主要作用是阻止合成三磷酸腺苷和还原型烟酰胺腺嘌呤磷酸二苷之前的希尔反应中的电子传递作用，从而使杂草的光合同化作用遭到破坏，甜菜对进入体内的甜菜宁可进行水解代谢，使之转化为无害化合物，从而获得选择性，甜菜宁药效受土壤类型和湿度影响较小。

防治对象　甜菜田防除阔叶杂草，如繁缕、藜、荠菜、野荞麦、野芝麻、野萝卜、芥菜、牛舌草、鼬瓣花、牛藤菊等，对禾本科杂草和未萌发的杂草无效。

使用方法　甜菜田阔叶杂草 2～4 叶期，每亩用 160g/L 甜菜宁乳油 400～600mL，兑水 40～50kg，茎叶喷雾。喷药前后天气应晴朗、温暖。当气候条件不好、干旱、杂草出土不齐时，应采用低剂量分次施药，每亩用 160g/L 甜菜宁乳油 300mL，兑水 40～50kg，喷雾，每隔 7～10 天 1 次，连喷 2～3 次。

注意事项

（1）配制药剂时，应先在喷雾箱内加少量水，倒入药剂摇匀后加入足量水再摇匀，一经稀释，应立即喷雾。

（2）甜菜宁可与大多数杀虫剂混合使用，每次宜与一种药剂混合，随混随用。

五氟磺草胺 penoxsulam

$$C_{16}H_{14}F_5N_5O_5S, \ 483.37$$

其他名称　稻杰。

主要剂型　25g/L 可分散油悬浮剂，22％悬浮剂。

作用特点　由杂草叶片、鞘部或根部吸收，传导至分生组织，造成杂草生长停止，黄化，然后死亡。对禾本科杂草、莎草和阔叶草有良好防效。

防治对象　水稻田防除稗草（包括稻稗）、一年生阔叶杂草和莎草等杂草。

使用方法

（1）水稻秧田　稗草 1.5～2.5 叶期，每亩用 25g/L 五氟磺草胺可分散油悬浮剂 33～47mL，兑水 20～30kg，茎叶喷雾。施药前排水，使杂草茎叶 2/3 以上露出水面，施药后 24～72h 内灌水，保持 3～5cm 水层 5～7 天。

（2）水稻田　水稻移栽后 5～8 天，稗草 2～3 叶期，每亩用 25g/L 五氟磺草胺可分散油悬浮剂 40～80mL，兑水 20～30kg，茎叶喷雾。施药前排水，使杂草茎叶 2/3 以上露出水面，施药后 24～72h 内灌水，保持 3～5cm 水层 5～7 天。或每亩用 25g/L 五氟磺草胺可分散油悬浮剂 60～100mL，拌细潮土 10～20kg，撒施，施药时应注意田间必须有 3～5cm 水层，并保水 5～7 天，此后恢复正常管理。

注意事项

（1）毒土法应根据当地示范试验结果选用（不建议在东北地区使用）。

（2）对水生生物有毒，应远离水产养殖区施药，禁止在荷塘等水体中清洗施药器具。

（3）施药前后一周内如遇最低温度低于 15℃ 的天气，存在药害风险，不推荐使用。

（4）不宜在缺水田、漏水田、盐碱田及有机质含量高的田块使用。

（5）缓苗期、秧苗长势弱，存在药害风险，不推荐使用。

（6）不推荐在制种田使用。

西草净 simetryn

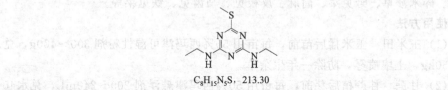

C$_8$H$_{15}$N$_5$S，213.30

其他名称　草净津、百得斯。

主要剂型　25％可湿性粉剂。

作用特点　选择性内吸传导型除草剂。可从根部吸收，也可从茎叶透入体内，运输至绿色叶片内，抑制光合作用希尔反应，影响糖类的合成和淀粉的积累，发挥除草作用。

防治对象　水稻田防除恶性杂草眼子菜，对早期稗草、瓜皮草、牛毛草均有显著效果，施药晚则防效差，因此应视杂草基数选择施药适期及药用剂量。

使用方法　水稻分蘖盛期或末期，插秧后 25～30 天，大部分眼子菜叶片由红转绿时，每亩用 25％西草净可湿性粉剂 200～250g（东北地区），拌细潮土 15～20kg，混匀闷一宿，施药前堵住出水口，做毒土撒施，施药后保持 3～5cm 药水层，不灌不排，转入正常管理。

注意事项

（1）根据杂草基数，选择合适的施药时间和用药剂量。田间以稗草及阔叶草为主，施药应适当提早，于秧苗返青后施药。但小苗、弱苗秧易产生药害，最好与除稗草剂混用以降低用量。

（2）用药量要准确，避免重施。喷雾法不安全，应采用毒土法，撒药均匀。

（3）要求地块平整，土壤质地（如 pH）对安全性影响较大，有机质含量少的沙质土，低洼排水不良地及重碱或强酸性土，易发生药害，不宜使用。

（4）用药时温度应在 30℃ 以下，超过 30℃ 易产生药害。西草净主要在北方使用。

西玛津 simazine

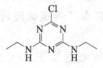

$C_7H_{12}ClN_5$，201.66

其他名称　西玛嗪、田保净。

主要剂型　50％可湿性粉剂，50％悬浮剂，90％水分散粒剂。

作用特点　植物主要通过根系吸收，茎叶也可吸收部分药剂，传导到全株，破坏糖的形成，抑制淀粉的积累。经数日后，叶片枯黄，继而凋谢，全株饥饿而死。

防治对象　甘蔗田、茶园、梨园、苹果园等防除一年生杂草如马唐、稗草、牛筋草、碎米莎草、野苋菜、苘麻、反枝苋、马齿苋、铁苋菜等。

使用方法

（1）玉米田　玉米播后苗前，每亩用 50％西玛津可湿性粉剂 300～400g，兑水 40～50kg，土壤喷雾，防除一年生杂草。

（2）甘蔗　甘蔗植后芽前，每亩用 50％西玛津悬浮剂 200～240mL，兑水 40～50kg，土壤喷雾，防除一年生杂草。

（3）梨树、苹果树（12 年以上树龄）　杂草出苗前，每亩用 50％西玛津可湿性粉剂 240～400g，兑水 30～50kg，土壤喷雾，防除一年生杂草。切勿喷到树枝及叶片上。

（3）公路、铁路、森林防火道　杂草出苗前，每亩用 50％西玛津可湿性粉剂 1.6～4g，兑水 240～600mL，土壤喷雾，防除一年生杂草。

（4）红松苗圃　杂草出苗前，每平方米用 50％西玛津可湿性粉剂 0.4～0.8g，兑水 50～100mL，土壤喷雾，防除一年生杂草。

注意事项

（1）西玛津的残效期长，对某些敏感后茬作物生长有不良影响，如对小麦、大麦、燕麦、棉花、大豆、水稻、瓜类、油菜、花生、向日葵、十字花科蔬菜等有药害。施用西玛津的地块，不宜套种豆类、瓜类等敏感作物，以免发生药害。

（2）西玛津用药量应根据土壤的有机质含量、土壤质地、气温而定，一般气温高有机质含量低的沙质土用量低，反之用量高，在有机质含量很高的地块，因用量成本大，最好不要用西玛津。

（3）西玛津不可用于落叶松的新播及换床苗圃。

烯草酮 clethodim

C17H26ClNO3S，359.91

其他名称　赛乐特、收乐通。

主要剂型　120g/L、240g/L、24％乳油。

作用特点　内吸传导型茎叶处理剂，有优良的选择性，对禾本科杂草有很强的杀伤作用，对双子叶作物安全。茎叶处理后经叶迅速吸收，传导到分生组织，在敏感植物中抑制支链脂肪酸和黄酮类化合物的生物合成而起作用，使其细胞分裂遭到破坏，抑制植物分生组织的活性，使植株生长延缓，施药后 1～3 周内植株失绿坏死，随后叶灼伤干枯而死亡，对大多数一年生、多年生禾本科杂草有效。加入表面活性剂、植物油等助剂能显著提高除草活性。

防治对象　大豆田、油菜田防除一年生禾本科杂草。正常使用条件下，对后茬作物没有影响。

使用方法

（1）春大豆　大豆苗后 2～3 片复叶期，田间杂草 3～5 叶期，每亩用 120g/L 烯草酮乳油 40～60mL，兑水 40～50kg，茎叶喷雾。

（2）夏大豆　大豆苗后 2～3 片复叶期，田间杂草 3～5 叶期，每亩用 120g/L 烯草酮乳油 35～40mL，兑水 40～50kg，茎叶喷雾。

（3）冬油菜　冬油菜 3～5 叶期，田间杂草 3～5 叶期，每亩用 240g/L 烯草酮乳油 20～25mL，兑水 40～50kg，茎叶喷雾，以早熟禾为主的田块应适当地增加用药量。

（4）春油菜　春油菜 3～5 叶期，田间杂草 3～5 叶期，每亩用 120g/L 烯草酮乳油 35～40mL，兑水 40～50kg，茎叶喷雾。

注意事项

（1）烯草酮属于芽后除草剂，应按规定用量喷雾。

（2）不宜用在小麦、大麦、水稻、谷子、玉米、高粱等禾本科作物上。间套或混种有禾本科作物的田块，不能使用本品。

（3）对一年生禾本科杂草施药适期为 3～5 叶期，对多年生杂草于分蘖后施药最有效。

（4）按农药安全规程使用，避免药剂溅到眼睛里和皮肤上，如果不慎溅到身上，应用大量清水冲洗。

（5）施药时应避开中午高温时期，选择早晚气温较低时喷药，喷药后 4h 下雨不影响药效。空气湿度大，杂草生长旺盛有利于药效的充分发挥。

烯禾定 sethoxydim

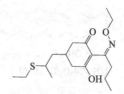

C$_{17}$H$_{29}$NO$_3$S，327.48

其他名称 拿捕净、硫乙草灭、乙草丁。

主要剂型 12.5％、20％乳油。

作用特点 选择性强的内吸传导型茎叶处理剂，能被禾本科杂草茎叶迅速吸收，并传导到顶端和节间分生组织，使其细胞分裂遭到破坏。由生长点和节间分生组织开始坏死，受药植株 3 天后停止生长，7 天后新叶褪色或出现花青素色，2～3周全株枯死。本剂在禾本科与双子叶植物间选择性很高，对阔叶作物安全。烯禾啶传导性强，在禾本科杂草 2 叶至 2 个分蘖期间均可施药。降雨基本不影响药效。

防治对象 大豆、棉花、油菜、花生、甜菜、亚麻、阔叶蔬菜、马铃薯、果园及苗圃防除白茅、葡萄冰草、狗牙根等杂草。

使用方法

（1）大豆 大豆苗后 2～3 片复叶期，一年生禾本科杂草达 3～5 叶期，每亩用20％烯禾定乳油 100～200mL，兑水 20～40kg，茎叶喷雾。

（2）花生 一年生禾本科杂草 3～5 叶期，每亩用 20％烯禾定乳油 67～100mL，兑水 40～50kg，茎叶喷雾。

（3）棉花 一年生禾本科杂草 3～5 叶期，每亩用 20％烯禾定乳油 100～120mL，兑水 40～50kg，茎叶喷雾。

（4）甜菜 一年生禾本科杂草 3～5 叶期，每亩用 20％烯禾定乳油 67～120mL，兑水 40～50kg，茎叶喷雾。

（5）亚麻 一年生禾本科杂草 3～5 叶期，每亩用 20％烯禾定乳油 65～120mL，兑水 40～50kg，茎叶喷雾。

注意事项

（1）在单双子叶杂草混生地，烯禾定应与其他防除阔叶草的药剂如虎威、苯达松等混用。

（2）喷药时应注意防止药雾漂移到邻近的单子叶作物上。

（3）施药后除草效果 7 天后才能见到，施药后不要急于采取其他除草措施。

（4）在土壤中持效期较短，施药后当天可播种阔叶作物，但播种禾谷类作物时需在用药后 4 周。

酰嘧磺隆 amidosulfuron

$C_9H_{15}N_5O_7S_2$，369.37

其他名称　好事达。

主要剂型　50%水分散粒剂。

作用特点　磺酰脲类苗后选择性除草剂。在土壤中易被土壤微生物分解，在推荐剂量下，对当茬麦类作物和下茬作物安全。

防治对象　小麦田苗后防除阔叶杂草，如猪殃殃、播娘蒿、田旋花等。

使用方法　小麦出苗后，杂草 3～6 叶期，且旺盛生长、刚出齐苗时，每亩用 50%酰嘧磺隆水分散粒剂 3～4g，背负式喷雾器每亩兑水 25～30kg 或拖拉机喷雾器每亩兑水 7～15kg，茎叶均匀喷雾。

注意事项

（1）杂草出苗后尽早用药，使用者尽量避免身体直接接触本剂，用药后应用清水洗手和冲洗暴露的皮肤。

（2）小麦整个生育期最多使用 1 次。

（3）严格按推荐的使用技术均匀施用，不得超范围使用。麦田套种下茬作物应于小麦起身拔节 55 天以后进行。冬季低温霜冻期、小麦起身拔节（株高达 13cm）后、大雨前、低洼积水或遭受涝害、冻害、盐碱害、病害等胁迫的小麦田不宜施用。

（4）阔叶杂草一般在本剂使用 2～4 周后死亡，干旱、低温时杂草枯死速度放慢。施用 8h 以后降雨一般不显著影响药效。

（5）春小麦田或干旱、防除恶性及大龄阔叶杂草时，采用较高的推荐用药量。

（6）本剂无土壤除草活性，宜采用扇形雾喷头均匀喷施，严禁"草多处多喷"和漏喷。

烟嘧磺隆 nicosulfuron

$C_{15}H_{18}N_6O_6S$，410.41

其他名称 玉农乐、烟磺隆。

主要剂型 40g/L可分散油悬浮剂，75％水分散粒剂。

作用特点 内吸性除草剂，被叶和根迅速吸收，并通过木质部和韧皮部迅速传导。通过乙酰乳酸合成酶来抑制支链氨基酸的合成。施用后杂草立即停止生长，4～5天新叶褪色、坏死，并逐步扩展到整个植株，一般条件下处理后20～25天植株死亡。玉米对该药有较好的耐药性，处理后出现暂时褪绿或轻微的发育迟缓，但一般能迅速恢复而且不减产。

防治对象 玉米田防除多种一年生禾本科杂草、阔叶杂草及莎草科杂草，如稗草、马唐、狗尾草、马齿苋、苋菜、蓼及香附子等。

使用方法 玉米3～5叶期（杂草3叶期左右），每亩用40g/L烟嘧磺隆可分散油悬浮剂70～100mL，兑水30～40kg，茎叶处理。

注意事项

（1）磺酰脲类药效较高，且易产生药害，因此使用时应严格按照标签上的说明用药。

（2）作物对象玉米为马齿型和硬玉米品种。甜玉米、爆裂玉米、制种田玉米、自留玉米种子不宜使用。初次使用的玉米种子，需经安全性试验确认安全后，方可使用。

（3）不要和有机磷杀虫剂混用或使用本剂前后7天内，不要使用有机磷杀虫剂，以免发生药害。

（4）施药数日后，有时会出现作物褪色或抑制生长的情况，但不会影响作物的生长和收获。

（5）此药剂用在玉米以外的作物上会产生药害，施药时不要把药剂洒到或流入周围的其他作物田里。

（6）施药后一周内培土会影响除草效果。

野麦畏 triallate

$$C_{10}H_{16}Cl_3NOS，304.65$$

其他名称 阿畏达、燕麦畏。

主要剂型 40％微囊悬浮剂，37％、400g/L乳油。

作用特点 防除野燕麦类的选择性土壤处理剂。野燕麦在萌发通过土层时，主要由芽鞘或第一片子叶吸收药剂，并在体内传导，生长点部位最为敏感，影响细胞分裂和蛋白质的合成，抑制细胞伸长，芽鞘顶端膨大，鞘顶空心，致使野燕麦不能出土而死亡。而出苗后的野燕麦，由根部吸收药剂，野燕麦吸收药剂中毒后，生长停止，叶片深绿，心叶干枯而死亡；小麦萌发24h后便有分解野麦畏的能力，而且随生长发育抗药性逐渐增强，因而小麦有较强的耐药性，野麦畏挥发性强，其蒸气对野燕麦也有毒杀作用，施后要及时混土。在土壤中主要为土壤微生物所分解。

防治对象　小麦、大麦、青稞、油菜、豌豆、蚕豆、亚麻、甜菜、大豆等作物田防除野燕麦。

使用方法

（1）小麦播前混土　一般用于气候干旱地区。播种前把地平整耙平，每亩用400g/L野麦畏乳油150～200mL，兑水50kg或混细潮土25～30kg，均匀喷雾或撒施土表，然后即行混土，混土深度为5～10cm，混土后即可播种，播种深度为3～4cm。

（2）小麦播后苗前　一般适用于多雨水，土壤潮湿地区和冬小麦地区使用，作物播种后至出苗前，每亩用400g/L野麦畏乳油150～200mL，兑水30～50kg或混细潮土25～30kg，均匀喷雾或撒施土表，然后进行浅混土，深度为1～3cm。播种深度为4～5cm。

（3）小麦苗期处理　适于有灌溉条件的麦区使用。小麦3叶期，野燕麦2～3叶期，每亩用400g/L野麦畏乳油200mL，结合追肥尿素或拌细潮土25kg，充分混合，均匀撒施，施后马上灌水。

（4）秋天施药　适用于东北、西北冬寒地区。在土壤结冻前，每亩用400g/L野麦畏乳油200～250mL，兑水20～30kg或混细潮土25kg，均匀喷雾或撒施土表，随后混土10cm。翌年春播大麦或小麦。

注意事项

（1）野麦畏有挥发性，需随施随混土，否则药效会严重降低。

（2）种子与药接触会产生药害，务必使播种深度与施药层分开。

野燕枯 difenzoquat

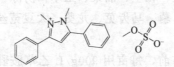

C$_{18}$H$_{20}$N$_2$O$_4$S，360.43

其他名称　燕麦枯。

主要剂型　40％水剂。

作用特点　选择性苗后处理剂，主要用于防除野燕麦，作用于植株的生长点，使顶端、节间分生组织中细胞分裂和伸长受破坏，抑制植株生长。

防治对象　小麦田防除野燕麦。

使用方法　小麦田野燕麦3～5叶期，每亩用40％野燕枯水剂200～250mL，兑水20～30kg，茎叶喷雾。

注意事项

(1) 燕麦枯不可与除阔叶草的钠盐或钾盐除草剂及二甲四氯丙酸混用，需要间隔 7 天。

(2) 在土壤水分和空气湿度大的条件下，药剂渗入作用加强，能提高药效。

(3) 与 72% 的 2,4-D 丁酯混用，兼除阔叶杂草并有相互增效作用，但 2,4-D 丁酯亩用量不能超过 50mL，还应注意药剂漂移会使邻近对 2,4-D 丁酯敏感的阔叶作物受害。

(4) 喷雾完后应将喷雾器械彻底清洗干净。

(5) 推荐剂量下对小麦安全，不同品种小麦耐药性有差异，用药后可能会出现暂时褪绿现象，20 天可恢复正常，不影响产量。

乙草胺 acetochlor

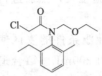

$C_{14}H_{20}ClNO_2$，269.77

其他名称 乙基乙草安、禾耐斯、消草安。

主要剂型 40%、48% 水乳剂，50%、81.5%、89%、900g/L 乳油。

作用特点 选择性芽前除草剂。可被植物幼芽吸收，单子叶植物通过芽鞘吸收，双子叶植物下胚轴吸收传导，必须在杂草出土前施药，有效成分在植物体内干扰核酸代谢及蛋白质合成，使幼芽、幼根停止生长，如果田间水分适宜幼芽未出土即被杀死；如果土壤水分少，杂草出土后，随土壤湿度增大杂草吸收药剂后而起作用，禾本科杂草致叶卷曲萎缩，其他叶皱缩，整株枯死。

防治对象 大豆、棉花、花生、油菜、玉米田防除一年生禾本科杂草和部分阔叶杂草，如马唐、反枝苋、藜、马齿苋、龙葵、大豆菟丝子等。

使用方法

(1) 玉米 作物播后苗前，每亩用 900g/L 乙草胺乳油 100～120mL（东北地区）或 60～100mL（其他地区），兑水 40～60kg，土壤喷雾，防除一年生禾本科杂草和阔叶杂草。施药前整地要平整，避免有大土块及植物残渣。田间无积水。

(2) 大豆 作物播后苗前，每亩用 900g/L 乙草胺乳油 100～140mL（东北地区）或 60～100mL（其他地区），兑水 40～60kg，土壤喷雾，防除一年生禾本科杂草和阔叶杂草。

(3) 花生 作物播后苗前，每亩用 900g/L 乙草胺乳油 58～94mL，兑水 40～60kg，土壤喷雾，防除一年生禾本科杂草和阔叶杂草。

(4) 油菜 移栽后，每亩用 900g/L 乙草胺乳油 40～60mL，兑水 40～60kg，

土壤喷雾，防除一年生禾本科杂草和阔叶杂草。

（5）棉花　作物播前或播后苗前，每亩用 900g/L 乙草胺乳油 60～70mL（南疆地区）、70～80mL（北疆地区）或 60～80mL（其他地区），兑水 40～60kg，土壤喷雾，防除一年生禾本科杂草和阔叶杂草。

注意事项

（1）杂草对本剂的主要吸收部位是芽鞘，因此必须在杂草出土前施药。只能作土壤处理，不能作杂草茎叶处理。

（2）本剂的应用剂量取决于土壤湿度和土壤有机质含量，应根据不同地区，不同季节确定使用剂量。

（3）黄瓜、水稻、菠菜、小麦、韭菜、谷子、高粱不宜用该药，水稻秧田绝对不能用。

（4）未使用的地方和单位应先试验后推广。

乙羧氟草醚 fluoroglycofen-ethyl

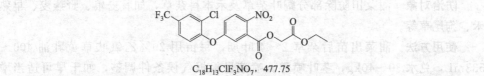

$C_{18}H_{13}ClF_3NO_7$，477.75

其他名称　克草特。

主要剂型　10％、20％乳油，20％微乳剂。

作用特点　新型高效二苯醚类苗后除草剂。它被植物吸收后，使原卟啉氧化酶受抑制，生成对植物细胞具有毒性的四吡咯，积聚而发生作用。它具有作用速度快、活性高、不影响下茬作物等特点。

防治对象　防除藜科、蓼科、苋菜、苍耳、龙葵、马齿苋、鸭跖草、大蓟等多种阔叶杂草。

使用方法

（1）春大豆　春大豆 2 片复叶期以后，阔叶杂草 2～5 叶期，每亩用 20％乙羧氟草醚乳油 30～40mL，兑水 30～50kg，茎叶喷雾。

（2）夏大豆　夏大豆 1～2 片复叶，杂草 2～4 叶期，每亩用 20％乙羧氟草醚乳油 20～30mL，兑水 30～50kg，茎叶喷雾。

（3）花生　阔叶杂草 2～4 叶期，每亩用 10％乙羧氟草醚乳油 25～30mL，兑水 30～50kg，茎叶喷雾。

（4）棉花　阔叶杂草 3～5 叶期，每亩用 10％乙羧氟草醚乳油 30～40mL，兑水 30～40kg，茎叶喷雾。

（5）春小麦　春小麦 3～4 片复叶期，阔叶杂草 2～5 叶期，每亩用 10％乙羧氟草醚乳油 40～60mL，兑水 30～40kg，茎叶喷雾。

注意事项

（1）施药后，大豆会发生触杀性灼伤，施药 2 周后恢复，不影响产量。

（2）应在当地农技部门指导下使用，应先试验后推广。本品为触杀型，施药应均匀。

乙氧呋草黄 ethofumesate

$C_{13}H_{18}O_5S$，286.34

其他名称　甜菜宝、灭草呋喃。

主要剂型　20％乳油。

作用特点　苯并呋喃类芽前芽后选择性除草剂，通过抑制植物体脂类物质合成，阻碍分生组织生长和细胞分裂，限制蜡质层的形成，从而使杂草死亡。

防治对象　甜菜田防除部分阔叶杂草及禾本科杂草，如看麦娘、野燕麦、早熟禾、狗尾草等。

使用方法　甜菜出苗后杂草 2～4 叶期，每亩用 20％乙氧呋草黄乳油 400～533mL，兑水 30～40kg，茎叶喷雾。喷液量根据气候条件调整，如干旱可适当增大喷液量，不能超过标准制剂用药量。

注意事项

（1）施用时不得与酸、碱性农药混用，以免本药剂在酸、碱性介质中水解影响药效。干旱及杂草叶龄较大时施药会降低药效，因此在苗后尽早施药。

（2）远离水产养殖区施药，施药后剩余药液与施药器械应避免倒入河塘或在河塘内清洗，以免污染水源。用完的空包装应集中处理，不得随意丢弃，以免污染环境。

（3）开花植物花期、桑园及蚕室附近禁用。

（4）本品对蜂、鸟、鱼、蚕均为低毒。

（5）药剂配制采用两次稀释，充分混合，本品严禁加洗衣粉等助剂。

乙氧氟草醚 oxyfluorfen

$C_{15}H_{11}ClF_3NO_4$，361.70

其他名称　氟硝草醚、果尔、割草醚。

主要剂型　20％、24％乳油，35％悬浮剂。

作用特点　二苯醚需光型触杀性除草剂，在有光的情况下发挥杀草作用。主要通过胚芽鞘、中胚轴进入植物体内，经根部吸收较少，并有极微量通过根部向上运输进入叶部。芽前和芽后早期施用效果最好，对种子萌发的杂草除草谱较广，能防除阔叶杂草，莎草及稗，但对多年生杂草只有抑制作用。在水田里，施入水层中后在24h内沉降在土表，水溶性极低，移动性较小，施药后很快吸附于0～3cm表土层中，不易垂直向下移动，三周内被土壤中的微生物分解成二氧化碳，在土壤中半衰期为30天左右。

防治对象 姜、蒜、水稻、夏大豆、花生、苹果园等防除苍耳、龙葵、铁苋菜、狗尾草、野西瓜苗、反枝苋、马齿苋、鸭跖草、藜类等多种一年生杂草。

使用方法

(1) 甘蔗 甘蔗芽前和芽后早期，每亩用240g/L乙氧氟草醚乳油40～50mL，兑水30～40kg，土壤喷雾。

(2) 生姜 生姜芽前，每亩用240g/L乙氧氟草醚乳油40～50mL，兑水30～40kg，播后苗前土壤喷雾。

(3) 大蒜 大蒜芽前，每亩用240g/L乙氧氟草醚乳油40～50mL，兑水30～40kg，播后苗前土壤喷雾。沙质土用低剂量，壤质土、黏质土用较高剂量。地膜大蒜先播种，浅灌水，水干后施药再覆膜。

(4) 水稻移栽田 水稻移栽后5～7天（东北地区水稻移栽后3～5天），水稻缓苗后，稗草1叶1心期前施药，每亩用240g/L乙氧氟草醚乳油15～20mL，拌药土10～15kg，撒施，勿喷雾。药后保证水层在3～4cm，需至少维持5～6天。特别注意：严禁大水淹没水稻心叶，水位切勿高过心叶部位。

(5) 花生 花生芽前，每亩用24%乙氧氟草醚乳油40～60mL，兑水30～40kg，播后苗前土壤喷雾。

(6) 棉花 棉花芽前，每亩用24%乙氧氟草醚乳油40～60mL，兑水30～40kg，播后苗前土壤喷雾。

(7) 夏大豆 大豆芽前，每亩用24%乙氧氟草醚乳油40～60mL，兑水30～40kg，播后苗前土壤喷雾。

注意事项

(1) 该药为触杀型，因此喷药时要均匀，施药剂量要准。

(2) 插秧田使用时，药土法施用比喷雾安全，应在露水干后施药。施药田整平，保水层，切忌水层过深淹没稻心叶在移栽稻田使用，稻苗高应在20cm以上，秧龄应在30天以上的壮秧，气温达20～30℃。切忌在日温低于20℃，土温低于15℃或秧苗过小，嫩弱或遭伤害未恢复的稻苗上施用。勿在暴雨来临之前施药，施药后遇暴雨田间水层过深，需要排出深水层，保浅水层，以免伤害稻苗。

(3) 该药用量少，活性高，对水稻、大豆易产生药害。初次使用时应根据不同气候带先经小规模试验，找出适合当地使用的最佳施药方法和最适剂量后，再大面积使用。

乙氧磺隆 ethoxysulfuron

$C_{15}H_{18}N_4O_7S$，398.39

其他名称　乙氧嘧磺隆、太阳星。

主要剂型　15％水分散粒剂。

作用特点　内吸选择性土壤兼茎叶除草剂，在植株体内传导，通过抑制杂草体内乙酰乳酸合成酶（ALS）的活性，从而阻碍亮氨酸、异亮氨酸、缬氨酸等支链氨基酸的合成，使细胞停止分裂，最后导致杂草死亡。

防治对象　水稻田防除阔叶杂草及莎草，如鸭舌草、三棱草、飘拂草、异型莎草、碎米莎草、牛毛毡、水莎草、萤蔺、野荸荠、眼子菜、泽泻、鳢肠、矮慈姑、慈姑、长瓣慈姑、狼巴草、鬼针草、草龙、丁香蓼、节节菜、耳叶水苋、水苋菜、四叶萍、小茨藻、苦草、水绵、谷精草等。

使用方法

（1）水稻移栽田

①水稻移栽、抛秧后10～20天，阔叶杂草2～4叶期，每亩用15％乙氧磺隆水分散粒剂3～5g（华南地区）、5～7g（长江流域区）、7～14g（华北、东北地区），兑水10～25kg，茎叶喷雾。

②插秧稻、抛秧稻栽后3～6天（南方）、4～10天（北方），杂草2叶期前，每亩用15％乙氧磺隆水分散粒剂3～5g（华南地区）、5～7g（长江流域区）、7～14g（华北、东北地区），与5～7kg沙土或化肥混匀后，均匀撒施到3～5cm水层的稻田中，施用后保持3～5cm水层7～10天，勿使水层淹没稻苗心叶。

（2）水稻直播田

①直播稻播后10～15天（南方）、15～20天（北方），稻苗2～4叶期，每亩用15％乙氧磺隆水分散粒剂4～6g（华南地区）、6～9g（长江流域区）、10～15g（华北、东北地区），兑水10～25kg，在稻田排水后进行杂草茎叶喷雾处理。施药后2天恢复水层，并保持7～10天只排不灌。

②直播水稻2～4叶期，每亩用15％乙氧磺隆水分散粒剂4～6g（华南地区）、6～9g（长江流域区）、10～15g（华北、东北地区），与5～7kg沙土或化肥混匀后，均匀撒施到3～5cm水层的稻田中，施用后保持3～5cm水层7～10天，勿使水层淹没稻苗心叶。

注意事项

（1）水稻整个生育期最多使用1次。

（2）严格按推荐的使用技术均匀施用，不得超范围使用。不宜栽前使用。盐碱地中采用推荐的低用药量，施药 3 天后可换水排盐。

（3）本品对水生藻类有毒，应避免其污染地表水、鱼塘和沟渠等，其包装等污染物宜作焚烧处理，禁止他用。

（4）本品对皮肤、眼睛有轻微刺激作用，误用可能损害健康，应避免眼睛和身体直接接触。施用时应戴防护镜、口罩和手套，穿防护服，并禁止饮食、吸烟、饮水等；使用后应用肥皂和清水彻底清洗暴露在外的皮肤。

（5）专门防除大龄草和扁秆藨草、矮慈姑等多年生莎草或阔叶草时，应酌情加大用量至最高推荐药量，并于杂草 1～3cm 高且尚未露出水面时施药。防除露出水面的大叶龄杂草时，应采用茎叶喷雾。

异丙草胺 propisochlor

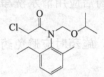

$C_{15}H_{22}ClNO_2$，283.80

其他名称　普乐宝。

主要剂型　50%、720g/L、900g/L 乳油。

作用特点　内吸传导型选择性芽前除草剂，是植物发芽抑制剂，主要通过植物幼芽鞘和幼茎吸收。

防治对象　水稻、玉米、甘薯（地瓜）、春油菜、花生、春大豆等防除一年生禾本科及部分阔叶杂草，如稗草、狗尾草、马唐、鬼针草、看麦娘、反枝苋、卷茎蓼、本氏蓼、大蓟、小蓟、猪毛菜、苍耳、苘麻、牛筋草、秋稷、马齿苋、藜、龙葵、蓼等。

使用方法

（1）春大豆　大豆播后苗前，每亩用 720g/L 异丙草胺乳油 150～200mL（东北地区），兑水 40～50kg，土壤喷雾，防除一年生禾本科杂草及部分阔叶杂草。

（2）春玉米　玉米播后苗前，每亩用 720g/L 异丙草胺乳油 150～200mL（东北地区），兑水 40～50kg，土壤喷雾，防除一年生禾本科杂草及部分阔叶杂草。

（3）春油菜　油菜播后苗前，每亩用 720g/L 异丙草胺乳油 125～175mL，兑水 40～50kg，土壤喷雾，防除一年生禾本科杂草及部分阔叶杂草。

（4）花生　花生播后苗前，每亩用 720g/L 异丙草胺乳油 120～150mL，兑水 40～50kg，土壤喷雾，防除一年生禾本科杂草及部分阔叶杂草。

（5）夏玉米　玉米播后苗前，每亩用 720g/L 异丙草胺乳油 120～150mL，兑水 40～50kg，土壤喷雾，防除一年生禾本科杂草及部分阔叶杂草。

（6）水稻移栽田　水稻移栽后 3～5 天，每亩用 50％异丙草胺乳油 15～20g（南方地区），用少量水稀释后拌细土（或化肥）15～20kg，均匀撒施。药前稻田保持 3～4cm 深水层（水层不能淹没水稻心叶），药后保持水层 7～10 天，以后转正常管理。

（7）甘薯（地瓜）　将地瓜沟拢好，土块弄碎，麦茬田应清除净遗留的小麦根茎，在地瓜秧苗移栽后，每亩用 50％异丙草胺乳油 200～250g，兑水 40～60kg，全田均匀喷雾，一次用药即可控制整个作物周期的杂草。

注意事项

（1）不得用于水稻秧田和直播田，不得随意加大用药量。

（2）本品对鱼有毒，对鸟低毒，对蜜蜂有微毒，无接触毒性，施药期间应注意保护水田、湖沼、河川等水域，不得在开花植物花期喷雾。

（3）喷药时应穿上长衣长裤，戴上帽子口罩，避免本药剂接触眼睛和皮肤，操作者不可饮水、吸烟和进食。施药后应用清水洗净暴露的皮肤。

（4）本品易燃，注意防火。

（5）本品对高粱、麦类敏感，施药时应避免药液漂移到上述作物上，以防产生药害。

异丙甲草胺 metolachlor

$$C_{15}H_{22}ClNO_2，283.80$$

其他名称　都尔、稻乐思。

主要剂型　720g/L、960g/L 乳油。

作用特点　酰胺类选择性芽前大田除草剂，通过幼芽吸收，其中单子叶杂草主要是芽鞘吸收，双子叶植物通过幼芽及幼根吸收，向上传导，抑制幼芽与根的生长，敏感杂草在发芽后出土前或刚刚出土即中毒死亡。其作用机理主要是抑制发芽种子的蛋白质合成，其次抑制胆碱渗入磷脂，干扰卵磷脂形成。

防治对象　水稻、甘蔗、大豆、花生、红小豆、西瓜、烟草等防除一年生禾本科和部分阔叶杂草，如稗草、狗尾草、马唐、鬼针草、看麦娘、反枝苋、卷茎蓼、本氏蓼、大蓟、小蓟、猪毛菜、苍耳、苘麻、牛筋草、秋稷、马齿苋、藜、龙葵、蓼等。

使用方法

（1）大豆　大豆播前或播后苗前，每亩用 720g/L 异丙甲草胺乳油 141～181mL，兑水 40～50kg，土壤喷雾，防除一年生禾本科杂草。

（2）甘蔗　甘蔗植后芽前，每亩用720g/L异丙甲草胺乳油125～150mL，兑水40～50kg，土壤喷雾，防除一年生禾本科杂草。

（3）花生　花生播后苗前，每亩用720g/L异丙甲草胺乳油125～150mL，兑水40～50kg，土壤喷雾，防除一年生禾本科杂草。

（4）覆膜移栽西瓜田　西瓜移栽前，每亩用960g/L异丙甲草胺乳油75～130mL，兑水20～30kg，土壤喷雾，防除一年生禾本科杂草。本品用于覆膜移栽西瓜田，施药顺序为整地→喷药→覆膜→扣孔→移栽，并将孔周围用土压膜。施药时间应在上午或傍晚，中午前后气温高时不能喷雾。其他种植模式的西瓜田应先试验，再应用。

（5）水稻移栽田　水稻移栽后3～5天，每亩用720g/L异丙甲草胺乳油15～20g（南方地区），用少量水稀释后拌细土（或化肥）15～20kg，均匀撒施。药前稻田保持3～4cm深水层（水层不能淹没水稻心叶），药后保持水层7～10天，以后转正常管理。

（6）烟草　烟草移栽前后，在降雨或灌溉前，每亩用72%异丙甲草胺乳油100～150mL，兑水40～50kg，土壤喷雾，防除一年生禾本科杂草。若土壤干旱，需确保浇足地表水，或施药后浅混土2～3cm，利于药效发挥；若用于地膜烟，则在盖膜前施用，保持地表湿润或浇足地表水后效果较好。

（7）红小豆　红小豆播后苗前，每亩用720g/L异丙甲草胺乳油120～150mL，兑水40～50kg，土壤喷雾，防除一年生禾本科杂草和阔叶杂草。

注意事项

（1）露地栽培作物在干旱条件下施药，应迅速进行浅混土，覆膜作物田施药不混土，施药后必须立即覆膜。

（2）都尔残效期一般为30～35天，所以一次施药需结合人工或其他除草措施，才能有效控制作物全生育期杂草为害。

（3）采用毒土法，应掌握在下雨或灌溉前后施药。

（4）不得用于水稻秧田和直播田，不得随意加大用药量。

（5）对萌发而未出土的杂草有效，对已出土的杂草无效，做土壤处理使用。

异丙隆 isoproturon

$C_{12}H_{18}N_2O$，206.29

其他名称　3-(4-异丙基苯基)-1,1-二甲基脲。

主要剂型　70%可湿性粉剂、50%悬浮剂。

作用特点　光合作用电子传递的抑制剂，属于取代脲类选择性苗前、苗后除草剂，旱田除草剂。通过杂草根系和幼叶吸收，输导并积累在叶片中，抑制光合作用，导致杂草死亡。

防治对象　冬小麦田防除硬草、茵草、看麦娘、日本看麦娘、牛繁缕、碎米荠、稻茬菜等杂草及部分阔叶杂草。

使用方法　冬小麦田麦苗 1 叶 1 心期，每亩用 70％杀草隆可湿性粉剂 100～114g，兑水40～60kg，茎叶喷雾，防除一年生禾本科和阔叶杂草。注意：寒潮来临前不宜使用本品，可在冷尾暖头时用药。冬季杂草齐苗到小麦三叶期，每亩用50％杀草隆悬浮剂100～150g，兑水 40～60kg，茎叶喷雾。对冬季没用药而造成春季严重草荒的麦田可采取补救措施：在早春二月中旬，每亩用50％杀草隆悬浮剂100～150g，兑水 75kg，配成药液后喷雾。如遇干旱天气，每亩用水应增加到100kg 以上，将有利于药效的发挥。

注意事项

（1）施用过磷酸钙的土壤不要使用该药。

（2）作物生长势弱或受冻害的、漏耕地段及沙性重或排水不良的土壤不宜使用。

（3）有机质含量高的土壤，只能在春季使用，因持效期短。

（4）禁止药液漂移到油菜、蚕豆等阔叶作物上。

异丙酯草醚 pyribambenz-isopropyl

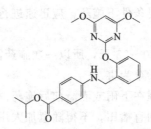

$C_{23}H_{25}N_3O_5$，423.47

其他名称　ZJ0272。

主要剂型　10％乳油。

作用特点　嘧啶类的新型除草剂，由根、芽、茎、叶吸收并在植物体内传导，以根、茎吸收和向上传导为主。

防治对象　冬油菜移栽田防除一年生杂草，如看麦娘、繁缕等。

使用方法　冬油菜移栽田油菜移栽活棵后，禾本科杂草 4 叶期前，每亩用10％异丙酯草醚乳油 35～50g，兑水 30～40kg，茎叶喷雾。

注意事项

（1）喷药时要做到喷匀、喷细，要将杂草全株喷到，利于杂草吸收。

（2）建议在大面积推广应用以前，应针对不同油菜品种开展田间小试。

（3）不宜与酸性或碱性农药混用，以免分解失效。

异噁草松 clomazone

$C_{12}H_{14}ClNO_2$, 239.70

其他名称 广灭灵。

主要剂型 360g/L 微胶囊悬浮剂，480g/L 乳油。

作用特点 选择性芽前除草剂，被吸收后可抑制敏感植物叶绿素的生物合成，使植物在短期内死亡。大豆具有特异代谢作用，使其变为无杀草作用的代谢物而具有选择性。与土壤有中等程度的黏合性，在土壤中主要由微生物降解。

防治对象 水稻田防除千金子、稗草；油菜田防除一年生杂草；夏大豆田防除一年生禾本科及部分阔叶杂草。

使用方法

（1）水稻移栽田 水稻移栽后 5 天，每亩用 360g/L 异噁草松微胶囊悬浮剂 27.8～35mL，拌细潮土 10～15kg，撒施，施药时田间保持水层 2～3cm，药后保水 5 天，防除稗草和千金子。

（2）直播水稻田 南方水稻播种后 7～10 天，北方水稻播种后 3～5 天，每亩用 360g/L 异噁草松微胶囊悬浮剂 27.8～35mL（南方地区）或 35～40mL（北方地区），兑水 40～50kg，茎叶喷雾，药后保持田间湿润，南方水稻药后 2 天建立水层，北方水稻药后 5～7 天建立水层，水层高度以不淹没水稻心叶为准，防除稗草和千金子。

（3）油菜 甘蓝型油菜移栽前 1～3 天，每亩用 360g/L 异噁草松微胶囊悬浮剂 26～33mL，兑水 40～50kg，土壤喷雾，防除一年生杂草。

（4）夏大豆 夏大豆播种后 8～9 天，每亩用 360g/L 异噁草松微胶囊悬浮剂 70～100mL，兑水 40～50kg，茎叶喷雾，防除一年生禾本科杂草和部分阔叶杂草。

注意事项

（1）此药在土壤中的生物活性可持续 6 个月以上，施用此药当年的秋天（即施用后 4～5 个月）或次年春天（即施用后 6～10 个月），都不宜种植小麦、大麦、燕麦、黑麦、谷子、苜蓿。施用此药之后的次年春季，可以种植水稻、玉米、棉花、花生、向日葵等作物。可根据每一耕作区的具体条件安排后茬作物。

（2）此药可与赛克、利谷隆、氟乐灵、拉索等剂混用。用药量同单用，赛克为单用的 1/2，利谷隆为单用的 2/3。当土壤沙性过强、有机质含量过低或土壤偏碱性时，广灭灵不宜与赛克混用，否则会使大豆产生药害。

（3）药剂贮存应遵守一般农药存放条件，放在阴暗、干燥、儿童接触不到的地方。

（4）在水稻、油菜田使用，作物叶片可能出现白化现象，在推荐剂量下使用不影响后期生长和产量。

（5）本品对白菜型油菜和芥菜型油菜敏感，禁止使用。

异噁唑草酮 isoxaflutole

$C_{15}H_{12}F_3NO_4S$，359.32

其他名称　百农思。

主要剂型　75％水分散粒剂。

作用特点　对羟基苯基丙酮酸双氧化酶（HPPD）抑制剂。通过抑制对羟基苯基丙酮酸酯双氧化酶，导致酪氨酸的积累，使质体醌和生育酚的生物合成受阻，进而影响到胡萝卜素的生物合成，因此 HPPD 抑制剂与类胡萝卜素生物抑制剂的作用症状相似。其作用特点是具有广谱的除草活性、苗前和苗后均可使用、杂草出现白化后死亡。虽其症状与类胡萝卜素生物抑制剂的作用症状极相似，但其化学结构特点如极性和电离度与已知的类胡萝卜素生物抑制剂等有明显的不同。

防治对象　玉米田防除一年生杂草，如苘麻、藜、地肤、猪毛菜、龙葵、反枝苋、柳叶刺蓼、鬼针草、马齿苋、繁缕、香薷、苍耳、铁苋菜、水棘针、酸模叶蓼、婆婆纳、马唐、稗草、牛筋草、千金子、大狗尾草和狗尾草等。

使用方法

（1）春玉米　播后苗前，每亩用 75％异噁唑草酮水分散粒剂 8～10g 加 50％乙草胺乳油 130～160mL，兑水 60～75kg，土壤喷雾。

（2）夏玉米　播后苗前，每亩用 75％异噁唑草酮水分散粒剂 5～6g 加 50％乙草胺乳油 100～130mL，兑水 60～75kg，土壤喷雾。

注意事项

（1）播种前，按种子与药液 1∶10 的比例配制好拌种药液后，将药液缓缓倒在种子上，边倒边搅拌直至种子着药（着色）均匀。拌后稍晾干至种子不粘手时即可播种。

（2）处理后的种子切勿食用或作为饲料。

<h1>莠灭净 ametryn</h1>

$$C_9H_{17}N_5S, \ 227.33$$

其他名称　阿灭净。

主要剂型　80%可湿性粉剂，25%泡腾颗粒剂，50%悬浮剂。

作用特点　选择性内吸传导型除草剂。杀草作用迅速，是一种典型的光合作用抑制剂。通过对光合作用电子传递的抑制，导致叶片内亚硝酸盐积累，致植物受害至死亡；其选择性与植物生态和生化反应的差异有关，对刚萌发的杂草防治效果最好。可被 0~5cm 土壤吸附，形成药层，使杂草萌发出土时接触药剂，莠灭净在低浓度下，能促进植物生长，即刺激幼芽与根的生长，促进叶面积增大，茎加粗等；在高浓度下，则对植物又产生强烈的抑制作用。

防治对象　甘蔗、柑橘、玉米、大豆、马铃薯、豌豆、胡萝卜田防除一年生杂草。高剂量可防治某些多年生杂草，还可以防除水生杂草。

使用方法

（1）甘蔗　甘蔗种植后出苗前，杂草萌发前，每亩用 80%莠灭净可湿性粉剂 130~200g，兑水 40~60kg，土壤喷雾。

（2）夏玉米　玉米播后苗前，每亩用 80%莠灭净可湿性粉剂 120~180g，兑水 40~60kg，土壤喷雾。

注意事项

（1）采用二次稀释法配制药液，喷药时每桶水加 1~2 勺洗衣粉，可提高药效。勿与强酸性或强碱性物质混用。

（2）沙性土壤、田内积水或药量过大时，叶片会发黄，但一般 1~2 周可恢复正常，不影响甘蔗生长和产量。

（3）豆类、麦类、棉花、花生、水稻、瓜类及浅根系树木易发生药害，间种这类作物的田块禁用。

<h1>莠去津 atrazine</h1>

$$C_8H_{14}ClN_5, \ 215.69$$

其他名称　阿特拉津、莠去尽、阿特拉嗪。

主要剂型　48%可湿性粉剂，38%、50%、60%悬浮剂，90%水分散粒剂。

作用特点　选择性内吸传导型苗前、苗后除草剂。根吸收为主，茎叶吸收很少，迅速传到植物分生组织及叶部，干扰光合作用，使杂草致死。在玉米等抗性作物体内被玉米酮酶分解生成无毒物质，因而对作物安全。杀草作用和选择性同西玛津，易被雨水淋洗至较深层，致使对某些深根性杂草有抑制作用。在土壤中可被微生物分解，残效期受用药剂量、土壤质地等因素影响，可长达半年左右。

防治对象　玉米、甘蔗、茶园、糜子、公路、铁路及森林防除由种子繁殖的一年生杂草，对许多禾本科杂草也有较好的防效。

使用方法

（1）玉米、高粱、糜子　播后苗前，每亩用38%莠去津悬浮剂300～375mL（东北地区），兑水40～60kg，土壤喷雾，防除一年生杂草。

（2）甘蔗　甘蔗播后苗前、植后苗前，每亩用38%莠去津悬浮剂175～250mL，兑水40～60kg，土壤喷雾，防除一年生杂草。

（3）梨树、苹果树（12年以上树龄）　杂草出苗前，每亩用38%莠去津悬浮剂312.5～437.5mL，兑水40～60kg，土壤喷雾，防除一年生杂草。切勿喷到树枝及叶片上。

（4）公路、铁路、森林　杂草出苗前，每平方米用38%莠去津悬浮剂2～5mL，兑水300～750mL，土壤喷雾，防除一年生杂草。

注意事项

（1）蔬菜、大豆、桃树、小麦、水稻等对莠去津敏感，不宜使用。玉米田后茬为小麦、水稻时，应降低剂量与其他安全的除草剂混用。有机质含量超过6%的土壤，不宜做土壤处理，以茎叶处理为好。

（2）果园使用莠去津，对桃树不安全，因桃树对莠去津敏感，表现为叶黄、缺绿、落果、严重减产，一般不宜使用。

（3）玉米套种豆类，不宜使用莠去津。

（4）莠去津播后苗前土表处理时，要求施药前整地要平。

（5）雨前、雨中（小雨）、雨后土壤墒情较好时施药，提高除草效果。干旱时施药应适当加大兑水量。施药后及时镇压效果更好。

仲丁灵 dibutaline

$C_{14}H_{21}N_3O_4$，295.34

其他名称　丁乐灵、地乐胺、双丁乐灵、止芽素。

主要剂型　30%水乳剂，360g/L、36%、48%乳油。

作用特点　选择性萌芽前除草剂。其作用与氟乐灵相似，药剂进入植物体内后，主要抑制分生组织的细胞分裂，从而抑制杂草幼芽及幼根的生长，导致杂草死亡。

防治对象 防除一年生禾本科杂草如马唐、狗尾草、牛筋草、旱稗等，对部分阔叶杂草如苋藜、马齿苋等也有较好效果。在大豆田进行茎叶处理，可防除大豆菟丝子；适用于棉花、大豆、玉米、花生、蔬菜、向日葵、马铃薯等旱地作物。

使用方法

(1) 棉花 棉花播后苗前，每亩用 30％仲丁灵水乳剂 350～400mL，兑水 40～60kg，土壤均匀喷雾。

(2) 西瓜 西瓜播后苗前（或覆膜前），每亩用 48％仲丁灵乳油 180～200mL，兑水 45～60kg，土壤均匀喷雾。注意：在小拱棚、大棚西瓜田禁用。

(3) 大豆 大豆播前 2～3 天，每亩用 48％仲丁灵乳油 200～300mL（春大豆）或 200～250mL（夏大豆），兑水 45～60kg，土壤喷雾。

(4) 烟草 当大部分植株处于花蕾延长期至始花期进行打顶，打顶同时抹去超过 2.5cm 的腋芽，将所有倾斜或倒伏植株扶直，打顶后 24h 内，每亩用 36％仲丁灵乳油 10～12.5mL 加入 1kg 水中搅拌均匀，以"杯淋法"将稀释后的药液从烟草茎顶部淋下，每株用药液杯喷淋 15～20mL，对烟草具有促进根发育、提高烟草质量、正常使用技术条件下对作物安全等特点。注意：杯淋时用小杯盛装稀释药液，杯口对准烟株打顶处倒下，使药液沿烟茎流到各叶腋部位和所有腋芽接触。

注意事项

(1) 仲丁灵一般要混土，混土深度 3～5cm 可以提高药效。在低温季节或用药后浇水，不混土也有较好的效果。

(2) 茎叶处理防治菟丝子时，喷雾力求细微均匀，使菟丝子缠绕的茎尖均能接收到药剂。

(3) 施药时注意安全防护。

(4) 仲丁灵属芽前除草剂，对已出苗杂草无效，用药前应先拔除已出苗杂草。

唑草酮 carfentrazone-ethyl

$C_{15}H_{14}Cl_2F_3N_3O_3$，412.19

其他名称 快灭灵。

主要剂型 10％可湿性粉剂，40％水分散粒剂，400g/L 乳油。

作用特点 本品为三唑啉酮类农药，通过抑制原卟啉原氧化酶，从而使膜分裂，使敏感杂草传导受阻而很快干枯死亡。

防治对象 冬、春小麦田防除一年生阔叶杂草，如猪殃殃、播娘蒿、宝盖草、麦家公、婆婆纳、泽漆等杂草，特别是防除对磺酰脲类除草剂产生抗性的杂草效果好。

使用方法

（1）春小麦　春小麦3～4叶期，杂草2～3期，每亩用40％唑草酮水分散粒剂5～6g，兑水15～30kg，茎叶喷雾。

（2）冬小麦　冬小麦3叶至小麦拔节前，杂草2～3叶期，每亩用40％唑草酮水分散粒剂4～5g，兑水15～30kg，茎叶喷雾。

注意事项

（1）该药见光后能充分发挥药效，阴天不利药效正常发挥，使用时注意。

（2）本品对后茬作物安全。

（3）喷液量不足时小麦叶片可能出现灼伤斑点，不影响正常生长。

（4）本品对蜂、鸟、鱼、蚕均为低毒。

（5）药剂配制采用两次稀释，充分混合，本品严禁加洗衣粉等助剂。

唑啉草酯 pinoxaden

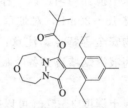

$C_{23}H_{32}N_2O_4$，400.52

其他名称　爱秀。

主要剂型　50g/L、5％乳油。

作用特点　新苯基吡唑啉类除草剂，具有内吸传导性，作用于乙酰辅酶A羧化酶（ACC），造成脂肪酸合成受阻，使细胞生长分裂停止，细胞膜含脂结构被破坏，导致杂草死亡。

防治对象　小麦、大麦田苗后茎叶处理的除草剂，可防除野燕麦、黑麦草、狗尾草、看麦娘、硬草、罔草和棒头草等大多数一年生禾本科杂草。

使用方法

（1）小麦　一年生禾本科杂草3～5期，杂草生长旺盛期施药，每亩用50g/L唑啉草酯乳油60～80mL，兑水15～30kg，茎叶喷雾。

（2）大麦　一年生禾本科杂草3～5叶期，杂草生长旺盛期施药，每亩用50g/L唑啉草酯乳油60～100mL，兑水15～30kg，茎叶喷雾。

注意事项

（1）由于该产品含有可燃的有机成分，燃烧时会产生浓厚的黑烟，它含有危险的燃烧产物。暴露于分解产物中可能会危害到健康。对于小火，灭火材料使用水、抗醇泡沫、干粉或者二氧化碳。对于大火，灭火用抗醇泡沫、水。不要让灭火产生的废水流入下水管或水道。

（2）对于泄漏和溢出，用不可燃的吸附材料（如沙、土、硅藻土、蛭石）装起和收集泄漏物并放入容器内，以便根据当地/国家的法规对容器进行处理。

（3）避免药液漂移到邻近作物田；施药后仔细清洗喷雾器，避免药物残留造成玉米、高粱及其他敏感作物药害。

（4）避免在大幅升降温前后、异常干旱及作物生长不良等条件下施药，否则可能影响药效或导致作物药害。

唑嘧磺草胺 flumetsulam

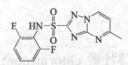

$C_{12}H_9F_2N_5O_2S$, 325.29

其他名称 阔草清。

主要剂型 80%水分散粒剂。

作用特点 乙酰乳酸合成（ALS）抑制剂，对烟草离体 ALS 酶的 I_{50} 值为 0.02mg/kg。无论茎叶或土壤处理，对大多数阔叶杂草、禾本科及莎草科杂草均有高度活性，土壤处理的杀草谱更广。

防治对象 大豆田、春玉米田、夏玉米田土壤处理，小麦田茎叶处理，防除阔叶杂草。

使用方法

（1）冬小麦 小麦 2～3 叶期，每亩用 80%唑嘧磺草胺水分散粒剂 1.67～2.5g，兑水 15～30kg，茎叶喷雾。

（2）大豆 大豆播前或播后芽前，每亩用 80%唑嘧磺草胺水分散粒剂 3.75～5g，兑水 15～30kg，土壤喷雾。

（3）春玉米 春玉米播前或播后芽前，每亩用 80%唑嘧磺草胺水分散粒剂 3.75～5g，兑水 15～30kg，土壤喷雾。

（4）夏玉米 夏玉米播前或播后芽前，每亩用 80%唑嘧磺草胺水分散粒剂 2～4g，兑水 15～30kg，土壤喷雾。

注意事项

（1）用于芽前表面处理或播前土壤混拌除草剂，能防除大豆、玉米等阔叶杂草，对禾本科和莎草科杂草效果较差。

（2）后茬勿轮作棉花、甜菜、油菜、向日葵、高粱及番茄。

（3）对鱼类有害，应避免药液流入湖泊、河流或鱼塘中。

（4）施药时地表不宜太干燥或下雨，避免药液漂移到邻近作物上。

第五章
植物生长调节剂

矮壮素 chlormequat

$$C_5H_{13}Cl_2N, \ 158.07$$

其他名称 CCC、三西、稻麦立、氯化氯代胆碱。

主要剂型 30%悬浮剂，18%、25%、50%水剂，80%可溶性粉剂。

作用特点 矮壮素属植物生长延缓剂，主要抑制植株体内赤霉素的生物合成，可抑制植物细胞伸长但不影响细胞分裂，最终使植物矮化，茎秆粗壮，叶色变深，叶片增厚。具有控制植株营养生长，抗倒伏，增强光合作用，提高抗逆性，改善品质，提高产量等作用。

防治对象 主要用于培育小麦、玉米、高粱作物的壮苗；抑制水稻、小麦、大麦、玉米、甘薯、棉花、大豆、黄瓜等作物的茎叶生长，抗倒伏；促进马铃薯、甘薯、胡萝卜的块茎生长等。

使用方法

（1）甜瓜、西葫芦、青瓜等作物，在苗期15片叶左右时，使用100～500mg/L药液进行全株喷雾，可控制瓜苗徒长，促使壮苗、抗旱、抗寒和增产。

（2）小麦、玉米、高粱等作物，在拔节前4天使用1000～3000mg/L药液进行叶面喷施2次（间隔期为10天左右），可以降低植株高度、抗倒伏、增加产量。

（3）番茄苗期使用400～600mg/L药液全面淋洒土壤，可以矮苗，紧凑，抗寒，提早开花结果，并提高果实产量和品质。

（4）马铃薯从现蕾至开花期全株喷施1000～2000mg/L药液，可延缓茎叶生长，使节间缩短，块茎提前形成，生长速度加快，增产。

（5）郁金香、杜鹃等花卉植物，使用1000～3000mg/L药液进行喷施，可起到矮化植株的作用。

（6）辣椒生长过程中，若出现徒长现象，可采用 200～400mg/L 药液进行茎叶喷雾，能控制徒长和提高坐果率。

（7）使用 60～100mg/L 药液在甘蓝、芹菜和其他叶菜类作物的生长点进行喷雾施药，可有效控制抽薹和开花。

注意事项

（1）矮壮素作矮化剂使用时，被处理的作物需做好水肥管理，当施用植株有旺长之势时使用效果才好。

（2）当植株长势弱，生长环境肥力差时，请勿使用，以免造成药害。

（3）矮壮素在棉花上使用时，用量大于 50mg/L，易使叶柄变脆，容易损伤，且施药宜在下午 4：00 以后，以叶面润湿而药剂不流下为宜，这样既可增加叶片的吸收时间，又不会浪费药液。

（4）矮壮素具有一定毒性，使用时勿将药液沾到眼、手、皮肤上，若沾上应尽快用清水冲洗。

（5）矮壮素对不同作物敏感性差异较大，因此在使用时要严格掌握各种作物所需要的适宜浓度和使用时间。

（6）生产使用过程中勿与碱性药物混用。

胺鲜酯 diethl aminoethyl hexanoate

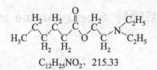

$C_{12}H_{25}NO_2$, 215.33

其他名称　得丰、乙酸二乙氨基乙醇酯、DA-6、胺鲜脂、增效灵、增效胺。

主要剂型　8%、27.5%、30%水剂，8%、80%可溶粉剂。

作用特点　胺鲜酯是一种新型植物生长调节剂，主要通过调节植物体中的内源激素含量，提高植株中叶绿素、蛋白质和核酸的含量；增强植株光合速率，提高过氧化物酶及硝酸还原酶活力；提高植株碳、氮的代谢，增强植株对水、肥的吸收；调节植株体内部水分的平衡，从而提高植株抗旱、抗寒的能力。

防治对象　主要用于番茄、茄子、辣椒等茄果类；黄瓜、南瓜等瓜类；大白菜、菠菜、芹菜、生菜等叶菜类；四季豆、豌豆、扁豆等豆类等。

使用方法

（1）使用 10～20mg/L 胺鲜酯，分别在番茄、茄子、辣椒等茄果类作物幼苗期、初花期和坐果后各喷一次，可起到壮苗、提高抗病抗逆性、早熟和增产的作用。

（2）采用 8～15mg/L 药液进行浸种，可以增加豆类等作物的开花次数，提高根瘤菌固氮能力，结荚饱满，增产增收。

（3）四季豆、豌豆、扁豆等豆类植物在幼苗期、盛花期、结荚期用 5～15mg/L

浓度药液各喷一次，可延长生长期和采收期。

（4）大白菜、菠菜、芹菜、生菜等叶菜类在 3 叶 1 心期，使用 20～60mg/L 浓度药液喷施一次，或在定植后、生长期以间隔 7～10 天以上喷一次，可以促进植物营养生长，健壮植株，提早采收，提高产量。

（5）桃、枣、枇杷、葡萄、杏和樱桃等水果，在始花期、坐果期和果实膨大期各喷施 8～15mg/L 药液一次，可有效提高坐果率、加速果实生长、增加含糖量和提高果树抗逆性。

（6）水稻采用 10～15mg/L 药液浸种 24h，可提高种子发芽率；在分蘖期、孕穗期和灌浆期各喷施一次，可壮秧、增加分蘖、提高结实率和增加产量。

（7）小麦播种前采用 12～18mg/L 药液浸种 8h，可提高发芽率；在三叶期、孕穗期和灌浆期各喷施一次，可使植株粗壮、叶色浓绿、高产早熟和提高结实率。

（8）花卉在生长期，每隔 7～10 天叶面均匀喷施 8～25mg/L 药液一次，可增加节间和叶片数，提早开花，延长花期，增加开花数。

注意事项

（1）胺鲜酯遇碱易分解，应避免与碱性农药、化肥混用。

（2）胺鲜酯在生产中不宜过于频繁使用，应注意使用次数，使用时，间隔期至少在一周以上。

（3）田间施药时，避免在烈日下进行，喷药的人应采取相应的防护措施。

苄氨基嘌呤 6-benzylamino-purine

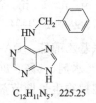

$C_{12}H_{11}N_5$, 225.25

其他名称 保美灵、细胞激动素、6-BA、6-苄基腺嘌呤。

主要剂型 2％可溶液剂，1％可溶性粉剂。

作用特点 苄氨基嘌呤具有较高的细胞分裂活性，可经由植物的种子、根、嫩枝和叶片吸收后，进入植物体内。具有促进细胞分裂、细胞增大增长、诱导种子发芽和休眠芽产生等功能；可抑制植物核酸和蛋白质的分解，延缓组织衰老；具有打破顶端优势，促进侧芽萌发，提高坐果率、增产等效果。

防治对象 适用于调节水稻、白菜营养生长；南瓜、西瓜、甜瓜的保花保果；促进小麦、棉花、玉米的种子发芽，提高结实率；延缓甘蓝、花椰菜、甜椒、瓜类、荔枝的衰老及保鲜。

使用方法

（1）水稻幼苗在 1～2 叶期，使用 10mg/L 药液进行全株喷雾，可防止叶片老化、提高成活率。

（2）西瓜、甜瓜、南瓜等作物在花开当天，使用100mg/L药液对瓜柄进行涂抹施药，可促进坐果。

（3）苹果、梨、蔷薇、茶树等在顶端生长旺盛阶段，使用100mg/L药液进行全株喷雾，可促进植株分枝，抽出健壮的侧枝。

（4）甘蓝、花椰菜、甜椒及瓜类等蔬菜采收时，用10～30mg/L药液进行叶面喷施或采后浸渍，可使其达到延长储存期的效果。

（5）小麦、土豆、棉花等作物，在播种前用10～30mg/L药液进行浸种处理，可促进种子发芽，起到出苗快、壮苗的作用。

（6）洋晚香玉、鸢尾、唐菖蒲等在播前，用10～30mg/L药液对播种材料进行浸渍处理，可打破休眠，促进发芽；小麦、西瓜等用20～30mg/L药液浸种24h，可提高种子发芽率，提高出苗速度。

注意事项

（1）苄氨基嘌呤遇碱易分解，禁止与其他碱性农药或肥料混用。

（2）苄氨基嘌呤针对不同作物的施用浓度差异较大，应掌握好该植物生长调节剂的使用剂量及施用时间，使用时应先进行小规模试用，然后再大面积推广，避免产生药害。

（3）苄氨基嘌呤当用于保花保果和提高单果重时，可与赤霉素混用，两者具有较好的增效作用。

（4）苄氨基嘌呤在植物体内传导性差，单作叶面处理效果欠佳，使用时需注意。

超敏蛋白 harpin protein

其他名称 康壮素。

主要剂型 3%微粒剂。

作用特点 超敏蛋白属天然蛋白质，是一种植物抗病激活剂。可激活植物自身的防御反应，从而使植物自身对多种真菌或细菌产生免疫或自身防御作用。具有促进根系、茎叶和果实生长的效果；能增强光合作用活性，提高光合速率和效率；诱导植物产生抗病性，减轻植物采后病害。

防治对象 可诱导烟草、马铃薯、番茄、大豆、矮牵牛、黄瓜等作物产生抗病性，促进根系、茎叶和果实生长。

使用方法

（1）使用50mg/L药液对辣椒、茄子和番茄进行叶面喷施处理2～3次，可有效增加作物产量和改善品质。

（2）叶菜类蔬菜上使用40mg/L药液进行叶面喷施，可有效促进植株生长，提早开花，增加产量。

（3）黄瓜、冬瓜、西瓜等作物在生长过程中，进行叶面施用60～80mg/L药液

2～3 次，可诱导植株对霜霉病、白粉病产生抗性。

（4）油菜在生长期间，进行叶面喷施 60～100mg/L 药液，可增加油菜分枝数和单角结实数；能诱导植株产生对菌核病的抗性反应。

注意事项

（1）超敏蛋白对温度和光照比较敏感，贮存时应保存于阴凉处，切勿高温暴晒。

（2）超敏蛋白用量极低，使用时应注意用量，多次施药时，间隔期一般为 14 天以上。

赤霉素 gibberellic acid

C₁₉H₂₂O₆, 346.37

其他名称 赤霉酸、九二零、920、奇宝。

主要剂型 4%可溶液剂，10%、20%可溶粉剂，3%、4%乳油。

作用特点 赤霉素具有促进植株茎秆伸长和诱导长日照植物在短日照条件下抽薹开花的生理效应。可刺激植物细胞生长，使植株长高，叶片增大；除此之外，赤霉素还能打破种子、块茎和块根的休眠，促使其萌发；能刺激植株果实生长，提高结实率或形成无籽果实。同时赤霉素还是多效唑、矮壮素等多种生长抑制剂的拮抗剂。

防治对象 可增加黄瓜、茄子、番茄、葡萄、西瓜等坐果或促进无籽果实的形成；能促进芹菜、菠菜、苋菜、生菜等蔬菜作物营养生长；可打破马铃薯、大麦、豌豆、扁豆、兰花、杜鹃等的种子休眠、促进发芽；对脐橙、柠檬、香蕉、黄瓜、西瓜等有延缓衰老及保鲜作用。

使用方法

（1）在黄瓜 1 片真叶期，使用 50～100mg/L 药液喷洒幼苗 1 次，可诱导雌花形成；在开花期，使用相同浓度喷施花朵，可有效提高坐果率、增加产量；采收前，使用 10～20mg/L 药液喷施黄瓜，采收后具有延长贮藏期、保鲜的作用。

（2）西瓜在 2 叶 1 心期，使用 5mg/L 药液涂抹嫩茎或喷施叶面，可诱导雌花形成；采收前，使用 20mg/L 药液喷施西瓜，采收后有延长西瓜贮藏期和保鲜的效果。

（3）茄子、番茄在开花期间，使用 10～20mg/L 药液进行全株喷雾，具有促进坐果、提高坐果率、增加产量的作用。

（4）芹菜在收获前 2～3 周，使用 50～80mg/L 药液喷施植株 2 次（间隔期为

7天），具有促进茎秆增粗、叶片增大和提高产量的作用。

（5）马铃薯在播种前，使用 0.5～1mg/L 药液浸泡种薯 30min，具有打破休眠、促进块茎萌芽、促使苗齐、苗壮和增加产量的作用。

（6）菜用大豆在初蕾期至花期，使用 20～30mg/L 药液均匀喷施大豆植株，具有促进结实和提高产量的作用。

注意事项

（1）赤霉素用作坐果剂时，应在水肥充足的条件下使用；用作生长促进剂时，应与叶面肥配合用，才会更有利于形成壮苗。

（2）赤霉素在偏酸性和中性溶液中较稳定，遇碱易分解，使用时，应注意避免与碱性物质混合。

（3）赤霉素因对光照、温度敏感，50℃以上易分解失效，使用时应避免热源，药液应现配现用。

（4）赤霉素晶体水溶性很低，使用前最好先用少量酒精（或高度白酒）溶解后再加水稀释至所需浓度。

（5）经赤霉素处理后，不孕籽增加，留种田不宜施药。一般作物上使用的安全间隔期为 15 天，每季作物最多使用不超过 3 次。

丁酰肼 daminozide

$$H_2C-C-N-N\begin{matrix}CH_3\\CH_3\end{matrix}$$
（结构式：O、OH、H）
$$H_2C-C-OH$$

$C_6H_{12}N_2O_3$，160.17

其他名称　比久、二甲基琥珀酰肼、调节剂九九五、B9。

主要剂型　50％、92％可溶性粉剂。

作用特点　丁酰肼属于植物生长抑制剂，可以抑制内源激素赤霉素和生长素的生物合成。主要作用为抑制新枝徒长，缩短节间长度，增加叶片厚度及叶绿素含量。可用于防治落花，促进坐果，诱导不定根的形成，刺激根系生长，提高抗寒力等。

防治对象　适用于促进甘薯、大丽花、菊花、一品红等花卉插条生根，提高成活率；抑制苹果、葡萄、花生、番茄、马铃薯、水稻等的徒长，促进作物矮壮；促进葡萄、草莓、樱桃果实坐果、着色和早熟等。

使用方法

（1）马铃薯在开花初期全株喷施 3000mg/L 药液，可抑制地上部分徒长，促进块茎膨大。

（2）苹果在盛花期后 3 周，使用 1000～2000mg/L 药液进行全株喷雾，可抑制新稍旺长，有益于坐果，促进果实着色；在采收前喷施 2000～4000mg/L 药液，可防止落果、延长贮存期。

（3）采用 1000～2000mg/L 药液在桃树、梨树果实成熟前均匀喷施果实 1 次，可使果实增色，促进早熟。

（4）在番茄 1 叶期和 4 叶期，各喷施一次 2500mg/L 的药液，能有效抑制番茄茎叶生长，促进坐果。

（5）大丽花、菊花、一品红、石竹等花卉使用 1000～5000mg/L 药液浸泡插条基部 30s，可促进生根、提高成活率；菊花在移栽后 1～2 周全株喷雾 3000mg/L 药液 2～3 次，可矮化植株、增大花朵。

（6）葡萄在新梢 6～7 叶时，全株喷施 1000～2000mg/L 药液 1 次，可抑制新梢，促进坐果，采收后，将果在相同浓度药液中浸 3～5min，可延长贮存期。

（7）水稻在幼穗分化期使用 4500～7000mg/L 药液进行叶面喷雾，可促进植株矮化，抗倒伏，增强耐寒抗旱能力。

注意事项

（1）丁酰肼使用时需现配现用，若久放变褐色则不能再继续使用。

（2）可与多种农药混用，但不能与碱性物质、油及铜制剂混用。

（3）水肥条件越好使用该药剂的效果越明显，否则使用时会严重减产。

多效唑 paclobutrazol

$$CH_2CHCHC(CH_3)_3$$

$C_{15}H_{20}ClN_3O$, 293.79

其他名称　氯丁唑。

主要剂型　10％、15％可湿性粉剂，25％悬浮剂，5％乳油，20％微乳剂。

作用特点　多效唑属于三唑类植物生长延缓剂，主要通过作物根系吸收，能抑制植物体内赤霉素的合成，也可抑制吲哚乙酸氧化酶的活性，降低吲哚乙酸的生物合成，增加乙烯释放量，延缓植物细胞的分裂和伸长，可使节间缩短、茎秆粗壮，使植株矮化紧凑；还可促进花芽形成，保花保果，对植株病害也有一定的预防作用。

防治对象　主要用于控制苹果、荔枝、龙眼等果树抽梢；水稻、小麦、玉米等粮食作物倒伏；油菜、大豆、花生等油料作物和菊花、水仙等花卉的生长；除此之外，多效唑还可矮化草皮，减少修剪次数。

使用方法

（1）水稻在秧苗 1 叶 1 心期，使用 600mg/L 药液进行喷雾，可控制秧苗高度，培育分蘖多、发根力强的壮秧；在插秧后，穗分化期，使用 400mg/L 药液进行喷雾，可改进株形，使之矮化，减轻倒伏。

（2）苹果、梨、桃、樱桃等果树，幼树采用 500mg/L 药液进行喷雾，可使树冠矮化、紧凑，早开花结果；相同浓度用于成年树，能抑制新梢生长，增加产量，提高质量。

（3）大豆在 4~6 叶期用 100~200mg/L 药液喷叶，可矮化植株，使茎秆变粗，叶柄变短，绿叶数增多，光合作用增强，防落花落荚，增加产量。

（4）花卉在扦插定植 7 天后，用 200mg/L 的药液浇灌土壤，30 天后浇第二次，可促进侧枝生长，造型美观。

（5）在桃树新梢旺盛生长前，用 500mg/L 药液喷叶，可抑制新稍伸长，促进坐果，促进着色，增加产量。

（6）油菜 2 叶 1 心期至 3 叶 1 心期使用 200mg/L 药液进行叶面喷雾，可抑制油菜根茎伸长，促使根茎增粗，培育壮苗。

（7）辣椒、茄子在秧苗 6~7cm 或 5~6 片真叶时，使用 100~200mg/L 药液进行喷雾，具有壮苗效果。

（8）萝卜在块根形成初期，使用 100~150mg/L 药液进行叶面喷雾，可有效防止植株徒长，使植株叶色加深，有明显的增产作用。

（9）柑橘在夏梢期，使用 500mg/L 药液进行叶面喷雾，可明显抑制梢的伸长。

注意事项

（1）多效唑在土壤中残留时间较长，田块收获后必须翻耕，以免对下茬作物有抑制作用。

（2）一般情况下，使用多效唑不易产生药害，若用量过高，秧苗抑制过度时，可增施氮或赤霉素解救。

（3）不同品种的水稻因其内源赤霉素、吲哚乙酸水平不同，生长势也不相同，生长势较强的品种可多用药，生长势较弱的品种则少用。另外，温度高时可多施药，反之则少施。

（4）施药过程中做好保护措施，尽量避免药剂与皮肤、眼睛接触。

氟节胺 flumetralin

C~16~H~12~ClF~4~N~3~O~4~，421.73

$C_{16}H_{12}ClF_4N_3O_4$，421.73

其他名称　抑芽敏。

主要剂型　25%乳油，25%悬浮剂，40%水分散粒剂。

作用特点　氟节胺为接触兼局部内吸型高效烟草侧芽抑制剂，主要用于抑制烟草腋芽发生。作用迅速，吸收快，施药后只要 2h 无雨即可完全吸收，雨季中施药方便。药剂对完全伸展的烟叶不产生药害，对预防烟草花叶病有一定作用效果。

防治对象 用于烟草、棉花等作物上抑制侧芽的产生。

使用方法

(1) 在生产上，当烟草需要进行人工摘除顶芽时，可喷施氟节胺代替人工摘除侧芽。在打顶后 24h，每株施用 500～1000mg/L 药液 10mL，也可采用整株喷雾法、杯淋法或涂抹法进行处理，都会有良好的控侧芽效果。

(2) 用 300～500mg/L 药液对棉花植株进行喷雾处理，可调节棉花侧芽生长。

注意事项

(1) 氟节胺对人畜皮肤、眼、口具有刺激作用，使用时应注意保护，防止药液漂移，施药器械用后及时洗净。

(2) 氟节胺勿与其他农药混用，若误服本药中毒时，可服用医用活性炭解毒。

(3) 氟节胺对鱼有毒，应避免药剂污染水塘、河流。

(4) 氟节胺对温度较为敏感，勿存放在 0℃以下和 35℃以上环境中。

复硝酚钠 sodium nitrophenolate

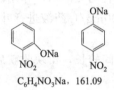

C₆H₄NO₃Na，161.09

其他名称 爱多收、特多收。

主要剂型 0.7％、1.4％、1.8％、1.95％、2％水剂。

作用特点 复硝酚钠属于广谱性植物生长调节剂，可在植物播种到收获期间的任何时期使用，具有高效、低毒、无残留、适用范围广、无副作用、使用浓度范围宽等优点。一般农作物均可以使用，施用后与植物接触能迅速渗透到植物体内，促进细胞原生质的流动，提高细胞活力。能加快植株生长速度，打破种子休眠，促进生长发育，防止落花落果、裂果、缩果等，改善产品品质，提高产量，提高作物的抗性等。除此之外，复硝酚钠还可消除吲哚乙酸形成的顶端优势，以利于腋芽生长。

防治对象 复硝酚钠广泛用于粮食作物、经济作物、瓜果、蔬菜、果树、油料作物及花卉等，可用于种子浸渍、苗床喷灌、叶面和花蕾喷雾等。对水稻、麦类、豆类、玉米等粮食作物，油菜、芝麻等油料作物，棉花，叶菜类蔬菜，十字花科蔬菜，番茄、黄瓜、茄子、西瓜、甜瓜等瓜果类，柑橘、苹果、荔枝、香蕉、龙眼、芒果等水果，可显著增加作物产量，改善品质。

使用方法

(1) 在大麦、小麦播种前用 3mg/L 复硝酚钠溶液浸种 12h，待药液晒至半干后播种，麦种可提早生根、发芽和出苗；番茄、茄子、白菜、马铃薯等种子，用 5mg/L 药液浸种 8～12h，晾干播种，可有效促进出苗。

（2）叶菜类作物生长期用 5mg/L 药液进行叶面喷雾，可有效改善植株营养生长，提高抗病力和增加产量。

（3）番茄、茄子、黄瓜等作物在生长期或花蕾期用 5～10mg/L 药液进行叶面喷施 1～2 次，可提高坐果率，增产。

（4）在水稻秧苗移栽前 4～5 天，使用 2.5～3mg/L 药液喷施一次；在孕穗期和齐穗期再各喷施一次，可有效促进水稻营养生长、提高生长速度。

（5）西瓜在幼苗期、伸蔓期、开花期和结果期使用 3mg/L 药液各喷施一次，可有效减少枯萎病发生、提高坐瓜率、单瓜增重和增加糖分含量。

（6）苹果在开花前 20 天、落花前、幼果期和膨果期各喷施 6mg/L 药液 1 次，可有效提高苹果品质和延长贮藏期。

注意事项

（1）复硝酚钠若使用浓度过高，会对作物幼芽及生长产生抑制作用，使用时需注意控制浓度。

（2）复硝酚钠使用时，喷施要均匀，蜡质多的植物可先加入适量的展着剂再喷施。

（3）复硝酚钠可与一般农药化肥进行混用以增强活性效果。

（4）若需在球茎类叶菜和烟草上使用时，应在结球前和收烟叶前 1 个月停止使用。

（5）复硝酚钠宜贮放于荫凉处。

1-甲基环丙烯 1-methylcyclopropene

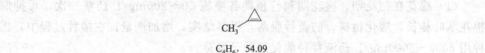

CH_3

C_4H_6, 54.09

其他名称 聪明鲜、鲜安、1-MCP、甲基环丙烯。

主要剂型 0.14%、3.3%微囊粒剂，0.03%粉剂，0.18%泡腾片，2%片剂。

作用特点 甲基环丙烯是一种有效的控制乙烯产生和阻碍乙烯作用的抑制剂。生产中，施用后，1-甲基环丙基可以很好地与乙烯受体结合，从而有效地阻碍乙烯与其受体的正常结合，致使乙烯作用信号的传导和表达受阻，延长果蔬成熟衰老的过程。

使用方法

（1）用熏蒸方式对果蔬、花卉进行处理，保持空气中药剂浓度在 1mg/L 左右，空间密闭 6～12h 后，通风换气，可以达到贮藏保鲜的目的。

（2）用 1mg/L 的甲基环丙烯药液处理八月红梨，可使果实保持较高的硬度，降低果心褐变率，推迟后熟与衰老，延长贮藏和货架期。

注意事项

（1）1-甲基环丙烯活性成分为无色且不稳定的气体，其本身无法单独作为一种产品存在，使用时应注意保存。

（2）1-甲基环丙烯气体一经生成，便即刻与 α-环糊精吸附，形成一种十分稳定的吸附混合物。所以生产中常根据所需浓度，直接加工成所需制剂，一般不存在高浓度原药和稀释使用。

甲哌鎓 mepiquat chloride

$$C_7H_{16}ClN，149.66$$

其他名称　助壮素、缩节胺、调节啶、壮棉素、甲哌啶。

主要剂型　5％、25％、27.5％水剂，5％液剂，20％微乳剂，80％、98％可溶性粉剂。

作用特点　甲哌鎓为内吸性植物生长延缓剂，具有抑制植物细胞伸长和植物体内赤霉素生物合成的作用。可通过植物叶片和根部吸收，最终传导至全株。甲哌鎓能延缓植株营养体生长，使植株节间缩短、粗壮、增强抗逆能力，具有增加叶绿素含量和提高叶片同化作用的能力。

防治对象　可用于控制棉花、番茄、黄瓜、西瓜、甘薯、马铃薯、花生等作物旺长；促进棉花、玉米、葡萄、地瓜、大豆等坐果，增强抗逆性；提高棉花种子发芽率。

使用方法

（1）棉花在初花期、盛花期和打顶期各喷施 50～200mg/L 药液一次，可抑制棉花茎叶徒长，矮化植株，防蕾铃脱落，提早结实，增加产量；在播种过程中，棉种用 3000～5000mg/L 药液拌种能促进种子发芽。

（2）苹果、山楂、葡萄在开花前后进行叶面喷施 100～300mg/L 药液，可防止落花，促进坐果，增加产量。

（3）黄瓜、西瓜从开花到坐果，使用 100mg/L 药液进行整株喷雾，可以促进坐果，增加产量，改善品质。

（4）以 100～200mg/L 药液在大豆、绿豆、豇豆等开花至结荚期进行叶面喷施，可以抑制植株徒长，促进结荚，增加产量。

（5）马铃薯在蕾期至开花期进行叶面喷施 200～300mg/L 药液，可有效控制营养生长，促进生殖生长，明显增加产量。

（6）玉米在大喇叭口期，以 200～300mg/L 药液进行叶面喷施，可控制徒长，增长果穗，减少秃顶，增加产量。

注意事项

（1）施用甲哌鎓要根据作物生长情况而定，土壤肥力条件差、水源不足、长势差的田块，不宜施用。喷施甲哌鎓的田块，要加强肥水管理。

（2）要严格掌握使用该药剂的剂量和施药适期，对于植株生长情况、天气状况、混用农药等必须按照使用说明来使用药剂。遵守一般农药安全使用操作规程，施药人应避免皮肤、眼睛长时间与该药剂接触。

（3）贮存于干燥阴凉处，要严防受潮且不要与食物、种子、饲料混放。

（4）当用作叶面施用时，可适当加入表面活性剂以增强活性。

抗倒酯 trinexapac-ethyl

$$C_{13}H_{16}O_5, \quad 252.26$$

其他名称　挺立、Modus、Omega。

主要剂型　96%、97%、98%原药，11.3%可溶液剂，25%乳油。

作用特点　抗倒酯为植物生长延缓剂，主要为赤霉素生物合成的抑制剂，主要通过抑制植物体内赤霉素的生物合成来调节植物生长。具有抑制作物旺长、防止倒伏的作用。将其施于叶部，可输导到生长的枝条上，抑制作物的旺长，缩短节间长度。

防治对象　在禾谷类作物、甘蔗、油菜、蓖麻、水稻、向日葵和草坪上施用，可明显抑制生长。

使用方法

（1）以100～300mg/L药液在禾谷类作物和冬油菜苗后进行均匀叶面喷施，可防止倒伏和改善产量。

（2）草坪上用150～500mg/L药液进行叶面喷施，可矮化草坪，减少修剪次数。

（3）以100～250mg/L药液对甘蔗进行叶面喷雾施药，可促进甘蔗成熟，增加糖分含量。

注意事项

（1）抗倒酯高温下不稳定，应于低温下贮存，切忌高温与暴晒。

（2）不能与碱性农药混用，以免过快分解。

抗坏血酸 vitamin C

$$C_6H_8O_6, \quad 176.12$$

其他名称　维他命C、维生素C、丙种维生素。

主要剂型 6%水剂。

作用特点 抗坏血酸在植物体内可参与电子传递系统中的氧化还原作用，能促进植物的新陈代谢，也有捕捉植物体内自由基的作用，还可以提高番茄抗灰霉病的能力。

防治对象 广泛用于番茄、菜豆、万寿菊、波斯菊、烟草等。

使用方法

(1) 以 6mg/L 抗坏血酸药液与吲哚丁酸混用，可促进菜豆、万寿菊、波斯菊等插条生根。

(2) 以 5mg/L 抗坏血酸药液对番茄果实进行喷施，可以提高番茄抗灰霉病的能力。

(3) 以 20mg/L 抗坏血酸药液对烟叶进行叶面喷施，可增加烟叶的产量。

注意事项

(1) 抗坏血酸易溶于水，且水溶液接触空气后很快氧化为脱氢抗坏血酸，所以生产中应现配现用。

(2) 抗坏血酸为强还原性药剂，不可与氧化性药剂混用。

氯苯胺灵 chlorpropham

$C_{10}H_{12}ClNO_2$, 213.66

其他名称 戴科、土豆抑芽粉。

主要剂型 2.5%粉剂，99%熏蒸剂，49.65%热雾剂。

作用特点 氯苯胺灵使用后可被禾本科植物的芽鞘、根部和叶子吸收，也可被马铃薯表皮或芽眼吸收，能强烈抑制植物 β-淀粉酶的活性，具有抑制植物 RNA、蛋白质合成，干扰氧化磷酸化和光合作用，破坏细胞分裂的作用。作为植物生长调节剂，可显著抑制贮存时的发芽能力，也可用于疏花、疏果，同时也是一种高度选择性苗前苗后早期除草剂。

防治对象 主要用于马铃薯贮藏期抑制出芽，并是作物苗前苗后早期的除草剂。

使用方法

(1) 用气雾机进行土壤热雾处理，按照每 1000kg 马铃薯施用 49.65%气雾剂 60~80mL，抑制马铃薯出芽用。

(2) 抑制马铃薯出芽也可用 2.5%粉剂按照 400~800g/1000kg 进行土撒施或喷粉。

注意事项

(1) 因氯苯胺灵具有升华特性，且对眼睛有刺激性，因此使用时应注意做好眼部防护。

（2）氯苯胺灵对马铃薯芽具有抑制作用，所以不能用于马铃薯大田的种薯。

（3）为增强使用效果，氯苯胺灵应控制在相对密闭的环境中使用。

氯吡脲 forchlorfenuron

$C_{12}H_{10}ClN_3O$，247.68

其他名称 调吡脲、吡效隆醇、吡效隆、脲动素、施特优。

主要剂型 0.1%、0.3%、0.5%可溶性液剂。

作用特点 氯吡脲是一种新型高效植物生长调节剂，对植物细胞分裂、组织器官的横向生长和纵向生长以及果实膨大具有明显促进作用；可延缓叶片衰老，加强叶绿素合成，提高光合作用，促使叶色加深变绿；在植物生长过程中能打破顶端优势，促进侧芽萌发；氯吡脲还可诱导植物芽的分化，促进侧枝生成，增加枝数，增多花数，提高花粉受孕性；除此之外还可改善作物品质，提高商品性，诱导单性结实，刺激子房膨大，防止落花落果，促进蛋白质合成，提高含糖量等。

防治对象 对西瓜、黄瓜、甜瓜、猕猴桃、葡萄、柑橘、枇杷、梨、苹果、荔枝具有加强细胞分裂，增加细胞数量，加速蛋白质的合成，促进器官形成和提高花粉可孕性的作用效果。

使用方法

（1）在浓度为1mg/L时，可诱导多种植物愈伤组织分化形成芽。

（2）以5～20mg/L药液在桃树、中华猕猴桃开花后20～30天进行喷果处理，可增大果实，促进着色，改善品质。

（3）用20～50mg/L药液在甜瓜、黄瓜等开花前后涂抹果梗，可以调节生长、提高坐瓜率，从而增产。

（4）叶菜类蔬菜采收后用2～5mg/L的药液喷洒叶面或浸渍，可以防止叶绿素降解，延长保鲜期。

（5）葡萄在谢花后10～15天，使用5～15mg/L药液浸渍幼果果穗，可膨大葡萄果实，提高可溶性固形物含量。

（6）小麦和大麦在孕穗期使用5～15mg/L药液进行叶面喷雾，可使种子籽粒饱满，增加产量。

（7）大豆、菜豆在始花期至盛花期，使用1～5mg/L药液进行叶面喷雾，可减少秕荚，促进果实籽粒发育，增加产量。

注意事项

（1）葡萄若使用氯吡脲浓度过高，易降低果实内可溶性固形物的含量，增加酸度，延迟成熟。生产中使用浓度不能随意加大，否则容易导致果实出现味苦、空心、畸形等现象。

（2）生产上应根据植株实际生长情况确定氯吡脲的使用时期、浓度及用量，为保证效果，植株留果量不宜过多且该农药不可重复施用。

（3）氯吡脲需用作坐果剂时，主要对植株花器和果实进行处理，在甜瓜、西瓜上需慎用，以免影响果实的品质。

（4）遇高温天气或大棚内气温达到28℃以上时，须增大10%～30%的兑水量，以免局部浓度过高造成药害。

（5）氯吡脲使用时应现配现用，并且与赤霉素或生长素混用，效果更好。

氯化胆碱 choline chloride

$$H_3C \overset{Cl^-}{\underset{CH_3}{\overset{|}{\underset{|}{N^+}}}} \overset{H_2}{\underset{CH_2}{\overset{}{C}}} OH$$

$C_5H_{14}ClNO$, 139.62

其他名称　氯化胆脂、增蛋素。

主要剂型　60%水剂，18%可湿性粉剂。

作用特点　氯化胆碱可经由植物茎、叶、根吸收，然后较快地传导到靶标位点，其生理作用是可抑制C_3植物的光呼吸，促进根系发育，可使光合产物尽可能多地累积到块茎、块根中去，从而增加产量，改善品质。

防治对象　适用于矮化马铃薯、大豆、玉米植株的高度；改善苹果、柑橘、梨、巨丰葡萄的果实品质。

使用方法

（1）大豆、玉米开花期和2～3叶期及11叶期，分别使用1000～1500mg/L药液进行叶面喷施，可矮化植株，增加产量。

（2）甘薯在移栽时，使用20mg/L药液对植株切口进行浸泡24h，可促进甘薯生根和早期块根膨大。

（3）白菜和甘蓝种子，在种植前使用50～100mg/L药液进行浸种12～24h，晾干后播种，可增加植株营养体含量。

（4）在苹果、梨、柑橘采收前15～60天，用200～500mg/L氯化胆碱药液进行叶面喷施，可增大果实体积，提高糖分含量。

（5）水稻种子经1000mg/L药液进行浸种后，可促进生根，壮苗。

（6）巨峰葡萄在采收前30天，使用1000mg/L的药液进行叶面喷雾，可使葡萄提前着色，增加甜度。

注意事项

（1）氯化胆碱药剂应现配现用，配好的药液不宜放置过夜。

（2）叶面喷洒时，应均匀喷于叶片正反面。不要在高温烈日下喷洒，下午4:00以后喷药效果较好。若喷后6h内遇雨应减半补施。

(3) 氯化胆碱可与弱酸性及中性农药混用，勿与碱性农药或肥料混用。

萘乙酸 1-naphthyl acetic acid

$C_{12}H_{10}O_2$，186.21

其他名称 α-萘乙酸。

主要剂型 0.1％、0.6％、1％、5％水剂，10％泡腾片剂，20％粉剂，1％、20％、40％可溶性粉剂。

作用特点 萘乙酸为生长素类广谱性植物生长调节剂，除具有一般生长素的基本作用外，还具有类似吲哚乙酸的作用特点和生理功能，且不会被吲哚乙酸氧化酶降解，使用后不易产生药害。它主要促进细胞分裂与扩大，诱导形成不定根，增加坐果，防止落果，改变雌、雄花比率等，可经植株叶片、树枝的嫩表皮、种子及根系进入到植株体内，随营养流输导到各个作用位点。

防治对象 适用于促进葡萄、桑、茶等作物不定根和根的形成；促进甘薯、萝卜、白菜果实和块根块茎的迅速膨大；提高柑橘、苹果、梨、红枣、西瓜、南瓜等果实的坐果率；促进小麦、水稻、番茄、棉花等作物生长、健壮植株、增产；另外还可提高某些作物幼苗的抗寒、抗盐能力。

使用方法

(1) 用20～50mg/L药液对花期番茄和西瓜的花进行浸花处理，可防止落花，促进坐果。

(2) 棉花在盛花期用10～20mg/L药液进行叶面喷施2～3次，每次间隔期为10天，可以防蕾铃脱落，提高产量。

(3) 用10～20mg/L药液浸泡茶、桑、侧柏、柞树、水杉、油桐、柠檬等扦插枝条基部3～5cm处，可诱导不定根形成，以促进插条生根，提高成活率。

(4) 用10～20mg/L药液喷施苹果、梨等，可以起到疏花疏果，防止采前落果的作用。

(5) 用10～20mg/L的萘乙酸药液对小麦、玉米、谷子、油菜等种子进行处理，具有壮苗作用。

(6) 用20mg/L药液对柠檬树冠进行喷雾处理，可加速果实成熟，提高产量。

(7) 葡萄植株在扦插前使用20～80mg/L的药液浸泡8～12h，扦插后，可有效促进根系发育；在开花后4～12天，用100～150mg/L药液进行全株喷雾，具有较好的疏果作用，特别是果穗过于密植的品种，能防止果穗腐烂，增大果粒。

注意事项

(1) 萘乙酸难溶于冷水，配制时可先用少量酒精溶解，再加水稀释，或先加少量水调成糊状再加适量水稀释，然后加碳酸氢钠搅拌直至全部溶解。

（2）若在作物坐果期使用，注意尽量对花器喷雾，需作整株喷洒促进坐果时，要少量多次，并与叶面肥、微肥配用为好。

（3）早熟苹果品种使用疏花、疏果易产生药害，不宜使用。

羟烯腺嘌呤 oxyenadenine

$$C_{10}H_{13}N_5O, 219.24$$

其他名称　富滋、玉米素、异戊烯腺嘌呤。

主要剂型　0.01％水剂，0.5％母粉，0.001％、0.004％可溶粉剂。

作用特点　羟烯腺嘌呤属于细胞分裂素，广泛存在于植物种子、根、茎、叶、幼嫩分生组织及发育的果实中。主要由植物根尖分泌传导至其他部位。具有刺激细胞分裂，促进叶绿素形成，加速植物新陈代谢和蛋白质合成的作用。可促使作物早熟丰产，促进花芽分化和形成，防止早衰及果实脱落，提高植物抗病、抗衰老、抗寒能力。

防治对象　主要用于调节水稻、玉米、大豆等作物的生长。

使用方法

（1）蔬菜在大田定植后 10～20 天，使用 0.015mg/L 浓度药液进行叶面喷雾 3 次，每次间隔 10 天，可提高产量。

（2）苹果、梨、葡萄在现蕾、谢花、幼果及果实生长后期，进行叶面喷施 0.02～0.03mg/L 药液 2～3 次，可提高坐果率，促进着色、早熟。

（3）棉花移栽时采用 0.008mg/L 药液进行蘸根；在初花期、结铃期使用 0.002mg/L 药液进行叶面喷雾 3 次，可使结铃数增加并增产。

（4）玉米在穗叶分化期、雌穗分化期和抽穗期，使用 0.04mg/L 浓度药液各喷 1 次。可使玉米拔节、抽雄、扬花及成熟提前，穗秃荚减少，粒重增加。

注意事项

（1）羟烯腺嘌呤用药后 24h 内下雨会降低效果，若使用后遇雨，应注意补喷。

（2）羟烯腺嘌呤使用前要充分摇匀，不能过量，否则反而会减产。

（3）羟烯腺嘌呤应贮存于阴凉、干燥、通风处，切勿受潮。

（4）羟烯腺嘌呤在存放时不可与种子、食物及饲料混放。

噻苯隆 thidiazuron

$$C_9H_8N_4OS, 220.25$$

其他名称 脱叶脲、脱叶灵、脱落宝、塞苯隆、益果灵。

主要剂型 0.1％可溶液剂，50％、80％可湿性粉剂，50％悬浮剂，80％水分散粒剂。

作用特点 噻苯隆为具有激动素作用的植物生长调节剂，在低浓度下能诱导植物愈伤组织分化出芽。使用后可促进坐果和延缓叶片衰老。在棉花上使用后被棉株叶片吸收，可及早促使叶柄与茎之间的分离组织自然形成，而加速棉花落叶，有利于机械收棉花并可使棉花收获提前10天左右，有助于提高棉花品级。

防治对象 主要用于棉花、黄瓜、甜瓜、芹菜、苹果、葡萄等坐果、增产。

使用方法

（1）葡萄在开花期，使用4～6mg/L药液进行全株喷施，可提高坐果率、增加产量。

（2）棉花栽培过程中，当棉桃开裂60％以上时，使用1000mg/L药液进行全株喷雾，10天后棉花开始落叶，吐絮增加，15天达到高峰。

（3）黄瓜、西瓜和甜瓜在即将开放的雌花上使用2mg/L药液进行喷雾，可提高坐瓜率，增加单瓜重量。

（4）苹果在初花期、盛花期和幼果期各进行叶面喷施2mg/L药液一次，可提高坐果率，促进增产。

注意事项

（1）施药时要严格掌握，不宜在早于棉桃开裂60％时喷洒施药，以免影响产量和质量，同时要注意降水情况，施药后2天内下雨会影响使用效果。

（2）严格按使用时间、用量、处理方式操作。不要污染其他作物，以免产生药害。

（3）喷药时要防止药液沾染眼睛，药后需认真清洗喷雾器，余液不要污染水源。

噻节因 dimethipin

$$C_6H_{10}O_4S_2, \quad 210.26$$

其他名称 落长灵。

主要剂型 22.4％悬浮剂，50％可湿性粉剂。

作用特点 噻节因能干扰植物蛋白质合成，对蛋白质转移的作用比放线酮的活性高10倍。噻节因在生产中主要作为脱叶剂和干燥剂使用，可使棉花、苗木、橡胶树和葡萄树脱叶，加速植株自然衰老过程，促进早熟。

防治对象 作用于棉花、苹果、水稻、向日葵、亚麻、油菜等，作为脱叶剂和干燥剂使用。

使用方法

(1) 用于棉花脱叶，施用时间为收获前1～2周，棉铃80％开裂时进行。

(2) 用于水稻和向日葵种子的干燥，宜在收获前2～3周进行。

注意事项

(1) 加乙烯利可抑制棉花再生长，促进成熟和棉铃开裂。

(2) 喷雾要均匀，尽量保证药液覆盖所有叶片。

三十烷醇 triacontanol

$$CH_3(CH_2)_{28}CH_2OH$$

$$C_{30}H_{62}O, \ 438.81$$

其他名称　蜂花醇、蜡醇。

主要剂型　0.1％微乳剂，0.1％可溶液剂，0.5％水乳剂。

作用特点　三十烷醇可被植株茎叶吸收，具有增加植物体内多酚氧化酶活性的作用。使用后可影响植株生长、分化和发育，主要表现为促使生根、发芽、茎叶生长和早熟；增强植株光合强度，提高叶绿素含量，增加干物质的积累；促进作物吸收矿物质元素，提高蛋白质和糖分含量，改善产品品质；还可促进农作物长根、生叶和花芽分化，增加分蘖和促进早熟、保花保果、提高结实率和促进农作物吸水、减少蒸发、增加作物抗旱能力等。

防治对象　适用于水稻、小麦、大豆、甘蔗，促进发芽，提高发芽率；用于甘薯、油菜、花生、棉花、苹果、柑橘、茶树、番茄、辣椒、芹菜、萝卜等改善品质和提高产量。

使用方法

(1) 用0.5～1mg/L药液对于水稻、玉米、大豆、高粱等作物进行浸种处理后再播种，可促进种子发芽；棉花浸种时以0.1mg/L为宜。

(2) 用0.5～1mg/L的三十烷醇药液对叶菜类蔬菜、萝卜、牧草、甘蔗、烟草、苗木等作物进行茎、叶面喷洒，可促进生长，达到增产的目的。

(3) 浓度为0.5～1mg/L的药液在瓜果作物果实快速生长期使用，能提早成熟和增产；食用菌在菌丝体生长初期喷施可增产。

(4) 果树或观赏植物的插条先使用1～5mg/L的三十烷醇药液进行浸泡再移栽，可显著促进生根，提高扦插成活率。

(5) 苹果在采摘前使用1mg/L药液进行喷施，不仅可以提高产量，还可改善苹果的品质。

(6) 柑橘在开花期用0.5mg/L药液进行叶面喷雾，既能提高柑橘着色程度，又能提高产量。

注意事项

(1) 三十烷醇应选择晴天下午使用，稀释液要现配现用，用药适宜温度在20～

25℃，气温超过 30℃或低于 10℃一般不宜施用。若喷药后 6h 内遇雨，应药量减半补喷 1 次。

（2）严格控制药液使用浓度和施药剂量，以免产生药害。浸种浓度过高会抑制种子发芽，因此浸种浓度不可超过 1mg/kg。

（3）市售三十烷醇液剂或乳剂往往会因为气温变化有少量沉淀或结晶物，使用时应反复摇动瓶中药液或置于 50～70℃热水中，待固体物全部溶解后方可使用，以免局部浓度过高造成药害。

调环酸钙 prohexadione-calcium

$C_{20}H_{22}CaO_{10}$, 462.46

其他名称　调环酸、立丰灵。

主要剂型　10％、15％、25％可湿性粉剂，5％、15％悬浮剂，5％泡腾剂。

作用特点　调环酸钙为赤霉素生物合成抑制剂，使用后可降低赤霉素含量，具有促进植株生长发育，减轻倒伏，促进侧芽生长和发根作用。使用后可使茎叶保持浓绿，控制开花时间，提高坐果率，促进果实成熟，除此之外，调环酸钙还可增强植物抗性。

防治对象　主要用于水稻、小麦、大麦和玉米等粮食作物抗倒伏；花卉、马铃薯、花生等控制旺长。

使用方法

（1）水稻、大麦和小麦在拔节前 5～10 天，进行叶面喷施 15～20mg/L 药液，可使植株节间显著缩短，株高降低，抗倒能力显著增强。

（2）苹果、梨、樱桃、柑橘等果树，在开花期后 10 天内，进行叶面喷施100～200mg/L 药液，可显著抑制叶片和枝条的营养生长，增强果实的光照，改善果实品质。

（3）棉花在生长中期，使用 20mg/L 药液进行叶面喷施，可抑制其营养生长，降低植株高度，提高透光性和通风性。

（4）葡萄在谢花后，使用 25mg/L 药液进行叶面喷雾，可抑制葡萄营养生长，提高葡萄色素和酚类含量，改善葡萄品质。

注意事项

（1）使用过程中应注意控制浓度，对未使用过的作物先进行试验后再推广应用。

（2）当主要用作矮化剂时，需注意作物水肥的田间管理，地块肥力差、长势弱的应控制使用。

烯效唑 uniconazole

$C_{15}H_{18}CIN_3O$，291.78

其他名称　特效唑。

主要剂型　30％乳油，10％悬浮剂，20.8％微乳剂，5％可湿性粉剂。

作用特点　烯效唑属三唑类广谱高效植物生长延缓剂，兼有杀菌、除草的作用，是赤霉素合成抑制剂。具有控制营养生长，抑制细胞伸长、缩短节间、矮化植株，促进侧芽生长和花芽形成、增加抗逆性的作用。使用后可通过植物种子、根、芽和叶吸收，并在器官间相互运转，但叶吸收向外运转较少，向顶性明显。

防治对象　可用于水稻、小麦，增加分蘖，控制株高，提高抗倒伏能力；果树控制营养生长的树形；观赏植物控制株形，促进花芽分化和多开花等。

使用方法

（1）水稻种子使用 200mg/L 药液，按种子量与药液量比为 1∶（1.2～1.5），浸种 24～48h，每隔 12h 拌种 1 次，然后用少量水清洗后催芽播种，可促进分蘖，矮化，达到增产的目的。

（2）马铃薯、甘薯等植物在初花期使用 20～50mg/L 药液进行全株喷雾，可以控制营养生长，促进块根、块茎膨大，增加产量。

（3）使用 50mg/L 烯效唑药液在花生初花期进行叶面喷雾，可以矮化植株，使之多结荚，增加产量。

（4）观赏植物使用 10～200mg/L 药液进行喷雾或在种植前以 100～500mg/L 药液浸根、球茎或鳞茎数小时，可控制株形。

（5）油菜秧苗在三叶期，使用 20～40mg/L 药液进行叶面喷洒，可使油菜叶色深绿，叶片增厚，有效荚数增多。

（6）小麦种子用 10mg/L 药液拌种后闷 3～4h，再掺少量细干土拌匀播种，可培育冬小麦壮苗，增强抗逆性，增加年前分蘖，提高成穗率，减少播种量。而在小麦拔节期，均匀喷施 30～50mg/L 药液，可控制小麦节间伸长，增加抗倒伏能力。

注意事项

（1）注意烯效唑用量根据不同植物或同一植物的不同品种有所不同。

（2）对于破碎或长芽的劣质稻种不宜用烯效唑浸种，浸种后应进行催芽，以利于出苗。

（3）与生长促进剂、钾肥混合使用，有利于提高产量。

乙烯利 ethephon

$$ClH_2CH_2C \overset{O}{\underset{}{\diagdown}} P(OH)_2$$

$C_2H_6ClO_3P$，144.49

其他名称 一试灵、乙烯磷、乙烯灵。

主要剂型 30%、40%水剂，10%可溶粉剂，5%膏剂。

作用特点 乙烯利为促进果实成熟和植株衰老的植物生长调节剂，该物质在pH值<3.5的酸性介质中十分稳定，而pH>4时，则分解释放出乙烯。由于一般植物细胞液的pH值多大于4，乙烯利使用后经植物的叶片、皮层、果实或种子吸收进入植物体内，然后传导到起作用的部位，便释放出乙烯，从而产生与内源激素乙烯相同的生理功能，如：促进果实成熟，促进叶片、果实的脱落，矮化植株，改变雌雄花的比率，诱导某些作物雄性不育等。

防治对象 适用于水稻、高粱、玉米、橡胶树、大豆等作物，可调节生长、提高产量；可催熟番茄、棉花、香蕉、柿子、烟草、哈密瓜；可调节杧果、牡丹、菊花、花生、黄瓜花期，提高两性花比例；可提高茶树、天竺葵的抗逆性等。

使用方法

(1) 在橡胶树割胶期，使用50～100mg/L乙烯利药液涂抹橡胶树皮可增加产胶量；用2000～3000mg/L药液喷施橡胶植株，可使橡胶树提前落叶，避开白粉病危害。

(2) 水稻秧苗移栽前15～20天，使用1000mg/L药液进行叶面喷雾，可起到壮苗、矮化和增产作用。

(3) 使用250～1000mg/L药液对番茄、菠萝、香蕉、柿子等进行喷果处理，可促进果实提早成熟。

(4) 黄瓜、葫芦、南瓜葫芦科作物，使用100～250mg/L药液进行全株喷雾，可增加雌花数量。

(5) 杧果在花芽分化前期，使用100～200mg/L药液进行全株喷雾，可促进开花。

(6) 使用800～1000mg/L药液对茶树植株进行全株喷施，可起到增产和抗寒作用。

(7) 使用1000mg/L溶液喷施菊花茎叶，可有效抑制菊花节间伸长和花芽发育。

注意事项

(1) 乙烯利不能与碱性农药混用，以免乙烯利过快分解。

(2) 乙烯利使用时最好现配现用，长期存放的乙烯利最好不再使用。

(3) 乙烯利在天气冷凉、霜冻、土壤干旱等逆境天气下不宜使用。在晴天干燥情况下应用效果好，且使用时要严格掌握药液的喷洒浓度。

（4）若在作物后期施用乙烯利，要及时收获，以免造成催熟过度。

（5）有些作物不宜施用乙烯利，如西瓜采后为了避免农药残留，不宜使用乙烯利。

抑芽丹 maleic hydrazide

$C_4H_4N_2O_2$，112.09

其他名称 青鲜素、马来酰肼。

主要剂型 30.2%水剂。

作用特点 抑芽丹可从植物根部或叶面吸入，由木质部和韧皮部传导至植株体内，通过阻止细胞分裂，从而抑制植物生长。抑制顶端优势和植株顶部旺长，抑制腋芽、侧芽和块茎块根的芽萌发和生长。抑制效果与使用剂量根据作物生长阶段而不同。可用于马铃薯等在贮藏期防止发芽变质；可用于棉花、玉米杀雄；对山桃、女贞等可起到打尖修剪作用；可抑制烟叶侧芽。

防治对象 可用于烟草、马铃薯、萝卜、大白菜、甘薯、黄瓜、柑橘、苹果等。

使用方法

（1）烟田摘心后 10 天左右，在腋芽长出前或长出 2cm 以前，使用 2000～2500mg/L 抑芽丹药液，喷洒上部 5～6 片叶，每隔 7 天左右施药 1 次，共喷 3～4 次，可有效控制腋芽生长。

（2）在马铃薯、大蒜、甜菜、甘薯等收获前 2～3 周用 2000～3000mg/L 的抑芽丹药液喷洒一次，可以有效控制其在贮存期间发芽，延长贮藏期。

（3）胡萝卜在地下根膨大到直径 3cm 左右时，用 1000～3000mg/L 的药液进行叶面喷雾，可促进肉质膨大。

（4）甘蓝、结球白菜等蔬菜作物，在采收前用 1000～3000mg/L 的药液喷洒一次，可抑制抽薹或发芽。

（5）柑橘在夏梢发生初，用 2000mg/L 的药液喷洒全株，可以控制夏梢，促进坐果。

（6）棉花、玉米等开花初期使用 500～1000mg/L 的抑芽丹药液，可以杀死雄蕊。

（7）黄瓜在 1 片和 4～5 片真叶期各喷施 1 次 250～300mg/L 药液，可增加雌花，减少雄花数量。

注意事项

（1）抑芽丹主要为一种除草剂，必须严格控制使用浓度。喷洒过的作物、饲料不能喂饲牲畜，喷洒区内不能放牧。

（2）在收获后不需贮藏的块茎作物上，不可喷洒本品，以免过量残留，食用不安全。

（3）喷药后 12h 内降雨会影响使用效果，若遇上下雨需要补喷。

（4）应贮存于阴凉干燥处。

吲哚丁酸 indolebutyric acid

$C_{12}H_{13}NO_2$，203.24

其他名称　3-吲哚基丁酸、氮茚基丁酸、IBA。

主要剂型　1.05%水剂，2%、50%可溶粉剂，0.075%水分散粒剂，1%、10%可湿性粉剂。

作用特点　吲哚丁酸属于植物内源生长素类调节剂，可促进细胞分裂、伸长和扩大，诱导不定根形成、增加坐果率、防止落果、改变雌雄花比率等；使用后，可经植物各个组织器官吸收，但不易在植株体内传导，生产中主要采用浸液方式用于促进扦插生根或植株调节营养生长；低浓度吲哚丁酸可与赤霉素、激动素协同促进植物的生长发育；高浓度则诱导内源乙烯的生成，促进植物组织或器官的成熟和衰老。

防治对象　用于番茄、辣椒、茄子、草莓等茄果作物及苹果、柑橘、梨、桃等木本果树坐果或单性结实。

使用方法

（1）番茄、辣椒、黄瓜、茄子、草莓等茄果类作物，使用 250mg/L 药液浸渍或喷雾花果，可以促进单性结实和提高坐果率。

（2）茶、桑、松、桧柏等植物在进行扦插时，使用 50～200mg/L 药液处理茎干插条，可促进插条生根。

（3）苹果、桃、猕猴桃等果树，使用 200～1000mg/L 药液进行处理，可促进插枝生根，提高成活率。

（4）水稻、人参及低矮树苗使用 10～80mg/L 药液淋洒土壤，可促使移栽后早生根、根系发达。

（5）用 5～20mg/L 药液浸泡葡萄枝条 24h，可促进枝条生根，提高插枝成活率。

注意事项

（1）吲哚丁酸见光易分解，需避光存放于阴凉干燥处。生产中使用时最好现配现用，不宜长久存放。

（2）吲哚丁酸若与其他具有生根作用的植物生长调节剂混用，可有效增强生根作用，但禁止与强氧化物、碱类物质混用。

（3）生产中对植物插条进行处理时，应注意避免插条幼嫩叶片和心叶接触药液，否则易产生药害。

（4）吲哚丁酸使用时严格掌握使用浓度，无花果对吲哚丁酸敏感，0.6mg/L 吲哚丁酸药液即可使无花果产生药害，使用时应做好预测。

（5）同等情况下，使用高浓度吲哚丁酸快速蘸取的处理方式比低浓度药液长时间浸泡效果更好。

吲熟酯 ethychlozate

$C_{11}H_{11}ClN_2O_2$，238.67

其他名称　J-455、IAZZ、富果乐。

主要剂型　15%、20%乳油，95%粉剂。

作用特点　吲熟酯为吲哚类化合物，可经过植物茎和叶吸收进入植物体内，在植物体内代谢后由酯变为酸而起生理作用。并在植物体内诱导产生内源乙烯，生成隔离层而使幼果脱落，还能提高植物的矿物质和水的代谢功能，控制营养生长，促进生殖生长、早熟增糖、提高果实质量。

防治对象　用于柑橘树、西瓜、甜瓜、葡萄、苹果、梨、桃、菠萝、甘蔗、枇杷等疏花疏果、促进果实成熟，并可改善果品质量。

使用方法

（1）在西瓜生长至 0.25～0.5kg 时，使用 50～200mg/L 药液进行均匀喷雾，可使瓜蔓生长受到抑制，促进西瓜早熟和增加糖分含量。

（2）苹果、梨等果树，使用 100～200mg/L 药液进行叶面喷施后可使果实早熟 5～16 天。

（3）柑橘在盛花期后 35～45 天，果径 20～25mm 时，喷施 100～200mg/L 药液，可使较小的幼果脱落，保留下来的果实大小均匀一致，提早着色，起到疏果的作用。

（4）菠萝在收获前 20～30 天，喷施 100～200mg/L 药液，可促进果肉成熟，提高固态糖含量，同时对葡萄和甘蔗也有增加固态糖的效果。

注意事项

（1）吲熟酯遇碱易分解，勿与碱性农药和肥料混用，同时在使用该药剂前 7～10 天和使用后 1～2 天避免喷洒碱性农药。

（2）气温超过 30℃或雨季、湿度过大时使用吲熟酯容易引起植株落果，所以在不利环境中不宜使用。

（3）生产中同种作物施用吲熟酯的次数一般以 1～2 次/年为宜，间隔期为 15 天。

（4）吲熟酯在作物上的最佳施药期为果实膨大期。

诱抗素 abscisic acid

$$C_{15}H_{20}O_4, \ 264.32$$

其他名称　壮芽灵、脱落酸、S-诱抗素、催熟丹、休眠素、ABA。

主要剂型　0.006%、0.1%、0.25水剂，1%可溶性水剂。

作用特点　诱抗素是植物的"抗逆诱导因子"，可诱导植物产生对不良生长环境的抗性，其中在土壤干旱胁迫时，诱抗素可启动叶片细胞质膜上的信号传导，诱导叶面气孔不均匀关闭，减少植物体内水分蒸腾过快，提高植物抗旱能力；在寒冷胁迫下，可启动植物细胞抗冷基因的表达，诱导植物产生抗旱能力；在某些病虫害的危害下，诱导植物叶片细胞 Pin 基因活化，产生蛋白酶抑制物，阻碍病虫害的进一步危害。

防治对象　用于玉米、小麦、烟草、棉花、水稻、瓜果、花卉等植物提高抗旱性、抗寒性、抗病性和耐盐性。

使用方法

（1）土豆、洋葱在收获后，喷施 10mg/L 药液，可抑制储存期发芽，延长休眠期。

（2）水稻使用 0.3～0.4mg/L 药液进行浸种，可增强秧苗抗病和抗春寒的能力。

（3）棉花使用 1.5～3mg/L 药液进行叶面喷雾，可促进棉苗根系发育，使棉株提前 15 天开花、吐絮，产量明显增加。

（4）烟草在移栽期喷施诱抗素，可使烟苗提早返青，增加须根量。

（5）玉米、小麦、蔬菜在干旱来临前喷施 3～5mg/L 诱抗素，可使气孔关闭，降低蒸腾速率，提高抗旱性。

注意事项

（1）诱抗素为强光分解化合物，应注意避光保存。在配制溶液时，也需注意避光操作。

（2）诱抗素在 0～30℃ 的温水中溶解缓慢，生产上使用时，可先用少量乙醇溶解。

（3）在田间用药时，为避免强光对药效的影响，施药尽量选择在早晨或傍晚进行。

（4）诱抗素施药一次，可持效 7～15 天，在施药过程中，若施药后 12h 内下雨，需补喷一次。

芸苔素内酯 brassinolide

$$C_{28}H_{48}O_6, \quad 480.68$$

其他名称 油菜素内酯、农梨利、益丰素、天丰素。

主要剂型 0.01%、0.15%乳油，0.01%、0.04%、0.15%水剂，0.1%、1.51%水分散粒剂，0.01%可溶液剂。

作用特点 芸苔素内酯属植物内源激素，低浓度时，具有使植物细胞分裂和细胞延长的双重作用，可明显增加植物的营养和生殖生长，使用后既有利于提高植株受精作用，又可促进植株根系发育，增强光合作用，促进作物对肥料的有效吸收，还能提高作物抗旱、抗盐、抗病及抗冻害能力，同时还能降低某些农药对作物所产生的轻微药害。

防治对象 适用于打破小麦、玉米、西葫芦等种子的休眠期，促进发芽，提高发芽率；用于水稻、黄瓜、西瓜、番茄、茄子、辣椒、甘蔗、烟草、脐橙、葡萄等作物加速作物的生长，提高产量；用于花椰菜、苦瓜、芹菜等促进后期生殖生长，增加经济效益。

使用方法

(1) 小麦播种前，用0.05～0.5mg/L药液浸种，可对小麦根系发育和株高有明显促进作用；分蘖期用此浓度药液进行叶面喷雾，能增加分蘖数；孕穗期叶面喷雾，可提高弱势花的结实率、穗重等，同时提高叶绿素含量，增加产量。

(2) 玉米抽花丝期采用0.01mg/L药液对整株进行喷雾，可使玉米叶片增厚，叶绿素增多，具有增产作用。

(3) 黄瓜在苗期使用0.05～0.1mg/L药液喷雾，能提高幼苗抗夜间低温能力；相同浓度药液对西瓜叶面进行叶面喷雾后，可加速西瓜营养生长并增产。

(4) 苹果、梨、荔枝等果树在其生长期使用0.02～0.04mg/L药液进行喷施，可有效调节果实生长，促进增产。

(5) 施用0.01mg/L的药液可促进茄子、番茄、脐橙的结实，增加产量。

(6) 使用0.01mg/L药液对辣椒进行叶面喷雾，可使辣椒植株叶色浓绿，生长速度加快，促进苗期营养生长。

(7) 使用0.01mg/L药液对葡萄进行叶面喷雾或浸蘸葡萄果穗，能显著提高葡萄果穗的坐果率。

（8）脐橙在开花期和第一次生理落果后，进行叶面喷施 0.01mg/L 药液，可有效增加坐果率和增加脐橙糖分含量。

注意事项

（1）施用时，应按兑水量的 0.01％加入表面活性剂，以便药物进入植物体内，且施药人需采取一定的身体保护措施。

（2）芸苔素内酯可与杀虫剂、杀菌剂等农药一起混合喷施，但不能与碱性农药、化肥混用。

（3）该药剂持效期长，每季作物仅需使用1～3次，使用次数过密，会影响增产效果。

（4）本品应密闭，置阴凉干燥处贮存。

增产胺 2-(3,4-dichlorophenoxy)-triethylamine

$C_{12}H_{17}Cl_2NO$，262.18

其他名称 DCPTA、SC-0046。

主要剂型 40％可溶粉剂。

作用特点 增产胺对人畜无任何毒害作用，不会在自然界中残留，可用于各种经济作物和粮食作物生长发育的整个生命周期，且使用浓度范围较宽，可以明显提高药效和肥效。使用后增产胺可通过植物的茎和叶吸收，在植物中直接作用于细胞核，增强酶的活性并导致植物的浆液、油以及类脂肪的含量增加，使作物增产增收。增产胺还能显著地增强植物的光合作用，使用后叶片明显变绿、变厚、变大。增加对 CO_2 的吸收和利用，增加蛋白质、酯类等物质的积累贮存，促进细胞分裂和生长，从而增强植株对水肥的吸收和干物质的积累，调节体内水分平衡，增强作物的抗病、抗旱、抗寒能力，提高作物的产量和品质。

防治对象 广泛用于萝卜、马铃薯、甘薯、人参、芋等块根块茎类作物，促进块根块茎生长，增加产量；用于大白菜、芹菜、菠菜、生菜、甘蓝等叶菜类促进营养生长；用于小麦、水稻、玉米等粮食作物壮苗、壮秆，增强抗逆性；用于苹果、梨、葡萄、柑橘、荔枝等果树保花保果，提高坐果率；用于花卉及观赏植物抗早衰。

使用方法

（1）萝卜、马铃薯、甘薯、人参、芋头等块根块茎类作物，在成苗期、根茎形成期和膨大期整株各均匀喷施 20～30mg/L 药液一次，可使果实膨大，改善品质，增加产量。

（2）大白菜、芹菜、菠菜、生菜、甘蓝等叶菜类，在成苗期和生长期叶面各均匀喷施 20～30mg/L 药液一次，可促使壮苗，提高植株抗逆性，促进营养生长。

（3）大豆、菜豆、荷兰豆、豆角和豌豆等豆类作物，在始花期和结荚期各均匀喷施一次 30～40mg/L 药液，不仅可以提高豆类产量和改善品质，还可以提高脂肪和蛋白含量。

（4）西瓜、甜瓜和哈密瓜等在坐果期和膨果期整株均匀喷施 20～30mg/L 药液，可有效提高坐果率，增加单瓜重量和糖分含量。

（5）水稻、小麦和玉米等粮食作物，在拔节期、抽穗扬花期和灌浆期喷施 20～30mg/L 药液，可促使壮苗，灌浆充分，增加千粒重。

（6）苹果、梨、葡萄、柑橘、荔枝等果树，在始花期、坐果后和膨果期整株各均匀喷施 20～30mg/L 药液，可达到保花保果，提高坐果率，调节果实大小，增加着色等目的。

（7）番茄、茄子和辣椒等在初花期和坐果后整株叶面喷施 20～30mg/L 药液，可起到增花保果，提高坐果率的作用。

（8）花卉及观赏作物，在成苗后和花期均匀喷施 10～20mg/L 药液，可防止花叶衰败，使叶片保绿保鲜。

增产灵 4-iodophenoxyacetic acid

$$I-\!\!\!\langle\bigcirc\rangle\!\!\!-O-CH_2COOH$$

$C_8H_7IO_3$，278.04

其他名称　4-IPA、保棉铃。

主要剂型　90％可溶粉剂，95％粉剂。

作用特点　增产灵为苯氧类植物生长调节剂，使用后，增产灵能调节植物体内的营养从营养器官转移到生殖器官，加速细胞分裂，促进作物生长，缩短发育周期，促进开花、结实，还有保花保果作用。

防治对象　用于棉花防止蕾铃脱落，增加铃重；用于小麦、水稻、玉米高粱等粮食作物减少秕谷，使其穗大粒饱；用于果树、蔬菜和瓜果作物可防治落花落果，促进生长，提高坐果率。

使用方法

（1）棉花在盛花期喷施 15～20mg/L 药液一次后，隔 10～15 天再喷施相同浓度药液一次，可防止蕾铃脱落，增加铃重。

（2）水稻在秧苗期喷施 10～20mg/L 药液一次，可促进秧苗生长，在扬花末期至灌浆期喷施 30～40mg/L 药液一次，可降低秕谷率，增加粒重。

（3）大豆、豌豆、绿豆、蚕豆等在花期和结荚期各喷施 10mg/L 药液一次，可促使籽粒饱满，增加产量。

（4）番茄、茄子、辣椒在花期和幼果期各喷施 5～10mg/L 药液一次，可促进坐果、增产。

（5）大白菜、甘蓝等在包心期以 20mg/L 药液喷施 1～3 次，可有效增加产量。

注意事项

（1）增产灵在水中溶解性较差，使用时可先用适量酒精进行溶解后再加水稀释使用。

（2）若在作物的花期使用，宜在下午进行，以免药液喷施在花蕊上影响授粉。

（3）若需作浸种使用，当浸种时间超过12h时，需将浓度适当降低。

（4）若施药后6h内降雨，则需进行补喷。

第六章

杀 鼠 剂

敌鼠 diphacinone

$C_{23}H_{16}O_3$，340.37

其他名称 敌鼠钠盐、野鼠净。

主要剂型 0.05％敌鼠钠盐饵剂，1％粉剂，0.05％粒剂。

作用特点 敌鼠为第1代抗凝血杀鼠剂，国内使用品种主要为敌鼠钠盐，敌鼠钠盐为第2代抗凝血茚满二酮系列杀鼠剂，具有靶谱广、适口性好、作用缓慢、高效、低毒的特点。敌鼠作用机制为抑制维生素K，在肝脏中阻碍血液中凝血酶原的合成，并能使毛细血管变脆，减弱抗张能力，增强血液渗透性，损害肝小叶。取食后的老鼠因内脏出血不止而死亡，中毒个体无剧烈的不适症状，不易被同类警觉。

防治对象 可用于防治仓库、工厂、家庭等地的各种家鼠和田鼠，也可用于旱田、水稻田、林区、草原等地灭杀野鼠。

使用方法 一般以配制毒饵防治害鼠为主，适合以少量、多次投放毒饵的方式来防治害鼠。饵料可采用小麦、大米等，毒饵中有效成分含量为0.05％～0.1％。

（1）防治家栖鼠类时，可使用0.05％的毒饵进行投放，以每间房设1～3个饵点，每个饵点放5～10g为宜，连续3～5天跟踪检查毒饵被取食的情况，并以补充的方式进行施药。也可采取饱和投饵法，每个饵点毒饵量一次性增至20～50g。

（2）防治田间野栖鼠种时，可适当提高毒饵中有效成分的含量，但不宜超过0.1％。投饵方式可采用一次性饱和投放。对黄鼠每个鼠洞投放20g，对长爪沙鼠，每个鼠洞投放15g。当鼠洞不明显或地形复杂而不易查找鼠洞时，可沿鼠经常出没的地方每5～10m投放1堆，每堆20g。

注意事项

（1）使用时应加强管理，注意不要与粮食、种子、饲料等放在一起。

（2）在使用时，避免制剂与皮肤、眼睛直接接触。

（3）在施药过程中谨防儿童、家禽及鸟类接近毒饵。

（4）使用过程中，哺乳期妇女及孕妇应避免接触。

（5）敌鼠对鱼类有毒，在使用过程中，禁止通过池塘等水体来清洗施药器皿，应注意避免其污染水源。

（6）敌鼠使用后应将毒饵包装物以及死鼠做深埋处理。

毒鼠碱 strychnine

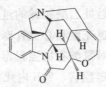

C$_{21}$H$_{22}$N$_2$O$_2$，334.41

其他名称 马钱子碱、土的宁、土的卒、番木鳖碱、双甲胍。

主要剂型 0.5%、1.0%毒饵。

作用特点 毒鼠碱是一种高毒生物碱，作用迅速。可以直接作用于鼠体中枢神经系统，通过可逆的拮抗甘氨酸干扰脊髓和延髓中突触接合后的抑制作用，害鼠持续兴奋使神经失去控制，呼吸循环衰竭，终因缺氧症发作而死亡。

防治对象 用以防治大鼠、地鼠、金花鼠、松鼠、野兔及其他小型啮齿动物。

使用方法 通常以0.5%～1.0%的硫酸毒鼠碱与着色谷物（胭脂红着色）一起加工成毒饵，在使用时按照毒饵的投放方式进行施药。

（1）防治家栖鼠类时，在室内可采用定点投放，室内每个房间设2～3个饵点，每个饵点放5～10g。当发现取食过快时，及时跟踪调查。

（2）防治田间野栖鼠种和其他小型啮齿类动物时，可适当增加毒饵浓度，投饵方式采取一次性饱和投放，投放点间隔为10m左右，每个饵点投放量为20～25g。

注意事项

（1）毒鼠碱为急性高毒杀鼠剂，禁止用于粮食仓库灭鼠。

（2）毒鼠碱遇高热、明火可燃，受高热分解产生有毒的气体，工作现场禁止吸烟、进食和饮水等。

（3）毒鼠碱对皮肤有刺激作用，吸入、摄入或经皮肤吸收后可能致死。操作人员要戴好手套、口罩，穿好工作服。工作结束后及时清洗，被药剂污染的工作服要集中放置，洗净后方可再用。

（4）投放毒饵的残余物和容器必须作为危险废物集中处理，以免污染环境或造成中毒事故。

毒鼠磷 phosazetim

$$H_3C-C=NH$$

$C_{14}H_{13}Cl_2N_2O_2PS$，375.19

其他名称　毒鼠灵。

主要剂型　0.1%、0.3%、1%毒饵，80%原粉。

作用特点　毒鼠磷为急性有机磷类杀鼠剂，可抑制乙酰胆碱酯酶，从而破坏害鼠神经系统的功能，引起神经突触处乙酰胆碱的过量积聚，导致血压上升，骨骼肌兴奋，呼吸急促，最终死于呼吸道充血和心血管麻痹。毒鼠磷残效期长，毒饵投放在野外，两周后仍有一定毒力，对鼠类有极强胃毒作用，且鼠类对其无拒食性，鼠类取食毒饵后一般4～6h出现中毒症状，24h内死亡。具有省工、速效、省时等优点。近年来，由于抗凝血杀鼠剂品种较多，毒鼠磷在国内使用量逐渐减少。

防治对象　毒鼠磷对所有鼠类均具有良好的生物活性，特别适于野外、森林、草原、城乡等大面积灭鼠使用，可用于防治各种家栖鼠和野栖鼠，对达乌尔黄鼠、鼹鼠、布氏田鼠、地鼠、鹿鼠、黄毛鼠、黄胸鼠等均有较好的杀灭效果。

使用方法　将毒鼠磷母粉与小麦、玉米、谷物等饵料混合后，加入少许菜油搅拌均匀，配制成有效成分为0.1%～1.0%的毒饵。

(1) 防治褐家鼠、小家鼠时，可配制成有效成分为0.3%的毒饵，每个房间投放2～3个点，每个投放点投放10g。

(2) 防治农田、林区、农牧场等野鼠时，以春、秋两季施药效果较好，可沿鼠道进行投放毒饵，每个投放点投放20g左右。

注意事项

(1) 毒鼠磷属有机磷类剧毒品种，可经皮肤被人体吸收，使用时要戴橡皮手套、口罩、防护镜等，避免与皮肤及黏膜直接接触。注意操作安全，一旦发生中毒事件，应立即送医院抢救。

(2) 目前尚无特效的解毒剂，应严格管理，储存库房要求通风、低温、干燥，且与食品原料分开储运。

莪术醇 curcumol

$C_{15}H_{24}O_2$，236.35

其他名称 鼠育、姜黄醇、莪黄醇、黄环氧醇。

主要剂型 0.2%饵剂。

作用特点 莪术醇为植物源抗生育剂，对农林牧害鼠的生殖器官具有破坏作用，能够抑制雄性害鼠产生精细胞，破坏雌性害鼠的胎盘绒毛膜，导致溢血、流产等，从而降低妊娠率，达到控制鼠害的作用。该药剂不污染环境，对人畜安全，是一种环境友好型生物农药。

防治对象 防治农田田鼠和森林害鼠。

使用方法

（1）直接使用 0.2%莪术醇饵剂进行施药，投饵时饵料放置在带孔的塑料袋中，既可以避免鸟类等食用，又可以避免由于雨水冲刷而影响药效。

（2）用 92%母粉配制所需饵料，注意根据防治对象的不同选用恰当的、适口性较好的食料，生产中一般常用麦粒或谷、米等加入适量的糖、香油混合均匀，制成油粘谷物毒饵。

注意事项

（1）莪术醇贮存库房要求阴凉、干燥且通风，切勿使药品受潮。

（2）莪术醇是一种抗生育剂，虽然对人畜较安全，但使用时要注意避免与食物、种子等混放。

（3）使用药剂后，要立即仔细清洗暴露部位，保护自身安全。

氟鼠灵 flocoumafen

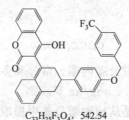

$C_{33}H_{25}F_3O_4$，542.54

其他名称 杀它仗、氟鼠酮、氟羟香豆素。

主要剂型 0.005%毒饵，0.1%粉剂。

作用特点 氟鼠灵属第二代抗凝血型杀鼠剂，具有适口性好、毒力强、使用安全、灭鼠活性好等特点。主要以抑制鼠类体内凝血酶的生成，使血液不能凝结而死，取食后鼠类会因体内出血而死亡。可用于替换防治对第一代抗凝血剂产生抗性的鼠类。

防治对象 可用于灭杀家庭、医院、库房等室内场所的家栖鼠，同时也可用于灭杀农田田鼠和其他野栖鼠。主要防治对象有褐家鼠、小家鼠、黄毛鼠及长爪沙鼠等。

使用方法 常采用 1∶19 的配制比例配制毒饵用于室内和农田防治各种害鼠，配制时饵料可根据各地情况选用适口性好的谷物，用水浸泡谷物至发胀后捞出，稍微晾后以 19 份饵料拌入 1 份 0.1％氟鼠灵粉剂；也可将 0.5 份食用油拌入 19 份饵料中，使每粒谷物外包一层油膜，然后加入 1 份 0.1％氟鼠灵粉剂，搅拌均匀即可使用。

（1）防治家鼠时，每个房间设 1～3 个饵点，每个饵点投放 3～5g 毒饵，投放后每隔 3～6 天对各饵点毒饵被取食情况进行检查，若毒饵量有减少，应及时补充毒饵。

（2）防治野栖鼠类时，可按每 50m² 设一个饵点，每个饵点投放 5～10g 毒饵，在相对隐蔽处及鼠道附近可适当增加毒饵投放量。防治长爪沙鼠，可按鼠洞投放毒饵，每个鼠洞投放 1g。

注意事项

（1）氟鼠灵属高毒品种，在使用时应避免接触皮肤、眼睛等，施药结束后要及时清洗手、脸以及裸露在外的皮肤。

（2）贮存时应谨防儿童、家畜等接近毒饵，不要将药剂贮放在靠近食物或饲料的地方。

（3）用药后要及时清理所有包装物，并将死鼠掩埋或烧掉。

（4）使用氟鼠灵不慎中毒时，可以通过静脉缓慢滴注解毒剂维生素 K 进行急救。

雷公藤内酯醇 triptolide

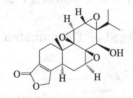

$C_{20}H_{24}O_6$，360.40

其他名称　雷公藤甲素、雷公藤内酯、雷公藤多甙。

主要剂型　0.01％母药，0.25mg/kg 颗粒剂。

作用特点　雷公藤内酯醇是从植物雷公藤中提取的雄性不育萜类杀鼠剂，对鼠类具有显著的抗生育作用，对雌雄鼠均有控制作用。作用于雄鼠时主要是抑制鼠类睾丸乳酸脱氢酶的活性，使副睾丸末部萎缩，精子减少，活力不足，曲细精小管和睾丸体积明显萎缩，选择性地损伤睾丸生精细胞；对于雌鼠主要是抑制排卵、抑制受精卵着床、使胚胎流产或被吸收、通过哺幼使仔鼠不育等达到控制害鼠的目的。

防治对象　主要用于控制农田田鼠和森林草原的野栖鼠。

使用方法　施药时主要采用饱和投饵法，可堆施或穴施。投放时每堆投放饵粒 10g，一般每亩投放 20 堆，分别间隔 5～7 天投放 1 次，补充投饵，多食多补，鼠多时可适当增加用量，在鼠密度较高的地区可加倍投饵。

注意事项

（1）雷公藤内酯醇虽为中等毒性杀鼠剂，但尽量避免与食物混放，保证使用的安全性。

（2）操作人员要做好防护工作，工作服集中放置，注意自身安全。

（3）避免小孩接触或捡拾药剂，使用过程中应避免孕妇和哺乳期妇女接触药剂。

（4）投放药剂后，要防止家禽、牧畜进入投放区域，避免有益动物误食。

（5）用过的容器妥善处理，不可作他用，不可随意丢弃。死鼠及剩余的药剂要焚烧或土埋。

（6）本品放置于阴凉、干燥、通风、防雨处，远离火源，勿与食品、饲料、种子、日用品等同贮同运。

α-氯代醇 3-chloropropan-1,2-diol

$$Cl-\overset{H_2}{C}-\overset{H}{C}-\overset{H_2}{C}-OH$$
$$|$$
$$OH$$

$C_3H_7ClO_2$　110.63

其他名称　3-氯代丙二醇，α-氯甘油，克鼠星。

主要剂型　1％饵剂。

作用特点　α-氯代醇为雄性不育剂，具有安全、环保、适口性好等特点。对家禽、家畜和鸟类等不具敏感性，对人类较安全，使用后无二次毒害。在低剂量下，可抑制雄性老鼠的繁殖能力，在高剂量时，可使害鼠由于尿闭而死亡。

防治对象　可用于灭杀家庭、库房、车船等场所的室内家鼠。

使用方法　用1％ α-氯代醇饵料饱和投饵，在害鼠活动场所及洞口附近进行投饵，一般可采用15m² 房间投放3～5堆，每堆10～20g，投放后注意观察饵料取食情况，并及时补充。

注意事项

（1）α-氯代醇需妥善保管，放于阴凉通风且儿童不易触摸的地方。

（2）α-氯代醇使用时注意避免孕妇和哺乳期妇女接触。

（3）在施用时，施药人员除自身应做好防护工作外，同时还需避免其他有益动物误食。

（4）生产中施药器皿、剩余药品及死鼠应采取土埋、焚烧等方式及时进行处理，避免污染。

氯敌鼠钠盐 chlorophacinone sodium

$C_{23}H_{32}O_3NaCl$，414.94

其他名称 氯敌鼠钠。

主要剂型 0.01%毒饵，80%粉剂。

作用特点 氯敌鼠钠盐属于第一代抗凝血杀鼠剂，对鼠类毒力大，适口性好，不易产生拒食性。使用后主要通过破坏鼠体血液中的凝血酶原，使老鼠皮下及内脏出血而死亡。

防治对象 可用于灭杀家庭、宾馆、医院、食品厂、库房、车船等室内家鼠及农田主要害鼠，如长爪沙鼠、黄毛鼠、布氏田鼠等。

使用方法

（1）采用毒饵进行施药时，将85%氯敌鼠钠盐原药先用热蒸馏水溶解后，再加一定量的水稀释并与新鲜玉米粉配成毒饵母粉。按所需毒饵浓度，将毒饵母粉与新鲜玉米粉配制成所需浓度的毒饵，晾干备用。

（2）根据杀灭对象不同，将一定量的原药溶于水中，制得所需浓度的毒水进行使用。

注意事项

（1）投放毒饵要足量，且毒饵注意防潮、防雨，投放后应保留两周以上。

（2）配制毒饵时应戴好防护用品，以防中毒。

（3）死鼠及剩余药剂要及时采取焚烧、土埋等方式进行处理，禁止随意丢弃，避免造成污染和二次中毒。

（4）施药过程中若不慎中毒，可采用维生素 K 作解毒剂。

（5）避免小孩接触或捡拾药剂，使用过程中应避免孕妇和哺乳期妇女接触药剂。

氯鼠酮 chlorophacinone

$C_{23}H_{15}ClO_3$，374.82

其他名称 氯敌鼠、鼠顿停。

主要剂型 80%粉剂，0.25%、0.5%油剂，0.25%、0.5%母粉。

作用特点 氯鼠酮属茚满二酮系列第一代抗凝血剂，具有抑制血凝，阻碍凝血酶原形成以及解除氧化磷酸化的作用。适口性好，杀鼠谱广，对人畜安全，作用缓慢，毒性强，适宜一次性投毒防治鼠害，灭鼠成本较低，灭效高。氯鼠酮易溶于油，药液易浸入饵料中，稳定性不受温度影响，不易产生拒食性，适合野外灭鼠使用。

防治对象 可以广泛防治家栖鼠类和野栖鼠类，如黑线姬鼠、黑线仓鼠、褐家鼠、黄胸鼠、松鼠、田鼠、地鼠等。

使用方法 氯鼠酮毒性高，常采用一次性投毒饵防治害鼠。

（1）防治家栖鼠类时，可根据鼠密度不同，每个房间设 1～3 个饵点，每个饵点投放 15～30g。

（2）防治野栖鼠种时，可采用等距离布饵的方式，沿田埂、地塄、小路、地边，每 3～5m 投放 5g 毒饵，还可以按每 50m² 设一堆，每堆 10g 毒饵。对于鼠洞明显、鼠密度不大的地方，最好选用按鼠洞投毒饵的方式进行投放。

（3）对达乌尔黄鼠，每个鼠洞旁投放 15g 枣饵。

（4）防治长爪沙鼠可每个洞旁投 2g 毒饵，这样可以节省毒饵用量，并可取得较高的防治效果。

（5）采用毒油灭鼠时，使用氯鼠酮 1 份，植物油 500 份，待药溶解后，放入粮库中使用。

注意事项

（1）进行房舍灭鼠时，由于害鼠常死于室内隐蔽处，要及时收集死鼠并将其烧掉或深埋。

（2）氯鼠酮属高毒品种，在使用时避免药剂接触皮肤、眼睛等，若不慎中毒，可选用维生素 K 为解毒剂。

（3）预防误食或其他中毒事故发生，不要与粮食、种子、饲料一起贮存。

杀鼠灵 warfarin

$C_{19}H_{16}O_4$，308.33

其他名称 灭鼠灵、华法令。

主要剂型 2.5%母药，0.025%、0.05%毒饵。

作用特点 杀鼠灵属于 4-羟基香豆素类抗凝血灭鼠剂，属灭鼠药剂中的慢性药物。药剂进入鼠体后，作用于维生素 K_1，可阻碍凝血酶原的生成，破坏机体正常的凝血功能；另外，损害毛细血管，使血管变脆弱，渗透性增强，鼠类服用后因慢性出血而死亡。

防治对象 可用于灭杀室内家鼠，如家庭、医院、库房等室内场所的家鼠；同时也可用于灭杀农田田鼠，如褐家鼠、小家鼠、黄胸鼠、鼹鼠等。

使用方法

（1）杀鼠灵用于防治家栖鼠时，适于使用饱和投饵法，一般每 15m² 的房间内沿墙根投放 3～4 堆，每堆 10～15g。第 1 天投放毒饵后，第 2 天检查鼠类取食毒饵的情况，若毒饵被全部取食，则二次投饵量需加倍，若部分被取食，则补充至原投饵量即可，连续投放观察 5～7 天直至不再被鼠取食为止，说明投饵量达到了饱和。

（2）防治褐家鼠时，使用 0.005％～0.025％浓度的毒饵，每个投放点投放 5g 左右。

（3）防治黄胸鼠和小家鼠，因其活动范围较小，而且有少量多次取食的特点，应适当增加投饵点，减少每个投饵点的投饵量，每堆投放量以 5～10g 为宜。

注意事项

（1）毒饵投放点尽可能选择在鼠道、鼠洞口和鼠类隐藏的地方；户外投放的毒饵要用瓦片、木板等物遮盖，防止淋湿或暴晒。

（2）配毒饵时应添加相应警戒色；另外根据杀鼠灵慢性毒性的特点，需多次投饵。

（3）对禽类比较安全，适宜在养禽场和动物园防治褐家鼠。

（4）灭鼠结束后，应及时收集死鼠，将其烧掉或深埋。

（5）若使用过程中，不慎中毒，可采用维生素 K_1 进行解毒。

杀鼠醚 coumatetralyl

$C_{19}H_{16}O_3$，292.33

其他名称 立克命、毒鼠萘、追踪粉、杀鼠萘。

主要剂型 0.75％追踪粉剂，0.0375％毒饵。

作用特点 杀鼠醚属香豆素类抗凝血杀鼠剂，具有慢性、广谱、高效、适口性好等特点。一般无二次中毒现象，安全性好。主要通过破坏机体凝血机能，损害微血管，引起内出血，导致死亡。鼠类服药后出现皮下、内脏出血，毛疏松、肤色苍白、动作迟钝、衰弱无力等症状，最终衰竭而死。可有效灭杀对杀鼠灵有抗性的鼠类。

防治对象 用于家庭住宅粮、副食仓库，家畜、家禽饲养场以及农田森林草原等环境防治黑线姬鼠、黄毛鼠、褐家鼠、黄胸鼠等多种家鼠及野鼠。

使用方法 杀鼠醚以配制毒饵为主，一般采用黏附法或者混匀法配制。

（1）用于杀灭田鼠时，一般用 0.75％杀鼠醚追踪粉剂堆施，或者制成饵剂堆施。一般情况下，每个投药点投放 30g，至少持续投药 4 天。可直接将本药堆施于鼠洞及鼠道上。

（2）采用堆施法时，将 1 份药剂与 19 份鼠类喜食的食物混合均匀制成毒饵。

室内灭鼠每 $30\sim60m^2$ 使用投饵箱 1 个，放置毒饵 100g。投放期间及时补充毒饵，多食多补，鼠多增加用量，鼠密度较高的地区，可增加投放堆数和增加投饵量。

注意事项

（1）投放鼠饵时，尽量避免家禽、家畜与毒饵接近，且毒饵要现配现用。

（2）剩余毒饵、毒饵包装物及收集的死鼠应烧掉或深埋。

（3）本品剧毒，维生素 K_1 是其有效解毒剂；若经口中毒，则需催吐。

（4）避免小孩接触或捡拾药剂，使用过程中应避免孕妇和哺乳期妇女接触药剂。

杀鼠酮钠盐 valone

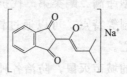

$C_{14}H_{13}O_3Na$, 252.24

其他名称 异杀鼠酮。

主要剂型 1.1%溶液，1%粉剂，0.05%毒饵。

作用特点 杀鼠酮钠盐属茚满二酮类第一代抗凝血杀鼠剂，具有制备工艺简单可行、原料易得、生产成本低等特点。作用原理是致使血液中的凝血酶原失活，微血管变脆、抗张力减退、血液渗透性增强，即血液凝固功能衰退，不断出血，最终导致死亡。

防治对象 防治各类家栖鼠和野栖鼠，例如褐家鼠、黄胸鼠、小家鼠、黄毛鼠、黑线姬鼠等鼠种。

使用方法

（1）配制毒饵：杀鼠酮钠盐选用 0.025%～0.05%的浓度适口性较好。配制时将大米用温火炒至微黄色，按 0.05%的浓度用开水溶解杀鼠酮钠盐后，加入大米中搅拌均匀、晾干，即制成毒饵。

（2）防治家栖鼠时，每个房间设 3～5 个毒饵投放点，每个投放点投放 0.025%～0.05%毒饵 5～10g。投放 3 天后及时跟踪检查毒饵取食情况和害鼠死亡情况。

（3）防治野栖鼠时，根据害鼠种类差异，宜采用 0.05%高浓度毒饵，投放时可适当增加毒饵投放量，沿鼠道或在鼠洞口进行投放，每个投放点投放 10～20g。

注意事项

（1）使用时做好防护工作，避免药品与皮肤直接接触。

（2）该药剂宜贮存于冰箱、冷藏室或干燥阴凉处。

（3）维生素 K_1 可作为其特效解毒剂。

（4）杀鼠酮钠盐在开水中易溶解，可以采用浸泡吸收配制毒饵，饱和法投饵。

杀鼠新 ditolylacinone

$$C_{25}H_{23}NO_3, 385.46$$

其他名称 双甲苯敌鼠铵盐。

主要剂型 1%母粉，2%母液，2%、5%乳油，0.01%、0.05%毒饵。

作用特点 杀鼠新属于新型茚满二酮类第二代抗凝血杀鼠剂，具有毒力强、用量少、适口性好、毒饵易于配制等特点。可以通过胃毒、熏蒸作用直接毒杀害鼠，鼠类吞食毒饵后体内出血而死亡。

防治对象 可用于大范围的城市灭鼠，防治各种家栖鼠和野栖鼠类。

使用方法

（1）配制毒饵：用乙醇先将原药溶解后，稀释至所需浓度，加入玉米糁，待药液被完全吸收后晾干制成毒饵；可用胭脂红作警戒色，并添加适当的防腐剂。

（2）毒饵进行投放时，常先使用0.5%杀鼠新母液配制成0.005%杀鼠新毒饵进行施用。为使防治效果提升，在施药过程中需连续跟踪观察5～7天，若发现毒饵取食过快，应及时补充。

注意事项

（1）所配制的杀鼠新毒饵不要与家禽饲料、粮食等接触。

（2）在防治过程中，药剂经常轮换使用，合理用药，减少害鼠抗药性的产生。

（3）若不慎发生杀鼠新中毒，在轻微情况下，可使用维生素 K 作为解毒剂。

沙门菌 salmonella enteritids

其他名称 生物猫、肠炎沙门菌阴性赖氨酸丹尼氏变体 6a 噬菌体。

主要剂型 1.25%饵剂，10^9 cfu/g 颗粒剂，10^8 cfu/mL 液剂。

作用特点 肠炎沙门菌是一种肠道致病菌，宿主范围广泛，主要引起畜禽的胃肠炎，通过老鼠的胃进入小肠，细菌黏附于宿主黏膜表面开始引发感染，在体内不断地繁殖，造成全身性的感染，器官坏死，从而导致老鼠死亡。另外还可以通过同类残食、粪便等途径不断蔓延，致使鼠类大量死亡，达到灭鼠的目的。

防治对象 用于草原，防治黄胸鼠、大足鼠、布氏田鼠、高原鼠兔、麝鼠等多个鼠种。

使用方法 在鼠道或鼠洞中每个投放点投放菌饵 25～30g，在鼠密度大的地方进行投放时，可适当增加投放量。菌饵在室外阴凉处放置，能保持在 24h 内有效，注意及时补充。

注意事项

（1）沙门菌不耐热，投饵时注意避光，下午或傍晚投饵较好。

（2）菌饵要贮存于阴凉、干燥处。

（3）沙门菌是人畜共患病病原菌，无寄主特异性，使用时要注意安全，远离食用物品。

（4）收集死鼠集中处理，防止沙门菌感染家禽、家畜。

鼠立死 crimidine

C$_7$H$_{10}$ClN$_3$，171.63

其他名称 杀鼠嘧啶、甲基鼠灭定。

主要剂型 0.2%毒饵，0.5%饵剂。

作用特点 鼠立死是一种速效杀鼠剂，灭鼠靶谱广，作用迅速，进入机体后被代谢产生维生素 B$_6$ 的拮抗剂，能够破坏谷氨酸脱羧代谢酶系，害鼠取食后兴奋不安，产生痉挛而死。鼠立死蓄积毒性微弱，不易发生二次中毒，对鼠类的毒性强而稳定，有一定的选择性。

防治对象 主要用于防治家栖鼠和野栖鼠类，如大仓鼠、长爪沙鼠、达乌尔黄鼠、非洲刺毛鼠、褐家鼠等。

使用方法

（1）毒饵配制可采用黏附法，用植物油做黏着剂，将鼠立死加一定量的乙醇溶解后稀释至所需浓度，与鼠饵充分搅拌均匀，制成一定形态的毒饵晾干备用。

（2）根据地区及鼠种的不同，选择恰当浓度的毒饵灭鼠。使用时，鼠体较大，防治区域鼠密度高的地方可适当增加毒饵浓度和投放量。

注意事项

（1）鼠立死属于剧毒产品，不能与饲料和食品一起存放。

（2）使用鼠立死时，工作人员应穿戴适当的防护服和手套，药剂不能与身体直接接触。

（3）鼠立死存放的库房应该保证通风低温干燥，远离热源；鼠立死毒饵须放在金属容器里，使家畜和家禽无法取食。

（4）有效解毒剂为巴比妥钠、维生素 B。

鼠完 pindone

$$C_{14}H_{14}O_3, \ 230.26$$

其他名称 杀鼠酮。

主要剂型 0.5％粉剂。

作用特点 鼠完是茚满二酮类第一代抗凝血灭鼠剂，鼠服后，体内凝血酶原和微血管脆性功能降低，血液凝固功能衰退，不断出血，最终死亡。

防治对象 主要用于防治草原害鼠、小家鼠、屋顶鼠、黑线姬鼠等多种鼠类，对褐家鼠防治效果较差。

使用方法

(1) 毒饵配制 将 0.5％粉剂制成 0.025％毒饵进行诱杀。鼠完微溶于水，易溶于有机溶剂，用 75％酒精溶解后，将大米倒入已稀释的药液中，反复搅拌，待毒水被吸净后，将毒米晒干备用。

(2) 毒饵投放 在室内防治家栖鼠时，可每个房间设 3～5 个投放点，每个投放点投放 5g 左右毒饵；在野外投放时，可沿鼠道投放或直接投放于鼠洞口，每个投放点投放 15～20g 毒饵。

注意事项

(1) 配制的毒饵浓度一般要大于 0.025％。

(2) 贮存药品的库房要通风、低温、干燥，远离热源，避免阳光直射；且与粮食、种子等分开贮运。

(3) 鼠完对家畜、家禽等动物安全，维生素 K 为有效解毒剂。

(4) 鼠完易被氧化剂氧化失效，注意避免其与氧化剂接触。

C 型肉毒杀鼠素 clostridium

其他名称 C 型肉毒梭菌外毒素、克鼠安、博多灵。

主要剂型 100 万毒价/mL 水剂，400 万毒价/mL 冻干剂。

作用特点 该毒素为一种嗜神经性麻痹毒剂，具有毒力强、适口性好、对非靶标动物毒性低、无二次中毒等特性。使用时可通过肠道进入血液循环，作用于中枢神经系统，抑制神经末梢乙酰胆碱的释放，阻碍其传递功能，导致肌肉麻痹，最终使鼠体肌肉麻痹，产生软瘫现象，最后导致窒息而亡。

防治对象 可用于大面积草原和城市卫生灭鼠，特别适宜低温高寒地区使用。对青藏高寒草地害鼠、高原鼠兔、高原鼢鼠以及达乌尔黄鼠、藏鼠兔等均有良好的杀灭性能。

使用方法

（1）根据不同害鼠的生活习性，采用点片或有效洞穴施药等方式，可以提高防效，减少用药量。

（2）将毒素冻干剂稀释成所需浓度的毒素液，倒入小麦或碎玉米粉，边倒边搅拌，然后加盖塑料布闷12h后配制成毒饵进行使用。若施药时气温较高，可在拌制毒饵时用明胶磷酸盐缓冲液作为稀释剂，应用效果好。另外毒饵制作过程中可加入适当的引诱剂和警戒色（胭脂红）。

（3）投放毒饵时，室内每间房投放0.05％毒饵3～4堆，每堆毒饵为3～5g；在野外防治野栖鼠时，可沿鼠道每隔5～10m设置一个毒饵投放点，每个投放点投放毒饵5～10g。

注意事项

（1）C型肉毒杀鼠素不耐热，毒素水剂产品要在－15℃条件下保存；冻干剂使用时要先将其放在0℃的水中，待其慢慢融化，不能用热水或加热溶解，制备毒饵时不宜在高温、阳光下配制，不能用碱水，以防降低毒性。使用时，一般不加引诱剂，做到现配现用。

（2）C型肉毒杀鼠素是一种生物制剂，在使用时操作人员需做好防护，戴好手套、口罩，穿好工作服，尽量避免与制剂直接接触，施药后应立即清洗，保护自身安全。

（3）对人畜和天敌较安全，使用过程中不慎中毒可用C型肉毒梭菌抗毒素解毒。

（4）贮存和运输过程中要轻拿轻放，要求密封包装，在阴凉低温处保存（一般在冷藏箱内保存，保持其生物活性），切忌高温与暴晒。均应按使用剧毒化学农药的安全操作规则要求操作。

溴代毒鼠磷 phosazetim-bromo

$C_{14}H_{13}Br_2N_2O_2PS$, 463.99

其他名称　溴毒鼠磷。

主要剂型　80％原粉，0.25％、0.5％毒饵。

作用特点　溴代毒鼠磷是一种新型的速效型杀鼠药物，广谱、高效。作用机制是抑制血液中胆碱酯酶的活性，破坏机体的神经传导，导致神经突触处的乙酰胆碱过量积聚，致使神经突触处的冲动传递功能受影响，先兴奋继而麻痹。小家鼠对其很敏感，这可以克服小家鼠对一般抗凝血剂不敏感的缺点。因此，在经常使用抗凝血剂灭家鼠的地区，可把溴代毒鼠磷作为轮换药物。

防治对象　适宜于居民住宅、工厂、仓库、食堂等室内灭鼠，也可用于稻田、旱地、草原、森林等地灭鼠。对黑线姬鼠、布氏田鼠、长爪沙土鼠、达乌黑黄鼠、家鼠等的防治效果很好，灭效稳定。

使用方法

（1）溴代毒鼠磷适宜于居民住宅、工厂、仓库、食堂等室内灭鼠。特别适用于稻田、旱地、草原、森林等野外灭鼠，每亩投 0.3％毒饵约 50～100g。溴代毒鼠磷配成毒饵使用，浓度一般以 0.3％为宜。

（2）溴代毒鼠磷毒饵有混合毒饵和黏附毒饵，如溴代毒鼠磷蜡块毒饵，具有耐潮、不易霉变、防蛀、使用方便等特点。

（3）黏附毒饵的配制方法：先将 1kg 植物油加热至 70℃左右，然后投入溴代毒鼠磷原药 150g，搅拌至全溶，除去热源，趁热加入大米（或玉米、小麦）48.85kg，充分搅匀，即成 0.3％毒饵，共 50kg。配制毒饵时，应染着警戒颜色，以防误食中毒。

注意事项

（1）该农药毒性高，在生产或使用过程中应谨慎操作，加强防护。如发生中毒，用解磷定或阿托品均可获得较好的疗效。

（2）本品属于急性灭鼠药，对家禽安全，引起二次中毒的危险性较小。

（3）本品不宜单独连续使用，应交替用药，以减少或延缓抗药性的产生。

溴敌隆 bromadiolone

$C_{30}H_{23}BrO_4$，527.41

其他名称　乐万通、扑灭鼠。

主要剂型　0.5％母液，0.005％饵剂，0.01％毒粒。

作用特点　本品为第 1 代抗凝血灭鼠剂，作用缓慢、高效、靶谱广、适口性好、毒性大，该药的毒理机制主要是通过阻碍凝血酶原的合成，导致致命的出血。鼠类服药后一般 4～6 天死亡，单剂量使用对各种鼠都能有较好的防效，可以有效地杀灭对第 1 代抗凝血剂产生抗性的害鼠。

防治对象　广泛应用于城乡住宅、宾馆、饭店、车、船、粮食、副食仓库，家畜、家禽饲养场以及农田、森林、草原等各种环境下灭鼠。可有效防治各种家栖鼠和野栖鼠类，如褐家鼠、小家鼠、高原鼢鼠、长爪沙鼠等。

使用方法　0.005％溴敌隆毒饵可直接使用，也可将液剂按需要配成不同浓度的毒饵，现配现用。根据不同鼠类的生活习性投放毒饵。

（1）防治家栖鼠种时，可采用一次性饱和投饵或间隔式投饵。每间房投放 5～15g。如果家栖鼠种以小家鼠为主，则可适当增加毒饵的投放堆数，每堆投放 2g 左右即可。采用间隔式投饵时，需要进行 2 次投饵，可在第一次投饵后 7～10 天检查毒饵取食情况并予以补充。

（2）若在院落中投放毒饵，宜在傍晚进行，可沿院墙四周，每 5m 投放 1 堆，每堆 3～5g，次日清晨注意回收毒饵，以免家畜、家禽误食。

（3）防治野栖鼠种时，可适当增加毒饵有效成分含量，一般采用一次性投放的方式。对高原鼢鼠，毒饵的有效成分可提高至 0.02％，按洞投放，每洞 10g；防治高原鼠兔可使用 0.01％的毒饵，每洞 2g；防治长爪沙鼠可使用 0.01％的毒饵，每洞 1g，也可以使用常规的 0.005％毒饵，每洞 2g；防治达乌尔黄鼠使用 0.005％毒饵，每洞 20g，也可采用 0.0075％毒饵，每洞 15g。

（4）需在田埂、地边、地堰等野外环境投放毒饵时，可采取每 5m 投 1 堆，每堆 5g。或者每 50m² 投 1 堆，每堆 5g。

注意事项

（1）避免药剂接触眼睛、鼻、口及皮肤，施药完毕后，施药者应及时彻底清洗，防止中毒。

（2）溴敌隆毒性大，毒饵配制、贮藏、运输及使用过程中要有专人负责，做好防护工作，注意人身安全。

（3）溴敌隆对鱼类、水生昆虫等水产生物有中等毒性，动物取食中毒死亡的老鼠后，会引起二次中毒。灭鼠过程中，中毒死鼠应收集深埋或烧掉。

（4）万一误食应及时送医院急救，维生素 K_1 为特效解毒剂。

溴鼠胺 bromethalin

$C_{14}H_7Br_3F_3N_3O_4$，577.93

其他名称 溴甲灵、溴杀灵、鼠灭杀灵。

主要剂型 0.005％毒饵，1％、3％饵剂。

作用特点 溴鼠胺为高效、适口性好的新型杀鼠剂，其作用机制是阻碍中枢神经系统线粒体的氧化磷酸化作用，减少 ATP 的形成，导致鼠死亡。能有效杀灭对灭鼠灵有抗药性的小家鼠，不会引起二次中毒，在使用浓度下，对皮肤和眼无刺激作用，对水栖生态环境无危险。

防治对象 防治褐家鼠、小家鼠效果好。

使用方法 使用毒饵浓度一般为 0.005％，一次投放毒饵即可。作用较缓慢，但能有效地灭杀栖息在各种不同环境的褐家鼠和小家鼠。

注意事项

（1）目前尚无特效解毒剂，使用时要严格按照其他急性杀鼠剂操作规程进行。

（2）溴鼠胺有剧毒，贮存库房应通风低温干燥。

（3）溴鼠胺热分解易排出有毒氮氧化物、氟化物和溴化物蒸气，储运时切忌高温与暴晒。

溴鼠灵 brodifacoum

$C_{31}H_{23}BrO_3$，523.42

其他名称　大隆、溴鼠隆、溴联苯鼠隆、可灭鼠、杀鼠隆、溴敌拿鼠。

主要剂型　0.5%母液，0.005%饵剂，0.005%饵块，0.005%饵粒。

作用特点　溴鼠灵是第二代抗凝血杀鼠剂，靶谱广、毒力强，适口性好。具有急性和慢性杀鼠剂的双重优点，既可以作为急性杀鼠剂单剂量使用防治害鼠，又可以采取小剂量多次投饵的方式达到较好消灭害鼠的目的。主要通过阻碍凝血酶原的合成，损害微血管，鼠服后大量出血而死。不会产生拒食作用，可以有效地杀死对第一代抗凝血剂产生抗药性的鼠类。毒理作用类似于其他抗凝血剂，主要是阻碍凝血酶原的合成，损害微血管，导致大出血而死。中毒潜伏期一般在3～5天。猪、狗、鸟类对大隆较敏感，对其他动物比较安全。

防治对象　防治室外田鼠，也可防治住宅及仓库等室内的鼠害，如大仓鼠、黑线姬鼠、褐家鼠、毛鼠等。

使用方法

（1）配制毒饵灭鼠，具体方法是取一定量的母液与一定配比的饵料以及3%的植物油混合均匀，晾干备用。

（2）0.005%颗粒状毒饵用于室内及北方干燥地区；0.005%蜡块毒饵则更适合南方多雨、潮湿的环境。

（3）防治家栖鼠可以采用一次性投饵或间隔式投饵法；防治野栖鼠，一次性投饵即可奏效。

注意事项

（1）溴鼠灵在鼠类对第一代抗凝血剂产生抗性以后再使用较为恰当。

（2）溴鼠灵有剧毒，在贮存、运输时不可与食物、食具混放，使用时也要小心，因有二次中毒现象，死鼠应收集集中烧掉或深埋。

（3）皮肤直接接触溴鼠灵后，应及时用肥皂和清水洗净。

（4）溴鼠灵在碱性土壤中易降解，应避免在碱性环境中使用。

附 录

附录一 农药剂型名称及代码

剂型名称	剂型英文名称	代码	剂型名称	剂型英文名称	代码
原药	technical material	TC	膏剂	paste	PA
母药	technical concentrate	TK	水乳剂	emulsion, oil in water	EW
粉剂	dustable powder	DP	油乳剂	emulsion, water in oil	EO
颗粒剂	granule	GR	微乳剂	micro-emulsion	ME
片剂	tablet for direct application	DT	脂膏	grease	GS
挂条	strip	SR①	悬浮剂	suspension concentrate	SC
球剂	pellet	PT	微囊悬浮剂	capsule suspension	CS
棒剂	plant rodlet	PR	油悬浮剂	oil miscible flowable concentrate	OF
可湿粉剂	wettable powder	WP			
油分散粉剂	oil dispersible powder	OP	可分散油悬浮剂	oil dispersion	OD
乳粉剂	emulsifiable powder	EP			
水分散粒剂	water dispersible granule	WG	悬乳剂	suspo-emulsion	SE
乳粒剂	emulsifiable granule	EG	微囊悬浮-悬浮剂	a mixed formulations of CS and SC	ZC
水分散片剂	water dispersible tablet	WT	种子处理干粉剂	powder for dry seed treatment	DS
可溶粉剂	water soluble powder	SP			
可溶粒剂	water soluble granule	SG	种子处理可分散粉剂	water dispersible powder for slurry seed treatment	WS
可溶片剂	water soluble tablet	ST			
可溶液剂	soluble concentrate	SL	种子处理液剂	solution for seed treatment	LS
水剂	aqueous solution	AS①			
可溶胶剂	water soluble gel	GW	种子处理乳剂	emulsion for seed treatment	ES
油剂	oil miscible liquid	OL			
展膜油剂	spreading oil	SO	种子处理悬浮剂	flowable concentrate for seed treatment	FS
乳油	emulsifiable concentrate	EC			
乳胶	emulsifiable gel	GL	悬浮种衣剂	flowable concentrate for seed coating	FSC①
可分散液剂	dispersible concentrate	DC	气雾剂	aerosol dispenser	AE

剂型名称	剂型英文名称	代码	剂型名称	剂型英文名称	代码
喷射剂	spray fluid	SF①	缓释管	briquette tube	BRT①
气体制剂	gas	GA	驱蚊片	repellent mat	RM①
发气剂	gas generating product	GE	驱蚊粒	repellent granule	RG①
电热蚊片	vaporizing mat	MV	防蚊网	proof net	PN①
电热蚊液	liquid vaporizer	LV	防蚊环	proof ring	PF①
烟剂	smoke generator	FU	防虫液	proof liquid	PL①
蚊香	mosquito coil	MC	防虫粒	proof granule	PG①
蟑香	cockroach coil	CC①	防虫罩	insect-proof cover	PC①
饵剂	bait(ready for use)	RB	长效驱蚊帐	long-lasting insecticidal net	LN
饵粒	granular bait	GB	驱蚊乳	repellent milk	RK①
饵管	tube bait	UB①	驱蚊液	repellent liquid	RQ①
诱芯	attract wick	AW①	驱蚊花露水	repellent floral water	RW①
浓饵剂	bait concentrate	CB	驱蚊巾	repellent wipe	RP①
缓释块	briquette block	BRB①	涂抹剂	paint	PI①

① 为我国制定的农药剂型英文名称及代码。

附录二　禁限用农药公告

一、中华人民共和国农业部公告第 194 号

为了促进无公害农产品生产和发展，保证农产品质量安全，增强我国农产品的国际市场竞争力，经全国农药登记评审委员会审议，我部决定，在 2000 年对甲胺磷等 5 种高毒有机磷农药加强登记管理的基础上，再停止受理一批高毒、剧毒农药登记申请，撤销一批高毒农药在一些作物上的登记。现将有关事项公告如下：

（一）停止受理甲拌磷等 11 种高毒、剧毒农药新增登记

自公告之日起，停止受理甲拌磷（phorate）、氧乐果（omethoate）、水胺硫磷（isocarbophos）、特丁硫磷（terbufos）、甲基硫环磷（phosfolan-methyl）、治螟磷（sulfotep）、甲基异柳磷（isofenphos-methyl）、内吸磷（demeton）、涕灭威（aldicarb）、克百威（carbofuran）、灭多威（methomyl）等 11 种高毒、剧毒农药（包括混剂）产品的新增临时登记申请；已受理的产品，其申请者在 3 个月内，未补齐有关资料的，则停止批准登记。通过缓释技术等生产的低毒化剂型，或用于种衣剂、杀线虫剂的，经农业部农药临时登记评审委员会专题审查通过，可以受理其临时登记申请。对已经批准登记的农药（包括混剂）产品，我部将商有关部门，根据农业生产实际和可持续发展的要求，分批分阶段限制其使用作物。

（二）停止批准高毒、剧毒农药分装登记

自公告之日起，停止批准含有高毒、剧毒农药产品的分装登记。对已批准分装登记的产品，其农药临时登记证到期不再办理续展登记。

（三）撤销部分高毒农药在部分作物上的登记

自2002年6月1日起，撤销下列高毒农药（包括混剂）在部分作物上的登记：氧乐果在甘蓝上，甲基异柳磷在果树上，涕灭威在苹果树上，克百威在柑橘树上，甲拌磷在柑橘树上，特丁硫磷在甘蔗上。

所有涉及以上产品撤销登记产品的农药生产企业，须在本公告发布之日起3个月之内，将撤销登记产品的农药登记证（或农药临时登记证）交回农业部农药检定所；如果撤销登记产品还取得了在其他作物上的登记，应携带新设计的标签和农药登记证（或农药临时登记证），向农业部农药检定所更换新的农药登记证（或农药临时登记证）。

各省、自治区、直辖市农业行政主管部门和所属的农药检定机构要将农药登记管理的有关事项尽快通知到辖区内农药生产企业，并将执行过程中的情况和问题，及时报送我部种植业管理司和农药检定所。

2002年4月22日

二、中华人民共和国农业部公告第199号

为从源头上解决农产品尤其是蔬菜、水果、茶叶的农药残留超标问题，我部在对甲胺磷等5种高毒有机磷农药加强登记管理的基础上，又停止受理一批高毒、剧毒农药的登记申请，撤销一批高毒农药在一些作物上的登记。现公布国家明令禁止使用的农药和不得在蔬菜、果树、茶叶、中草药材上使用的高毒农药品种清单。

（一）国家明令禁止使用的农药

六六六（HCH），滴滴涕（DDT），毒杀芬（camphechlor），二溴氯丙烷（dibromochloropane），杀虫脒（chlordimeform），二溴乙烷（EDB），除草醚（nitrofen），艾氏剂（aldrin），狄氏剂（dieldrin），汞制剂（mercury compounds），砷（arsena）、铅（acetate）类，敌枯双，氟乙酰胺（fluoroacetamide），甘氟（gliftor），毒鼠强（tetramine），氟乙酸钠（sodium fluoroacetate），毒鼠硅（silatrane）。

（二）在蔬菜、果树、茶叶、中草药材上不得使用和限制使用的农药

甲胺磷（methamidophos）、甲基对硫磷（parathion-methyl）、对硫磷（parathion）、久效磷（monocrotophos）、磷胺（phosphamidon）、甲拌磷（phorate）、甲基异柳磷（isofenphos-methyl）、特丁硫磷（terbufos）、甲基硫环磷（phosfolan-methyl）、治螟磷（sulfotep）、内吸磷（demeton）、克百威（carbofuran）、涕灭威（aldicarb）、灭线磷（ethoprophos）、硫环磷（phosfolan）、蝇毒磷（coumaphos）、地虫硫磷（fonofos）、氯唑磷（isazofos）、苯线磷（fenamiphos）19种高毒农药不得用于蔬菜、果树、茶叶、中草药材上。三氯杀螨醇（dicofol）、氰戊菊酯（fenvalerate）不得用于茶树上。任何农药产品都不得超出农药登记批准的使用范围使用。

各级农业部门要加大对高毒农药的监管力度，按照《农药管理条例》的有关规定，对违法生产、经营国家明令禁止使用的农药的行为，以及违法在果树、蔬菜、茶叶、中草药材上使用不得使用或限用农药的行为，予以严厉打击。各地要做好宣传教育工作，引导农药生产者、经营者和使用者生产、推广和使用安全、高效、经济的农药，促进农药品种结构调整步伐，促进无公害农产品生产发展。

2002 年 5 月 24 日

三、中华人民共和国农业部公告第 274 号

为加强农药管理，逐步削减高毒农药的使用，保护人民生命安全和健康，增强我国农产品的市场竞争力，经全国农药登记评审委员会审议，我部决定撤销甲胺磷等 5 种高毒农药混配制剂登记，撤销丁酰肼在花生上的登记，强化杀鼠剂管理。现将有关事项公告如下：

（1）撤销甲胺磷等 5 种高毒有机磷农药混配制剂登记。自 2003 年 12 月 31 日起，撤销所有含甲胺磷、对硫磷、甲基对硫磷、久效磷和磷胺 5 种高毒有机磷农药的混配制剂的登记（具体名单由农业部农药检定所公布）。自公告之日起，不再批准含以上 5 种高毒有机磷农药的混配制剂和临时登记有效期超过 4 年的单剂的续展登记。自 2004 年 6 月 30 日起，不得在市场上销售含以上 5 种高毒有机磷农药的混配制剂。

（2）撤销丁酰肼在花生上的登记。自公告之日起，撤销丁酰肼（比久）在花生上的登记，不得在花生上使用含丁酰肼（比久）的农药产品。相关农药生产企业在 2003 年 6 月 1 日前到农业部农药检定所换取农药临时登记证。

（3）自 2003 年 6 月 1 日起，停止批准杀鼠剂分装登记，已批准的杀鼠剂分装登记不再批准续展登记。

2003 年 4 月 30 日

四、中华人民共和国农业部公告第 322 号

为提高我国农药应用水平，保护人民生命安全和健康，保护环境，增强农产品的市场竞争力，促进农药工业结构调整和产业升级，经全国农药登记评审委员会审议，我部决定分三个阶段削减甲胺磷、对硫磷、甲基对硫磷、久效磷和磷胺 5 种高毒有机磷农药（以下简称甲胺磷等 5 种高毒有机磷农药）的使用，自 2007 年 1 月 1 日起，全面禁止甲胺磷等 5 种高毒有机磷农药在农业上使用。现将有关事项公告如下：

（1）自 2004 年 1 月 1 日起，撤销所有含甲胺磷等 5 种高毒有机磷农药的复配产品的登记证（具体名单另行公布）。自 2004 年 6 月 30 日起，禁止在国内销售和使用含有甲胺磷等 5 种高毒有机磷农药的复配产品。

（2）自 2005 年 1 月 1 日起，除原药生产企业外，撤销其他企业含有甲胺磷等 5 种高毒有机磷农药的制剂产品的登记证（具体名单另行公布）。同时将原药生产企业保留的甲胺磷等 5 种高毒有机磷农药的制剂产品的作用范围缩减为：棉花、水

稻、玉米和小麦 4 种作物。

（3）自 2007 年 1 月 1 日起，撤销含有甲胺磷等 5 种高毒有机磷农药的制剂产品的登记证（具体名单另行公布），全面禁止甲胺磷等 5 种高毒有机磷农药在农业上使用，只保留部分生产能力用于出口。

2003 年 12 月 30 日

五、中华人民共和国农业部公告第 671 号

为进一步解决甲磺隆等磺酰脲类长残效除草剂对后茬作物产生药害事故的问题，保障农业生产安全，保护广大农民利益，根据《农药管理条例》的有关规定，结合我国实际，我部决定对含甲磺隆、氯磺隆和胺苯磺隆等除草剂产品实行以下管理措施。

（1）自 2006 年 6 月 1 日起，停止批准新增含甲磺隆、氯磺隆和胺苯磺隆等除草剂产品（包括原药、单剂和复配制剂）的登记。对已批准田间试验或已受理登记申请的产品，相关生产企业应在规定的期限前提交相应的资料。在规定期限内未获得批准的产品不再继续审查。

（2）各甲磺隆、氯磺隆和胺苯磺隆原药生产企业，要提高产品质量，严格控制杂质含量。要重新提交原药产品标准和近两年的全分析报告，于 2006 年 12 月 31 日前，向我部申请复核。对甲磺隆含量低于 96％、氯磺隆含量低于 95％、胺苯磺隆含量低于 95％、杂质含量过高的，要限期改进生产工艺。在 2007 年 12 月 31 日前不能达标的，将依法撤销其登记。

（3）已批准在小麦上登记的含有甲磺隆、氯磺隆的产品，其农药登记证和产品标签上应注明"仅限于长江流域及其以南、酸性土壤（pH<7）、稻麦轮作区的小麦田使用"。产品的用药量以甲磺隆有效成分计不得超过 7.5 g/hm²，以氯磺隆有效成分计不得超过 15g/hm²。混配产品中各有效成分的使用剂量单独计算。

已批准在小麦上登记的含甲磺隆、氯磺隆的产品，对于原批准的使用剂量低限超出本公告规定最高使用剂量的，不再批准续展登记。对于原批准的使用剂量高限超出本公告规定的最高剂量而低限未超出的，可批准续展登记。但要按本公告的规定调整批准使用剂量，控制产品最佳使用时期和施药方法。相关企业应按重新核定的使用剂量和施药时期设计标签。必要时，应要求生产企业按新批准使用剂量进行一年三地田间药效验证试验，根据试验结果决定是否再批准续展登记。

（4）已批准在水稻上登记的含甲磺隆的产品，其农药登记证和产品标签上应注明"仅限于酸性土壤（pH<7）及高温高湿的南方稻区使用"，用药量以甲磺隆计不得超过 3g/hm²，水稻 4 叶期前禁止用药。

（5）已取得含甲磺隆、氯磺隆、胺苯磺隆等产品登记的生产企业，申请续展登记时应提交原药来源证明和产品标签。2006 年 12 月 31 日以后生产的产品，其标签内容应符合《农药产品标签通则》和《磺酰脲类除草剂合理使用准则》等规定，要在明显位置以醒目的方式详细说明产品限定使用区域、严格限定后茬种植的作物

及使用时期等安全注意事项。

含有甲磺隆、氯磺隆和胺苯磺隆产品的生产企业，如欲扩大后茬可种植作物的范围，需要提交对后茬作物室内和田间的安全性试验评估资料。经对资料进行评审后，表明其对试验的后茬作物安全，将允许在产品标签中增加标明可种植的后茬作物等项目。

本公告自发布之日起实施，我部于2005年4月28日发布的第494号公告同时废止。

2006年6月13日

六、中华人民共和国农业部公告第747号

农药增效剂八氯二丙醚（octachlorodipropyl ether，S2或S421）在生产、使用过程中对人畜安全具有较大风险和危害。根据《农药管理条例》有关规定，经农药登记评审委员会审议，我部决定进一步加强对含有八氯二丙醚农药产品的管理。现公告如下：

（1）自本公告发布之日起，停止受理和批准含有八氯二丙醚的农药产品登记。

（2）自2007年3月1日起，撤销已经批准的所有含有八氯二丙醚的农药产品登记。

（3）自2008年1月1日起，不得销售含有八氯二丙醚的农药产品。对已批准登记的农药产品，如果发现含有八氯二丙醚成分，我部将根据《农药管理条例》有关规定撤销其农药登记。

2006年11月20日

七、中华人民共和国农业部公告第1157号

鉴于氟虫腈对甲壳类水生生物和蜜蜂具有高风险，在水和土壤中降解慢，按照《农药管理条例》的规定，根据我国农业生产实际，为保护农业生产安全、生态环境安全和农民利益，经全国农药登记评审委员会审议，现就加强氟虫腈管理的有关事项公告如下：

（1）自本公告发布之日起，除卫生用、玉米等部分旱田种子包衣剂和专供出口产品外，停止受理和批准用于其他方面含氟虫腈成分农药制剂的田间试验、农药登记（包括正式登记、临时登记、分装登记）和生产批准证书。

（2）自2009年4月1日起，除卫生用、玉米等部分旱田种子包衣剂和专供出口产品外，撤销已批准的用于其他方面含氟虫腈成分农药制剂的登记和（或）生产批准证书。同时，农药生产企业应当停止生产已撤销登记和生产批准证书的农药制剂。

（3）自2009年10月1日起，除卫生用、玉米等部分旱田种子包衣剂外，在我国境内停止销售和使用用于其他方面的含氟虫腈成分的农药制剂。农药生产企业和销售单位应当确保所销售的相关农药制剂使用安全，并妥善处置市场上剩余的相关农药制剂。

（4）专供出口含氟虫腈成分的农药制剂只能由氟虫腈原药生产企业生产。生产企业应当办理生产批准证书和专供出口的农药登记证或农药临时登记证。

（5）在我国境内生产氟虫腈原药的生产企业，其建设项目环境影响评价文件依法获得有审批权的环境保护行政主管部门同意后，方可申请办理农药登记和生产批准证书。已取得农药登记和生产批准证书的生产企业，要建立可追溯的氟虫腈生产、销售记录，不得将含有氟虫腈的产品销售给未在我国取得卫生用、玉米等部分旱田种子包衣剂农药登记和生产批准证书的生产企业。

各级农业、工业生产、环境保护行政主管部门，应当加大对含有氟虫腈农药产品的生产和市场监督检查力度，引导农民科学选购与使用农药，确保农业生产和环境安全。

2009 年 2 月 25 日

八、农业部、工业和信息化部、环境保护部、国家工商行政管理总局、国家质量监督检验检疫总局联合公告第 1586 号

为保障农产品质量安全、人畜安全和环境安全，经国务院批准，决定对高毒农药采取进一步禁限用管理措施。现将有关事项公告如下：

（1）自本公告发布之日起，停止受理苯线磷、地虫硫磷、甲基硫环磷、磷化钙、磷化镁、磷化锌、硫线磷、蝇毒磷、治螟磷、特丁硫磷、杀扑磷、甲拌磷、甲基异柳磷、克百威、灭多威、灭线磷、涕灭威、磷化铝、氧乐果、水胺硫磷、溴甲烷、硫丹等 22 种农药新增田间试验申请、登记申请及生产许可申请；停止批准含有上述农药的新增登记证和农药生产许可证（生产批准文件）。

（2）自本公告发布之日起，撤销氧乐果、水胺硫磷在柑橘树、灭多威在柑橘树、苹果树、茶树、十字花科蔬菜，硫线磷在柑橘树、黄瓜，硫丹在苹果树、茶树，溴甲烷在草莓、黄瓜上的登记。本公告发布前已生产产品的标签可以不再更改，但不得继续在已撤销登记的作物上使用。

（3）自 2011 年 10 月 31 日起，撤销（撤回）苯线磷、地虫硫磷、甲基硫环磷、磷化钙、磷化镁、磷化锌、硫线磷、蝇毒磷、治螟磷、特丁硫磷等 10 种农药的登记证、生产许可证（生产批准文件），停止生产；自 2013 年 10 月 31 日起，停止销售和使用。

2011 年 6 月 15 日

九、农业部、工业和信息化部、国家质量监督检验检疫总局公告第 1745 号

为维护人民生命健康安全，确保百草枯安全生产和使用，经研究，决定对百草枯采取限制性管理措施。现将有关事项公告如下：

（1）自本公告发布之日起，停止核准百草枯新增母药生产、制剂加工厂点，停止受理母药和水剂（包括百草枯复配水剂，下同）新增田间试验申请、登记申请及生产许可（包括生产许可证和生产批准文件，下同）申请，停止批准新增百草枯母

药和水剂产品的登记和生产许可。

（2）自 2014 年 7 月 1 日起，撤销百草枯水剂登记和生产许可、停止生产，保留母药生产企业水剂出口境外使用登记、允许专供出口生产，2016 年 7 月 1 日停止水剂在国内销售和使用。

（3）重新核准标签，变更农药登记证和农药生产批准文件。标签在原有内容基础上增加急救电话等内容，醒目标注警示语。农药登记证和农药生产批准文件在原有内容基础上增加母药生产企业名称等内容。百草枯生产企业应当及时向有关部门申请重新核准标签、变更农药登记证和农药生产批准文件。自 2013 年 1 月 1 日起，未变更的农药登记证和农药生产批准文件不再保留，未使用重新核准标签的产品不得上市，已在市场上流通的原标签产品可以销售至 2013 年 12 月 31 日。

（4）各生产企业要严格按照标准生产百草枯产品，添加足量催吐剂、臭味剂、着色剂，确保产品质量。

（5）生产企业应当加强百草枯的使用指导及中毒救治等售后服务，鼓励使用小口径包装瓶，鼓励随产品配送必要的医用活性炭等产品。

2012 年 4 月 24 日

十、农业部公告第 2032 号

为保障农业生产安全、农产品质量安全和生态环境安全，维护人民生命安全和健康，根据《农药管理条例》的有关规定，经全国农药登记评审委员会审议，决定对氯磺隆、胺苯磺隆、甲磺隆、福美胂、福美甲胂、毒死蜱和三唑磷等 7 种农药采取进一步禁限用管理措施。现将有关事项公告如下：

（1）自 2013 年 12 月 31 日起，撤销氯磺隆（包括原药、单剂和复配制剂，下同）的农药登记证，自 2015 年 12 月 31 日起，禁止氯磺隆在国内销售和使用。

（2）自 2013 年 12 月 31 日起，撤销胺苯磺隆单剂产品登记证，自 2015 年 12 月 31 日起，禁止胺苯磺隆单剂产品在国内销售和使用；自 2015 年 7 月 1 日起撤销胺苯磺隆原药和复配制剂产品登记证，自 2017 年 7 月 1 日起，禁止胺苯磺隆复配制剂产品在国内销售和使用。

（3）自 2013 年 12 月 31 日起，撤销甲磺隆单剂产品登记证，自 2015 年 12 月 31 日起，禁止甲磺隆单剂产品在国内销售和使用；自 2015 年 7 月 1 日起撤销甲磺隆原药和复配制剂产品登记证，自 2017 年 7 月 1 日起，禁止甲磺隆复配制剂产品在国内销售和使用；保留甲磺隆的出口境外使用登记，企业可在 2015 年 7 月 1 日前，申请将现有登记变更为出口境外使用登记。

（4）自本公告发布之日起，停止受理福美胂和福美甲胂的农药登记申请，停止批准福美胂和福美甲胂的新增农药登记证；自 2013 年 12 月 31 日起，撤销福美胂和福美甲胂的农药登记证，自 2015 年 12 月 31 日起，禁止福美胂和福美甲胂在国内销售和使用。

（5）自本公告发布之日起，停止受理毒死蜱和三唑磷在蔬菜上的登记申请，停止批准毒死蜱和三唑磷在蔬菜上的新增登记；自 2014 年 12 月 31 日起，撤销毒死蜱和三唑磷在蔬菜上的登记，自 2016 年 12 月 31 日起，禁止毒死蜱和三唑磷在蔬菜上使用。

十一、中华人民共和国农业部公告第 2289 号

为保障农产品质量安全和生态环境安全，根据《中华人民共和国食品安全法》和《农药管理条例》相关规定，在公开征求意见的基础上，我部决定对杀扑磷等 3 种农药采取以下管理措施。现公告如下：

（1）自 2015 年 10 月 1 日起，撤销杀扑磷在柑橘树上的登记，禁止杀扑磷在柑橘树上使用。

（2）自 2015 年 10 月 1 日起，将溴甲烷、氯化苦的登记使用范围和施用方法变更为土壤熏蒸，撤销除土壤熏蒸外的其他登记。溴甲烷、氯化苦应在专业技术人员指导下使用。

2015 年 8 月 22 日

附录三　绿色食品农药使用准则（NY/T 393—2013）

1　范围

本标准规定了绿色食品生产和仓储中有害生物防治原则、农药选用、农药使用规范和绿色食品农药残留要求。

本标准适用于绿色食品的生产和仓储。

2　规范性引用文件

下列文件对于本文件的应用是必不可少的。凡是注日期的引用文件，仅注日期的版本适用于本文件。凡是不注日期的引用文件，其最新版本（包括所有的修改单）适用于本文件。

GB 2763　食品安全国家标准　食品中农药最大残留限量

GB/T 8321（所有部分）农药合理使用准则

GB 12475　农药贮运、销售和使用的防毒规程

NY/T 391　绿色食品　产地环境质量

NY/T 1667（所有部分）农药登记管理术语

3　术语和定义

NY/T 1667 界定的及下列术语和定义适用于本文件。

3.1　AA 级绿色食品　AA grade green food

产地环境质量符合 NY/T 391 的要求，遵照绿色食品生产标准生产，生产过程中遵循自然规律和生态学原理，协调种植业和养殖业的平衡，不使用化学合成的肥料、农药、兽药、渔药、添加剂等物质，产品质量符合绿色食品产品标准，经专门

机构许可使用绿色食品标志的产品。

3.2 A级绿色食品 A grade green food

产地环境质量符合 NY/T 391 的要求，遵照绿色食品生产标准生产，生产过程中遵循自然规律和生态学原理，协调种植业和养殖业的平衡，限量使用限定的化学合成生产资料，产品质量符合绿色食品产品标准，经专门机构许可使用绿色食品标志的产品。

4 有害生物防治原则

4.1 以保持和优化农业生态系统为基础：建立有利于各类天敌繁衍和不利于病虫草害孳生的环境条件，提高生物多样性，维持农业生态系统的平衡。

4.2 优先采用农业措施：如抗病虫品种、种子种苗检疫、培育壮苗、加强栽培管理、中耕除草、耕翻晒垡、清洁田园、轮作倒茬、间作套种等。

4.3 尽量利用物理和生物措施：如用灯光、色彩诱杀害虫，机械捕捉害虫，释放害虫天敌，机械或人工除草等。

4.4 必要时合理使用低风险农药：如没有足够有效的农业、物理和生物措施，在确保人员、产品和环境安全的前提下按照第 5、6 章的规定，配合使用低风险的农药。

5 农药选用

5.1 所选用的农药应符合相关的法律法规，并获得国家农药登记许可。

5.2 应选择对主要防治对象有效的低风险农药品种，提倡兼治和不同作用机理农药交替使用。

5.3 农药剂型宜选用悬浮剂、微囊悬浮剂、水剂、水乳剂、微乳剂、颗粒剂、水分散粒剂和可溶性粒剂等环境友好型剂型。

5.4 AA级绿色食品生产应按照附录 A 第 A.1 章的规定选用农药及其他植物保护产品。

5.5 A级绿色食品生产应按照附录 A 的规定，优先从表 A.1 中选用农药。在表A.1 所列农药不能满足有害生物防治需要时，还可适量使用第 A.2 章所列的农药。

6 农药使用规范

6.1 应在主要防治对象的防治适期，根据有害生物的发生特点和农药特性，选择适当的施药方式，但不宜采用喷粉等风险较大的施药方式。

6.2 应按照农药产品标签或 GB/T 8321 和 GB 12475 的规定使用农药，控制施药剂量（或浓度）、施药次数和安全间隔期。

7 绿色食品农药残留要求

7.1 绿色食品生产中允许使用的农药，其残留量应不低于 GB 2763 的要求。

7.2 在环境中长期残留的国家明令禁用农药，其再残留量应符合 GB 2763 的要求。

7.3 其他农药的残留量不得超过 0.01mg/kg，并应符合 GB 2763 的要求。

附录 A　（规范性附录）

绿色食品生产允许使用的农药和其他植保产品清单。

A.1　AA 级和 A 级绿色食品生产均允许使用的农药和其他植保产品清单按表 A.1 执行。

表 A.1　AA 级和 A 级绿色食品生产均允许使用的农药和其他植保产品清单

类别	组分名称	备　注
Ⅰ.植物和动物来源	楝素（苦楝、印楝等提取物，如印楝素等）	杀虫
	天然除虫菊素（除虫菊科植物提取液）	杀虫
	苦参碱及氧化苦参碱（苦参等提取物）	杀虫
	蛇床子素（蛇床子提取物）	杀虫、杀菌
	小檗碱（黄连、黄柏等提取物）	杀菌
	大黄素甲醚（大黄、虎杖等提取物）	杀菌
	乙蒜素（大蒜提取物）	杀菌
	苦皮藤素（苦皮藤提取物）	杀虫
	藜芦碱（百合科藜芦属和喷嚏草属植物提取物）	杀虫
	桉油精（桉树叶提取物）	杀虫
	植物油（如薄荷油、松树油、香菜油、八角茴香油）	杀虫、杀螨、杀真菌、抑制发芽
	寡聚糖（甲壳素）	杀菌、植物生长调节
	天然诱集和杀线虫剂（如万寿菊、孔雀草、芥子油）	杀线虫
	天然酸（如食醋、木醋和竹醋等）	杀菌
	菇类蛋白多糖（菇类提取物）	杀菌
	水解蛋白质	引诱
	蜂蜡	保护嫁接和修剪伤口
	明胶	杀虫
	具有驱避作用的植物提取物（大蒜、薄荷、辣椒、花椒、薰衣草、柴胡、艾草的提取物）	驱避
	害虫天敌（如寄生蜂、瓢虫、草蛉等）	控制虫害
Ⅱ.微生物来源	真菌及真菌提取物（白僵菌、轮枝菌、木霉菌、耳霉菌、淡紫拟青霉、金龟子绿僵菌、寡雄腐霉菌等）	杀虫、杀菌、杀线虫
	细菌及细菌提取物（苏云金芽孢杆菌、枯草芽孢杆菌、蜡质芽孢杆菌、地衣芽孢杆菌、多粘类芽孢杆菌、荧光假单胞杆菌、短稳杆菌等）	杀虫、杀菌
	病毒及病毒提取物（核型多角体病毒、质型多角体病毒、颗粒体病毒等）	杀虫
	多杀霉素、乙基多杀菌素	杀虫
	春雷霉素、多抗霉素、井冈霉素、（硫酸）链霉素、嘧啶核苷类抗菌素、宁南霉素、申嗪霉素和中生菌素	杀菌
	S-诱抗素	植物生长调节

类别	组分名称	备 注
Ⅲ. 生物化学产物	氨基寡糖素、低聚糖素、香菇多糖	防病
	几丁聚糖	防病、植物生长调节
	苄氨基嘌呤、超敏蛋白、赤霉酸、羟烯腺嘌呤、三十烷醇、乙烯利、吲哚丁酸、吲哚乙酸、芸苔素内酯	植物生长调节
Ⅳ. 矿物来源	石硫合剂	杀菌、杀虫、杀螨
	铜盐(如波尔多液、氢氧化铜等)	杀菌,每年铜使用量不能超过 6kg/hm²
	氢氧化钙(石灰水)	杀菌、杀虫
	硫黄	杀菌、杀螨、驱避
	高锰酸钾	杀菌,仅用于果树
	碳酸氢钾	杀菌
	矿物油	杀虫、杀螨、杀菌
	氯化钙	仅用于治疗缺钙症
	硅藻土	杀虫
	黏土(如斑脱土、珍珠岩、蛭石、沸石等)	杀虫
	硅酸盐(硅酸钠、石英)	驱避
	硫酸铁(3 价铁离子)	杀软体动物
Ⅴ. 其他	氢氧化钙	杀菌
	二氧化碳	杀虫,用于贮存设施
	过氧化物类和含氯类消毒剂(如过氧乙酸、二氧化氯、二氯异氰尿酸钠、三氯异氰尿酸等)	杀菌,用于土壤和培养基质消毒
	乙醇	杀菌
	海盐和盐水	杀菌,仅用于种子(如稻谷等)处理
	软皂(钾肥皂)	杀虫
	乙烯	催熟等
	石英砂	杀菌、杀螨、驱避
	昆虫性外激素	引诱,仅用于诱捕器和散发皿内
	磷酸氢二铵	引诱,只限用于诱捕器中使用

注：1. 该清单每年都可能根据新的评估结果发布修改单。

2. 国家新禁用的农药自动从该清单中删除。

A.2 A 级绿色食品生产允许使用的其他农药清单

当表 A.1 所列农药和其他植保产品不能满足有害生物防治需要时，A 级绿色食品生产还可按照农药产品标签或 GB/T 8321 的规定使用下列农药：

(1) 杀虫剂

① S-氰戊菊酯 esfenvalerate   ② 吡丙醚 pyriproxifen

③ 吡虫啉 imidacloprid

④ 吡蚜酮 pymetrozine

⑤ 丙溴磷 profenofos

⑥ 除虫脲 diflubenzuron

⑦ 啶虫脒 acetamiprid

⑧ 毒死蜱 chlorpyrifos

⑨ 氟虫脲 flufenoxuron

⑩ 氟啶虫酰胺 flonicamid

⑪ 氟铃脲 hexaflumuron

⑫ 高效氯氰菊酯 beta-cypermethrin

⑬ 甲氨基阿维菌素苯甲酸盐
　　emamectin benzoate

⑭ 甲氰菊酯 fenpropathrin

⑮ 抗蚜威 pirimicarb

（2）杀螨剂

① 苯丁锡 fenbutatin oxide

② 喹螨醚 fenazaquin

③ 联苯肼酯 bifenazate

④ 螺螨酯 spirodiclofen

（3）杀软体动物剂　四聚乙醛 metaldehyde

（4）杀菌剂

① 吡唑醚菌酯 pyraclostrobin

② 丙环唑 propiconazol

③ 代森联 metriam

④ 代森锰锌 mancozeb

⑤ 代森锌 zineb

⑥ 啶酰菌胺 boscalid

⑦ 啶氧菌酯 picoxystrobin

⑧ 多菌灵 carbendazim

⑨ 噁霉灵 hymexazol

⑩ 噁霜灵 oxadixyl

⑪ 粉唑醇 flutriafol

⑫ 氟吡菌胺 fluopicolide

⑬ 氟啶胺 fluazinam

⑭ 氟环唑 epoxiconazole

⑮ 氟菌唑 triflumizole

⑯ 腐霉利 procymidone

⑯ 联苯菊酯 bifenthrin

⑰ 螺虫乙酯 spirotetramat

⑱ 氯虫苯甲酰胺 chlorantraniliprole

⑲ 氯氟氰菊酯 cyhalothrin

⑳ 氯菊酯 permethrin

㉑ 氯氰菊酯 cypermethrin

㉒ 灭蝇胺 cyromazine

㉓ 灭幼脲 chlorbenzuron

㉔ 噻虫啉 thiacloprid

㉕ 噻虫嗪 thiamethoxam

㉖ 噻嗪酮 buprofezin

㉗ 辛硫磷 phoxim

㉘ 茚虫威 indoxacard

⑤ 噻螨酮 hexythiazox

⑥ 四螨嗪 clofentezine

⑦ 乙螨唑 etoxazole

⑧ 唑螨酯 fenpyroximate

⑰ 咯菌腈 fludioxonil

⑱ 甲基立枯磷 tolclofos-methyl

⑲ 甲基硫菌灵 thiophanate-methyl

⑳ 甲霜灵 metalaxyl

㉑ 腈苯唑 fenbuconazole

㉒ 腈菌唑 myclobutanil

㉓ 精甲霜灵 metalaxyl-M

㉔ 克菌丹 captan

㉕ 醚菌酯 kresoxim-methyl

㉖ 嘧菌酯 azoxystrobin

㉗ 嘧霉胺 pyrimethanil

㉘ 氰霜唑 cyazofamid

㉙ 噻菌灵 thiabendazole

㉚ 三乙膦酸铝 fosetyl-aluminium

㉛ 三唑醇 triadimenol

㉜ 三唑酮 triadimefon

㉝ 双炔酰菌胺 mandipropamid　　㊲ 戊唑醇 tebuconazole

㉞ 霜霉威 propamocarb　　㊳ 烯酰吗啉 dimethomorph

㉟ 霜脲氰 cymoxanil　　㊴ 异菌脲 iprodione

㊱ 萎锈灵 carboxin　　㊵ 抑霉唑 imazalil

（5）熏蒸剂

① 棉隆 dazomet　　② 威百亩 metam-sodium

（6）除草剂

① 2 甲 4 氯 MCPA　　fluroxypyr-mepthyl

② 氨氯吡啶酸 picloram　　㉓ 麦草畏 dicamba

③ 丙炔氟草胺 flumioxazin　　㉔ 咪唑喹啉酸 imazaquin

④ 草铵膦 glufosinate-ammonium　　㉕ 灭草松 bentazone

⑤ 草甘膦 glyphosate　　㉖ 氰氟草酯 cyhalofop butyl

⑥ 敌草隆 diuron　　㉗ 炔草酯 clodinafop-propargyl

⑦ 噁草酮 oxadiazon　　㉘ 乳氟禾草灵 lactofen

⑧ 二甲戊灵 pendimethalin　　㉙ 噻吩磺隆 thifensulfuron-methyl

⑨ 二氯吡啶酸 clopyralid　　㉚ 双氟磺草胺 florasulam

⑩ 二氯喹啉酸 quinclorac　　㉛ 甜菜安 desmedipham

⑪ 氟唑磺隆 flucarbazone-sodium　　㉜ 甜菜宁 phenmedipham

⑫ 禾草丹 thiobencarb　　㉝ 西玛津 simazine

⑬ 禾草敌 molinate　　㉞ 烯草酮 clethodim

⑭ 禾草灵 diclofop-methyl　　㉟ 烯禾啶 sethoxydim

⑮ 环嗪酮 hexazinone　　㊱ 硝磺草酮 mesotrione

⑯ 磺草酮 sulcotrione　　㊲ 野麦畏 tri-allate

⑰ 甲草胺 alachlor　　㊳ 乙草胺 acetochlor

⑱ 精吡氟禾草灵 fluazifop-P　　㊴ 乙氧氟草醚 oxyfluorfen

⑲ 精喹禾灵 quizalofop-P　　㊵ 异丙甲草胺 metolachlor

⑳ 绿麦隆 chlortoluron　　㊶ 异丙隆 isoproturon

㉑ 氯氟吡氧乙酸（异辛酸）　　㊷ 莠灭净 ametryn

　　fluroxypyr　　㊸ 唑草酮 carfentrazone-ethyl

㉒ 氯氟吡氧乙酸异辛酯　　㊹ 仲丁灵 butralin

（7）植物生长调节剂

① 2,4-滴 2,4-D（只允许作为　　④ 氯吡脲 forchlorfenuron

　　植物生长调节剂使用）　　⑤ 萘乙酸 1-naphthal acetic acid

② 矮壮素 chlormequat　　⑥ 噻苯隆 thidiazuron

③ 多效唑 paclobutrazol　　⑦ 烯效唑 uniconazole

参考文献

[1] 曹玉霞，尹晓丽，王连芬，等．甘蓝夜蛾核型多角体病毒杀虫剂（康邦）防治棉铃虫药效试验 [J]．天津农林科技，2015（2）：5-6．

[2] 柴宝山，林丹，刘远雄，等．新型邻甲酰氨基苯甲酰胺类杀虫剂的研究进展 [J]．农药，2007，03：148-153．

[3] 陈园，张晓琳，黄颖，等．杀虫抗生素的研究进展 [J]．农业生物技术学报，2014，11：1455-1462．

[4] 董涛海，李杏美，沈银凤，等．10％四氯虫酰胺（9080TM）悬浮剂防治稻纵卷叶螟田间药效试验 [J]．现代农业科技，2014，（4）：125-128．

[5] 封云涛，徐宝云，吴青君，等．杀虫剂分子靶标烟碱型乙酰胆碱受体研究进展 [J]．农药学学报，2009，02：149-158．

[6] 胡扬根，丁明武．咪唑啉酮类杀菌剂的研究进展 [J]．华中师范大学学报（自然科学版），2005，04：490-494．

[7] 黄建荣．现代农药剂型加工新技术与质量控制实务全书 [M]．北京：北京科大电子出版社，2004．

[8] 李斌，杨辉斌，王军锋，等．四氯虫酰胺的合成及其杀虫活性 [J]．现代农药，2014，13（3）：17-20．

[9] 凌世海．固体制剂（第三版）[M]．北京：化学工业出版社，2003．

[10] 刘步林．农药剂型加工丛书 [M]．北京：化学工业出版社，2004．

[11] 刘广文．现代农药剂型加工技术 [M]．北京：化学工业出版社，2013．

[12] 刘金胜，寇俊杰，刘桂龙．磺酰脲类除草剂的应用研究进展 [J]．农药，2007，03：145-147．

[13] 刘长令，张立新，汪灿明，等．甲氧基丙烯酸酯类杀菌剂的研究进展 [J]．农药，1998，03：1-6．

[14] 刘长令．新型嘧啶胺类杀菌剂的研究进展 [J]．农药，1995，08：25-28．

[15] 刘长令．世界农药大全（杀虫剂卷）[M]．北京：化学工业出版社，2012．

[16] 任玮静，王立增，李云．嘧啶类杀菌剂的研究进展 [J]．农药，2013，01：1-6．

[17] 尚尔才，刘长令，杜英娟．嘧啶类农药的研究进展 [J]．化工进展，1995，05：8-15．

[18] 邵旭升，田忠贞，李忠，等．新烟碱类杀虫剂及稠环固定的顺式衍生物研究进展 [J]．农药学学报，2008，02：117-126．

[19] 沈晋良．农药加工与管理 [M]．北京：中国农业出版社，2002．

[20] 石得中．中国农药大辞典 [M]．北京：化学工业出版社，2008．

[21] 石学军．600 亿 PIB/克棉铃虫核型多角体病毒水分散粒剂田间药效试验 [J]．农村科技，2007（6）：46-47．

[22] 屠豫钦．农药剂型与制剂及使用方法 [M]．北京：金盾出版社，2007．

[23] 王晓翠，邹运鼎，毕守东，等．10％烯定虫胺水剂与好年冬防治桃蚜的田间药效试验 [J]．安徽农学通报，2007，13（24）：115-135．

[24] 魏东斌，张爱英，韩朔睽，等．磺酰脲类除草剂研究进展 [J]．环境科学进展，1999，05：34-42．

[25] 吴剑，宋宝安，胡德禹，等．哒嗪类衍生物杀菌活性研究进展 [J]．农药，2008，09：625-628．

[26] 吴峤，伍强，张茜，等．噻吩类杀菌剂的研究进展 [J]．农药，2010，01：5-10．

[27] 徐飞．创制农药硝虫硫磷获得临时登记 [J]．农药市场信息，2002，17：21．

[28] 徐汉虹．植物化学保护学：第 4 版 [M]．北京：中国农业出版社，2007．

[29] 徐汉虹．杀虫植物与植物性杀虫剂 [M]．北京：中国农业出版社，2001．

[30] 徐维明，宋宝安，杨松，等．三唑类化合物除草活性研究进展 [J]．农药，2010，09：625-634．

[31] 闫志坤，宋宝安，杨璐，等．硫脲衍生物的杀菌活性研究进展［J］．农药，2008，10：706-709.

[32] 杨光富，杨华铮，吴小军．创制绿色化学农药的研究进展［J］．华中师范大学学报（自然科学版），2003，03：352-358.

[33] 杨华铮，邹小毛，朱有全，等．现代农药化学［M］．北京：化学工业出版社，2013.

[34] 杨吉春，戴荣华，刘允萍，等．吡啶类农药的研究新进展及合成［J］．农药，2011，09：625-629.

[35] 于观平，王刚，王素华，等．沙蚕毒素类杀虫剂研究进展［J］．农药学学报，2011，02：103-109.

[36] 袁会珠．农药使用技术指南［M］．北京：化学工业出版社，2004.

[37] 翟宏伟，柴媛媛．甘蓝夜蛾核型多角体病毒 20 亿 PIB/mL 悬浮剂防治水稻二化螟田间药效试验［J］．北方水稻，2013，(02)：64-65.

[38] 张静，康卓，杨吉春，等．二氯丙烯醚类杀虫剂的研究进展［J］．农药，2011，05：313-319.

[39] 赵海珍，胡珊，张志祥，等．双三氟虫脲对小菜蛾的生物活性［J］．农药，2006，45 (1)：59-60.

[40] 赵继红，李建中．农用微生物杀菌剂研究进展［J］．农药，2003，05：6-8.

[41] 周子燕，李昌春，高同春，等．三唑类杀菌剂的研究进展［J］．安徽农业科学，2008，27：11842-11844.

[42] 朱春梅，唐培荣，左仁勇，等．20 亿 PIB/mL 甘蓝夜蛾核型多角体病毒悬浮剂防治小菜蛾药效试验［J］．现代农业科技，2015，(11)：145-147.

[43] 朱书生，卢晓红，陈磊，等．羧酸酰胺类（CAAs）杀菌剂研究进展［J］．农药学学报，2010，1：1-12.

索 引

一、农药中文通用名称索引

二、农药英文通用名称索引

化工版农药、植保类科技图书

分类	书号	书名	定价
农药手册性 工具图书	122-22028	农药手册(原著第16版)	480.0
	122-22115	新编农药品种手册	288.0
	122-22393	FAO/WHO农药产品标准手册	180.0
	122-18051	植物生长调节剂应用手册	128.0
	122-15528	农药品种手册精编	128.0
	122-13248	世界农药大全——杀虫剂卷	380.0
	122-11319	世界农药大全——植物生长调节剂卷	80.0
	122-11396	抗菌防霉技术手册	80.0
	122-00818	中国农药大辞典	198.0
农药分析与合成 专业图书	122-15415	农药分析手册	298.0
	122-11206	现代农药合成技术	268.0
	122-21298	农药合成与分析技术	168.0
	122-16780	农药化学合成基础(第二版)	58.0
	122-21908	农药残留风险评估与毒理学应用基础	78.0
	122-09825	农药质量与残留实用检测技术	48.0
	122-17305	新农药创制与合成	128.0
	122-10705	农药残留分析原理与方法	88.0
农药剂型加工 专业图书	122-15164	现代农药剂型加工技术	380.0
	122-23912	农药干悬浮剂	98.0
	122-20103	农药制剂加工实验(第二版)	48.0
	122-22433	农药新剂型加工与应用	88.0
农药专利、贸易与 管理专业图书	122-18414	世界重要农药品种与专利分析	198.0
	122-24028	农资经营实用手册	98.0
	122-26958	农药生物活性测试标准操作规范——杀菌剂卷	60.0
	122-26957	农药生物活性测试标准操作规范——除草剂卷	60.0
	122-26959	农药生物活性测试标准操作规范——杀虫剂卷	60.0
	122-20582	农药国际贸易与质量管理	80.0
	122-19029	国际农药管理与应用丛书——哥伦比亚农药手册	60.0
	122-21445	专利过期重要农药品种手册(2012—2016)	128.0
	122-21715	吡啶类化合物及其应用	80.0
	122-09494	农药出口登记实用指南	80.0
农药研发、 进展与专著	122-16497	现代农药化学	198.0
	122-26220	农药立体化学	88.0

分类	书号	书名	定价
农药研发、进展与专著	122-19573	药用植物九里香研究与利用	68.0
	122-21381	环境友好型烃基膦酸酯类除草剂	280.0
	122-09867	植物杀虫剂苦皮藤素研究与应用	80.0
	122-10467	新杂环农药——除草剂	99.0
	122-03824	新杂环农药——杀菌剂	88.0
	122-06802	新杂环农药——杀虫剂	98.0
	122-09521	螨类控制剂	68.0
	122-18588	世界农药新进展(三)	118.0
	122-08195	世界农药新进展(二)	68.0
	122-04413	农药专业英语	32.0
	122-05509	农药学实验技术与指导	39.0
农药使用类实用图书	122-10134	农药问答(第五版)	68.0
	122-25396	生物农药使用与营销	49.0
	122-26988	新编简明农药使用手册	60.0
	122-26312	绿色蔬菜科学使用农药指南	39.0
	122-24041	植物生长调节剂科学使用指南(第三版)	48.0
	122-25700	果树病虫草害管控优质农药158种	28.0
	122-24281	有机蔬菜科学用药与施肥技术	28.0
	122-17119	农药科学使用技术	19.8
	122-17227	简明农药问答	39.0
	122-19531	现代农药应用技术丛书-除草剂卷	29.0
	122-18779	现代农药应用技术丛书——植物生长调节剂与杀鼠剂卷	28.0
	122-18891	现代农药应用技术丛书——杀菌剂卷	29.0
	122-19071	现代农药应用技术丛书——杀虫剂卷	28.0
	122-11678	农药施用技术指南(第二版)	75.0
	122-21262	农民安全科学使用农药必读(第三版)	18.0
	122-11849	新农药科学使用问答	19.0
	122-21548	蔬菜常用农药100种	28.0
	122-19639	除草剂安全使用与药害鉴定技术	38.0
	122-15797	稻田杂草原色图谱与全程防除技术	36.0
	122-14661	南方果园农药应用技术	29.0
	122-13875	冬季瓜菜安全用药技术	23.0
	122-13695	城市绿化病虫害防治	35.0

续表

分类	书号	书名	定价
农药使用类实用图书	122-09034	常用植物生长调节剂应用指南(第二版)	24.0
	122-08873	植物生长调节剂在农作物上的应用(第二版)	29.0
	122-08589	植物生长调节剂在蔬菜上的应用(第二版)	26.0
	122-08496	植物生长调节剂在观赏植物上的应用(第二版)	29.0
	122-08280	植物生长调节剂在植物组织培养中的应用(第二版)	29.0
	122-12403	植物生长调节剂在果树上的应用(第二版)	29.0
	122-09568	生物农药及其使用技术	29.0
	122-08497	热带果树常见病虫害防治	24.0
	122-10636	南方水稻黑条矮缩病防控技术	60.0
	122-07898	无公害果园农药使用指南	19.0
	122-07615	卫生害虫防治技术	28.0
	122-07217	农民安全科学使用农药必读(第二版)	14.5
	122-09671	堤坝白蚁防治技术	28.0
	122-18387	杂草化学防除实用技术(第二版)	38.0
	122-05506	农药施用技术问答	19.0
	122-04812	生物农药问答	28.0
	122-03474	城乡白蚁防治实用技术	42.0
	122-03200	无公害农药手册	32.0
	122-02585	常见作物病虫害防治	29.0
	122-01987	新编植物医生手册	128.0

如需相关图书内容简介、详细目录以及更多的科技图书信息,请登录 www.cip.com.cn。

邮购地址:北京市东城区青年湖南街 13 号 化学工业出版社 (100011)

服务电话:010-64518888,64518800(销售中心)

如有化学化工、农药植保类著作出版,请与编辑联系。联系方式:010-64519457,286087775@qq.com。